U0203168

清华
开发者书库

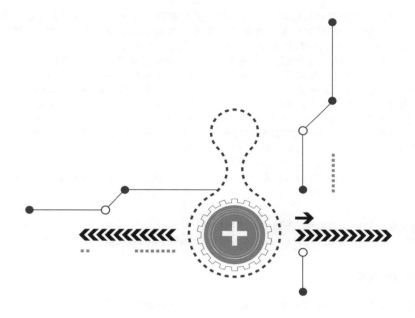

Data Governance Driven by Master Data

Principles, Technologies and Practices

主数据驱动的数据治理

原理、技术与实践

王兆君　王　钺　曹朝辉◎编著

Wang Zhaojun　Wang Yue　Cao Zhaohui

清華大學出版社

北京

内 容 简 介

"数据"已成为企业的一项宝贵的战略资产。为了使庞大的数据发挥更大的价值,企业必须着眼于数据治理和综合利用。主数据驱动的数据治理是指从企业杂乱的数据中捕捉具有高业务价值、被企业内各业务部门重复使用的关键数据进行管理,构建单一、准确、权威的数据来源,从而提高企业的整体数据质量,提升数据资产价值,推动业务创新,全面增强企业竞争力。本书编者将近 10 年在数据治理咨询工作中积累的经验和知识进行总结,通过对数据治理的原理、技术、案例、发展趋势等内容的介绍,为读者进行数据治理、主数据管理实践提供重要的参考。全书分为 4 篇,共 14 章。第一篇数据治理概念(第 1～3 章),面向数据治理组织管理者,从数据治理的必要性、可行性、应用效果等进行展开,回答管理者关心的数据治理的核心问题;第二篇数据治理实施(第 4～8 章),面向数据治理团队成员,介绍数据治理工作的前期准备、工作步骤、治理过程、后期运维等内容;第三篇数据治理技术(第 9～13 章),面向 IT 工程技术人员,从技术视角展开数据治理的系统架构与模型、数据治理质量评估、数据安全保护、数据集成服务等内容;第四篇数据治理前景(第 14 章),对数据治理应用前景进行展望。

本书可作为从事信息化建设的管理者、数据治理团队、IT 咨询从业者、IT 工程技术人员、相关专业在校师生的参考读物。

图书在版编目(CIP)数据

主数据驱动的数据治理:原理、技术与实践/王兆君,王钺,曹朝辉编著.—北京:清华大学出版社,2019
(2024.7 重印)
(清华开发者书库)
ISBN 978-7-302-52295-9

Ⅰ.①主… Ⅱ.①王… ②王… ③曹… Ⅲ.①数据处理 Ⅳ.①TP274

中国版本图书馆 CIP 数据核字(2019)第 029341 号

责任编辑:盛东亮
封面设计:李召霞
责任校对:李建庄
责任印制:沈 露

出版发行:清华大学出版社
   网   址:https://www.tup.com.cn,https://www.wqxuetang.com
   地   址:北京清华大学学研大厦 A 座   邮 编:100084
   社 总 机:010-83470000   邮 购:010-62786544
   投稿与读者服务:010-62776969,c-service@tup.tsinghua.edu.cn
   质量反馈:010-62772015,zhiliang@tup.tsinghua.edu.cn
   课件下载:https://www.tup.com.cn,010-62795954
印 装 者:涿州市般润文化传播有限公司
经 销:全国新华书店
开 本:186mm×240mm   印 张:23.5   字 数:528 千字
版 次:2019 年 4 月第 1 版   印 次:2024 年 7 月第 12 次印刷
定 价:89.00 元

产品编号:081386-01

编审委员会

主任委员：

王兆君　　　王　钺　　　曹朝辉

副主任委员：（按姓氏笔画排序）

马　俊　　　王　乐　　　王志民　　　汪东升

张　扬　　　徐成华　　　隋　娜

委员：

王　波　　　王　旭　　　刘　青　　　李召波

毕旭东　　　孟　杰　　　张毅超

序

FOREWORD

让我们从一个简单的问题开始：IBM 有多少雇员？

这个问题看上去非常简单直接，对吗？但是请注意下面这个清单：

International Business Machines Corporation	IBM
IBM Microelectronics Division	IBM Global Services
IBM Global Financing	IBM Global Network
IBM de Columbia，S. A.	Lotus Development Corporation
Software Artistry，Inc.	Dominion Semiconductor Company
MiCRUS	Computing-Tabulating-Recording Co.

这个长长的清单中的每一项都与 IBM 有关系，有全称、缩写、别名、分支机构、全资子公司等，有的公司名称中完全没有 IBM 的字样，但它归属于 IBM，有的公司曾经归属于 IBM，后来又被卖掉了，还有的公司现在已经完全不存在了。

现在我们再来看刚才那个问题——IBM 有多少雇员？还会觉得这个问题简单吗？

事实上，我遇到过一所知名大学信息管理部门的负责人，问他这个关于雇员的问题。他告诉我，这正是让他们头疼的问题。太多不同时期建设的信息系统、不同的编号、不同的命名体系、不同的管理方式，所有信息汇总到一起之后，不知道哪些是重复的，哪些是陈旧的。用不同的方式统计，结果都不相同。

对于拥有众多部门和分支机构的大型企业，这样一种数据管理的困境随处可见。因此，不仅对于人员、物料、市场，而且对于那些与企业运营密切相关的重要信息都存在着管理的挑战。所以，我们需要数据治理，尤其是对企业中最关键的数据资产——主数据进行治理，进而提升数据质量，使数据真正成为管理和决策的可靠依据。

我们正处在历史的转折点上，数据技术在快速变革，大数据成为人们竞相议论的热点。无疑，未来的竞争就是数据的竞争。但是，在这个变革的关键时点上，更多的人将注意力的焦点放在了数据的"量"上，很少有人提及和关注数据的"质"，仿佛只要有了足够大量的数据，一切问题都可以解决。很可惜，真实情况是，海量数据如果未能经过合理的加工和组织，并确保一定的数据质量，它不仅不能解决问题，反而可能制造出更多的麻烦。也许，我们应该尽早从华而不实的喧嚣中抽身出来，通过具体而细致的数据治理工作，切实改善企业的数据环境，让大数据真正从"看"到"用"，真正活跃起来。

本书凝聚了编著者在数据治理和主数据管理领域多年的从业经验，涵盖数据治理和主数据管理的基本概念、实施过程、关键技术等重要内容,并结合大量实际积累的案例和技术方案,系统地介绍了数据治理这一新兴领域及其应用情况,可作为工作指南为正在或准备开展数据治理工作的 IT 人员提供参考,更能为数据时代的企业管理者提供新的思路、新的方向。

张林　清华大学教授,清华-伯克利深圳学院院长

清华大学物联网与社会物理信息系统实验室主任

2019 年 1 月于北京

前 言
PREFACE

在过去的几十年里,对数据的计算和存储能力以及可用性的巨大进步,促成了当今数据驱动型的世界现状。数据正在对整个人类社会产生巨大的积极影响,它不仅在改变着人们生活的各个方面,而且也使得企业的运营更加高效。互联网数据中心(IDC)预测,到2025年,全球数据圈将扩展至163ZB(1ZB相当于1万亿GB),是2016年所产生16.1ZB数据的10倍,这些数据将给个人带来全新的用户体验并且给企业带来更多的商业机会。

虽然已经有部分企业认识到数据资产的重要性,但是随着数据数量、种类以及重要性的不断增加,收集、存储和处理这些数据的难度也越来越大。如何从海量数据中挖掘出对制定决策有价值的信息,成为企业在管理和使用数据过程中面临的主要挑战。

数据治理的核心正是加强对数据资产的管控,通过深化数据服务以持续创造价值,企业领导者必须关注其中最重要的那部分数据,只有识别并充分利用这些至关重要的数据,才能发挥其巨大潜力。主数据管理就是从来源复杂的数据中捕捉关键数据,并且对这些具有高业务价值的、可以在企业内跨越各个业务部门被重复使用的数据进行管理,通过为跨构架、跨平台、跨应用的系统提供一致的、可识别的主数据对象来支持整个企业的业务需求,从而提高企业的整体数据质量,提升数据资产价值,推动业务创新,全面增强企业竞争力。主数据管理是一个全面的战略,涵盖所有需要统一定义的、企业所需的核心数据和数据标准。主数据管理的有效途径是建立一个包括主数据标准体系、主数据管控体系、主数据质量体系和主数据安全体系在内的、完整的主数据体系,建立持续长期的管理机制,这样才能构建企业数据的核心治理能力,合理利用企业数据来寻求竞争优势。

本书编者从事数据治理和主数据管理咨询工作近10年,亲身经历了数据治理和主数据管理在中国企业信息化浪潮中的兴起、演进和实践的过程。目前,为了配合国家信息化发展战略,很多企业把数据治理和主数据管理系统建设项目提上日程,并且开展了部分信息标准化工作。但是,从总体上看,国内企业的主数据体系建设工作仍然处在起步阶段,很多企业管理者对数据治理和主数据管理的概念理解有限,对主数据管理体系建设的重要性认识不足。编者将在数据治理和主数据管理领域的从业经验和知识积累进行总结,与大家分享和探讨,并希望能回答什么是数据治理和主数据管理、为什么需要数据治理以及如何进行主数据管理等问题。

本书坚持"贴近用户"的思路,回答用户关心的核心问题,不仅介绍主数据管理的产生背景、概念、模型和技术等理论知识,同时涵盖主数据管理项目的实施方法和过程、主数据管理的产品和应用案例,使读者对主数据管理项目从底层技术知识到上层应用实践都能有系统的理解。同时,本书有针对性地对行业主流厂家的主数据管理产品进行了全面介绍,让读者能够更加深入地了解行业主流产品与趋势。书中案例都是近几年国内相关行业的领先企业的优秀实践,对其他企业的主数据管理和数据治理工作具有很高的参考价值。另外,书中对大数据、云计算、人工智能和区块链等新兴技术与主数据管理的结合应用也进行了探讨及趋势分析。

全书通过对主数据管理的背景、概念、模型、技术、实施、产品、案例、发展等内容的全面介绍,为读者揭开主数据管理这一新兴概念的神秘面纱,为读者进行数据治理、主数据管理实践提供重要参考。全书分为4篇,共14章。第一篇数据治理概念,包括第1~3章,其中第1章介绍数据治理的背景、意义和核心内容,并且引入数据管理的成熟度模型,使用户可以根据自评表得到成熟度评估和治理建议;第2章讨论主数据和主数据管理的概念和意义,为读者揭示主数据管理的必要性;第3章讨论主数据驱动的数据治理,系统地介绍治理框架、治理过程和数据治理工具。第二篇数据治理实施,包括第4~8章,其中第4章介绍主数据治理项目的准备工作;第5章讨论主数据体系规划方法;第6章说明主数据项目的具体实施步骤;第7章介绍主数据项目的运维和管理;第8章介绍目前国内主流的主数据管理解决方案和产品,并分析国内主数据管理的先进案例。第三篇数据治理技术,包括第9~13章,其中第9章介绍数据架构和模型的相关技术知识;第10章讨论数据集成技术及其企业应用;第11章介绍数据质量管理的定义、评估框架以及数据质量战略;第12章讨论主数据全生命周期管理的概念、内容和体系架构;第13章介绍数据安全管理和数据隐私保护。第四篇数据治理前景,包括第14章,主要展望主数据与大数据、云服务、人工智能和区块链应用的发展趋势。

本书既可补充从事信息化建设的IT部门人员的专业知识,更能为组织管理者提供信息化知识储备和工作思路,助力IT架构的组织优化。本书也面向咨询公司的顾问和实施人员,不仅针对主数据管理项目,而且对处理各类信息系统项目中可能出现的数据问题都具有一定参考价值。本书还可以作为企业管理软件开发人员的自学参考书,以及相关专业在校师生开阔视野、理论联系实践的参考书。

在本书的编写过程中参考和引用了国内外很多书籍和网站的相关内容,部分图片素材和个别实例的初始原型也来源于网络,部分互联网相关资源无法一一列举出处,在此向其作者一并予以感谢。众所周知,一本书难免出现不足和疏漏之处,恳请广大读者将意见和建议反馈给我们,以便在后续版本中不断改进和完善。有关数据治理的更多信息,可关注北京三维天地科技有限公司微信公众号。

编　者
2019年1月

目录
CONTENTS

第二篇　数据治理实施

第三篇 数据治理技术

第四篇　数据治理前景

第一篇
数据治理概念

本篇（第 1 章～第 3 章），面向数据治理组织管理者，从数据治理的必要性、可行性、应用效果等进行展开，回答管理者关心的数据治理的核心问题。本篇主要介绍了数据治理的必要性以及与数据治理相关的基本概念，包括数据资产、数据治理、主数据、主数据管理、数据管理的成熟度模型等，并提出主数据驱动的数据治理框架和数据治理过程。本篇包含章节如下：

第 1 章　数据治理概述

第 2 章　主数据和主数据管理

第 3 章　主数据驱动的数据治理

第1章

数据治理概述

以信息技术为代表的技术革命从根本上改变着我们的社会经济生活。人类社会形态已由工业社会发展为信息社会,传统的农业经济、工业经济正在被知识经济逐渐取代。在新经济的浪潮中,企业面临的竞争环境也发生了巨大变化,促使企业尽快进行发展模式、管理模式、商业模式的升级转型。知识经济的逐渐形成,使得信息资源日益成为不可忽视的生产要素和无形资产,在创造社会财富的过程中发挥着越来越重要的作用。为了使庞大的企业数据发挥更大的价值,企业必须着眼于数据治理和综合利用,通过数据驱动业务创新,提升管理水平,引领企业转型升级。

企业进行数据治理的主要原因如下:

- 企业信息化的发展,大数据概念的提出,导致企业数据的种类和数量急剧增加,企业面临的数据环境日趋复杂。
- 企业信息化的深度应用对跨部门、跨职能领域的协作提出了更高的要求,信息系统之间互通、互联、互操作的复杂性持续增加。
- 海量的数据、复杂的数据环境、潜在的数据质量的缺陷阻碍了企业级的信息集成和信息深度利用,成为制约企业信息化发展的瓶颈。

综上所述,数据治理势在必行。

1.1 数据治理背景

伴随着互联网技术的高速发展,数据正在呈现爆发式的增长。以互联网流量为例,2001年,全世界一年的互联网流量是 1EB($1EB=10^{18}B$),足以刻满 1.68 亿张 DVD;2004 年,用掉这些流量仅需要 1 个月;2007 年,只需要一周便可以达到 1EB;2012 年,全世界互联网一天的流量就达 1EB。截至 2016 年,全球数据体量增长到 16.1ZB($1ZB=1000EB$),根据国际数据公司(IDC)发布的白皮书《数据时代 2025》预测,到 2025 年,这一数字将扩展至 163ZB,相当于 2016 年的 10 倍。

与此同时,以云计算、大数据、物联网、人工智能为代表的新一轮科技变革正在推动数据采集、管理、分析加工能力的持续升级。新一代的信息技术正在把近乎无限多的供给和需求、无限多的生产要素和无限广阔的市场适时结合与对接,从而催生出新的产品、新的服务、新的业态、新的模式。当前,以信息技术为基石的新的经济形态已经从技术变革层面拓展到企业运行、产业融合、社会生活、人类交往等各个维度,正在释放它推动产业融合、经济转型升级和社会进步的巨大能量。

从企业角度而言,新的经济环境以及全球化分工和跨地域竞争格局的产生,促使企业在管理与运作方面不断推出和适应新的模式与理念。企业战略逐步向全球化、精益化、服务化、智能化和协同化的趋势发展;企业市场竞争的内容已经由传统的规模、效率、质量的竞争转向了个性化及差异化的竞争、速度的竞争、信息的竞争和知识的竞争。

企业在产品和服务方面的创新能力、精细化的运营能力以及全球化的战略管控能力,大大依赖于企业开发和利用信息资源的能力。数据和信息是企业的经济命脉,成为一项重要的企业资产。正如经济学家汤姆·彼得斯所指出的:“一个组织如果没有认识到管理数据和信息如同管理有形资产一样极其重要,那么它在新经济时代将无法生存。”

在新的经济环境下,为加速企业增长、提高效率、降低成本、吸引并留存客户、更有效地创造新产品和新服务,优秀企业的管理者对诸如商业智能、移动技术、协同技术、云计算、物联网、大数据、人工智能等 IT 技术的演进进行积极的关注,积极推动企业信息化的进程向更加深入的方向发展。可见,面对新经济大潮的冲击,企业在不断变化的环境中必须依靠先进的 IT 技术,深度挖掘信息资源,占领信息化的制高点,及时调整自身发展战略,才能保持在新的局面下持续发展的动力。企业信息化与新的商业运作模式相互融合,推动企业的管理变革,是企业面对新环境挑战的必要对策。

企业信息化是指企业利用现代信息技术,通过对信息资源的深度开发和广泛利用,不断提高生产、经营、管理、决策的效率和水平,从而提高企业经济效益和提升企业核心竞争力的过程。企业信息化是一个宽泛的概念,是对企业的集成化、系统化、规范化、创新性管理思想的体现。企业信息化是一个持续的过程,在复杂多变的内外部环境中,企业必须针对商业模式演变、技术创新等机遇和挑战,对信息化建设工作的方向和目标不断提出新的、全面的要求。

信息化的实质是通过先进业务流程、管理理念与信息技术的融合,改变企业收集、处理、利用信息的方式,从而导致业务流程和组织形式的巨大变革。企业信息化进程的第一阶段,以业务自动化作为关注的重点,专注于人工流程到自动流程的转变(如手工账变为电子账),各个业务部门以其职能为中心构建应用系统,数据只是应用的副产品。而当信息化进程进入第二阶段,其重心将由自动化转向持续优化,从以职能为中心转向以服务为中心,以产品或应用为中心转向以客户为中心,数据不再仅仅是应用的副产品,而是驱动新业务、催生新应用的核心动力。为提升业务管理水平、实现更高的业务目标,信息必须成为战略资产。

因此,随着企业信息化进程的深入,关注的重点将由应用系统的构建转变为更优质信息资源的获得,以及如何从信息资源中挖掘更大的商业价值。国际标准 ISO/IEC 17799《信息安全管理标准》[①]中明确指出："信息是一种资产,像其他重要的业务资产一样,对组织具有价值,因此需要妥善保护。"而数据作为信息资源的基本表现形式和重要组成部分,对数据的投资能更大化地实现企业的业务价值。所以,体现业务价值的企业信息化蓝图,必然需要以企业数据为核心。

另外,随着企业信息化的发展,特别是大数据概念的提出,企业数据的种类和数量急剧增加,企业面临的数据环境日趋复杂;同时,企业信息化的深度应用对跨部门、跨职能领域的协作提出了更高的要求,信息系统之间互通、互联、互操作的复杂性持续增加。海量的数据、复杂的数据环境、潜在的数据质量缺陷阻碍了企业级的信息集成和信息深度利用,成为制约企业信息化发展的瓶颈。为了使庞大的企业数据发挥更大的价值,企业必须加强数据资产的管理和综合利用,通过数据治理推动企业信息化的升级。因此,数据的治理应该是企业信息化的一项核心的基础性工作,其目标是保证企业数据的高质量、有效性、可访问性、一致性、可审计性和安全性。

1.2 数据资产和数据管理

1.2.1 数据资产的概念和重要性

数据是一种未经加工的原始资料,是对客观事物的逻辑归纳,用符号、字母等方式对客观事物进行直观描述。数据是进行各种统计、计算、科学研究或技术设计等所依据的数值(是反映客观事物属性的数值),是表达知识的字符的集合。信息是数据内涵的意义,是数据的内容和解释。数据经过解释并赋予一定的意义之后,便成为信息。

企业所应用的信息系统和数据仓库中存储了大量生产经营活动中的基础数据和业务数据,例如客户数据、BOM[②]数据、订单数据等,通过ERP、CRM等管理信息系统的加工处理,这些数据将转化为信息,用以支持企业各层级的管理决策,提高现有生产资源的利用率,充分发挥资源的整合效应,促进提高管理效率、降低经营费用、提高劳动生产率、提高客户满意度等,从而间接为企业带来经济效益。

信息资产是由企业拥有或者控制,能够为企业带来未来经济利益的信息资源。这一定义中包含三个关键要素。

- 拥有或者控制:表明信息资产的获取并不局限于企业内部,除业务系统产生的数据,通过各种渠道合法获取并控制的外部数据也属于企业信息资产的范畴。
- 带来未来经济利益:体现了信息资产的经济属性。信息资产的本质是将信息作为

---

① ISO/IEC 17799《信息安全管理标准》,由国际标准化组织ISO于2000年12月正式发布,是参照英国国家标准BS 7799而来的,该标准为信息安全管理提供建议,旨在为一个机构提供用来制定安全标准、实施有效的安全管理的通用要素,并使得跨机构的交易实现互信。

② BOM(Bill of Material,物料清单),指产品所需要的零部件的清单及组成结构,即生产一件产品所需的子零件及其产品中零件数量的完全组合。

一种经济资源参与企业的经济活动,减少和消除企业经济活动中的风险,为企业的管理控制和科学决策提供合理依据,并预期给企业带来经济利益。

- 信息资源:表明了信息资产的具体形态。根据 BS 7799 以及 GB/T 20984—2007《信息安全风险评估规范》[①],信息资产包括各种以物理或电子方式记录的数据、软件、服务、人员和其他类别等。由于数据是信息在企业中的主要表达形式,因此,数据资产成为信息资产中最重要的组成部分。

数据的直接效用是将企业的各项生产经营活动客观形象地记录下来,实现可计量、可存储、可复用的管理目标。数据的间接效用体现在以下三方面:一是通过参与市场竞争,提高服务水平和营销能力来增加收入;二是通过改进业务流程或提高分析效率来降低运营、人力等各项成本;三是以真实完整的信息助力企业管理者的科学管理与决策。有效的管理和使用数据可以减少或消除企业经济活动中的风险,为企业管理控制和科学决策提供合理依据,给企业带来相关的经济效益。

《大数据时代》的作者维克托·迈尔-舍恩伯格(Viktor Mayer-Schönberger)[②]指出:"在亚当·斯密论述 18 世纪劳动分工时所引用的著名的大头针制造案例中,监督员需要时刻看管所有工人,进行测量并用羽毛笔在厚纸上记下产出数据,而且测量时间在当时也较难把握,因为可靠的时钟尚未普及。技术环境的限制使古典经济学家在经济构成的认识上像是戴了一副墨镜,而他们却没有意识到这一点,就像鱼不知道自己是湿的一样。因此,当他们在考虑生产要素(土地、劳动力和资本)时,信息的作用严重地缺失了。"由此可知,当时数据获取、存储和应用的成本过高是信息资产被忽视的重要原因。但随着技术的不断发展,数据的存储密度大大提高,大量企业内部信息通过信息系统被便捷地记录和使用,管理者意识到数据所创造的价值已远远大于其成本。

在企业信息化水平不断提高、业务数字化程度日益加深的今天,几乎所有机构都卷入到数据及其处理(数据收集、存储、检索、传输、分析和表示)的浪潮中,数据已成为重要生产要素和无形资产。2012 年年初的达沃斯世界经济论坛[③]上,一份题为《大数据,大影响》(Big Data,Big Impact)的报告宣称,数据已经成为一种新的经济资产类别,就像货币或黄金一样。

数据资产作为信息资产的主要组成部分,具有以下基本特征。

---

① GB/T 20984—2007《信息安全风险评估规范》由国际标准信息技术安全性评估通用准则(CC)改进而来。标准提出了风险评估的基本概念、要素关系、分析原理、实施流程和评估方法,以及风险评估在信息系统生命周期不同阶段的实施要点和工作形式。

② 维克托·迈尔-舍恩伯格(Viktor Mayer-Schönberger),牛津大学教授、大数据权威专家,被誉为"大数据商业应用第一人",其著作《大数据时代:生活、工作、思维的大变革》(Big Data:A Revolution That Will Transform How We Live,Work,and Think)是国外大数据研究的先河之作。

③ 世界经济论坛(World Economic Forum,WEF)是一个非官方的国际组织,总部设在瑞士日内瓦。1987 年,"欧洲管理论坛"更名为"世界经济论坛"。论坛固每年年会都在达沃斯召开,故也被称为"达沃斯论坛"。每年的世界经济论坛年会均有来自数十个国家的千余位政界、企业界和新闻机构的领袖人物参加。世界经济论坛已经成为世界政要、企业界人士以及民间和社会团体领导人研讨世界经济问题最重要的非官方聚会和进行私人会晤、商务谈判的场所之一。

- 共享性：一个个体对数据的使用不会影响另一个体对其使用，数据的传播并不是数据的转移，而是数据的复制，因此，数据资产具有共享性。但由于企业数据作为一种重要资产，其共享性只体现于企业内部部门、合作伙伴或员工之间。
- 增值性：众所周知，物理资产会在使用的过程中发生损耗，造成价值的降低，但是，随着时间的推移，数据量的积累反而会使得数据资产的价值增加，这就是数据资产的增值性。数据资产作为信息的载体，其传播和使用的过程也正是其扩张和创新的过程，结合先进的管理思想进行有效的组合、分析和挖掘，将产生更多有价值的信息。
- 时效性：数据资产的特征来源于数据和信息的属性。信息具有时效性，同样地，数据资产也具有时效性。对于一些流动性强的信息而言，如果不能及时开发利用，其价值就会大打折扣，例如市场类信息。
- 低安全性：一般而言，数据资产经常处于公共的介质或者处于流动状态，数据资产的复制成本较低，从而导致企业拥有和控制数据资产的安全性很差，这正是导致信息资产风险的一个重要因素。

数据资产的重要性体现在以下方面。

- 数据是一种参与企业生产经营活动的经济资源。有效地管理和使用数据可以减少或消除企业经济活动中的风险，为企业管理控制和科学决策提供合理依据，给企业带来相关的经济效益。
- 数据是支持企业发展战略的重要资源，是企业进行分析和决策的重要基础。有效地挖掘和利用海量数据已经成为企业高效发展的关键推动力，如何利用数据创造价值，实现决策分析，对提升企业业务效率、综合竞争实力以及加速企业发展具有重要的意义。
- 数据是现代企业最大的价值来源，数据资产具有较高附加值。有效应用数据资产往往能创造出巨大的潜在价值，其所带来的经济效益不可预估。利用规范的、真实的数据有助于企业进行业务创新、提供更优质的服务、提升客户忠诚度、减少决策分析和报表统计所需的工作，提升企业整体价值。
- 数据资产同时也是最大的风险来源。数据固然有技术的成分，但数据更是一个管理问题，而且是一个综合管理问题。数据管理不善，通常会导致业务决策的效果不佳，更可能面临违规和数据失窃。
- 数据资产是动态变化发展的，而不是像物理资产那样固定不变，一般来说，它的价值会随着数据生命周期的发展而增加。

1.2.2 数据资产的构成

1. 数据的层次模型

根据企业中数据的特征、作用以及管理需求的不同，可根据马尔科姆·奇泽姆

(Malcolm Chisholm)[①]的分类方法,将企业数据分为 6 个层次,分别为元数据(Meta Data)、引用数据(Reference Data)、企业结构数据(Enterprise Structure Data)、业务结构数据(Transaction structure Data)、业务活动数据(Transaction Activity Data)和业务审计数据(Transaction Audit Data),如图 1-1 所示。

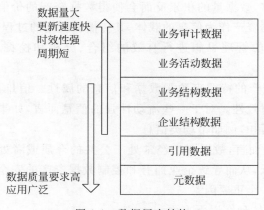

图 1-1　数据层次结构

1）元数据

元数据是系统中最基础的数据,是关于数据的数据,或者说是用于描述其他数据的结构数据。元数据描述数据定义、数据约束、数据关系等。在物理模型中,元数据定义了表和属性字段的性质。

由于元数据是其他数据依存的基础,元数据管理在企业数据管理中起关键性的作用。元数据描述了系统中的表和属性字段的性质,所以应该在数据库设计阶段进行准确的定义,并在数据库的整个运行过程中保持不变。元数据的改变将从底层改变其他数据的结构,对整个系统带来广泛的影响。例如,如果将系统中客户信息的姓氏字段从 20 字节增长为 40 字节,则系统中对客户信息以及与客户信息相关的业务信息、财务信息的查询、显示以及报表等诸多功能都将随之发生变化。

2）引用数据

引用数据定义了元数据的可能取值范围,也被称为属性值域。例如,月份的引用数据为(1—12 月)十二个属性值,国家的引用数据为世界上现有的 200 多个国家和地区。引用数据的正确、完备和统一是其他数据质量的保证,可大大提升业务流程和数据分析的准确性和效率。引用数据的使用贯穿于企业的各类 IT 应用,是提供集成、共享、全面和准确的信息

---

① 马尔科姆·奇泽姆(Malcolm Chisholm),博士,咨询公司从事企业信息管理工作超过 25 年,著有专著 *How to Build a Business Rules Engine*,*Managing Reference Data in Enterprise Databases* 和 *Definition in Information Management*,曾荣获数据管理协会(the Data Management Association,DAMA)颁发的 2011 年度国际专业成就奖(DAMA International Professional Achievement Award)。本小节内容参考:http://www.b-eye-network.com/view/index.php? cid=6758。

服务的重要支持。除此之外,引用数据是对数据分类的主要标准。例如,电子商务平台的订单状态可以分为待付款、待发货、待收货、已收货和已撤销等,不同状态的订单将进入相应的业务流程。

在企业的长期运营中,时常会面临引用数据的变化。例如,公司合并会使相关的股票代码发生变化,如果没有对股票代码的引用数据进行及时修改,可能造成相应的业务信息发生错误,甚至为企业带来直接的经济损失。

引用数据的使用能够满足各类系统应用对相同信息的不同粒度或不同形式的应用需求。将国内客户按照收货地址的省份进行分类,而省份属性的引用数据即为我国 34 个省级行政区域。但实际应用会根据输出格式的要求显示省份的全称或简称,或者按照数据分析的需求,将省份进一步按照华东、华北、华南、华中等大区进行划分。分散的企业 IT 应用很难实现引用数据的统一,冗余和冲突的引用数据阻碍了信息的共享,使得管理者无法看到企业数据的全貌,因此,引用数据的管理是主数据管理中的重要环节,需要予以充分的重视。

3）企业结构数据

企业结构数据描述了企业数据之间的关系,反映了现实世界中的实体间的关系或流程,如会计科目、组织架构和产品线等。这些数据是多条主数据的集合,共同描述了企业中的层次结构关系,是企业开展业务和进行管理的依据。例如,企业组织结构由组织机构、人员、岗位等主数据组成,但在不同行业之间,企业结构数据的结构和内容都有很大差异。

4）业务结构数据

业务结构数据描述了业务的直接参与者,产品数据和客户数据都是典型的业务结构数据。掌握业务结构化数据是业务发生的必要条件。显然,当向客户出售产品时,需要提前了解产品和客户;在系统中录入产品销售记录时,系统中也必须存在对应的产品和客户数据。

业务结构数据描述的数据实体通常由一个唯一的数据编码以及大量的属性信息构成,因此,数据编码的生成规则成为此类数据管理的关键。客户的姓名可能会改变,产品名称在其生产流程中也在不断变化,这都为数据编码工作带来了挑战。业务结构化数据应用于系统的一系列业务流程,不同的业务部门所使用的数据属性也不尽相同,因此,针对业务内容产生不同的数据视图（图 1-2）是业务结构化数据管理的另一个重点。

类别编码	物料编码	类别名称	长描述	物料类型	物料组	外部物料组
0901001	090100100020	聚氯乙烯绝缘电线	聚氯乙烯绝缘电线BVR-2300/5001*0.5	ZSNG	0901001	01

采购视图　　　　　　　　　　　财务视图

图 1-2　不同业务的数据视图

5）业务活动数据

业务活动数据记录了企业运营过程中产生的业务数据,其实质是主数据之间活动产生的数据,如客户购买产品的业务记录、工厂生产产品的生产记录。业务活动数据是企业日常经营活动的直接体现,也是早期企业自动化的关注重点。正如前文所述,业务活动数据大大依赖前几层数据的质量。如果企业只关注于记录业务,而忽略了基础数据的维护,将造成系统内数据的混乱,从而影响整个企业的生产运营。业务活动数据存储于企业的联机事务处理系统(On-Line Transaction Processing,OLTP),这些系统应用提供了业务活动数据高容量、低延迟的访问和维护服务。

6)业务审计数据

业务审计数据记录了数据的活动。例如,对客户信息进行修改、对业务进行删除,这些变化都将被记录在系统中,以便日后追溯。利用业务审计数据可以对数据按照时间维度进行分析,把握企业运营的趋势。同时,一些法律法规也对业务审计数据做出了要求,特别是对银行等关键行业。

2. 数据的域模型

数据的层次模型抓住了不同层次数据量、变化频度和生命周期的差异,对数据管理有一定的指导意义。但该模型提出较早,面对当前企业数据管理的具体要求,存在以下不足。

- 随着大数据和商务智能(Business Intelligence,BI)的发展,由基础的业务数据衍生出大量的分析数据,该数据层级未能在原始的数据层次模型中有效表达。
- 在实际的数据管理系统中,相对慢变的元数据、引用数据、企业结构数据、业务结构数据通常作为主数据来管理;业务活动数据和业务审计数据通常属于在线事务处理(Online Transaction Processing, OLTP)的范畴;分析数据则和在线分析处理(Online Analytical Processing, OLAP)关系紧密。数据的层次模型未能对上述数据与信息系统之间的对应关系进行表达。

图 1-3　数据域结构

因此,在数据层次模型的基础上,提出数据的域模型,根据企业中数据的特征、作用以及隶属关系的不同,将数据资产划分成主数据、业务数据、分析数据三个主要的数据域,如图 1-3 所示。

- 主数据域:主数据是指具有高业务价值的、可以在企业内跨越各个业务部门被重复使用的数据,是单一、准确、权威的数据来源。主数据域包含元数据、引用数据、企业结构数据、业务结构数据等内容。主数据依赖于静态的关键基础数据,关键基础数据往往是标准的、公开的,如国家、地区、货币等。这些数据相对慢变,但对企业具有全局的重要作用。
- 业务数据域:业务数据包含业务活动数据和业务审计数据,业务数据是在交易和企业活动过程中动态产生的,通常具有实时性的要求。
- 分析数据域:分析数据是对业务数据梳理和加工的产物,相对业务数据而言,实时性的要求较低,通常按照分析的主题进行组织和管理。同时随着大数据技术的发展,在分析数据域中除了传统的结构化数据之外,有大量半结构和非结构化数据引入。

在上述数据资产之中,主数据是上层业务数据、分析数据组织和管理的基础,相对于上层数据具有稳定、数量少的特点,但这些关键数据的影响范围广泛。业务数据和分析数据与企业的运营决策直接相关,其数据质量严重依赖底层主数据的质量。因此,主数据是企业数据资产的根基,只有健康的树根才能支撑得起大树的繁枝茂叶、累累硕果。

1.2.3　数据管理的内容、现状和问题

1. 数据管理的内容

按照国际数据管理协会(DAMA)的定义,数据管理(DM)是规划、控制和提供数据及信息资产的一组业务职能,包括开发、执行和监督有关数据的计划、政策、方案、项目、流程、方法和程序,从而控制、保护、交付和提高数据和信息资产的价值。

如同其他资产一样,数据资产也具有生命周期,企业管理数据资产,就是管理数据的生命周期。有效的数据管理开始于数据的获取之前,企业先期制定数据规划、定义数据规范,以期获得实现数据采集、交付、存储和控制所需的技术能力。

数据管理的目标是"控制、保护、交付和提高数据和信息资产的价值",因此,数据质量和数据安全是贯穿数据生命周期的管理重点。数据质量决定了数据满足数据消费者期望的程度,直接影响着数据资产的价值;而隐私和安全则是合法使用数据的前提,与数据的产生、获取、更新和删除的全过程密切相关。

按照图 1-3 所示的数据资产的分类方法,数据管理也可按照所针对的数据域划分为主数据管理、业务数据管理、分析数据管理。因为三种数据资产的特征不同、用途不同,管理的目标和方法也存在一定的差异。

- 主数据管理:创建和维护企业中具有高业务价值、可在各个业务部门和职能领域之间被重复使用的数据,为业务开展和数据分析提供基础。重点关注数据的一致性、完整性、相关性和精确性。
- 业务数据管理:管理企业业务活动中数据的产生和维护过程,为跨系统的业务流转和协同提供基础。重点关注多个业务系统之间的数据整合、清洗、标准化,以及数据的有效分发和同步。
- 分析数据管理:组织和管理数据,为企业运营的分析和决策提供支持。将不同来源、不同形态的数据资源,转换成为一组不同结构的专题数据,以便汇总、描述、预测和分析。在这里,相同的信息可能会以多种不同的数据形态存储和呈现,重点关注数据的一致性、完整性、可用性。

上述三种数据管理都涉及对数据生命周期的过程管理,都涉及数据质量、数据安全和隐私。其中,主数据管理是数据资产管理的基础,业务数据管理更强调数据的流通价值,分析数据管理更关注数据提供的洞察能力。

2．数据管理的现状和问题

过去的 10 年间，国内大部分领先企业都陆续建设了 ERP 系统、资产管理系统、人力资源系统、供应链管理系统、物流系统、电子商务系统、集成门户、协同办公、决策支持系统等各类信息化系统。这些系统通常独立建设，独立运行，分别服务于企业内不同的职能部门。由于业务和 IT 技术发展的渐进性，企业的各个业务系统都经历了从无到有，不断扩展和升级的过程，从而形成了一个又一个的业务竖井。业务系统的构建更多是以项目为中心，从下而上地构建，往往缺乏整个企业范围内的统一规划，从而使得一些需要在各个业务中共享的核心数据被分散到了各个业务系统进行分别管理。

在这个以应用为中心的信息化进程中，由于企业各部门在开发或引进各种应用系统时都是单一地追求各自的功能实现，没有从全局视角进行业务数据流分析和相互协调，没有遵循统一的数据标准和规范，各个部门都按"自产自用"的模式管理数据资源，导致数据不一致和数据冗余问题与日俱增。

例如，在某个系统的供应商目录中，一个供应商可能称为"XX（中国）有限公司"，而另一个系统的客户目录中可能称其为"××公司"，而这样的错误往往来源于负责此公司的销售和采购业务人员录入习惯的不同；不同的开发人员，甚至同一位开发人员在不同的任务中，对同一个数据对象的命名也可能不一致，如"供应商代码""供应商号""供应商编号"等。同时，企业内部的业务区隔或行政分化也在不断地制造着企业数据交互的断层。图 1-4 展示了某公司内信息系统中客户数据的常见问题，包括编码不一致、元数据不一致、数据内容不一致和数据缺失等。

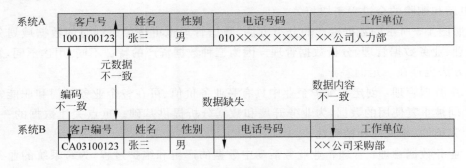

图 1-4　常见数据问题

由此可见，现阶段以职能和应用为中心的企业信息化建设在带来数据高速增长的同时，引发诸多数据管理的问题。这些海量的、分散在不同系统中的数据资产呈现出数据量大、涉及领域广、结构复杂的特点，导致了数据资源利用的复杂性和管理的高难度。具体而言，大型企业在数据管理方面通常存在如下问题。

1）缺乏数据管理的体系规划

企业缺乏全面的、涵盖所有应用系统的数据管理体系规划，对数据管理策略、组织模型和流程模型没有清晰的目标和定义，没有可执行的数据治理实施阶段和步骤，同时也缺乏对整个数据生命周期中数据的处理、校验、生效、变更、分布，以及相关的策略、模型、流程和方案。

2）缺乏有效的数据管理组织

企业缺乏高层认可的数据管理组织,无法统一建立基础数据管理标准,相应的数据监督管理措施无法得到落实,也没有建立数据管理及使用考核体制,无法保障已经建成的数据管理标准和内控体系有效地执行。

各信息系统的建设和管理职能分散到各职能部门或各单位,数据业务质量审核主要由各业务职能部门分头负责,缺乏完善的基础数据质量管控流程和管理规范,缺乏数据管理组织和岗位职责的界定体系,各职能部门或各单位中的数据管理的职责分散,权责不明确。同时,跨业务部门的基础数据质量沟通机制不够完善,缺乏清晰的跨业务的基础数据管控规范及标准,影响基础数据质量,统计分析口径不统一,导致数据管理的相关标准、规范无法有效地执行和落实。

3）缺乏 IT 工具的支持

企业数据管理的业务开展缺乏 IT 系统的支持,手工处理占主要部分,基础数据完全采用人工方式收集、整理,存在工作效率低下、错误率高等问题。数据标准的执行主要靠人为因素,无法实现全面、严格的数据质量控制和审计。同样的工作要在不同的系统中重复操作,数据管理的工作烦琐,效率低下。

4）缺乏对数据管理的正确认识

现阶段,多数企业错误地认为数据管理是单纯的技术工作,应由信息系统的开发人员完成,基本不需要业务人员。实际上,信息化进程中的数据管理工作是在两类人员的密切合作下推进的。缺少业务人员的参与,或业务人员与开发人员沟通不畅、矛盾分歧都会造成信息系统开发效率低、质量差等问题,最终影响数据资产质量。

由于在数据管理上存在上述认识、规划、组织和管理工具上的缺陷,各类业务系统往往各自为政,难以互联互通,数据不一致和数据冗余问题与日俱增。海量的数据资产往往无法得到更高层次的利用,不能及时发现潜在的问题。最终,企业缺乏完善、统一的基础数据来源和技术标准,缺乏统一、可信的基础数据源,给企业的发展带来了极大的障碍。企业在信息化的进程中,正在面临"数据资产管理危机"。具体表现如下。

- 信息孤岛:企业中绝大部分系统处于分散、独立的状态,各系统独立运行,系统中的数据标准自成体系,系统与系统之间无法进行业务交互和数据交换,导致数据只在系统内部有效,不能与其他系统的相关数据进行关联分析。

- 数据标准不统一:数据的标准包括了企业核心业务定义、数据模型、数据属性、参考数据、指标等,也包括了行业内部的数据标准。企业在各业务系统建设时如果缺少统一的数据标准,会导致开发和运维人员难以正确理解数据模型相关含义,致使企业不同业务系统集成和数据共享困难。

- 数据质量差:在业务系统运行过程中,由于各类原因,会导致数据冗余、数据不一致、数据缺失等问题,例如计量单位不一致、编码不一致、同一实体多条记录等数据质量问题。这些问题数据如果不及时发现并处理,就会影响企业的运营,阻碍业务发展,甚至造成严重的后果。对于后续的数据分析,也会因为这些问题数据的存在而被干扰,分析结果将受其影响,误导管理层决策。

当前,企业信息化建设正处于从应用为中心向数据为中心转化的关键时期,企业面临数据整合的挑战不断增长且日益严峻,低质量的数据资产已经成为在信息化与业务深度融合过程中的关键制约因素。数据资产一旦处于混乱无序状况,其重要性就会降低,价值会大打折扣,甚至会影响企业的利益和决策。

Experian 发布的"2018 年全球数据管理研究"指出,仅有 24% 的企业使用专门的平台来进行企业级的数据质量管理;29% 的企业存在数据质量管理,但是仅限于部门级别;23% 的企业有计划在未来开展数据质量管理;但依然有 24% 的企业没有任何的数据质量或者数据治理计划。企业普遍认为当前数据中有三分之一是不准确的,其中有 69% 的企业认为不准确的数据将会影响他们给用户提供的服务。在已经部署数据质量管理项目的企业中,有 42.2% 的企业使用手动编码的方式进行数据质量管理,只有 28.7% 的企业使用了厂商提供的专业数据质量工具进行管理。

总体来说,国内企业目前数据管理都处于初级阶段,很多企业的数据资产都或多或少地面临着如下问题。

- 数据不完整:缺少关键基础数据,部分辅助数据缺失或不全面,历史数据丢失严重。
- 数据分散、不一致:企业内的数据入口众多,同一类数据采用的标准、规则不一致。
- 数据质量低:大量数据基本上"堆积"在一起,缺少必要的数据管理,集成数据的可用性差,质量比较低。
- 数据共享集成成本高:数据标准不统一、分散、可用质量差,数据核对、清理、映射的工作量巨大,导致共享集成和数据分析的成本非常高。
- 数据经济效益不显著:数据决策分析的结果可靠性差,投入与产出不匹配。

因此,数据资产的质量已经提升到企业的核心战略层面,成为一项复杂而艰巨的系统工程。数据的应用与数据质量是相辅相成、相互推动的关系,对数据资产进行治理,是提升企业数据管理与应用水平的关键举措。企业应该着眼于长期、持续有效的数据治理,建立行之有效的数据治理体系,挖掘数据的潜力,从而发挥数据资产在企业中的核心价值。

1.3 数据治理的目标和挑战

1.3.1 数据治理的概念

随着企业信息化进程的推进,数据资产的构成越来越复杂,跨部门、跨系统的协同对数据质量提出了越来越高的要求,数据管理成为一项复杂的系统工程。因此,数据治理的话题也越来越多地被提及和讨论,只有建立了一定的数据治理体系,才可能系统性地提升数据管理的能力,改善数据质量,用户才能真正地进入商业智能时代。

目前,数据治理和众多的新兴学科一样,也有很多种定义。IBM 认为,数据治理是根据企业的数据管控政策,利用组织人员、流程和技术的相互协作,使企业能将"数据作为资产" (data as enterprise asset)来管理和应用。根据伯森(Berson)和杜波夫(Dubov)的定义,数据治理是一个关注于管理信息的质量(Quality)、一致性(Consistency)、可用性(Usability)、安全性(Security)和可得性(Availability)的过程。这个过程与数据的拥有(Ownership)和管理职责(Stewardship)紧密相关。

我们认为,数据治理是围绕数据资产展开的系列工作,以服务组织各层决策为目标,是数据管理技术、过程、标准和政策的集合。通过数据治理过程提升数据质量、一致性、可得性、可用性和安全性,并最终使企业能将数据作为核心资产来管理和应用。

数据治理是一种完整的体系,企业通过数据标准的制定、数据组织和数据管控流程的建立健全,对数据进行全面、统一、高效的管理。数据治理正是通过将流程、策略、标准和组织有效组合,才能实现对企业的信息化建设进行全方位的监管。因此,数据治理项目的实施需要企业内部一次全面的变革,需要企业高层的授权和业务部门与IT部门的密切协作。

数据治理覆盖了企业内几乎所有的信息化建设相关工作,不仅包含各类核心业务系统,也包括数据存储、数据仓库、数据分析以及其他相关的系统,最终实现数据的全方位监管,实现数据全生命周期的梳理和管理,保证了数据的有效性、可访问性、高质量、一致性、可审计和安全性。从技术支持范围来讲,数据治理涵盖了从前端事务处理系统、后端业务数据库到终端的数据分析,从源头到终端再回到源头,形成一个闭环的负反馈系统;从业务范围来讲,数据治理就是要对数据的产生、处置、使用进行监管;从控制范围来讲,数据治理必须通过对人员、流程和系统的整体设计和调整,满足数据与业务的全面结合。目前较被认可的数据治理工作通常包括数据标准定义、数据质量管控、数据安全管理、数据架构规划等内容,以及建立包括政策制度、组织架构、管理流程、技术支撑等方面在内的数据治理保障体系。

1.3.2　数据治理的目标

数据治理是对数据资产管理行使权力和控制的活动集合(计划、监控和提升)。加强数据治理是提升信息化能力、提升精细化管理水平、提高业务运营效率、增强企业决策能力和核心竞争力的重要途径。数据治理的工作职能指导其他数据管理职能如何执行,数据治理是在更高层次上执行数据管理制度。每个企业都以不同方式实现数据治理,这主要是因为它们具有不同的业务目标。一些企业可能专注于数据质量,而其他企业专注于客户资料完整性,还有一些企业专注于确保敏感客户数据的隐私。一般来说,企业可通过治理其数据而实现以下目标。

- 完善的数据管控体系。通过对数据管控组织、流程、标准和技术支持的统一规划设计,实现数据管控过程的高效运行和持续优化,建立数据治理的长效机制。
- 统一的数据来源。通过对关键共享数据进行集中管理,确保关键共享数据的一致性,构建企业层面的统一数据视图。
- 标准化、规范化的数据。数据清理将实现现有数据的标准化,数据申请和数据审批等业务流程将控制新增数据的标准化,从而彻底改善数据不完整、冗余、错误等质量问题。

- 提高工作效率。数据的标准化将使企业内部的信息共享、业务融合更加流畅,业务对数据实时性、准确性的需求得到满足,从而带来工作效率的提高。
- 降低数据管理、维护、集成成本。共享数据分散在不同的业务系统中,想要保持数据的一致性,就必须付出大量管理维护成本,但这仍然无法根治数据质量问题。数据治理通过对这部分数据统一管理,而后将一致的、权威的数据通过接口自动分发给各个业务系统,大大节约维护成本,并且保证了数据的质量。
- 满足数据的合规性。数据治理将帮助组织更好地遵从内外部有关数据使用和管理的监管法规,如 SOX 法案[①]、Basel Ⅲ 协议[②]等。

1.3.3　数据治理的挑战

在 Experian 发布的"2018 年全球数据管理研究"报告中,对实施数据治理项目的挑战进行了调查,具体的统计结果如图 1-5 所示。

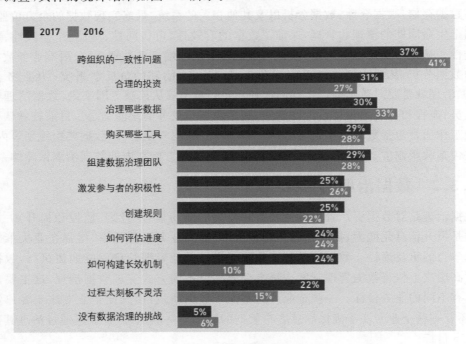

图 1-5　企业数据管理存在的挑战

---

① SOX 法案即萨班斯法案,又称为萨班斯·奥克斯利法案,全称为《2002 年公众公司会计改革和投资者保护法案》,是美国政府 2002 年出台的一部涉及会计职业监管、公司治理、证券市场监管等方面改革的重要法律。

② Basel Ⅲ 协议即巴塞尔协议 Ⅲ,由国际清算银行下的巴塞尔银行监理委员会(BCBS)所促成,2013 年 1 月 6 日发布,内容在之前的两个巴塞尔协议(Basel Ⅰ 和 Basel Ⅱ)的基础上进行了修改,以期标准化国际上的风险控管制度,提升国际金融服务的风险控管能力。巴塞尔协议是全球银行业监管的标杆。

实施数据治理的企业普遍认为跨组织的协调是治理过程中最大的挑战,如何处理跨组织的数据不一致问题是数据治理项目规划和实施所需解决的关键问题。此外,数据治理的挑战主要集中在以下三个方面。

- 数据治理项目的规划:在规划阶段,企业往往在确定目标(治理哪些数据)和工具选型(购买哪些工具)上存在困难,因为难以界定数据治理的边界,导致投资规划困难。
- 组织和制度建设:企业不了解如何组织数据治理团队,如何激发业务部门参与的积极性,如何创建适当的规则和制度。
- 数据治理项目的执行:在执行过程中,如何有效地评估进度和保证数据治理的效果长期存在是企业普遍感受到的问题。同时,也有企业反映数据治理过程太过刻板不灵活。

由上述的调查可以看出,数据治理不仅仅是技术问题,更是管理问题。此外,企业主要决策者和业务主管对数据治理的目标、内容和过程的正确理解是治理的基础。同时,成功的数据治理项目往往需要外部专业机构的辅助,在规划和实施过程中提供咨询服务和技术支持。

1.4　数据治理的核心内容

1.4.1　数据治理的内容

实际上,很多企业都在做涉及数据治理的项目,只不过可能是以其他项目的形式出现,如数据集成、ETL[①]、元数据等项目,这些都是数据治理的组成部分。因为数据治理是一项长期的企业管理活动,而且涉及的层面很多,所以,尽管很多IT公司都给自己的解决方案贴上了"数据治理"的标签,但应该说它们的方案和工具都只是数据治理中的一部分而已。

数据治理涉及管理方法与技术工具的综合运用,完整的数据治理项目通常包括目标、组织、制度、工具、标准5个关键要素。这5个方面缺一不可,如图1-6所示。同时,在数据治理项目的外部,需要通过有效的培训手段提升相关人员数据管理的意识,并配合规范的管理制度建设和企业文化建设,为数据治理项目的实施提供保障。

1. 目标

伴随着企业的做大做强,信息化程度不断深化,企业对数据的要求持续提升,数据治理成为一个长期的过程,需要持续不懈地推进,持续培养数据治理的组织文化,使数据治理成为组织中基因的一部分。

---

① ETL,是Extract-Transform-Load的缩写,用来描述将数据从来源端经过抽取(Extract)、转换(Transform)、加载(Load)至目的端的过程,是实施数据仓库的重要步骤。

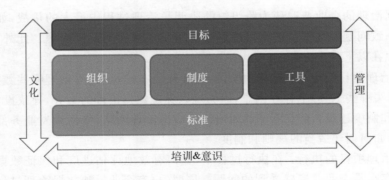

图 1-6　数据治理管理框架

在这样一个持续性的管理升级过程之中,数据治理需要与企业战略相契合。因此,制定企业信息化战略,明确数据治理的目标是成功完成数据治理任务的基础。

目前国内大多数企业的数据治理仍然停留在技术层面,其目标集中在解决分散于各个业务及管理环节已有数据的问题,以及如何进行现有数据的清洗、映射、整合、应用等内容。而对更深层次的数据治理目标,如数据资产规划、数据架构设计、数据价值挖掘、数据管控制度等方面关注不够,导致数据治理任务与业务脱节,如与企业整体 IT 规划脱节。在未来的几年中,构建全方位的数据治理体系,提升企业数据治理能力,仍然将是企业信息化工作的重点,为企业提高核心竞争力夯实基础。

2. 组织

组织机构在数据治理过程的重要性逐渐被企业认知,组织机构是数据治理的关键。数据治理组织要实现由无组织向临时组织,由临时组织向实体与虚拟结合的组织发展,最终发展到专业的实体组织,企业必须建立数据治理的组织机构,设立各类职能部门,加强数据治理的专业化管理,并建立起专业化数据治理团队。

目前,数据治理组织多以临时组织的方式存在,这样的组织类似于项目部,对企业来说在组织构建和培养上没有连续性,缺少数据管理经验和知识的有效传递,而当今世界经济的发展要求在数据治理中建立有权威性、实体存在的组织机构,且要求能够在企业中一直存在并持续发展壮大。数据治理是一个系统的、涉及多部门的复杂工作,因此,实施数据治理的第一步就是要找到一位精通业务、有威望的负责人,协调多个部门的工作,统筹安排数据治理战略和重要计划,并具体实施数据治理的政策和策略。

组建数据治理组织机构一般包括定义数据治理规章制度、定义数据治理的组织结构、建立数据治理委员会、建立数据治理工作组、确定数据专责人等内容。

伴随着组织机构的发展,岗位的专业化是数据治理发展的必然趋势。在数据治理的各要素中,人是数据治理工作的执行者,即使组织机构设立得再合理,如果人的岗位职责不明确,那么也会造成职责混乱,工作者无所适从,工作效率低下的状况。数据治理需要治理团队的协同工作,每个岗位在统一领导之下,按照数据治理"源头负责制"分工协作,既要完成自己职责范围内的工作,又需要与其他岗位进行良好的沟通和配合,努力提高数据治理的效率和效果。

3. 制度

数据治理需要建立数据管控制度来保障。哪些数据可以被使用？数据可以被哪些人访问？可以被哪些人维护？需要由谁来审批？需要通过对这些方面进行制度规范和数据控制，以使数据能够安全、顺利、规范地使用。

在数据治理的过程中，企业越来越清晰地意识到，要想提高数据的质量，数据管控制度是必不可少的。数据管控制度发展到现在，逐步形成了多重控制相互作用、共同管控的状况。数据管控制度主要有以下内容。

1）流程化控制

数据的流程化控制是最普遍的控制方式。经过多年的理念和技术进步，流程化的控制已经发展为全方位的流程控制。要加强数据的流程化管控，不仅需要进行数据业务上的控制，也要有数据技术上的控制，还要有数据逻辑上的控制。

2）合规性控制

当今世界进入了经济全球化时代，企业的数据不仅要能为我所用，也需要考虑数据是否符合国际、国家的法规，是否满足行业的标准，能否满足跨国度、跨行业的经济行为的需要。数据合规性的控制是现代企业非常重视的控制方法。加强合规性控制是企业提高自身竞争力的必要手段之一。

3）工具化控制

随着信息化技术飞速发展，数据管理工具不断涌现，通过工具进行管理控制也是数据控制的方法之一。这种控制方法对既定的控制要求完全严格地执行。

4. 工具

随着IT技术的迅速发展，数据管理工具的功能越来越强大，使用越来越方便、人性化，并且持续有先进的管理思想融入其中。数据管理工具对数据治理是有效的支撑和辅助，采用一个成熟、先进、科学的数据管理工具也是提升数据管理水平、实现成功数据治理工作的关键要素。

通过数据管理信息化工具的应用，可以辅助完成组织机构和岗位职责的定义，数据标准规范的应用，实现数据管控流程、规则，完成数据访问授权控制，提高数据的安全性，管理数据的产生、审核、使用、修订直至消亡的全生命周期。

5. 标准

数据标准的制定是实现数据标准化、规范化，实现数据整合的前提，是保证数据质量的主要条件。标准不是一成不变的，它会因企业管理要求、业务需求的变化而变化，也会因社会的发展、科学的进步而不断地变化和发展，这就要求企业对标准进行持续的改进和维护。

数据治理标准的制定包括数据标准的制定和度量标准的制定两方面。

数据标准制定是数据标准化工作的核心。国外企业在进行数据治理时大多从数据标准管理入手，按照既定的目标，根据数据标准化、规范化的要求，整合离散的数据，定义科学的数据标准。

数据治理执行过程中的度量标准也是十分重要的,它用来检查执行过程中各项指标是否偏离既定目标,度量过程的成本以及进度。度量标准的制定是评估原有数据的价值,度量和监控组织的数据治理执行,有效度量数据治理效果的关键因素。原有数据的价值如何,企业需要花费多大的成本去做数据治理,这些问题都需要有能够度量的标准,按照度量后的原有数据的价值,确定数据的重要性优先级,以决策对数据治理的投入成本。

数据治理的效果如何也需要度量效果的标准来衡量。通过对治理效果的度量、分析,主动地采取措施去纠正,改善数据治理的工作。

1.4.2 数据治理的基本过程

数据治理是一种完整的体系,企业通过数据标准的制定、数据组织和数据管控流程的建立健全,对数据进行全面、统一、高效的管理。数据治理正是通过将流程、策略、标准和组织有效组合,才能实现对企业的信息化建设进行全方位的监管。因此,数据治理项目的实施需要企业内部一次全面的变革,需要企业高层的授权和业务部门与 IT 部门的密切协作。一个完整的数据治理流程应该包含图 1-7 所示的基本过程。

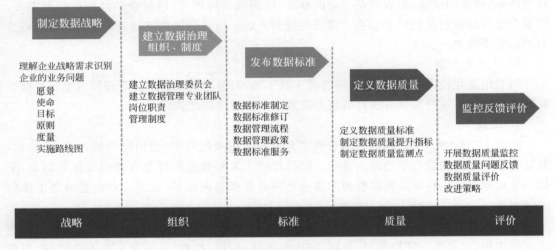

图 1-7　数据治理的基本过程

1. 制定数据战略

数据战略的制定需要两方面的努力:一是理解企业的战略需求;二是识别企业的业务问题。

首先,数据战略必须与企业战略相契合,并纳入到企业信息战略的框架之中。因此,理解企业的战略需求是制定合理的数据战略的基础。这需要在深入调查的基础上进行业务分析,理解企业的现行业务的逻辑关系及其后续规划,建立企业业务模型。进而,围绕核心业务环节进行数据分析,清理企业数据资产,并明确数据治理的重点。

其次,根据数据治理的现有实践,得出治理计划失败的主要原因,譬如,它们无法识别实际的业务问题。因此,企业亟须围绕一个特定的业务问题(如失败的审计、数据破坏或出于风险管理用途对改进的数据质量的需要)定义数据治理计划的初始范围。一旦数据治理计划开始解决已识别的问题,业务职能部门将支持它把范围扩展到更多区域。

通过上述的调研和分析,明确企业数据治理的愿景、使命、目标和原则,制定实施路线图,并确立治理效果的度量指标。

2. 建立数据治理组织、制度

在这一阶段将完成数据治理委员会和数据管理专业团队的搭建,明确相应的岗位职责和管理制度。

组织和制度的建立首先需要得到企业高层对数据治理计划的支持,可通过具体的业务案例揭示关键业务环节中存在的数据质量问题,展示数据治理的价值。

与任何重要的计划一样,组织需要任命数据治理的整体负责人。过去,大型企业一般将首席信息安全官(CSO)视为数据治理的负责人。此外,首席信息官(CIO)也常常承担数据治理的领导职责。近来,越来越多的企业意识到数据资产对企业的重要性,正在以全职形式安排数据治理角色,使用"数据照管人"等头衔。无论角色名称如何,数据治理的整体负责人必须在企业高层有足够的影响力,以确保数据治理计划能顺利展开。

除此之外,数据治理需要建立合适的组织架构。数据治理组织一般采用三层结构。顶层是数据治理委员会,由关键职能主管和业务领导组成;中间层是数据治理工作组,由经常会面的中层经理组成;最后一层由数据管理员和IT技术支持人员组成,负责日常的数据管理工作。

3. 发布数据标准

数据治理的首要任务就是要制定企业统一的数据标准和规范,开发共用的、标准的数据集成规则,并定义企业级的数据模型,为实现企业的信息集成、数据共享、业务协同和一体化运营做好信息化的基础保障。

数据标准的发布有赖于对企业数据的完整理解。如今很少有应用和数据是独立存在的,数据往往散落在企业各个角落,但彼此间存在相互关联。数据治理团队需要发现整个企业中关键的数据关系,以及企业IT系统内敏感数据的位置,通过数据标准对关键数据的形态及其关系进行规范。

4. 定义数据质量

数据治理需要拥有可靠的度量指标来度量和跟踪进度。数据治理团队必须认识到只有可度量的过程,才可能进行管理、改进。因此,数据治理团队必须挑选一些关键性能指标(KPI)来度量计划的持续性能。例如,一家银行希望评估行业的整体信贷风险,数据治理计划可以选择标准行业分类(SIC)代码的完整性作为KPI,跟踪风险管理信息的质量。

5. 监控反馈评价

监控反馈评价包括数据管理成熟度的评估和治理效果的评价。

实施数据治理的组织需要定期对其数据管理的成熟度进行评估,一般每年执行一次。评估包括组织当前的成熟度水平(当前状态),以及在当前数据战略下未来期待达到的成熟度水平(未来状态),并开发一个路线图来填补当前状态与想要的未来状态之间的空白。例如,数据治理组织可以检查"组织"的成熟度空白,确定企业需要任命数据照管人来专门负责目标主题数据的管理,如客户、供应商和产品。路线图一般涵盖后续 12~18 个月的治理工作,这段时间必须长到足够生成结果,短到确保关键利益相关者的持续支持。

数据管理成熟度评估是一种整体评价,而治理效果评价则是对一个数据治理流程更加全面细致的评估、检查、测试和分析,包括实际指标和计划指标对比,以确定系统目标的实现程度,未完成指标的具体情况和原因,同时对系统建成后产生的效益进行全面评估。

1.4.3　数据治理的重点

企业的数据资产可分为主数据、业务数据和分析数据。主数据描述的是核心业务实体,如客户、供应商、地点、产品和库存等;业务数据描述实体发生的业务流程,如客户订单、出库单等,业务数据的实质是多个业务实体之间的关系;分析数据是在业务数据之上衍生出的数据产品。通常,主数据所刻画的核心业务实体会在多个业务系统和分析系统中被重复使用。因此,主数据是企业中涉及多个价值链和核心业务流程的基础数据。

由于主数据是企业数据资产中最核心的、需要共享的基础数据,对主数据进行治理也就成为数据治理任务中的重中之重,是后续进行业务数据和分析数据治理的基础。为解决分散管理的主数据之间存在着的一致性、准确性和完整性问题,促进企业内部的数据共享,促进数据资产价值的开发,必须引入主数据管理。

主数据管理旨在从企业的多个业务系统中抽取主数据并进行整合,集中进行数据清洗,并以服务的方式把统一、完整、准确的主数据分发给企业内的操作型应用和分析型应用,包括业务系统、业务流程和决策支持系统等。企业的各个业务流程都将从中受益。例如采购部门可以通过整合物资数据进行全企业范围的统一采购和资源调度,能够大大节约采购成本;对于销售和营销业务,因为可以与生产和库存对接,可更迅速、经济、有效地完成营销活动,主数据管理系统能够确保企业在任何预期使用场景下,同步到 CRM 和 ERP 等应用系统的数据的清洁性、精确性、时效性以及一致性都处于最高级别。

因此,主数据治理作为数据治理中最为基础的一环,是企业获得一个完整、可信的数据视图的必经途径。主数据的应用与数据质量是相辅相成、相互推动的关系。主数据体系的构建和执行是提升企业数据管理与应用水平,保障可靠数据质量的关键举措。企业应该着眼于建立行之有效的主数据体系,挖掘主数据的潜力,有效提升主数据的质量,进而充分体现数据资产在企业中的核心价值。

1.5　数据治理的评估——成熟度模型

1.5.1　数据管理的成熟度模型

数据体系现状评估是企业数据管理体系规划的起点,只有清楚地认识企业内数据管理活动的真实现状,才能制定合理的数据体系建设目标和规划。数据管理成熟度是指企业按照数据治理的目标和条件,成功、可靠、持续地实施数据管理的能力。数据管理成熟度模型通过对主数据体系建设的各个发展阶段进行多维度的描述,从而实现对企业数据管理能力的量化评价,对数据体系的建设和维护进行过程监控和研究,以使其更加科学化、标准化。

软件行业广泛使用能力成熟度模型(CMM)来评估软件生产过程的标准化程度和软件企业能力。该评估框架适当调整也可用以评价企业数据管理水平。参考 CMM 模型,数据管理成熟度一般也可分为初始、重复、定义、管理、优化、创新六个级别,如图 1-8 所示。每个成熟度级别是一个完备的进化阶段,反映企业数据管理能力当前所达到的水平以及下一阶段改进的目标。

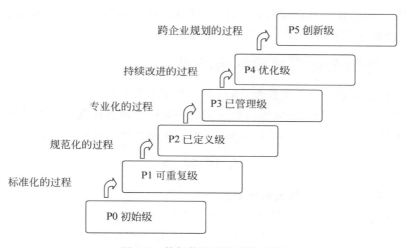

图 1-8 数据管理成熟度的级别

- 初始级 P0:处于初始级的组织内部只有模糊的数据管理意识,没有专门的机构对其进行管理。
- 可重复级 P1:可重复级的最大特征是企业已经了解到数据管理的重要性,并建立了基础的数据管理流程。组织内部已经开始进行数据管理工作,但往往局限于项目或部门内部。
- 已定义级 P2:已定义级最大的特征就是组织内部建立起统一的数据管理规范,并建立起独立的部门进行数据管理的协调活动,明确定义数据流程的各专业岗位。
- 已管理级 P3:处于已管理级的组织中已经形成数据管理专业部门,建立起协同跨流程区域的专业化数据标准团队,数据实现集成化管理,数据标准流程和制度的实施细则也已经明确。
- 优化级 P4:处于优化级的组织不仅能够保证数据管理流程的有序进行,而且能够实现业务环节的专业评估,实现自我优化,不断提升。
- 创新级 P5:创新级是主数据管理的最高级别,此阶段的主数据管理已经跨越了企业边界,形成跨企业的行业主数据标准,主数据业务流程能够灵活创新敏捷地支撑新流程运作,响应新的产品服务。

每个级别的数据管理水平将作为达到下一更高级别的基础,成熟度不断升级的过程也就是其数据管理水平不断积累的过程。因此,从数据管理成熟度模型归纳出的改进方向,将为企业数据管理水平不断升级的历程提供指引,指导企业不断改进缺陷。

针对治理目标的不同,数据管理的成熟度评估可以面向主数据、业务数据、分析数据分别进行。同时,针对数据管理的特点,在成熟度模型的内部可将每一级细化为管理流程、组织岗位、职责和IT支持四大管理领域:职责领域描述了企业"为什么要进行数据管理",组织岗位领域描述了"谁来做数据管理",管理流程领域描述了"怎么做数据管理",IT支持领域则描述了在企业IT系统应用体系中数据的存储情况和数据管理功能的实现情况。模型为每一个管理领域描述了其对应的典型行为,区分出这些领域在不同的成熟度级别中的不同表现,从而判断这些管理领域所处的成熟度级别,进而得到企业的总体成熟度级别。

1.5.2 您的企业需要数据治理吗

根据上述的数据管理成熟度模型,面向企业数据资产管理中最重要的主数据管理环节,我们设计了如下的自评问卷,企业可以根据当前主数据管理状况进行自评,得出企业在主数据管理领域的成熟度评估。在本节的最后,我们会根据得分情况,给出相应的治理建议。

自 评 问 卷

1. 本单位是否建立了主数据管理制度?

A. 没有制定任何主数据管理制度、规范与规则。

B. 存在部分主数据管理规范与规则的定义,但是未形成制度文件和标准。

C. 形成了部分主数据管理制度和规范,尚未经过公司批准实施。

D. 形成了全面的主数据管理制度,并作为正式制度发文实施。

2. 本单位是否建立了主数据标准?

A. 单位内部没有任何主数据标准,近期计划结合单位实际需要制定相应标准。

B. 存在部分主数据标准的规则定义,但是未形成主数据标准。

C. 形成了部分主数据标准,少量主数据标准应用于个别业务。

D. 形成了全面的主数据标准,并应用于全部业务中。

3. 本单位主数据管理组织建设情况如何?

A. 没有专门组织,没有指定主数据管理人员。

B. 没有专门组织,有指定的主数据管理协调人员。

C. 成立了专门组织,但人员不固定。

D. 成立了专门组织,且人员固定。

4. 本单位数据管理人员培训情况如何?

A. 没有参加过相关培训,计划单位内部组织培训。

B. 没有参加过相关培训,有计划参加专业的培训。

C. 参加过本单位内部的用户培训。

D. 参加过专业的数据管理培训。

5. 本单位主数据审核流程情况如何?

A. 没有审核流程,由管理员或用户直接在系统中维护。

B. 有"约定俗成"的审核流程,无明确的定义。

C. 部分主数据申请有严谨的审核流程。

D. 各类主数据申请有严谨的审核流程。

6. 本单位日常工作中是否受到数据质量问题的困扰并且进行解决?

A. 广泛受到数据质量问题的困扰,目前没有解决方法。

B. 受到数据质量问题的困扰,目前正在尝试通过手工或系统的方式来解决。

C. 较少受到数据质量问题的困扰,很少需要甚至不需要花精力去关注。

D. 由于已经采取主动的数据质量问题防范措施,数据质量问题对业务的影响甚微。

7. 本单位日常工作中是否开展过数据质量相关问题、方法、经验及最佳实践的沟通与讨论?

A. 没有开展此类工作。

B. 多个部门已经有了此类工作的安排,正在计划实施中。

C. 全单位范围内已针对数据质量形成了定期沟通、交流的机制,并遵照执行。

D. 对数据质量问题的沟通与讨论已经深入到部门管理工作中,部门中每个人对此都有深刻理解,并能顺利执行。

8. 本单位主数据管理系统情况如何?

A. 没有建设主数据系统,计划近期开展建设。

B. 已建设主数据系统,但未将主数据管理系统作为源头为业务系统提供主数据。

C. 已建设主数据系统,并与相关系统集成,但未能实时将主数据推送给相关系统。

D. 已建设主数据系统,实时将主数据推送给各个业务系统,保证数据一致、准确。

9. 本单位是否建立起针对数据流转的管理流程?

A. 没有数据流转管理流程。

B. 仅有少量系统之间的接口有零散的文档进行管理。

C. 有专门的文档进行数据流转的接口管理。

D. 有专门的系统对数据流转接口进行管理,且做了字段级的关联和映射。

10. 数据作为企业的资产,您认为各部门对数据的管理程度如何?

A. 大多数部门尚未认识到本部门应对数据承担任何责任。

B. 各部门已认识到本部门应对相关数据负有责任,但大多不了解本部门应对哪些数据负有何种责任。

C. 各部门已明确本部门管理的数据的精确范围,并清晰划分各部门对各类数据的责任,但部分部门尚无法承担起相应责任。

D. 各部门已明确本部门管理的数据资产并承担了相应的责任,做到数据资产精细化管理。

11. 本单位对数据的价值如何看待?

A. 认为数据仅为业务系统的产出物,并未开展任何和数据有关的工作。

B. 已认识到数据对业务开展的价值,开始初步尝试应用数据,但还没有建立数据管理机制。

C. 普遍认为数据是一种重要的无形资产,遵循统一的流程开展相关管理活动,并可评价数据战略与规划的成果。

D. 在统一的数据战略之下,将数据视为与人力资源、财务、物资同等重要的企业资产,并且在部门内开展了标准化、流程化的管理活动来提升资产价值,实现数据共享,帮助业务创新。

12. 各部门的领导如何看待数据治理工作?

A. 所有领导都不知道如何进行数据治理。

B. 某些领导知道一些数据治理实践,但是没有分配足够的资源去开展相关工作。

C. 所有的领导都支持数据治理,并将数据治理项目纳入部门工作重点。

D. 所有的领导懂得数据治理的价值,并且支持数据治理的工作,主动参与数据治理的会议和相关活动。

13. 周围同事对数据治理的认知水平如何?

A. 对数据治理了解尚浅,没有清晰的认知。

B. 对数据治理有初步认知,但尚未理解数据治理和管理水平与本部门业务之间的关系。

C. 已了解数据治理水平与开展本部门业务之间的关系,并能够清晰提出对数据治理与管理的需求,能够主动宣传相关知识,不断提高部门的整体认知水平。

D. 已能够良好运用数据治理知识来推动业务创新,提高业务效率。

14. 各部门是否已经将数据治理相关任务和目标设置在年度规划或考核要求中?

A. 没有包含任何数据管理和治理相关的内容。

B. 有提到数据管理和治理,但是没有列出具体目标和任务以及考核要求。

C. 包含数据管理和治理相关的内容,并且列出了目标和任务,但是没有将数据管理和治理放在一个很重要的位置。

D. 包含了明确的数据管理和数据治理的目标和任务,有清晰的考核要求,正在有效地执行中并且已经或者预期产生效益。

15. 本单位是否已建立数据管理与治理的评价体系,并进行了定期评估?

A. 目前尚未建立任何数据管理与治理的评价体系。

B. 对部分领域开展了评估考核工作,但是工作还未常态化、未形成完整的评价体系。

C. 已具备完整的评价体系,并且所有相关部门都承担了相应的职责,定期对数据管理与治理的成果开展评估。

D. 在定期评估的基础上,各部门根据评估结果动态调整评价体系,确保评估结果真实反映相关工作的有效性。

请逐一回答上面问题,并统计得分情况,选择 A 得 1 分,选择 B 得 2 分,选择 C 得 4 分,选择 D 得 6 分。根据得分情况,给出的成熟度估计以及相应的治理建议如下。

- 0～15 分初始级。改进建议:建立主数据管理流程和专业团队,实现团队合作,通过主数据的应用系统实现各主数据的独立功能。
- 16～30 分可重复级。改进建议:建立主数据管理的业务流程标准和总体框架,明确定义流程的各专业岗位,提升效率和执行力;建立沟通协调机制,搭建专业的主数据管理系统,实现核心流程支持。
- 31～45 分已定义级。改进建议:实现主数据集成化管理;建立主数据管理专业组织,实现主数据标准流程和制度的实施细则;建立主数据管理专业部门;建立协同跨流程区域的专业化主数据标准团队,提升数据服务质量和效率;实现主数据应用系统集成化,支持流程端到端的集成运作;实现主数据生命周期的管理,形成企业级流程知识库;实现对主数据管理流程运作的监测分析。
- 46～60 分已管理级。改进建议:实现主数据管理流程与战略目标、客户服务、绩效指标、成本预算和信息系统等要素的配置保持一致,有效评估业务环节中的优劣,实现主数据流程的持续改进,提升服务水平;建立企业级的主数据管理委员会,各相关业务领域部门全员参与,形成多领域的主数据管理、专业化评估和优化组织;实现数据管理目标统一,全员参与,增强客户服务意识,对变革的必要性广泛认同;主数据管理系统与业务应用系统接口,实现跨领域的业务流程监测分析;企业各 IT 应用系统遵循主数据标准,快速支撑企业主数据管理流程运作的调整,支持主数据管理的绩效评估和动态管理。
- 61～75 分优化级。改进意见:在企业数据资产管理战略目标引导下,灵活运用企业内外的业务流程资产,实现主数据业务流程随需创新,支持面向客户的新产品服务;实现企业主数据管理部门与产品服务部门、信息化部门密切联合,建立跨企业的业务流程专业化组织;实现服务创新、合作共赢,共创价值;形成主数据资产构件库,具有基于业务流程支撑的主数据产品服务管理系统;企业内 IT 应用系统形成模块化架构,符合跨企业的行业主数据标准,敏捷支撑新流程的运作,响应新的产品服务,实现主数据与业务数据的动态交互,支持对数据资产的战略管理评估。
- 76～90 分创新级。改建意见:持续优化,不断创新。

第 2 章　主数据和主数据管理

伴随着企业信息化进程的不断深入,企业 IT 应用的业务场景越来越复杂,来自跨业务、跨部门和跨系统的业务连贯性需求越来越迫切。许多已经实施或正在布局 ERP、CRM 或 BI 应用的企业对系统数据的一致性、完整性和准确性提出了更高的要求,纷纷将目光投向主数据管理产品,使得主数据管理市场得到了迅速发展。然而,主数据管理究竟要做什么? 要关注哪些方面? 如何落实? 这些问题不仅使管理者感到困惑,甚至许多 IT 人员都不能清楚地解释。为此,本章将从主数据和主数据管理的定义出发,多角度地讨论主数据管理的内容和方法,最后论述企业主数据管理的必要性和意义。

- 主数据是指具有高业务价值的、可以在企业内跨越各个业务部门被重复使用的数据,是单一、准确、权威的数据来源。主数据犹如企业数据这棵大树的根,只有健康的树根才能支撑得起大树的繁枝茂叶、累累硕果。
- 主数据管理(Master Data Management,MDM)描述了一组规程、技术和解决方案,这些规程、技术和解决方案用于为所有利益相关方(如用户、应用程序、数据仓库、流程以及贸易伙伴)创建并维护业务数据的一致性、完整性、相关性和精确性。主数据管理要做的不仅是搭建一个信息系统,而是建立一个包括主数据标准体系、主数据管控体系、主数据质量体系和主数据安全体系在内的完整的主数据体系。
- 主数据管理信息系统是主数据体系落实的保障。主数据管理系统构成分散的业务信息系统间权威的、唯一的数据源,最大限度地保证了主数据的完整性、一致性。

2.1　主数据的概念

2.1.1　主数据的定义

主数据这个概念起源于 ERP 等早期制造业集成应用系统的发展过程中。随着各类应用系统的广泛应用,包括"信息孤岛"问题在内的"数据处理危机"问题开始出现。在许多企业信息化初期,所谓的信息系统实际上是一些互不关联的数据结构(数据文件和应用数据库)和一些程序的堆砌。这类信息系统在应用过程中变成一张难解的、充满冗余数据的复杂大网。由于每个应用所存储、变换、冗余或重叠的数据紧紧交织在一起,因此,修改或扩充这种系统的任何部分都是十分困难且代价高昂的。一些企业试图通过建立数据接口来实现系统集成,然而这样的尝试并没有从根本上解决系统集成问题,而由此造成数据环境的混乱却越来越严重。在企业信息化浪潮中,数据质量的重要性越来越凸显起来,主数据这个概念被逐步强化和完善,独立于业务系统的主数据管理产品开始出现并得到了市场的认可。

主数据(Master Data)是指具有高业务价值的、可以在企业内跨越各个业务部门被重复使用的数据,是单一、准确、权威的数据来源。主数据包含元数据、属性、定义、角色、关联关系、分类方法等内容,被不同的应用所使用,涉及企业多数组织及业务单元。常见的主数据类型有产品、物料、客户、供应商、员工、会计科目、组织机构、项目等。

主数据之间还有着直接或间接的关联关系。例如,某一物料可能有多个供货商,不同的客户群可能由企业不同的部分提供服务,每个客户还可能关联一个或多个指定的销售代表(员工),生产部还可能需要产品与原料间的关联关系。这些关联性是主数据的特性之一。由于主数据的这种核心性与相互关联性,因此,它必然存在于企业多个业务领域中。例如,客户存在于销售系统,也存在于支付系统;产品存在于销售订单中,也存在于生产计划或采购订单中。相对于交易类数据,主数据是相对稳定不变的数据。稳定性是主数据的另一个特性,主数据还具有分类特性。产品有不同的分类,如打印机可分为喷墨打印机和激光打印机,以便配合不同的配件销售方案。客户可能有不同维度的分类方式,如年龄或地域,以便细化客户群体,提供高满意度服务。这些分类后的主数据有助于企业进行数据分析,提供准确度更高的报表,从而进一步提高企业的整体竞争力。

2.1.2　主数据的特征

根据以上定义可以看出,与业务型数据、分析型数据相比,主数据具有以下几个特征。

- 特征一致性:由于企业布局的 IT 应用越来越多,数据散落分布在众多系统中。客户服务部门、生产部门以及采购部门都有各自的系统,彼此之间信息隔离。即使在一个业务部门里,也有众多前端和后端系统。正是构建在各种架构之上的不兼容系统中的这种部门化数据,使得创建和维护主数据的"单一"视图几乎无法实现。由于主数据的特征经常被用作业务流程的判断条件和数据分析的具体维度层次,因此能否保证主数据的关键特征在不同应用、不同系统中的高度一致直接关系企业实现应用集成的成败。
- 识别唯一性:在一个系统、一个平台,甚至一个企业范围内,同一主数据实体要求具有唯一的数据标识,即数据编码,例如,对于每位客户都有一个唯一的客户编码。根据一定编码规则得到的唯一的数据编码是进行业务活动的基础,在业务流转过程中各业务环节完全依赖业务活动数据中体现的主数据编码识别标志来定位后续的操作和处理,在业务环节结束后,主数据编码又将成为数据分析的主要维度,用来确定分析的范围和方向。
- 长期有效性:主数据通常贯穿该业务对象的整个生命周期甚至更长,换而言之,只要该主数据所代表的业务对象仍然继续存在或仍具有比较意义,则该主数据就需要在系统中继续保持其有效性；长期有效性的另一表现为主数据失去其效果时，系统采取的措施通常为标记无效或标记删除而非直接物理删除。只有定期对数据进行归档时，才会考虑将该主数据编码信息从系统中彻底删除。

- 业务稳定性：主数据作为用来描述业务操作对象的关键信息，在业务过程中其识别信息和关键的特征会被业务过程中产生的数据继承、引用和复制。但无论业务过程如何复杂和持久，除非该主数据本身的特征发生变化，否则主数据本身的属性通常不会随业务的过程而被修改。所以当识别主数据时，某些与业务结果密切相关及时效性很强的特征（如员工薪资等）需要同员工的固定属性（如员工姓名等）区别对待。

2.1.3 主数据的范围

企业典型的主数据类型一般包括供应商、物料、产品、客户、组织、人员、财务等数据。此外，根据业务需求，关键基础数据也经常纳入主数据的管理范畴。图 2-1 显示了企业主数据的一个典型示例，根据企业的行业特征和信息化建设的程度，主数据的内容也会发生变化。

图 2-1　主数据实体示例

- 基础数据：各个业务单元通用的社会主数据信息，如国家地区、货币和行业分类等，这类信息一般采用现行的国家标准。
- 组织机构及人员：组织机构和人员是企业各项业务的主体，标准的组织机构及人员数据是集团内部单位协作、业务协调的根本保障，适合采用企业自行制定的企业级标准。
- 财务类数据：对财务类数据进行统一管理，有助于实现集团财务的集中管控，提高财务报表的准确性和实效性。在财务数据中，为了满足财务审计、信息披露等规定的要求，会计科目一般参考国家标准或由企业集团总部统一编制。

- 项目数据：项目是集团企业的核心业务,统一的项目编码,有助于企业对业务的统一监控和管理。只有长期项目的基础数据部分才纳入主数据管理的范畴。
- 物资设备：物资及设备数据的集中管理对企业有直接的经济效益,帮助企业实现集中采购,物资及设备资源的优化配置和高效使用。
- 供应商及客户：统一的供应商和客户数据管理,可以提高企业的供应商管理水平和客户服务水平,为企业打造和谐的上下游环境、建立长期友好的合作关系提供有力支持。
- 知识类数据：知识类主数据管理有助于对企业的无形资产进行有效管理,有效管理企业信息资源,使之发挥更大的作用。
- 办公类数据：办公类主数据主要指企业内部流转的公文、使用的标准化单据/表格、各类报表等,这类主数据用于支持企业管理工作的标准化。

2.2　主数据管理的概念

2.2.1　主数据管理的定义

随着计算机应用逐步深入企业管理的各个领域,渐渐出现这样一个问题：企业的应用软件往往都是基于业务操作层面的需求,面向单一的业务设计,只满足垂直的业务流程管理需求。这些致力于帮助完成业务操作的应用,一般都需要独立的技术支持,具有独立的数据定义、数据字典、表结构及产品功能设计。其结果是在不同的业务层面,存在着重复的、相互孤立的数据来描述同一个业务对象。换言之,同一业务对象在企业不同业务中有近似甚至不同的名称及表述方式。在业务彼此独立的管理模式下,似乎不会有什么问题。但当今的趋势是,在激烈的市场竞争中,数据被作为企业的核心资产之一,是诸如客户关系管理、企业兼并、新产品研发等层面的关键要素。这些都依赖于能保证一致性的数据。

主数据管理描述了一组规程、技术和解决方案,这些规程、技术和解决方案用于为所有利益相关方(如用户、应用程序、数据仓库、流程以及贸易伙伴)创建并维护业务数据的一致性、完整性、相关性和精确性。主数据管理方案通过为跨构架、跨平台、跨应用的系统提供一致的、可识别的主数据对象来支持整个企业的业务需求。

从系统应用的角度而言,主数据管理是把企业的多个业务系统中最核心的、最需要共享的数据(主数据)进行整合,集中进行数据的清洗和标准化,并且以集成服务的方式把统一的、完整的、准确的、具有权威性的主数据分发给需要使用这些数据的应用系统,包括各业务系统和决策支持系统等。

通过主数据管理,主数据从应用和流程中独立出来,并且将企业主数据呈现为一系列可重用的服务。企业将由此获得共享的、完整的、准确的主数据。主数据管理在保证最高水平的数据质量和标准化的前提下,实现了数据在不同数据库之间进行传输和同步的自动化,以及在使用这些数据的不同应用系统之间传输和同步的自动化。

主数据的特性决定了可以从不同维度认识主数据管理的范围。首先,从应用范围来讲,主数据的应用涵盖了从前端事务处理系统、后端业务数据库到终端的数据分析,从源头到终端再回到源头的一个闭环的反馈系统,主数据管理需要为各业务系统提供标准的、统一的数据服务;其次,从业务范围来讲,主数据管理要覆盖主数据的产生、处理、使用,实现数据的全生命周期管理;第三,从管控范围来讲,必须通过对组织、流程、绩效考核、数据标准、系统应用的整体设计,形成一套体系化的主数据管理模式,建立主数据管理的长效机制。

主数据管理是一个全面的战略,涵盖所有需要统一定义的、企业所需的核心数据和数据标准。一些企业基于惯性思维,将"主数据管理"理解为一个"信息系统项目",但这种"系统导向"的主数据管理很难形成循序渐进的提升路径,在日趋复杂的技术变化和业务需求面前,将落入尴尬的境地。因此,主数据管理的有效途径是建立一个包括主数据标准体系、主数据管控体系、主数据质量体系和主数据安全体系在内的、完整的主数据体系,建立持续长期的管理机制。

2.2.2 主数据管理体系

主数据管理体系的规划设计需要包括 4 方面的内容,如图 2-2 所示。

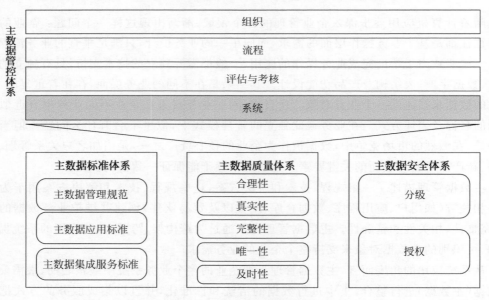

图 2-2 主数据管理体系规划

1. 主数据管控体系

主数据管控体系是为了规范主数据标准、主数据质量、主数据安全中的各类管理任务和活动而建立的组织、流程与工具,并实现这些组织、流程与工具的常态化运转;主数据管控体系建立的目标是提升主数据质量、促进主数据标准一致、保障主数据共享与使用安全。

主数据管控体系是一整套体系化的管理模式,管控内容涵盖组织、流程、评估与考核、系统4个领域。主数据管控体系的目的是以主数据标准化为目标,以主数据管理组织建设为保障,以主数据梳理为前提,以主数据过程控制为手段,实现全面、高效的主数据管控。

2．主数据标准体系

主数据标准体系分为主数据管理标准、主数据应用标准、主数据集成服务标准三大类。主数据标准的制定是全面提升主数据的质量、实现主数据规范化的前提,主数据管理的首要任务就是要制定集团企业统一的主数据标准和规范,开发共用的、标准的主数据平台并定义企业级的主数据模型。数据标准的实施需要秉承定义、执行、监督检查三者并重的原则,不仅关注数据标准定义的过程,更要重视主数据标准体系落地以及监督评价工作,并结合企业数据治理的现状准备下一个实施周期的规划。

主数据管理标准规范管理活动的内容、程序和方法,是主数据管理人员的行为规范和准则。主数据应用标准包括主数据编码标准、主数据属性标准,是数据模型的标准,更是主数据标准体系的关键组成。主数据集成服务标准对系统集成的接口、数据压缩方法、数据加密方法、集成日志应用等进行规定,保证了系统接口集成的统一、规范。

3．主数据质量体系

主数据的质量体系主要从数据质量的组织、制度、流程、评价标准等方面对企业的主数据质量控制进行统一的规划。主数据质量体系是主数据管理成果的可靠保证,通过建立质量控制体系,实现主数据的高效监控,通过主数据质量的实时跟踪和反馈机制实现对数据的持续优化。

4．主数据安全体系

主数据安全体系是指为了防止无意、故意甚至恶意对主数据进行非授权的访问、浏览、修改或删除而制定的规范及准则,主要通过主数据分级、用户级别及权限的定义来进行主数据安全的管理。通过主数据安全体系的建设增强信息安全风险防范能力,有效地防范和化解风险,保证业务持续开展,满足内控和外部法律、法规的符合性要求。

主数据管理是企业信息管理的重要一环。信息管理是企业收集、清洗、汇集、管理以及治理所有信息资产的业务活动。它要求参与其中的各个环节,如业务交易处理、商业智能、数据仓库、数据质量管理、数据迁移、数据集成、主数据管理以及信息生命周期管理。

2.2.3 主数据管理系统的功能

主数据管理系统具备的主要功能如图2-3所示。

1．主数据模型管理

完成数据模型的定义,包括对业务实体模型、特征模型、属性模型、编码规则、校验规则和引用规则等的定义,是完成数据的底层架构管理。

2．主数据业务管理

提供主数据全生命周期的业务功能,通常包括数据申请/转入、数据清洗、数据校验、数据审核、数据维护、数据集成和数据分发等业务功能。

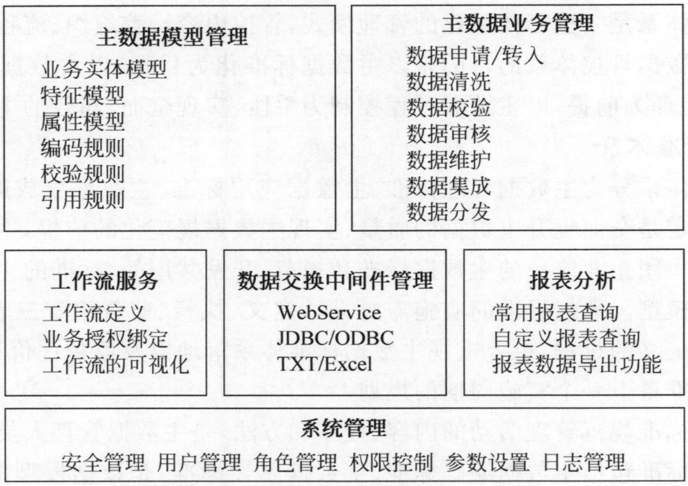

图 2-3　主数据管理系统功能

3．工作流服务

定义主数据业务工作流，完成业务授权绑定以及工作流的可视化，支持主数据业务流程管理。

4．数据交换中间件管理

负责集成接口的管理，完成系统集成需要的技术架构管理。

5．报表分析

提供常用报表查询和自定义报表查询功能，同时提供报表数据导出功能。

6．系统管理

负责管理平台用户权限控制，同时提供日志管理功能，及时监控系统运行情况和跟踪用户操作过程。

2.3　主数据管理的意义

在考虑主数据管理的建设时，必须了解到评估、设计、实施及运行主数据管理项目或者主数据管理平台本身是需要巨大投入的。这种投入包括时间、人力资源、系统资源及财力等企业资源。主数据服务于业务，任何优秀的主数据管理方案本身都不能成为项目建设的最终目标，它只是实现企业其他策略目标或业务流程的手段。例如，产供销协调、运营资本管理、集中采购等业务目标。

此外，企业决策及管理层领导们通常并不会因为 MDM 方案能为企业带来良好的数据而决定为 MDM 项目买单。MDM 项目涉及企业的各个层面，必须与能够受益于优质主数据的业务紧密结合在一起，才能受到管理层及各业务部门的支持，并在各实施阶段与业务部门协调推进项目。换而言之，筹划主数据管理项目需要结合企业的核心业务，并为其带来显著的商业价值。

2.3.1 主数据管理的必要性

目前,在企业信息化建设和运行过程中,主数据管理不善所导致的问题日益增多,主要有以下几个方面。

- 企业存在着众多的信息数据和信息管理系统,这些系统的信息数据各自为政,给信息交互和集成带来很大的困难,如图 2-4 所示。

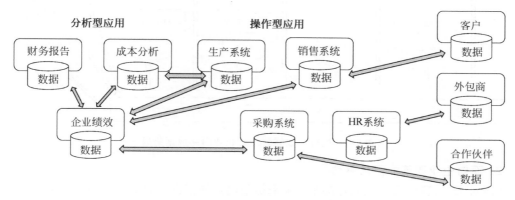

图 2-4 未进行主数据管理的企业内的数据集成示例

- 描述信息数据的方法众多,没有统一的数据标准和流程体系,缺乏有效的数据变更和审核机制。
- 存在大量冗余数据和错误数据,严重影响了报表、高层决策分析的效果。
- 大量分散的数据缺乏统一标准,数据对照和映射关系复杂,企业无法保证业务数据统计的及时性和准确性。
- 主数据结构定义复杂,把大量的信息含义定义到了数据编码结构中,数据校验存在大量人为判断和手工操作,没有有效的数据清理手段和工具,缺乏质量保证过程。

这些问题的出现大大影响了数据资产价值的实现,因此,有效的主数据管理成为企业的迫切需求。

在企业信息化过程中,来自业务的需求是各种信息技术应用的根本驱动力。因此,业务驱动是实施主数据管理的必要条件。

1. 面向业务集成的需求驱动

随着企业规模的不断扩大和企业信息化建设的不断深入,企业内的信息系统应用越来越多,数据量高速膨胀。例如,某著名保险集团拥有 1.1 亿左右的长期客户、13 条产品线、60 多个业务系统,约 200TB 规模的业务数据,这些海量的、分散在不同角落的数据导致了数据资源利用的复杂性和管理的困难。同时,企业内部的业务区分或行政分化也在不断地制造着企业数据交互的断层。这样的趋势使得企业管理者对业务信息系统中的业务连贯性和数据的完整性予以了前所未有的关注,对核心业务实体的跨业务协同和跨系统共享产生了具体的要求。主数据的统一管理使得企业能够集中化管理数据,在分散的业务系统间保证了主数据的完整性、一致性,如图 2-5 所示。

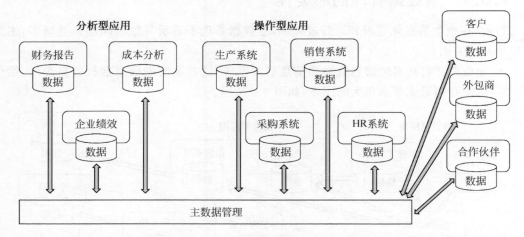

图 2-5　进行主数据管理的企业内部数据集成

2．面向企业变革的需求驱动

"面对未来,我们唯一能确定的是:未来是不确定的。"世界著名管理咨询公司——德勤咨询①的 CEO 吉姆·科普兰(Jim Copeland)这样说过。在以全球化和知识管理为特征的新经济下,企业变革已成为企业适应市场环境、实现长期发展的必经之路。企业的变革主要包括业务流程、组织结构、信息管理系统和岗位角色四方面的变革,这四大因素是相互作用的。信息系统为组织变革提供了工具支持,帮助完成其他三种要素的变革,而其他三种因素的变化也促使信息系统和相关技术的完善,形成一个互动的良性循环。大型企业通过改革重组、资本运营、海外并购、上下游一体化等方式,不断追求跨越式的发展和综合竞争实力的提升。这种企业不断变革的趋势,对于分散业务信息系统的整合和协同提出了严峻挑战,其成败的关键和难点就在于主数据层面的整合和管理。

3．面向高层应用的需求驱动

随着企业对数据分析能力的要求不断提高,企业级数据仓库(Enterprise Data Warehouse,EDW)和商务智能等信息技术被企业广泛应用。这些企业级的信息技术通过对数据的收集、开发、处理,将数据转换为支持企业战略决策的知识,从而帮助企业获取和保持竞争优势。显然,只有在实现数据汇总、数据规范化和标准化的前提下,数据的抽取、转化和加载的过程才有意义,才能提高 EDW 的工作效率,并为 BI 数据分析提供可信的数据源。

4．面向内控审计的需求驱动

随着社会信息化进程的迅速推进,信息系统不但是实现风险评估、控制活动和内部监督的关键工具,更是企业内控体系的监控对象。在美国颁布的 SOX 法案以及中国财政部、证

---

① 德勤咨询(Deloitte Consulting),德勤企业管理咨询有限公司,世界著名的咨询公司之一,连续多年排名全球咨询公司前十位。

监会、审计署、银监会、保监会五部委联合发布的《企业内部控制基本规范》①等法律法规中，都有对企业内部的数据质量和信息化建设的相关规定。主数据管理保证了企业内数据的一致性、完整性和准确性，不仅能够形成完整、统一的数据视图，而且能够真实地记录变化历史，为管理决策、风险的识别和控制提供了坚实可靠的数据基础。

正是基于这些业务驱动的诉求，主数据管理才体现出存在的价值和意义。

2.3.2　主数据管理的意义

主数据管理使得企业能够集中管理数据，在分散的业务系统间保证了主数据的完整性、一致性，加强主数据规范性。从信息化建设的角度来讲，主数据管理能增强信息化结构的灵活性，构建整个企业内的数据管理基础和相应标准规范，并且能够灵活地适应企业业务需求的变化。

从企业业务的角度来讲，由于主数据在各个业务流程中的使用范围、使用形式不同，主数据管理也将为企业内的各个业务带来不同的收益。例如，对于销售部门，360 度的客户数据和产品数据将大大增加交叉销售的机会，提升市场效率；对于采购部门，整合的物资数据和供应商数据使得统一采购、动态资源调配成为可能，从而降低了采购和库存成本。图 2-6 总结了准确、一致的主数据为各个业务带来的价值。

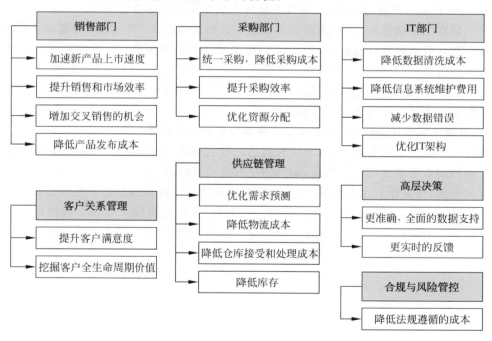

图 2-6　主数据管理带来的价值

① 《企业内部控制基本规范》(财会 20087 号)，由财政部会同证监会、审计署、银监会、保监会共同制定，自 2009 年 7 月 1 日起在上市公司范围内施行，鼓励非上市的大中型企业执行。

对于整个企业而言,主数据管理将为企业带来以下优势。

1．构建集中的主数据标准化体系,实现流程驱动和数据管控

通过数据管控体系和数据运维体系咨询服务,对组织架构、运营模式、管控流程、角色与职责进行明晰的定义。通过标准业务流程驱动,构建企业信息基础数据集成和共享平台,实现企业数据层面的战略规划管理。主数据平台解决方案支持集团化多组织结构的复杂管理层级,能够构建在多组织结构上的应用系统,兼顾集团公司整体管理和下属企业作业流程之间的平衡。

2．集中的数据访问,提高数据质量,降低数据集成成本

构建通用的、方便的、集中处理的数据总线,实现一致性的企业数据视图,大大降低数据交互访问的复杂性。基于面向服务架构的标准化数据服务,实现访问的透明化。数据自动化服务实现了统一的业务访问标准,主动分发服务保证了相关业务目标系统数据的变更同步性。通过数据总线,以灵活、可持续的方式支持任何面向业务的规则集合,保证数据的唯一和规范,大幅降低数据的集成和共享成本。应用数据标准模型和多重关联校验规则,对前端数据输入源头实现可靠的控制,有效降低人为因素所产生的数据问题,提高数据应用质量。

3．提升数据资产管理成熟度,实现主数据全生命周期的动态管理

基于标准的数据管理模型,实现基于数据平台的规则整合、统一定义和发布等事务的集中处理。通过数据的审计支持,来保证数据变化经过严格的审批;通过数据管理的持续优化和绩效改进,提升数据资产的管理成熟度。由此实现主数据申请、校验、审核、发布、维护、变更、注销等全生命周期的业务管理,实时跟踪和掌控数据的变化,建立数据的动态历史库,保证数据资产管理的持续优化和绩效改进。

4．精确决策支持,减少信息统计汇总成本和信息沟通成本

通过集中的主数据管理平台,为所有信息的交互和集成提供统一的编码数据。在异构系统之间协同业务处理的每个阶段,编码信息都是一致的,降低信息核对的成本。通过主数据管理和集成,保证信息来源的唯一性和正确性,为决策支持和数据仓库系统提供准确的数据源,避免因为基础数据的多样导致信息核对、汇总、统计的失误和错误。数据标准的应用提高了沟通的有效性,节约异构系统之间的交互成本,提升信息化的高端收益水平。

第 3 章　主数据驱动的数据治理

企业数据资产可划分成为主数据、业务数据、分析数据三个主要部分。企业运营的主体活动便是围绕这三种数据资产展开。主数据和业务数据支撑起企业的业务流程,而主数据和分析数据则是企业商务智能的基础。其中,主数据会出现在所有重要的业务流程和分析任务中,是企业数据资产中的黄金部分。

为确保企业可进行跨业务领域、跨职能部门、跨信息系统的业务协作和整体分析,需对主数据、业务数据、分析数据进行数据治理,保证其一致性,提升数据质量和数据安全水平。因此,主数据、业务数据和分析数据构成了企业数据治理中三个核心的治理域。源于主数据的基础作用,主数据治理是业务数据治理和分析数据治理的前提,为业务系统和分析系统提供基础性的数据服务。

主数据驱动的数据治理以主数据作为数据治理的具体切入点而展开,为企业数据治理提供了可操作的治理框架和治理过程。

- 数据治理框架是指为了实现数据治理的总体战略和目标,将数据治理领域所蕴含的基本概念组织起来的一种逻辑结构,可为企业的数据治理实践提供理论指导。
- 主数据驱动的数据治理框架抓住主数据在企业数据资产中的核心位置,综合考虑数据治理在战略、管理、过程、技术等方面的任务和要求,明确了企业数据治理中的关键要素和核心过程。

3.1　数据治理框架

数据治理是围绕数据资产展开的系列工作,以服务组织各层决策为目标,是数据管理的技术、过程、标准和政策的集合。数据治理是一个复杂的系统工程,需要决策者、管理者、系统开发人员、系统使用人员、系统维护人员多方协作才能进行,因此构建科学的数据治理框架是开展数据治理工作的首要任务。

数据治理框架是指为了实现数据治理的总体战略和目标,将数据治理领域所蕴含的基本概念(如原则、组织架构、过程和规则等),利用概念间关系组织起来的一种逻辑结构。它用于描述数据治理领域的基本组件(概念)以及组件间的逻辑关系。引入数据治理框架的目的是为组织的数据治理具体实践提供理论指导,确保数据治理付出的努力获得应有的价值回报。

数据治理框架通常需要明确如下几个方面:

- 每个组件的职能以及组件间的逻辑关系。
- 数据治理的工作范围和重点。
- 数据治理的工作任务和目标。
- 建立清晰的组织架构和职责分工。
- 建立数据治理成效的评估标准。

为了指导组织有效开展数据治理工作,国际研究机构在各自研究成果和实践经验的基础上,提出了一些通用的数据治理框架,这些框架为各机构的数据治理工作提供了不同的价值视角和关注维度,下面将对其中最具影响力的机构及其数据治理框架进行介绍。

3.1.1 国际标准化组织

国际标准化组织(ISO/IEC①)所提出的数据治理框架建立在 IT 治理的基础上。2015年,国际标准化组织 IT 服务管理与 IT 治理分技术委员会制定了 ISO/IEC 38500 系列标准,提出了 IT 治理的通用模型和方法论,并认为该模型同样适用于数据治理领域。

在数据治理规范相关的 ISO/IEC 38505 标准中,阐述了基于原则驱动的数据治理方法论,提出通过评估现在和将来的数据利用情况,"指导数据治理准备及实施",并监督数据治理实施的符合性等。

ISO/IEC 38505 为组织的治理主体提供数据治理指南,组织的数据治理主体可以应用上述基于原则的方法来开展数据治理活动,在减少数据风险的同时提升数据的价值。如图 3-1 所示,该标准主要关注治理主体评估、指导和监督数据利用的过程,而不关注数据存储结构、恢复等数据管理活动。该标准强调数据治理的责任主体在治理层,治理层在开展数据治理的过程中主要通过制定数据战略来指导数据管理活动,而管理层需要通过管理活动来实现战略目标。同时,治理主体需要通过建立数据策略来保障数据管理活动符合数据战略的需要,进而满足组织的战略目标。

该标准实际上是对 IT 治理方法论的进一步扩展,并未对数据治理的实施和落地提供有效的手段。在实践中,数据治理虽根植于 IT 治理,但两者之间又有明显的区别,IT 治理的对象是 IT 系统、设备和相关基础设施,而数据治理的对象是可记录的数据。因此 IT 治理过程中过于强调 IT 投资和系统实施,忽视了商业价值增长中的数据创建、处理、消耗和交换方式。

---

① ISO/IEC: International Organization for Standardization/International Electrotechnical Commission,国际标准化组织/国际电工技术委员会。

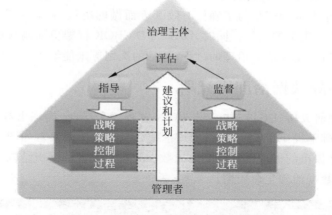

图 3-1 ISO/IEC 38505 数据治理框架

3.1.2 国际数据管理协会

国际数据管理协会(DAMA[①])提出的 DAMA-DMBOK 框架以数据管理为中心,认为数据治理是数据管理的组成部分,是数据管理的核心功能。DAMA 框架包括两个子框架:功能子框架和环境要素子框架(图 3-2 和图 3-3)。功能子框架总结了数据管理的 10 个功能,并将数据治理置于核心位置。环境要素子框架提出了数据管理的 7 个环境要素,并最终建立起 10 个功能和 7 个环境要素之间的对应关系。DAMA 框架中数据治理的核心工作就是解决数据管理的 10 个功能与 7 个要素之间的匹配问题。

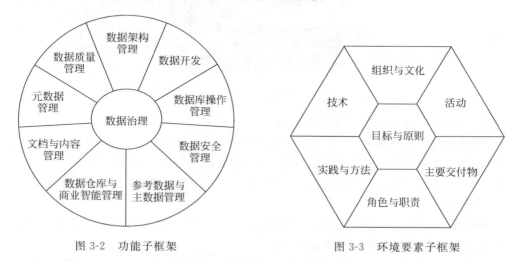

图 3-2 功能子框架　　　　　　　图 3-3 环境要素子框架

---

① DAMA:Data Management Association International,国际数据管理协会。

DAMA-DMBOK 框架对数据治理和数据管理的界定扩大了数据管理的范畴。一般情况下,我们更倾向于数据治理是为了确保有效管理而做的决策,强调决策制定的责任路径,而数据管理仅仅涉及决策的执行。同时,DAMA-DMBOK 框架更强调数据管理的各项职能以及关键活动,而对于实施数据治理的过程、评估的准则等未能给予清晰而系统的指导。

3.1.3 国际数据治理研究所

国际数据治理研究所(DGI[①])从组织、规则、过程三个层面,提炼出数据治理的 10 个基本组件,并在此基础上提出了 DGI 数据治理框架(简称 DGI 框架),如图 3-4 所示。该框架既包含从管理角度提出的促成因素(如目标、数据利益相关者和组织结构等),也包含项目管理的相关内容(如数据治理生命周期)。

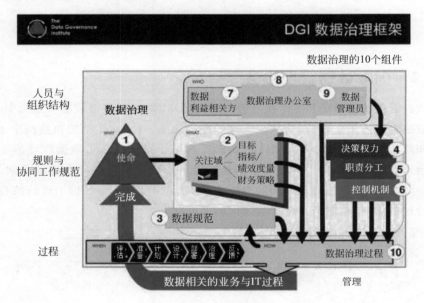

图 3-4　DGI 框架中数据治理基本组件

DGI 框架将 10 个基本组件按职能划分为三组:

- 规则与协同工作规范:包括使命、目标、数据规范、决策权力、职责分工、控制机制。
- 人员与组织结构:包括数据利益相关方、数据治理办公室、数据管理员。
- 过程:包括评估状态、准备路线图、规划、设计/开发程序、数据治理、监测/度量/反馈等阶段。

DGI 框架以访问路径的形式,非常直观地展示了 10 个基本组件之间的逻辑关系,形成了一个从方法到实施的自成一体的完整系统。

DGI 与 DAMA 不同,它认为治理和管理是完全不同的活动,治理是有关管理活动的指

导、监督和评估,而管理则是根据治理制定的决策来执行具体的计划、建设和运营。因此,数据治理独立于数据管理,前者负责决策,后者负责执行和反馈,前者对后者负有领导职能。因此,相比 DAMA 框架,DGI 框架的设计完全从数据治理角度出发,是一个更加独立、完整和系统的数据治理框架。

3.1.4 IBM 数据治理委员会

IBM 数据治理委员会(IBM Data Governance Council)通过结合数据特性和实践经验,有针对性地提出了数据治理的成熟度模型,将数据治理分为五级,即初始阶段、基本管理、主动管理、量化管理和持续优化。同时在构建数据治理统一框架方面,提出了数据治理的要素模型,将数据治理要素划分为支持规程、核心规程、支持条件和成果 4 个层级,如图 3-5 所示。

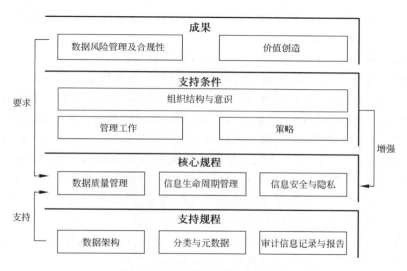

图 3-5　IBM 数据治理要素模型

IBM 数据治理委员会重点关注治理过程的可操作性,认为业务目标或成果是数据治理的最关键命题,在支持规程、核心规程、支持条件作用下,组织最终可以获得业务目标或成果,实现数据价值。

3.1.5　中国电子工业标准化技术协会信息技术服务分会

在积极参与并辅助国际标准化组织推进 ISO/IEC 38505 系列标准的同时,中国电子工业标准化技术协会信息技术服务分会(ITSS[①])服务管控组带领国内近百家机构开展了《信息技术服务 治理 第 5 部分：数据治理规范》国家标准的制定。

ITSS 服务管控工作组是国内信息技术服务领域的信息技术治理和数据治理的标准制

---

① ITSS：Information Technology Service Standards,信息技术服务标准。

定和研究机构。ITSS结合国际数据治理标准的研制思路,遵循"理论性和实践性相结合、国内与国际同步推进、通用性与开放性相结合、前瞻性和适用性相结合"的原则,明确了数据治理规范实施的方法和过程,旨在评估组织数据管理能力的成熟度,指导组织建立数据治理体系,并监督数据管理体系的建设和完善。

标准包括正文和附录两大部分。正文面向组织的决策层,提出了数据治理的目标、任务、框架、顶层设计、环境等,明确了决策层的作用和责任,为决策层规划、监督数据治理提供指引。附录面向组织的管理层,对数据治理涉及的核心治理域提出了明确的管理要求,为管理层实施数据治理提供指引,为决策层监督数据治理成效提供参考。正文和附录的结合,使治理可以通过管理有效落地,打通了从治理到实施的路径,解决了国际治理标准不易应用落地的问题。

该标准适用于组织数据治理现状自我评估及数据治理体系的建立,数据治理域和过程的明确,数据治理实施落地的指导,数据治理相关的软件或解决方案的研发、选择和评价,数据治理能力和绩效的第三方评价。

标准把实施数据治理的目标总结为运营合规、风险可控、价值实现三个层面,机构可根据自身业务需求进行选择。其中,运营合规是基础目标,应保证数据及其应用的合规;在合规的基础上,建立数据风险管控机制,确保数据及其应用满足风险偏好和风险容忍度;以合规、可控的数据应用为基础,构建数据价值实现体系,促进数据资产化和数据价值实现。

标准澄清了数据治理的任务,认为组织决策层作为数据治理的主体,在数据治理过程中的主要任务包括评估、指导、监督。决策层首先要明确数据治理的目标,引导管理层开展数据治理现状及需求、数据治理环境、数据资源管理和数据资产运营能力的评估,找出现状和目标之间的差距,指导管理层开展数据治理体系的构建、数据治理域的选择、数据治理的实施落地,通过一系列数据治理工作提升机构的数据应用能力,缩小现状和目标的差距。决策层还应制定合理的评价体系与审计规范,监督数据治理实施的合规性和有效性,对于有偏差或不符合的内容进行指导,最终引导机构实现数据治理目标。

数据治理框架包含顶层设计、数据治理环境、数据治理域、数据治理过程4部分,如图3-6所示。

顶层设计包含数据相关的战略规划、组织构建和架构设计,是数据治理实施的基础。数据战略规划应保持与业务规划、信息技术规划的一致,并明确战略规划实施的策略;组织构建应聚焦责任主体及责权利,通过完善组织机制,获得利益相关方的理解和支持,制定数据管理的流程和制度,以支撑数据治理的实施;架构设计应关注技术架构、应用架构和管理体系架构等,通过持续的评估、改进和优化,支撑数据的应用和服务。

数据治理环境包含内外部环境及促成因素,是数据治理实施的保障。治理机构应分析业务、市场、利益相关方的需求,适应内外部环境变化。同时,还应关注决策层对治理工作的支持程度、相关人员的职业技能、内部治理文化等,以支撑数据治理的实施。

数据治理域包含数据管理体系和数据价值体系,描述了数据治理实施的对象。其中数据管理体系包括数据标准、数据质量、数据安全、元数据管理、数据生存周期5个治理域。

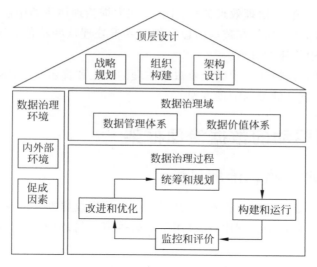

图 3-6　ITSS 的数据治理框架

数据治理过程包含统筹和规划、构建和运行、监控和评价、改进和优化 4 个步骤,描述了数据治理实施的方法。在统筹和规划阶段,应明确数据治理目标和任务,营造必要的治理环境,做好数据治理实施的准备;在构建和运行阶段,应构建数据治理实施的机制和路径,确保数据治理实施的有序运行;在监控和评价阶段,应监控数据治理的过程,评价数据治理的绩效、风险及合规性,保障数据治理目标的实现;在改进和优化阶段,应改进数据治理方案,优化数据治理实施策略、方法和流程,促进数据治理体系的完善。

3.1.6　现有数据治理框架的局限

数据治理是综合性很强的领域,既涉及企业战略,又涉及具体的管理制度,同时还和数据管理的技术架构紧密相关。成功的数据治理,需要完善的方法论指导,合理的过程和制度保障,以及系统的平台和工具的支持。上述治理框架大多只涉及方法论、过程、制度和工具中的一部分,并且更侧重宏观的战略和管理问题,对于执行层面的工具方法关注不够,普遍存在落地困难的问题。同时,数据治理的范畴定义宽泛且模糊,导致数据治理的任务太过复杂庞大,数据治理从何处切入才能快速见效? 如何将复杂的治理任务分解成为可操作的阶段性目标? 这些企业特别关心的具体问题在上述一般性的框架中都没有针对性的说明。

同时,中国企业的数据治理在体制层面、管理对象层面和技术平台层面都存在显著的特色,这些特色在上述治理框架中关注不够。首先,国内强调数据标准建设,已经形成大量行业性数据标准(如金融、电子政务、公安、税务等)。这些企业、行业数据标准,主要覆盖元数据、主数据等静态数据内容,但也涉及交易数据等部分动态数据;同时,在技术平台层面,国内习惯将主数据、数据标准、数据质量、元数据等几部分功能统一形成数据资源管理平台并作定制化开发,力图通过一站式数据管理提升用户体验。因此,在数据治理的概念被广泛接受之前,已经存在大量数据标准化和数据管理的平台、工具和方法,但跨业务、跨部门、跨系统的横向协同机制不顺畅,治理效果欠佳;同时,在数据治理体系的中层和基层缺乏可操作的数据治理方法和标准。如何在数据治理实施中妥善处理这些特色和问题,也是我国企业实施数据治理过程中关注的重点。

考虑数据治理的可操作性、中国企业数据治理的特色和普遍问题,本书综合多种数据治理框架,提出主数据驱动的数据治理框架。

3.2 主数据驱动的数据治理框架

3.2.1 治理思路和治理目标

数据治理的核心是加强对数据资产的管控,通过深化数据服务,持续创造价值。数据治理是在数据资产价值创造的过程中,治理团队对数据资产管理的评价、指导、控制,如图 3-7 所示。

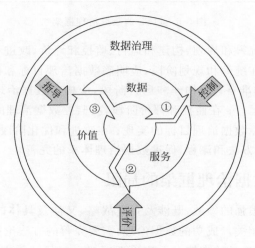

图 3-7 数据治理核心工作

根据企业中数据的特征、作用以及管理需求的不同,可将数据资产划分成为主数据、业务数据、分析数据三个主要部分。主数据包含元数据、引用数据、企业结构数据、业务结构数据等内容,这些数据相对慢变,但对企业具有全局的重要作用;业务数据是在交易和企业活动过程中动态产生的,通常具有实时性的要求;分析数据是对业务数据梳理和加工的产物,相对业务数据而言,实时性要求较低,通常按照分析的主题进行组织和管理。

企业运营的主体活动便是围绕这三种数据资产展开。主数据和业务数据支撑起企业的业务流程,而主数据和分析数据则是企业商务智能的基础。其中,主数据会出现在所有重要的业务流程和分析任务中,是企业数据资产中的黄金部分,如图 3-8 所示。

为确保企业可进行跨业务领域、跨职能部门、跨信息系统的业务协作和整体分析,需对主数据、业务数据、分析数据进行数据治理,保证其一致性,提升数据质量和数据安全水平。

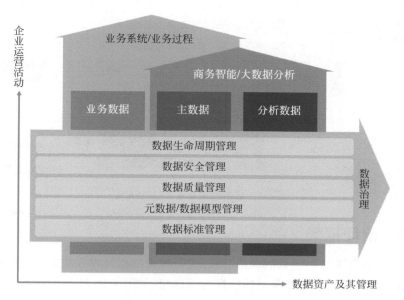

图 3-8　企业数据资产构成

因此，主数据、业务数据和分析数据构成了企业数据治理中三个核心的治理域。每个治理域都包含数据标准管理、元数据/数据模型管理、数据质量管理、数据安全管理、数据生命周期管理 5 个基本的管理组件。源于主数据的基础作用，主数据治理是业务数据治理和分析数据治理的前提，为业务系统和分析系统提供基础性的数据服务。而后续业务数据治理更关注改善数据流通，分析数据治理更关注改善数据洞察。

有别于传统的企业资产，数据资产来源丰富，可拷贝、可重用，这将导致数据搜集、存储、使用都具有特殊性。同时，数据还涉及个人隐私、运行安全等问题。当跨业务、跨部门、跨系统进行协作时，更需要数据的一致性。这些都是数据治理要解决的关键问题。因此，数据治理不但与数据标准、数据产生过程的业务规范相关，也涉及企业战略、管理决策架构等因素，是战略问题、管理问题、技术问题的综合。

企业必须使数据治理项目更贴近企业整体业务目标，需要真正将数据视为一种战略资产，构建统一的数据架构和管控体系以满足企业信息化的整体要求，并制定路线图，在实现短期目标的同时为企业未来目标做好准备。因此，构建数据治理框架可以从 4 个方面入手，分别是战略、信息基础架构、路线图、治理任务界定。如图 3-9 所示，首先需要确定信息能够影响的主要业务目标（战略），其次标识那些能够满足信息需求的技术组件和功能，并充分利用现存信息资产获得治理的速度和灵活性（信息基础架构），再次为企业建立长期和短期的规划（路线图），最后需要界定具体的治理任务（治理任务界定），以保证信息的一致性。数据治理通过协调人、管理流程和技术体系，提高企业信息质量、可用性、完整性和安全性，达到掌控信息的目的。

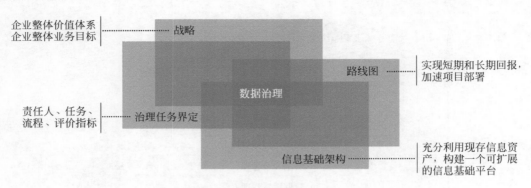

图 3-9　数据治理框架的 4 个方面

3.2.2　治理框架

基于对企业数据资产和经营活动的分析,综合考虑数据治理在战略、管理、过程、技术等方面的任务和要求,提出主数据驱动的数据治理框架,如图 3-10 所示。

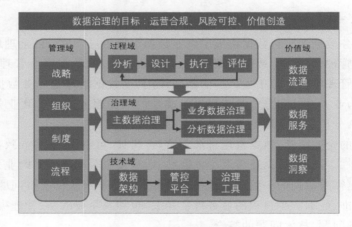

图 3-10　企业数据治理框架

企业开展数据治理之前,应首先明确数据治理的目标。参照 ITSS 提出的数据治理规范,本框架把实施数据治理的目标总结为运营合规、风险可控、价值创造三个层面,企业可根据自身业务需求进行选择。其中,运营合规是基础目标;在合规的基础上,建立数据风险管控机制,确保数据及其应用满足风险偏好和风险容忍度;以合规、可控的数据应用为基础,构建数据价值实现体系,促进数据资产化和数据价值实现。

将数据治理的各项任务和要素划分在 5 个不同的域内。

(1)管理域。管理域是数据治理的主要驱动力量,负责确定数据治理的战略、组织、制度和流程。数据战略规划应保持与业务规划、信息技术规划的一致,并明确战略规划实施的策略。组织架构设计明确责任主体及责权利,通过完善组织机制,获得利益相关方的理解和支持,制定数据管理的流程和制度,以支撑数据治理的实施。

（2）治理域。治理域是数据治理的主体,明确数据治理的具体目标和责任。依据对数据资产构成的分析,将治理域分为主数据治理、业务数据治理、分析数据治理三部分,其中主数据治理是业务数据治理和分析数据治理的前提,为业务系统和分析系统提供基础性的数据服务。因数据特征和管理需求不同,三部分的治理任务有所区别,但都应包含以下基本的数据治理组件。

- 数据标准管理:规范了数据治理活动的内容、程序和方法,是相关管理人员和治理活动的行为准则,一般包括数据管理规范、数据应用规范、数据集成服务规范等内容。

- 数据模型管理:数据模型管理实现对元属性、数据约束条件、校验规则、编码规则等方面的定义与管理,以及对数据模型的创建申请、审批和变更申请、审批过程等流程的定义和管控。

- 数据质量管理:数据质量管理对数据在计划、获取、存储、共享、维护、应用和消亡过程中每个阶段可能引发的各类数据质量问题进行识别、度量、监控和预警,并通过改善和提高组织的管理水平,使数据质量获得进一步提高。

- 数据安全管理:数据安全管理通过数据分级、用户级别及权限的定义来防止无意、故意甚至恶意对数据进行非授权的访问、浏览、修改或删除。通过数据安全体系的建设,增强信息安全风险防范能力,有效地防范和化解风险,保证业务持续开展,满足内控和外部法律、法规的要求。

- 数据生命周期管理:数据生命周期管理用于管理信息系统的数据在整个生命周期内的流动,从创建和初始存储,到它过时被删除。通过数据生命周期管理可实现数据申请/转入、数据清洗、数据校验、数据审核、数据发布、数据维护等功能,最大限度地体现数据的价值。

（3）技术域。技术域是数据治理的支撑条件,提供治理所需的数据架构、管控平台和治理工具,在 IT 整体规划的基础上,通过持续的评估、改进和优化,支撑数据治理的应用和服务。

（4）过程域。过程域是数据治理实施的具体方法。数据治理过程包含分析、设计、执行、评估 4 个步骤。在分析阶段,应评价数据治理的成熟度、风险及合规性,发现问题;在设计阶段,应明确数据治理目标和任务,设计数据标准、数据模型、数据架构,做好数据治理实施的准备;在执行阶段,应构建数据治理实施的机制和路径,确保数据治理实施的有序运行;在评估阶段,应监控数据治理的过程,改进数据治理方案,优化数据治理实施策略、方法和流程,促进数据治理体系的完善。

（5）价值域。数据治理的目标是通过对数据资产的有效管控持续创造价值,价值域通过对治理结果的有效整理,通过构建具体化的数据产品,实现上述的价值创造。数据治理的价值体系具体包括三个方面。

- 数据服务:通过数据的采集、清洗、导入,提升数据质量,确保数据的一致性。这部分体现着主数据治理的关键价值。

- 数据流通：通过实现信息整合和分发机制，支持跨业务、跨部门、跨系统的信息流转和协同。这部分体现着业务数据治理的关键价值。
- 数据洞察：通过消除数据内在的质量缺陷，明确数据之间的关联关系，帮助数据分析人员更好地理解数据，实现数据洞察。这部分体现着分析数据治理的关键价值。

3.2.3 技术架构

为有效支持数据治理的开展，需要高效、灵活的技术架构和信息管控的工具。在主数据驱动的数据治理框架下，数据治理的技术架构如图 3-11 所示。其中基础数据平台、业务支持平台、数据分析平台分别承载着和主数据、业务数据、分析数据有关的企业运营、管理活动；数据交换平台将上述三个平台连接在一起，完成彼此之间的数据交换，是平台之间的数据通道；数据管控平台完成上述平台之间的协调，是平台之间的控制通道。

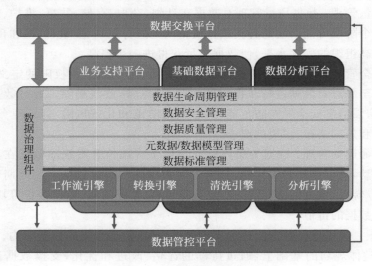

图 3-11　数据治理技术架构

数据治理组件辅助完成对主数据、业务数据和分析数据的治理。数据治理组件可看作是实施数据治理的 IT 工具包，其中包括数据标准管理、元数据/数据模型管理、数据质量管理、数据安全管理、数据生命周期管理 5 个基本的管理组件，实现治理框架中治理域的基本功能。同时，以工作引擎的方式提供一系列通用工具，包括但不限于：

- 工作流引擎：管理申请、校验、审核、发布等数据治理的工作流程。
- 清洗引擎：完成采集数据的清洗工作。
- 转换引擎：完成符合特定条件数据的批量修改和转换。
- 分析引擎：实现数据质量、数据生命周期管理中的分析任务。

数据治理组件也通过数据交换平台实现数据导入导出，通过数据管控平台完成和其他平台的协调。数据交换平台和数据管控平台以总线化的方式提供了可扩展的数据通道和控制通道,而工作引擎则实现了数据治理组件的能力扩展。

3.3　主数据驱动的数据治理过程

3.3.1　过程框架

如图 3-12 所示,数据治理的任务可分解成为 5 个阶段,即架构阶段、主数据治理阶段、业务数据治理阶段、分析数据治理阶段、优化治理阶段。每个阶段都包含分析、设计、执行、评估 4 个基本环节,循环迭代,推动阶段任务的达成。

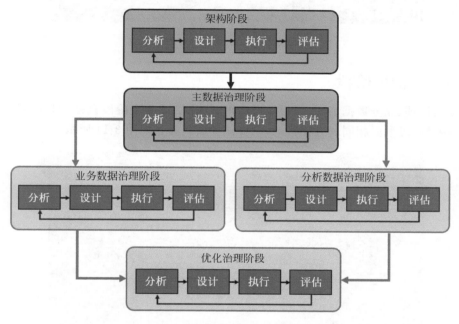

图 3-12　数据治理过程架构

上述过程框架提出的阶段性任务划分,将复杂庞大的数据治理任务分解成为较小的独立子集,增强了数据治理的可实施性,有利于企业管理者进行整体规划和安排,并对企业整体的信息化建设有一定的参考价值。

同时,上述过程框架可根据企业的整体战略和治理目标进行灵活剪裁,以满足不同企业数据治理的不同要求。其中架构阶段和主数据治理阶段是数据治理的基础,一般企业实施数据治理项目均需从架构和主数据治理开始,这也是本书第二篇重点介绍的内容。而业务数据治理阶段、分析数据治理阶段、优化治理阶段则可根据需要灵活选择。

3.3.2　架构阶段

架构阶段是数据治理的准备阶段。架构阶段通过现状调研和需求分析,识别业务问题和实施风险,完成数据治理的整体规划和体系设计。同时,获得高层支持,创建数据治理管理组织,并完成管理成熟度的评估。架构阶段的主要任务及其要点如图 3-13 所示。

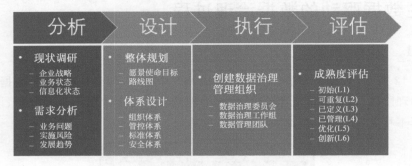

图 3-13　架构阶段的主要任务及其要点

3.3.3　治理阶段

主数据治理、业务数据治理、分析数据治理、优化治理 4 个阶段只是治理的对象和工作范畴存在差别,可参照相同的过程框架,主要任务及其要点如图 3-14 所示。

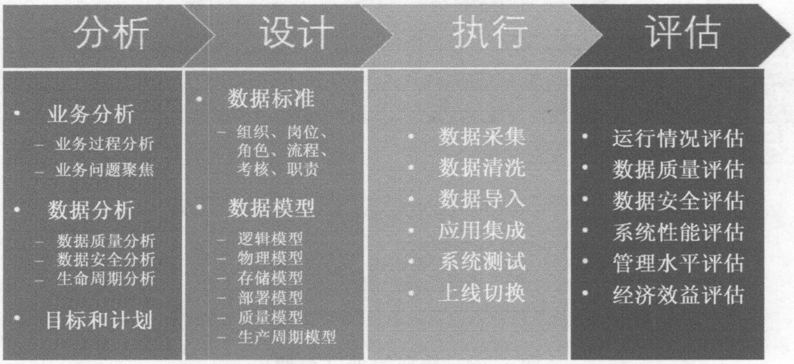

图 3-14　治理阶段的主要任务及其要点

考虑到主数据治理的核心作用,本书的第二篇将针对主数据治理的具体实施过程进行详细介绍,该过程也可作为业务数据和分析数据治理的参考。

分析环节完成业务过程分析和业务问题聚焦,并从数据质量、数据安全、数据生命周期三个方面分析、梳理数据缺陷,形成治理的阶段性目标和具体的工作计划;设计环节完成数据标准和数据模型的设计、开发,为数据治理的实际执行做好准备;执行环节依次完成数据采集、数据清洗、数据导入、应用集成、系统测试和上线切换,最终提交数据服务和数据产品,完成数据资产的价值提升;最后,在评估环节从运行情况、数据质量、数据安全、系统性能、管理水平、经济效益等方面对数据治理的效果进行评估,为进一步的优化提供条件。

3.3.4 任务、角色、分工、职责

数据治理是一项复杂的任务,仅仅依靠企业 IT 部门难以完成,往往需要专业的外部咨询服务和开发人员的辅助。因此,需要在过程框架中澄清各方的分工和职责,以便配合。表 3-1 以主数据治理为例,对数据治理过程中的任务、角色、分工、职责进行梳理,供企业的管理者参考。

表 3-1　数据治理过程各方分工和职责

阶段		参考时长/周	任务描述	职责(RASIC) R—负责,A—批准,S—支持 I—知情,C—咨询				
				决策层	管理层	关键用户	业务专家	IT
架构阶段	分析	4	现状调研	I	R	S	C	S
			需求分析	I	A	I	R	I
			差异对比	I	I	I	R	I
	设计	2	整体规划	A	I	I	R	S
			体系设计	A	R	I	R	S
	执行	1	建立数据治理委员会	A	R	I	C	S
			建立数据治理工作组	A	R	I	C	S
			建立数据管理团队	I	A	S	C	R
	评估	1	成熟度评估	I	R	I	C	R
治理阶段	分析	2	业务分析	I	A	S	RC	S
			数据分析	I	A	R	C	RS
			目标和计划	A	R	S	C	C
	设计	2	数据标准制定	A	R	R	C	R
			数据模型建立	I	A	I	C	R
	执行	8	数据采集	I	A	R	C	S
			数据清洗	I	A	R	C	S
			数据导入	I	A	R	C	S
			应用集成	I	I	I	SC	R
			系统测试	I	I	R	SC	R
			上线切换	A	I	I	C	R
	评估	2	运行情况评估	I	A	I	SC	R
			数据质量评估	I	A	R	R	S
			数据安全评估	I	A	I	R	R
			系统性能评估	I	I	I	C	R
			管理水平评估	A	R	I	C	S
			经济效益评估	A	R	I	C	S

3.4 数据治理工具和系统选型

数据治理的实施需要 IT 技术的有效支持。根据权威数据管理研究机构 TDWI 对数百家国际企业的调研结果,数据治理所涉及的 IT 技术主题及其重要性排序如图 3-15 所示。其中,元数据管理、主数据管理、数据质量的重要性在全部技术主题中位列前三。

图 3-15　数据治理中的关键 IT 技术

在国内,习惯将元数据、主数据、数据质量以及数据标准等几部分功能统一形成主数据管理平台并作定制化开发,通过一站式数据管理提升用户体验。因此,主数据管理平台(MDM)是数据治理最重要的工具,能够为数据治理建立一套基础数据资料,存储治理范围内的数据定义、负责人、来源、转换关系、目标、质量等级、依赖关系、安全权限等,这些基础数据对于商业整合、数据质量、可审计性等数据治理目标的实现至关重要。同时,主数据管理平台通过定制化的流程对上述基础数据的创建、清洗、存储、更新、分发、删除的全生命周期进行管控,确保基础数据的完整、准确、一致。

作为实施数据治理的核心 IT 技术,优秀的主数据管理平台将为数据质量、数据集成等技术的实施,以及数据治理目标的最终实现奠定坚实的基础。

不同的主数据管理平台和解决方案虽然都能够实现主数据的整合、标准化、存储和分发等基本功能,但在产品特性、产品实施复杂度、系统兼容性、可扩展性方面仍存在许多差异。企业需根据严密的流程来对 MDM 的产品进行选型。在选择 MDM 系统时,企业一定要充分做好自身的调研工作,例如:企业高管层需要的是什么?数据治理的难点是什么?具体的业务难点是什么?当前的 IT 架构和未来的 IT 规划是什么?否则,盲目按照所谓的同行业可借鉴的经验进行评估与选型,只会让企业更加无所适从。

大部分企业都比较接受"成熟套装软件+专业的实施团队+适当的个性化定制开发"的解决方案。在这种情况下,根据企业管理特点和建设目标,个性化的开发是必要的,但成熟软件与开发的比例越大,项目风险越小。对于某些重点行业,如机械、电子、冶金、汽配、化工等行业,一些实施经验丰富的厂商已经形成了一定的行业解决方案。这些行业解决方案不仅满足了企业标准应用,也对行业化应用进行了提取和升华,基本能够满足某一行业的个性化应用要求,大大降低了实施的风险。例如,北京三维天地科技有限公司所提供的能源行业主数据解决方案和机械行业主数据解决方案,已经帮助该行业中的领头羊企业大大提升了主数据管理能力,成为数据治理方面的优秀范例。

在主数据管理系统的选型中,应该兼顾以下原则。

- 信息集成原则:MDM 作为数据集成的平台,兼容性是产品选型时需要考虑的关键因素。主数据产品不但需要与企业现有应用软件实现流畅的数据共享,更需要支持企业未来的 IT 规划。大多数时候,MDM 产品购买者容易受到他们倾向的软件厂商的影响,或者受到他们正在使用的数据管理或企业应用软件厂商的制约,但随着企业应用的不断丰富,依赖某一技术框架下的主数据产品反而会影响数据集成的效率。

- 最终衡量标准原则:衡量 MDM 选型工作质量好坏的最终标准是看 MDM 在企业的推广应用中能否取得成功。成功是各项工作因素的综合表现,包括主数据体系的方方面面。因此,凡是与选型相关的因素都要尽可能考虑进去。

- 功能与技术并重原则:功能完善、技术先进的软件是不多的,技术过于先进的软件,不一定适合企业。不成熟的技术可能会被慢慢淘汰,造成未来系统升级、扩展的困难,要准确地把握二者的结合点。

- 服务至上原则:MDM 软件的管理对象是面向整个 IT 架构及其应用,不同的 IT 架构对 MDM 产品的要求差异很大,因此,再好的产品也需要好的管理咨询、定制开发、日常维护等服务才能更好地满足用户差异化的需求。信息系统选型不单是选产品,同时也是为公司未来发展选择一个具有实力的合作伙伴,以促进企业的成长和壮大。

大多数时候,MDM 产品购买者容易受到软件厂商故意降低初始报价的销售策略的影响,或者受到他们正在使用的数据管理或企业应用软件厂商的制约,这些都会造成选型过程的草率,为以后的系统应用埋下后患。信息系统选型是一个系统化的工程,应从以下几个方面进行综合考虑。

3.4.1　软件公司的行业实践

软件公司的行业实践是一个成熟软件公司最大的价值体现。对于一个成熟的主数据管理产品,应该是经过很多企业使用,且有一定发展史的。这样产品的软件公司才会在长期的客户使用中,不断将优秀企业的管理思想、业务流程等与软件产品的进行结合,持续地优化更新产品。

软件产品并不是单纯的技术体系,更重要的是内置先进的管理思想和管理框架。因此,只有行业实践丰富的软件公司,才有可能在项目实施过程中依托其丰富的管理经验,帮助企业提升管理水平。

对于行业实践少的产品与软件公司,由于经验不足,许多遇到的问题需要不断摸索解决,为此企业将担负巨大的风险。

3.4.2　产品特性

从目前的软件行业来看,同规模同行业的软件公司的产品相对是同质化的,但非同规模同行业的产品相差就会很大。这不是体现在表面所看到的功能上,而是体现在系统内在的框架和逻辑关系,以及管理思想和应用上。

但是企业往往不能在有限的时间内深入了解产品,准确判断产品和企业自身的匹配程度。保险起见,就要优先选择那些大企业都在使用的软件产品。

此外,虽然很多领先的信息管理技术都源于国外,但是对于主数据管理这一新概念,国内的普及非常迅速,在产品上已经迅速跟进国际水准,甚至在一些特色应用上超过国际水平。国外基于成熟的产品体系开发的产品普遍架构庞大而复杂,所以对新技术的采用普遍采取比较保守的策略,实施过程烦琐。因此,在选择产品时不能一味地追求国际声誉,还需要结合成功实践,考察企业在主数据管理方面的真正实力。

3.4.3　软件公司的实力

软件公司的实力包括公司的规模、成立时间、团队构成等多个因素。软件公司的规模大,成立时间长,说明这个公司经历了中国企业的发展期,其产品是得到业界认可的,能够满足企业的管理需要。

3.4.4　软件公司的实施

信息系统的实施不仅是技术实施,更重要的是带来的组织架构、业务流程的变革。系统实施的成功与否,需要站在管理的角度来评判。邀请具有丰富管理经验的团队来实施,才能利用实施团队的经验来提升企业的管理能力和水平。

3.4.5　软件的价格

通过以上的分析可以看出,IT项目最根本的目的是为了实现企业的战略目标,与企业管理思想相匹配,选择的是适合企业发展的信息系统,而不能一味地追求低价中标。

信息系统的总价中包括非常多的因素,包括有形的和无形的,如新增组织费用、个性化需求开发、与其他系统接口、后续开发成本和解决方案的价值等。因此,不能仅用有形成本作为唯一的考虑因素和谈判依据,而是要靠竞争和多角度的谈判策略来控制总体成本。

第二篇
数据治理实施

本篇（第 4 章～第 8 章），面向从事信息化建设的管理者及数据治理团队成员，回答数据治理的准备工作、工作步骤、治理过程、后期运维等内容，涉及主数据平台的选型及国内数据治理项目的经典案例。本篇包含章节如下：

第 4 章　主数据项目的准备

第 5 章　主数据体系规划方法

第 6 章　主数据项目实施步骤

第 7 章　主数据项目的运维和管理

第 8 章　典型主数据管理产品及实施案例

主数据项目的准备

　　搭建符合企业经营活动需求的统一的主数据体系、制定企业经营活动中所涉及的各类主数据的统一数据标准和规范,是主数据项目实施过程中企业首先要准备的工作。从本章开始,将对以下内容进行介绍:主数据项目实施过程中的主要风险是什么,如何识别这些风险,有什么应对措施? 数据治理的项目组织应如何构建,人员应如何配置,管控角色应如何设定,绩效考核应如何进行? 数据治理之初,应如何建立主数据标准?

- 主数据项目实施的风险包括组织管理风险、数据质量风险、数据转换风险、系统集成风险等方面。项目建设初期,组织管理风险会较为突出。在项目建设过程中,数据质量风险、数据转换风险、系统集成风险会较为突出。如何规避这些风险,是主数据项目实施过程中的主要任务。

- 有效的数据治理需要跨越企业不同组织和部门,因此,需要建立企业内数据治理的组织架构,进行有效的管理并控制数据治理的各项任务,确定数据治理主要目标,明确数据治理的关键流程图、角色、职责、决策权和成功的度量方式等。

- 主数据管理规范是主数据管理工作中的管理条例、章程和制度等内容,它用文字形式规定管理活动的内容、程序和方法,是主数据管理人员的行为规范和准则。主数据应用标准包括对信息分类标准制定策略、标准模板制定策略、数据标准及编码库建立过程等内容。

　　当企业经营到一定规模时,会对科学有效的管理提出更高的需求。企业在正常生产经营的同时,需科学地减少冗余和重复性的建设工作,并及时有效地传递准确的信息,这已成为现代企业规模化发展的战略方向。基于此,企业信息化建设会被提上日程,开展如 OA(Office Automation,办公自动化)、HR(Human Resource,人力资源)、PLM(Product Lifecycle Management,产品生命周期管理)、ERP(Enterprise Resource Planning,企业资源计划)、MES(Manufacturing Execution System,生产执行系统)等信息系统的建设。

　　由于缺少总体规划,在各个信息系统投入运行后,会发现在各部门、各业务之间进行线上沟通时,往往因为名称不一致、编码不统一、应用范围不同等因素,导致如数据无法识别、沟通时间较长、业务沟通不畅等问题,影响业务效率。也就是说,企业的主数据是否一物一码,是否统一管理、分发和应用,在一定程度上决定了运营时的业务开展是否流畅。这里就出现了进一步的需求,即需要专门针对企业的各类主数据进行统一的管理、分发和应用。

从本篇开始,将对数据资产中的黄金部分——主数据的数据治理进行介绍,重点阐述主数据项目建设步骤,展示主数据治理的全部过程。

主数据的数据治理,是针对企业数据治理需求而产生的一个信息化的系统工程,其核心价值及目标如下。

- 搭体系:旨在搭建符合企业经营活动需求的统一的主数据体系。
- 定标准:旨在对企业经营活动中所涉及的各类主数据制定统一数据标准和规范。
- 建平台:旨在建立主数据管理平台,对各类主数据进行管理、分发和应用,实现主数据全生命周期的管理。
- 理数据:旨在按照最新的标准规范科学梳理企业经营过程中的各类主数据,避免重复、错误等异常,形成一个标准代码明细库。
- 接服务:旨在将正确的数据接入至各信息系统,从而使数据服务于实际应用。

搭建符合企业经营活动需求的统一的主数据体系、制定企业经营活动中所涉及的各类主数据的统一数据标准和规范,是主数据项目实施过程中企业首先要准备的工作。本章将对这些主数据项目的准备工作进行介绍,描述主数据项目实施过程中的主要风险,及其识别方法和应对措施,并对数据治理的项目组织、人员配置、管控角色、绩效考核等进行介绍,同时将讨论建立主数据标准的方法。

4.1　主数据项目实施的主要风险

主数据项目实施的风险包括组织管理风险、数据质量风险、数据转换风险、系统集成风险等方面。项目建设初期,组织管理风险会较为突出,这些风险包括缺少风险管理部门、缺乏风险管理体系、缺少持久稳定的运行机制、缺乏必要的规范、缺少风险管控机制、缺乏事后的总结分析、缺少对项目的考核、不重视事前控制等内容。在项目建设过程中,数据质量风险、数据转换风险、系统集成风险会较为突出,其中数据质量风险会涉及缺失的或不完整的数据、不准确的数据、不一致的数据、重复的数据、无效记录等。在数据转换过程中,由于对数据关系没有做到充分的准备,因此容易造成数据部分丢失或者整体丢失的现象。数据转换过程如果没有对某些数据进行完整性校验,则容易造成数据不完整的事故。数据转换过程中,也会带来数据的不一致性问题。在系统集成时也会出现系统多、关系复杂、系统封闭、不开放、开发平台不同、数据结构有差异等多种现象。如何规避这些风险,是主数据项目实施过程中的主要任务。

4.1.1　组织风险

在数据治理过程中,首先应建立数据治理组织。许多企业在数据治理初期,对数据治理组织没有充分的重视,随着系统的建设,管理问题不断出现,此时才意识到数据治理组织的重要性。数据治理的组织应在数据治理项目初期就得到高层领导的高度重视。

在数据治理过程中对组织风险重视程度不足的主要表现如下。

- 从事数据治理的管理组织中普遍缺少风险管理部门。
- 在实际的项目管理中,缺乏系统性的风险管理体系的建立,缺少较为持久稳定的运行机制。
- 数据治理企业缺乏必要的规范,导致工作失误与重复工作。
- 对于数据治理项目,参与各方都缺少全面的风险评估和控制机制。
- 对于已经出现的大小风险事件,缺乏事后的总结分析。
- 对项目管理机构的考核,缺少"风险管理"内容。
- 领导层对风险事件的处理,只重视事后处置,而不重视事前控制。

缺少风险控制,会导致如下问题。

- 数据治理项目大多不能按期完成,或项目实施过程中总会出现"抢工"的情况。
- 项目的成本处于失控状态,计划成本的预控性得不到发挥。
- 项目实施过程中经常出现"意外"的质量事件。虽然有些企业总结了以往的质量缺陷,制定过预控措施,但由于缺乏系统性,依然会导致质量控制目标难于实现、成本上升、进度滞后。
- 数据治理项目管理团队常常处于一种焦虑状态,缺乏信心,总有失败感,使项目团队的凝聚力下降,管理人员注意力难于集中,管理水平持续下降。
- 管理人员的管理能力并未与项目经验同步提升,将会导致管理人员流动性加大,项目管理团队不稳定,企业的项目管理时间、进度、成本受到冲击,严重者将影响企业的生存与发展。

为了避免由于组织不健全、领导不重视引起的项目风险,首先需建立健全项目管理组织,强有力的项目管理组织是项目成功的基础。主数据会一直伴随着企业的经营,大多数情况下是几十年甚至上百年不变,所以在定位上,主数据项目所涉及的主数据系统是企业级的核心基础信息系统,这也就意味着需要纳入信息管理的系统比较多,会横跨许多部门或分子公司,而大企业的各部门或分子公司往往有着自己成型的业务习惯。在推行主数据建设时,系统的需求调研、部门的协调沟通、数据清洗的烦琐步骤等工作量巨大,这是主数据项目实施过程中的难点之一。因此,需要站在集团层面统一实施、统一管理、统一协调,建立集团层面项目管理组织(PMO)[①]。

其次,与其他管理信息系统一样,高层领导重视、参与、支持是主数据项目成功的关键。作为一个自上而下的信息化工程,主数据项目涉及的业务范围广、系统影响大、协调事项多。在各部门之间的数据应用环节,过往的纸质文件线下传递、电话沟通、"使用习惯""不成文规定"等,都将是数据标准化建设时会遇到的"关卡",能有一位有话语权的领导来强力支持和推行主数据项目建设将是成功的关键。因此,项目建设需要公司高层领导高度重视,并列入工作计划进行项目推动与管理,形成专门的考核评价体系,对项目团队人员进行考核,使团

---

① 项目管理办公室 PMO(Project Management Office)

队成员重视项目建设,避免项目实施失败风险。

4.1.2 数据风险

有数据统计表明,雀巢公司在 200 个国家出售超过十万种产品,有 55 万家供应商,但由于数据库内容混乱,结果并未形成强大的采购议价优势。在一次检查中发现,雀巢公司的 900 万条供应商、客户和原材料记录中有差不多一半是过期或重复的,剩下的有三分之一不准确或有缺失。供应商名称有的简写有的不简写,产生了重复记录。在这一案例中就包含了封闭、断裂、缺失等数据问题。

封闭数据:数据增值的关键在于整合,但自由整合的前提是数据的开放,不开放的数据就是封闭数据。以新浪、搜狐、网易、腾讯四大微博的数据平台为例,四家公司的数据各自为政,相互独立,关于微博用户行为分析都是基于对自己现有用户的分析,这种封闭的数据环境下,很多层面的具体分析都将受到很大的局限,例如:如何分析重叠用户?什么特征的人群会只在一个平台上开设账号?什么特征的人会在不同平台上都开设账号?在不同平台上使用风格是否相同?在不同账号下活跃度是否相同?影响因素是什么?这是在封闭的数据环境下无法进行分析的。

断裂数据:断裂数据则使数据缺乏结构化,造成表面上全面,实际上都是片段式的数据。以淘宝为例,当淘宝想研究“究竟是什么人在淘宝上开店”的时候,并不像想象中的那么容易。在淘宝公司的实时地图上,可以利用 GPS[①] 系统清晰地知道每一秒全国各地正在发生的交易,但是实时地图却不知道这些人的族群特征。同样的问题出现在腾讯游戏部门的用户研究中,研究人员并不能从实时的监测中知道是谁在玩游戏,他们有什么爱好、是什么性格、为什么喜欢一款游戏,研究人员知道的只是一个 ID[②] 账号,这就是断裂数据带来的问题:表面上全面,实际上都是片段式的数据。全数据确实可以在一定程度上掌握人的行为,但是无法知道是什么样的人的行为。

缺失数据:只有有价值的数据才称得上信息,然而从数据中获得尽量多的信息并非易事。随着数据量的扩大,缺失数据产生的比例也会相应扩大,尤其当一个样本中出现多项缺失时,会显著加大处理的难度。通过构造模型可以部分克服数据的缺失,使之更加准确,但却面临计算的时间复杂度方面的问题。对所有大数据分析来讲,适用于具体问题的有效数据量都不够大,同时数据都是缺失多于正常。在数据收集和整合过程中采用新技术手段避免这一问题,将使这一问题在分析上带来的风险变得更突出,例如,BI[③] 公司为了避免数据的不完整性,采用快速修复技术整合分散数据,这将失去最原始的真实数据,使得研究者很容易舍弃与假设不符合的数据,也使验证结论变得不再可能。

1. 数据质量风险

数据质量风险主要发生在主数据项目建设初期,由于数据来源众多,种类繁杂,会存在

---

① 全球定位系统 GPS(Global Positioning System)
② 身份标识号 ID(IDentity)
③ 商业智能 BI(Business Intelligence)

不少的数据质量问题。由于原始的数据是集成人员从被集成信息系统中获得的,这些源数据可能存在几种情况:一是有些列的数据对数据集成是无意义的;二是对那些有意义的数据,可能又存在缺失的或不完整的数据、不准确的数据、不一致的数据、重复的、无效的记录等问题。这些有质量问题的数据会影响后续的分析结果。针对数据质量问题,集成人员要首先进行评价。

数据质量的主要评价指标如下。

- 准确性:数据值与假定正确值的一致程度。
- 完整性:需要值的属性中无值缺失的程度。
- 一致性:数据对一组约束的满足程度。
- 唯一性:数据记录(及码值)的唯一性。
- 有效性:维护的数据足够严格,以满足分类准则的接受要求。

凡是有助于提高数据质量的过程都是数据清洗过程。数据清洗是面向数据和计算机集成中的重要一环。检查、控制和分析数据的质量,在数据质量问题上发现集成线索,清洗有质量问题的数据,为后续的数据分析服务,是面向数据的计算机集成的技术重点。数据清洗工作主要包括确认输入数据、修改错误值、替换空值、保证数据值落入定义域、消除冗余数据、解决数据中的冲突等。

- 解决不完整数据(即值缺失)的方法:大多数情况下,缺失的值必须手工填入。某些缺失值可以从本数据源或其他数据源推导出来。
- 错误值的检测及解决方法:用统计分析的方法可识别可能的错误值或异常值,如偏差分析、识别不遵守分布或回归方程的值,可使用简单规则库(常识性规则、业务特定规则等)检查数据值,可使用不同属性间的约束或使用外部数据。
- 不一致性的检测及解决办法:可定义完整性约束用于检测不一致性,或通过分析数据发现联系。
- 重复的数据解决办法:可通过在数据库中建立主键,定义数据记录(及码值)的唯一性。

2. 数据转换风险

通过数据清洗以后的数据就可以进行数据转换了。数据转换是数据治理过程中的一项复杂工程,如果方法不得当,则容易造成数据丢失。有机构研究表明,主数据关联的业务数据,丢失 300MB 的数据,对市场营销部门就意味着 13 万元人民币的损失,对财务部门就意味着 16 万元人民币的损失,对工程部门来说损失可达 80 万元人民币。如果丢失的关键数据在 15 天内仍得不到恢复,企业就有可能被淘汰出局。对企业数据转换造成的丢失,将意味着更大的损失。数据转换过程中的几种风险包括数据丢失、数据不完整、数据不一致等几种。

(1) 数据丢失。主数据与各个业务系统有紧密的关联关系,数据转换过程中,由于对数据关系没有做到充分的准备,容易造成数据部分丢失或者整体丢失的现象。主数据对于日常业务运作数据及领导层决策数据都起着至关重要的联系作用,一旦不慎丢失,将会造成不可估量的损失,轻则辛苦积累起来的心血付之东流,严重的会影响业务的正常运作,给生产造成巨大的损失。为了避免数据丢失,在数据处理前必须做好数据备份工作。一种简单的方案就是执行基于磁带或硬盘的备份,并执行恢复。不过,类似平移迁移,备份和恢复在及时恢复服务方面提供的能力很有限。另外,备份和恢复并不是最适合数据迁移的理想方法,它更适合数据恢复方案有限的灾难恢复这种场景。

为了避免数据丢失,在数据迁移处理前要做好充分的准备。

- 前期的环境调研工作必须充分:环境调研包括源数据库环境、版本、数据量大小、业务场景、操作系统版本、源数据库环境与目的数据库环境的差异等。
- 迁移方案准备,尽量优化细节,预留充分的备份时间窗口:最好能在测试环境测试其可行性以及实际耗时后,再到生产环境中实施。有时工作中碰到过实施时间安排的貌似很合理,结果实施过程中的第一步操作延误,造成系统停顿了好久时间。
- 方案一定要扎实、全面,一定要有回退方案或者保底方案:确保数据备份,回退可行,不能存在侥幸心理,以免发生当数据迁移失败紧急回退时才发现源数据库竟然无法启动,不得不再对源数据库进行回退操作的情况。
- 有条件的,一定要各方面的专家给予现场支持:数据迁移一般是晚上实施,需保证人员角色齐备,最好是 A/B 角一起参与,以免晚上精神不好,敲错指令。最好是主机工程师和存储工程师都在。

(2) 数据不完整。如果数据库中存储有不正确的数据值,则该数据库称为已丧失数据完整性。数据转换过程中,如果没有对某些数据进行完整性校验,由于转换关系不正确,容易造成数据不完整的事故。因此,在数据转换过程中,应对数据做好充分前期校验工作。数据库采用多种方法来保证数据完整性,包括外键、约束、规则和触发器。系统应很好地处理这四者的关系,并针对不同的具体情况用不同的方法进行,相互交叉使用,相补缺点。

完整性约束主要有实体完整性约束、参照完整性约束、函数依赖约束、统计约束 4 类。

- 实体完整性约束:实体完整性是指一个关系中所有主属性(即主码的属性)不能取空值。所谓"空值"就是"不知道"或"无意义"的值。如主属性取空值,就说明某个不可标识的实体,这与现实世界的应用环境相矛盾,因此这个实体一定不是完整的实体。
- 参照完整性约束:参照完整性约束是指参照关系中外码的取值或者是空值(外码的每个属性均为空值),或者是取被参照关系中某个元组的主码值。
- 函数依赖约束:大部分函数依赖约束都是隐含在关系模式结构中,特别是规范化程度较高的关系模式(如 3NF[①])都由模式来保持函数依赖。在实际应用中,为了不使信息过于分离,一般不能过分地追求规范化。这样在关系的字段间就可以存在一些函数要显式地表示出来。
- 统计约束:即某个字段值与一个关系多个元组的统计值之间的约束关系。如本部

[①] 第三范式(3NF)要求一个数据库表中不包含已在其他表中已包含的非主关键字信息。

门经理的工资不得高于本部门职工平均工资的 5 倍。其中职工的平均工资值是一个统计计算值。在许多场合,统计数据往往可以公开,而个别数据却是保密的,但是个别数据值可以从统计数据推断出来,所以要采取一定的防范措施防止数据泄密。

(3) 数据不一致。信息系统的多样性带来了数据不一致性。开展计算机集成必然面临各式各样的迥然相异的被集成单位的信息系统。被集成信息系统的差异,必然给集成工作带来数据的不一致性问题。数据的不一致性大体有以下表现形式。

- 同一字段在不同的应用中具有不同的数据类型。
- 同一字段在不同的应用中具有不同的名字,或是同名字段,具有不同含义。
- 同一信息在不同的应用中有不同的格式。
- 同一信息在不同的应用中有不同的表达方式。

对于这些不一致的数据,必须进行转换后才能供主数据平台分析之用。数据的不一致性是多种多样的,对每种情况都必须专门处理。

解决数据不一致的问题,需要进行数据转换。所谓数据转换,从计算机集成的需求来讲,主要包括两方面的内容:一是将被集成单位的数据有效地装载到主数据平台所操纵的数据库中;二是明确地标识出每张表、每个字段的具体含义及其相互之间的关系。

数据转换的第一步工作,是数据的有效性检查。为避免数据冗余和差错,在转换之前,应该对数据进行有效性检查,如果没有进行数据有效性检查,就有可能破坏主数据平台处理所需的完整性。检查数据有效性的最好方法是获得被集成单位的有关人员(包括具有技术专业知识和业务专业知识的人员)的帮助。

在有效性检查完成后,就要进行数据的清除和转换。所谓清除,指的是去掉那些与集成目的无关的数据,而仅仅将集成工作所关注的那些数据采集过来。数据转换有以下几种基本类型。

1) 简单变换

- 数据类型转换:最常见的简单变换是转换一个数据元的类型,这是将一种类型的数据转换成另一种类型的数据,数据转换的前提是类型相容。类型相容指的是一种类型数据的值域可以通过常用的转换函数映射到另一种类型的值域上,这种映射不会丢失数据的精确度。类型相容的转换被认为是合适的转换,如整型到文本型转换;类型不相容的转换是不合适的转换,如文本型到整型的转换。
- 日期/时间格式的转换:因大多数系统都采用许多不同的日期和时间格式,所以在主数据平台中几乎都要进行日期和时间格式的转换,将它转换成主数据平台处理所需的统一格式。这可以通过手工程序编码来完成,它能把一个日期或时间字段拆成几个子部分,再将它们拼成想要的格式和字段。然而,大多数主数据平台中的数据导入和转换工具都提供了日期和时间格式之间转换的设置,采用手工编码的情况就比较少了。
- 代码转换:在业务数据库建立代码是为了节省数据库存储空间并提高计算机的处理效率。这些代码一般是系统管理员设置,由应用程序维护的。这给主数据平台处理带来了很大的不便。有两种方法可以解决这一问题,如果主数据平台中采用了代码设计,而被集成单位的代码能够满足主数据平台需要的,可以将被集成单位的代码表转换到主数据平台的代码表上来;如果集成单位的代码不能满足主数据平台的需要,就必须根据主数据平台的要求对它重新编码。

- 值域转换:值域转换是将一个字段的全部或部分取值映射到另一个字段的全部或部分取值上。

2) 数据清洗

数据清洗指的是比简单变换更复杂的一种数据变换。在这些变换中,要检查的是字段或字段组的实际内容而不仅是存储格式。清洗是检查数据字段中的有效值,这可以通过范围检验、枚举清单和相关检验来完成。

- 有效值:范围检验是数据清洗的最简单形式,这是指检验一个字段中的数据以保证它落在预期之内,通常是数据范围或日期范围。枚举清单也相对容易实现。这种方法是对照数据字段可接受值的清单检验该字段的值。相关检验复杂一些,因为它要求将一个字段中的值与另一个字段中的值进行对比,看它们是否满足一定的相关关系,当然,数据清洗规则往往是这些不同方法的结合。

- 复杂的重新格式化:数据清洗的另一种主要类型是重新格式化某些类型的数据。这种方法适用于将许多不同方式存储在不同数据来源中的信息转换成主数据平台所要求的统一的表示方式。最需要格式化的信息之一是摘要信息,由于没有一种书写摘要的标准方式,所以同一个内容的摘要可以用许多不同方式表达出来,这就要求将摘要解析成几个组成部分,然后再将这些组成部分进行转换并重新排列成一个统一的格式。

4.1.3　集成风险

经过专家组多次研讨和商定,建立完成了符合企业需求的主数据管理体系之后,就将进入系统集成阶段,目的是将确定无误的主数据推送到各个业务系统(如 OA、HR、ERP 等)中去使用,这时就涉及技术开发层面的系统集成和调试了。

在系统集成环节,主数据项目负责人的主要职责是协调各个信息系统厂商的工作进度,尤其是要集成多个信息系统时,各开发团队需要互相配合进行系统集成和调试。对关键时间节点企业要予以把控,及时跟进和督促各个厂商的工作进展,以保障建设工期按时按要求完成。

在系统集成过程中会涉及多个源系统,对于各个源系统的数据来源都可能是异构的,因此在集成的过程当中需要应用到一些数据库的工具来不断地增加其产品的稳定性和可靠性等。另外,数据资源的浪费现象也是相当严重的,在很大程度上会造成系统数据的丢失,其中包括了信息资源的丢失和信息资源结构的丢失两种现象。前者还可以利用数据备份和恢复及技术;但是如果发生了后者的丢失现象,就需要花费较大的精力。系统集成时主要的风险体现在系统多、关系复杂;系统封闭、不开放;开发平台不同、数据结构有差异。

针对集成过程中出现的风险,建议采取如下措施预防。

- 需要对其数据的应用做出严格的集成规定,对其数据在应用方面所产生的工作进行不断地优化,在业务运营方面可以再根据实际情况来建立一个相对独立的业务运营系统,来实现数据信息的存储,最大限度地将企业内部的信息形成一个较为集中的集成系统。在这个过程当中,需要对内部众多分散的业务系统和数据系统进行不断地优化,对数据进行一个有效的集中集合,针对分散的数据做一个全面的调整,最终实现对数据有效、科学的处理,避免出现数据冗余的现象。

- 针对数据分散问题找到有效的解决方式,需了解其数据集成方式带来的风险,如单一系统数据质量问题、数据缺失、错误数据非空、唯一数据关联完整性。在对跨系统数据进行处理的时候,其质量的问题会导致一定程度上的数据偏差。除此之外,在历史遗留的数据方面也会存在一定的数据集成风险,会对数据的协调性问题造成一定程度的影响。

- 遗留系统在管理方面存在着一系列的问题,集中体现在数据质量缺乏专门的数据管理组织与相关的制度及规范方面,从而使得对数据质量的改善仅仅依靠于临时的或者偶尔的数据清理行为。有时,会呈现出子系统数量众多且数据分散的现象,在此种情况下,需要对数据的质量问题做出严格的分析,如数据准确性小、数据完整性不够、数据冲突等,为此可以成立一个专门的数据质量核查小组来对数据质量做出严格审核,最终最大限度减少由于数据造成的数据风险等,为以后的项目运行提供必要的实践指导意义。

- 在数据的集成过程中,不能简单地把有质量问题的数据抛弃,因为这些数据中有可能蕴涵集成线索。首先要根据数据质量的要求,对数据进行检查,对发现的数据质量问题进行分析,找出造成问题的原因,发现隐含的集成线索;然后清洗有质量问题的数据。清洗的目的是为后续的数据分析做准备,有问题的数据会给数据分析工作带来错误。

4.1.4　其他风险

主数据项目实施的风险包括组织管理风险、数据质量风险、数据转换风险、系统集成风险等方面。在数据治理项目实施过程中,企业内部还可能存在以下风险。

- 仅通过企业内部调研各专业的需求难度较大。单单依靠信息部门的力量来了解企业领导、业务部门、基层单位和网点对数据的具体需求的工作实施较为困难,需要专业的团队配合信息部门进行调研、分析,通过了解模糊需求,然后采用业界成熟的方法和手段,抽丝剥茧,逐渐明确最终的数据需求。措施:专业团队介入、明确数据需求。

- 治理任务会对工作人员的主要任务造成影响。由于企业涉及的数据量非常大,如果对所有的数据全部铺开进行治理,需要全企业的各方资源进行倾斜,必然会对其他工作的进展造成影响,因此,一般会选取解决当前业务部门要求强烈的关键数据质量问题为着力点,倒推出其数据来源的问题进行重点整治,在该类数据治理得到价值体现后,再总结治理经验,然后逐步开展其他类型数据治理。措施:关键问题引领、先试点后推广。

- 企业缺少丰富经验的数据建模专家。数据标准化管理必须和各系统大量的数据模型打交道,从标准化要求的角度,分析该类数据包含的所有信息要素的技术定义,并进行对应逻辑数据建模和物理数据建模。此项工作的工作量非常巨大,建议在数据治理平台实施的同时,一方面引入业界有丰富经验的数据建模专家加以辅导和帮助;另一方面对各系统数据模型汇总分析求同存异,一步步形成企业数据标准的技术定义数据模型。措施:引入建模专家、建立数据标准。

- 治理权责归属会涉及各自的利益冲突。分析各类数据资源的业务和系统治理权责归属,此项工作可能涉及的利益冲突非常强烈,需通过项目实施过程中建立管控机制,让治理主体在背负一定责任的同时也能享受到对应的利益。措施:建立管理机制、责任利益共存。

- 多数据源同时治理时需要企业有预算支持。数据治理工作可能需要对各个数据源系统进行标准化及质量提升的改造。此项工作复杂度较高,在确定需改造的源系统后,各个源系统的管理部门应及时评估改造工作量及费用预算,这些工作后续通过项目立项的方式来实施,企业应给予充分的资源支持,而数据治理的责任主体对于这些项目的建设过程要负责全程跟踪和控制。措施:多数据源系统、共同参与治理。

站在项目开发与实施角度,主数据项目还有以下常见的几种风险。

- 需求风险:需求已经成为项目基准,但需求随时变化;需求定义欠佳,而进一步的定义会扩展项目范畴;产品定义含混的部分比预期需要更多的时间;在做需求调研时客户参与不够;缺少有效的需求变化管理过程。

- 计划编制风险:计划、资源和产品定义全凭客户或上层领导口头指令,并且不完全一致;计划是优化的,是"最佳状态",但计划不切实际,只能算是"期望状态";计划基于使用特定的小组成员,而那个特定的小组成员其实指望不上;产品规模(代码行数、功能点)比估计的要大;完成目标日期提前,但没有相应地调整产品范围或可用资源;涉足不熟悉的产品领域,花费在设计和实现上的时间比预期的要多。

- 开发环境风险:设施未及时到位;设施虽到位,但不配套,如没有电话、网线、办公用品等;设施拥挤、杂乱或者破损;开发工具未及时到位;开发工具不如期望的那样有效,开发人员需要时间创建工作环境或者切换新的工具。

- 设计和实现风险:设计质量低下,导致重复设计;一些必要的功能无法使用现有的代码和库实现,开发人员必须使用新的库或者自行开发新的功能;代码和库质量低下,导致需要进行额外的测试,修正错误,或重新制作;过高估计了增强型工具对计划进度的节省量;分别开发的模块无法有效集成,需要重新设计或制作。

- 过程风险:大量的纸面工作导致进程比预期的慢;前期的质量保证行为不真实,导致后期的重复工作;缺乏对软件开发策略和标准的遵循,导致沟通不足,质量欠佳,甚至需重新开发;教条地坚持软件开发策略和标准,导致过多耗时于无用的工作;向管理层撰写进程报告占用开发人员的时间比预期的多;风险管理粗心,导致未能发现重大的项目风险。

4.2　数据治理管理组织

本节主要对数据治理的项目组织、人员配置、管控角色、管控流程绩效考核等方面进行介绍。

项目组织:有效的数据治理需要跨越企业不同组织和部门,因此,需要建立企业内数据治理组织架构,进行有效的管理和控制数据治理的各项任务,描述数据治理主要目标,明确数据治理的关键流程图、关键利益相关方、角色、职责、决策权和成功的度量方式等。传统的主数据在项目启动之前,首先应建设主数据项目组织。该组织主要包括企业内各类主数据的管理组织架构、运营模式、角色与职责规划等。

人员配置:数据治理团队需要专业的数据管理专员,以确保对数据资产进行有效控制和使用,明确数据治理的管理职责。主数据项目的组织机构中,每个过程也需要配备相应的人员。

管控角色:根据主数据管理的业务流程,配备相应的角色,并对每个角色赋予明确的职责。

绩效考核:主数据绩效评价指标是用来评估及考核主数据相关责任人职责的履行情况、主数据管控标准及政策执行情况的参考。目的是通过定量/定性的考核指标来确保主数据管控标准及政策的切实执行,加强企业对数据管控相关责任、标准与政策执行的掌控能力。

4.2.1　项目组织

有效的数据治理需要跨越企业不同组织和部门,因此,需要建立企业内数据治理组织架构,进行有效的管理和控制数据治理的各项任务,描述数据治理主要目标,明确数据治理的关键流程图、关键利益相关方、角色、职责、决策权和成功的度量方式等。

1. DAMA 数据治理项目组织

《DAMA 数据管理知识体系指南》中,对数据治理组织是这样要求的:数据治理组织架构的建立旨在保障数据治理的各项管理办法、工作流程的实施,推进数据治理工作的有序开展。数据治理的组织结构通常包括三层,如图 4-1 所示,顶层为数据治理委员会(决策层),中间层是数据治理工作组(管理层),底层是数据管理团队(执行层)。

1) 数据治理委员会

数据治理委员会包括高级利益相关方,通常由数据治理计划的主管发起人组成,包括企业主管领导和各业务部门领导。该委员会负责制定数据治理的愿景和目标,掌控数据治理

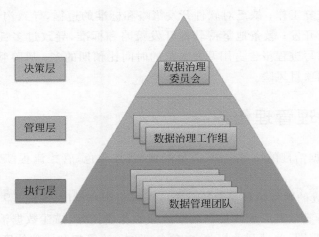

图 4-1 数据治理的组织结构

计划的总方向,负责牵头数据治理工作,制定数据治理的政策、标准、规则、流程等,保证数据的质量和隐私,在数据出现质量问题时负责仲裁工作,并协调企业内各部门利益和冲突。该委员会可能包含首席信息官(CIO)、首席信息安全官(CISO)、首席风险官(CRO)、首席合规官(CCO)、首席隐私官(CPO)和首席数据官(CDO),还可能包括来自财务、法律、HR 团队以及各业务部门的代表等。

2) 数据治理工作组

数据治理工作组包括负责定期治理数据的成员。该组组长通常由数据治理委员会成员兼任,如果存在首席数据官(CDO),常常会由该角色担任。数据治理工作组主要负责数据治理计划的日常管理运作并监督数据管理专员;提交数据标准的要求及数据质量规则和业务规范,解释数据的业务规则和含义,并提交给数据治理委员会去评审和批准;监督各项数据规则和规范的落实情况;数据治理平台中整体数据的管控流程制定和平台的整体运营、组织和协调。

3) 数据管理团队

数据管理团队获得委任,代表数据所有者的利益(包括但不限于自己的职能部门和其他部门的利益)管理数据资产。数据管理团队通常由面向业务主题域的业务数据管理人员组成。数据管理团队负责处理每天具体的问题和事物,负责数据及相关系统的开发,执行数据标准和数据质量内容,从技术角度解决数据质量问题,明确数据名称、定义和数据质量要求,哪些业务规则应该是一致的,哪些必须在本地保持独特性等。和在其他领域一样,一个好的数据管理团队精心保护、管理和利用托管给他的资源。数据管理团队应该是长期的、永久性的团队,定期组织开会,并与管理层紧密合作。

2. 典型主数据项目组织

DAMA 数据治理项目组织描述的是数据治理通用的组织架构,可为具体的数据治理组织建立提供参考。下面介绍的主数据治理的项目组织,是对 DAMA 数据治理项目组织的具体化。通过主数据项目组织建立职能明确的主数据管理机构,落实各级部门的职责和可持续的主数据管理组织与人员,该组织主要包括主数据的管理组织架构、运营模式、角色与职责规划等内容。主数据项目的组织体系包含三层,如图 4-2 所示。

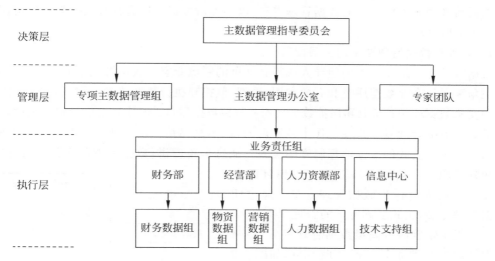

图 4-2　主数据管控组织的组织架构

1)决策层

主数据管理指导委员会由企业高管组成,主要负责确定管理目标,确定主数据管理的流程、制度、职责,负责重大问题的处理。

2)管理层

管理层由主数据管理办公室、专项主数据管理组和专家团队构成。主数据管理办公室、专项主数据管理组主要由业务部门主管、专职的信息部门主管组成;专家团队则由各级主管、资深业务人员以及外部聘请的专家构成。管理层主要参与确定管理目标,确定主数据管理的流程、制度、职责,负责重大问题的处理,负责协调主数据管理的相关资源,负责主数据管理制度的确定和发布。

3)执行层

执行层由具体管理和使用主数据的业务部门构成,包括主管业务部门、业务人员及技术支持人员。业务责任组的职能为负责各业务组之间的沟通协调,技术支持组的职能为集成方案的讨论和开发,以及主数据管理平台的日常维护和监督、集成问题的解决、硬件问题解决。

在主数据管控组织体系中,必须组建一支专业知识过硬、实践经验丰富的主数据专家团队,负责“标准管理”和“专业审核”的工作。主数据标准化的主要任务是建立专业化主数据的各类标准分类、模型和数据规范化模板,这些标准不仅要满足国家政策的各项规定,更要能够满足企业自身的运营需求,具备规范性、科学性、长期有效性。因此,专家团队需要具备扎实的数据标准知识,尤其是材料分类和材料明细主数据、设备分类和设备明细主数据等方面,同时也应具备丰富的业务实践经验和数据治理实践经验。

4.2.2　人员配置

数据治理团队需要专业的数据管理专员,以确保对数据资产进行有效控制和使用,明确数据治理的管理职责。

1. DAMA 数据治理要求的人员配置

数据管理专员是业务上的领导人或得到认可的领域专家。数据管理专员必须以整个企业的视角来保证企业数据质量和有效利用,管理、监控和执行数据政策、标准和程序;协调、维护和实施数据架构;获取和保护数据资产;监控数据质量;审计数据质量和安全性。

最好的数据管理专员是在工作中被发现的,而不是靠培养的。业务专业人士开展的很多活动甚至早于正式的数据治理制度的实施。从这个角度讲,数据治理制度并非给这些人增加额外的职责。最好能够任命有兴趣且已参与相关工作的人员作为数据管理专员。通过任命数据管理专员,正式明确专员的管理职责。

一些组织常常区分高级数据管理专员、协调型数据管理专员和业务数据管理专员,如图 4-3所示。

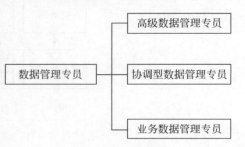

图 4-3　数据管理专员类型

- 高级数据管理专员通常是数据治理委员会中的高级管理人员。
- 协调型数据管理专员在跨团队讨论和同高级数据管理专员讨论时,领导并代表业务数据管理专员团队。协调型数据管理专员在大型组织中尤其重要。
- 业务数据管理专员是受认可的业务领域专家,持续定义和控制数据。业务数据管理专员具有业务专家和兼职的数据管理职责的双重角色。

数据治理是高层次的、规划性的数据管理活动。换句话说,数据治理是主要由高级数据管理专员和协调型数据管理专员所制定的高层次的数据管理制度决策。

通过数据管理团队裁决以下这些问题。

- 数据质量问题。
- 数据命名和定义冲突问题。
- 业务规则冲突和澄清问题。
- 数据安全、隐私和保护问题。
- 数据存取问题。
- 法规遵从问题。
- 策略和标准一致性问题。
- 冲突的策略、标准、架构和规程问题。
- 数据和信息冲突中的相关者的利益问题。

- 组织和文化变革的管理问题。
- 关于数据治理规程和决策权的问题。
- 数据共享协议的谈判和评审问题。

大多数问题都可由业务数据管理专员团队解决,如图4-4所示,需要沟通和上报的问题必须记录下来。问题可能上报至数据治理工作组或更高的数据治理委员会,由协调型数据管理专员或高级数据管理专员处理。不能由高级数据管理专员解决的问题应上报到企业管理或企业治理层面。

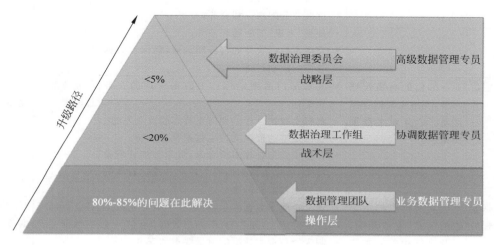

图 4-4　不同数据管理专员解决问题的层次

2. 典型主数据项目的人员配置

DAMA 数据治理组织的人员配置,为数据治理组织人员配置提供了参考。下面介绍的主数据项目组织的人员配置,是对 DAMA 数据治理项目组织人员配置的具体化。典型的主数据项目人员配置如下。

- 项目管理委员会进行整体项目控制,设有项目总负责人。
- 项目经理应全程参与项目。
- 业务负责人、主数据管理平台管理员及系统功能开发团队需全程参与项目建设。
- 硬件及网络支持人员在系统搭建时参与。
- 相关对接系统管理员及供应商技术人员在调研和系统集成时参与项目。
- 业务关键用户及专家团队在需求调研、标准制定、数据清洗阶段参与项目。
- 业务关键用户在用户测试机培训阶段参与项目。
- 最终单位用户在培训和系统运行阶段参与项目。

4.2.3　管控角色

根据主数据管理的业务流程,典型的主数据组织应该包括主数据管理部门、主数据提报者、主数据审批者、数据使用部门、技术支持部门等,各成员依据流程参与主数据标准管理、主数据质量管理、主数据安全管理工作,并被赋予明确的职责,相关内容参见表 4-1。

表 4-1 主数据管理部门角色

角色	定义	职责	级别	汇报给
主数据管理委员会主任	主持主数据管控组织的工作,推进主数据管控在整个企业的落实	• 决定主数据管理战略,并促进整个组织达成共识; • 负责主数据管控组织的运行,主持主数据管控指导委员会会议; • 批准并分配预算和资源; • 仲裁"未决"的问题和冲突; • 支持主数据管控的宣传和沟通,确保主数据管控的成功运行	企业总经理	N/A
主数据负责人	业务部门的高级管理人员,支持主数据管控活动。通常对主数据质量负责	• 向本部门清晰地传达主数据管理的业务愿景; • 解释主数据管理是如何支持高绩效业务的; • 指派足够的资源支持主数据管理活动; • 领导主数据管理组所有人,负责参加管理委员会,确保主数据所有人建立并维护有效的主数据政策和标准	各业务部门总经理	主数据管理委员会主任
主数据业务管理员	负责其所负责的主数据的定义、业务规则,以及执行相关的主数据政策和标准	• 定义企业主数据需求,负责企业业务主数据标准的定义,如客户、产品主数据; • 制定所负责主数据的质量要求和安全要求; • 与其他主数据所有人一起确认跨部门的主数据之间的依赖关系	各业务部门主数据主管	对应主数据负责人
主数据信息管理员	确保主数据被有效地理解、使用和共享,满足质量和完整性标准	• 负责制定政策,对政策统一维护与管理; • 支持企业主数据的有效使用,促进问题和冲突解决,发现改进机会; • 负责主数据标准、主数据生命周期管理流程、程序、政策和主数据管控的落实; • 制定考评指标,对考评指标统一维护与管理; • 收集和报告主数据质量和主数据管理流程指标	IT 部门负责人员	主数据管理办公室主任
主数据申请者	根据主数据标准和政策,创建、输入、更新数据。主数据产生者包含所有层次的人,从主数据录入员到企业高层人员	• 理解并遵守主数据标准和政策; • 理解并遵守主数据管理的流程和程序; • 理解并支持主数据管理的业务目标	各个层次的业务人员	N/A

续表

角　色	定　义	职　责	级　别	汇报给
主数据审批者	管理部门指定管理者或主管、专家团队	• 评估来自业务用户的请求； • 检查请求的主数据是否在现有的主数据资料库中已经存在； • 对请求做出决定	业务主管	对应主数据负责人
主数据使用者	主数据的内外部使用者。主数据使用者提供主数据使用的需求	• 提供主数据和主数据管理需求； • 理解并遵守主数据标准和政策； • 理解并支持主数据管理的业务目标	业务人员	N/A

4.2.4　管控流程

主数据全生命周期管理过程中，流程的梳理是提升主数据质量的重要保证。主数据管控流程体系设计将优化后的流程进行固化，从而确立主数据的长期运维模式，实现主数据的持续性治理，保障主数据管理机制的可靠运行，建立主数据管理的长效机制。

主数据管控流程的内容主要包括主数据业务流程、主数据标准管理流程、主数据质量管理流程和主数据安全管理流程。

- 主数据业务流程：对数据的提报、校验、审核、生成、发布、变更、核销等全过程进行管理，满足企业管理决策的各个管理应用的需求。
- 主数据标准管理流程：通过对数据标准的分析、制定、审核、发布、应用与反馈等流程进行设计，保证数据标准的科学有效、持续优化。
- 主数据质量管理流程：通过设计数据质量评价的指标体系，实现数据质量的量化考核，对主数据的创建、变更和销毁的业务过程实行质量管控。
- 主数据安全管理流程：按照主数据的分级规范和相应的安全保护标准，建立健全安全管理制度、安全技术规范、操作流程、操作规范，设立安全风险评估机制和应急响应机制，并实现安全体系的动态维护机制。

4.2.5　绩效考核

考核是保障制度落实的根本，建立明确的考核制度，实际操作中可根据企业情况，建立相应的针对数据治理方面的绩效考核办法。

主数据绩效评价指标是用来评估及考核主数据相关责任人职责的履行情况、主数据管控标准及政策执行情况的参考。目的是通过定量/定性的考核指标来确保主数据管控标准及政策的切实执行，加强企业对数据管控相关责任、标准与政策执行的掌控能力。

主数据绩效考核针对主数据业务部门和主数据管理部门之间有不同的绩效考核体系。对于业务部门的考核，主要对主数据的应用情况进行监督和检查，如数据提报准确性、数据审核及时性等。这些指标旨在反映业务人员是否按照主数据标准生成、维护和使用主数据，能否保证主数据业务流程的高效运行。对于主数据管理部门的考核是对主数据管理部门的数据管控过程、数据质量和数据标准的执行情况进行考察和评估,如主数据及时性等指标(参见表 4-2)。这些指标旨在反映主数据管理工作的实际效果。

表 4-2　主数据业务绩效考核指标及说明

考核方向	技术指标	说　　明	衡　量　标　准
审核及时性	审核时间	考核审核过程中,单位对数据的审核时间是否满足管控要求	满足时间要求的审核主数据总数/总审核通过数据数
准确性	数据回退率	对被回退的数据进行统计,对数据提报的准确性进行考核	数据被回退总数/数据总提报数量
及时性	及时率	是否满足业务应用对主数据的时间要求	满足时间要求的主数据总数/总数据数

4.3　数据管理规范体系

主数据管理规范是主数据管理工作中的管理条例、章程和制度等的总称,它用文字形式规定管理活动的内容、程序和方法,是主数据管理人员的行为规范和准则。

主数据应用标准包括对信息分类标准制定策略、标准模板制定策略、数据标准及编码库建立过程等内容。

4.3.1　主数据管理规范

主数据管理规范明确了主数据管理的基本原则、管理机构和职责、主数据管控流程等主要内容。管理规范的颁布实施,是主数据管控体系建设的成果固化,明确行为规范和协调关系,解决人治管理、无章可循、有章不循、缺乏协调、相互推诿等方面的问题,对于主数据体系建设,提高企业主数据管理水平有着重要的作用。

主数据管理规范作为主数据管理人员和使用人员的行为准则,具有以下一些特点。

- 规范性:管理规范告诉人们应当做什么、如何去做。
- 强制性:管理规范对全体员工都有严格的约束力,任何人不得违反。为此,管理规范要有公开性和权威性。
- 科学性:管理规范要成为人们的行为准则,它本身就应当准确、齐全、统一,不能模棱两可,更不能相互矛盾。
- 相对稳定性:管理规范一经批准,在一定的时期内就要保持稳定,不能朝令夕改,使人无所适从。
- 可行性:管理规范要简明扼要,通俗易懂,对流程运行活动进行明确规定,并要简便易行,便于实际操作和运行。

主数据管理规范一般工作流程如下。

- 积极借鉴国内外信息化标杆企业的主数据应用管理最佳实践资料(主数据编码体

系、管理组织、管理系统、标准制度等方面),对比当前企业主数据应用、管理现状,发现存在的差距,并作为今后改进的主要方向。

- 明确组织之间的主数据管理模式。
- 分析企业对主数据组织架构和管理流程的要求,了解企业的主数据管理机制。
- 分析企业现有的主数据管理组织和流程,并提出需要改进的地方,规划未来的组织及流程。
- 开展主数据管理工作考核 KPI 设计、制定主数据管理规范、编制主数据管理工作责任书。

虽然主数据都经由企业的专家研讨制定了科学的管理规则,但不可避免地在实际业务中会出现需要新增、修改或删除的情况。为了满足这个需求,同时也要保障主数据管理系统的统一性,建立主数据管理规范制度是非常有必要的。下面是一些典型的主数据管理规范制度。

- 《数据管理组织及权责说明》:用以定义主数据管理组织的岗位成员及职责,如首席数据官、数据管理员、数据用户等。
- 《主数据标准管理规范》:用以定义主数据标准的建立变更流程和考核制度,以及主数据标准管理的方法、工具。
- 《主数据质量管理规范》:用以定义主数据质量规则的建立、变更流程和考核制度,以及主数据质量管理的方法、工具。
- 《主数据集成管理规范》:用以定义主数据集成规则的建立、变更流程和考核制度,以及主数据集成管理的方法、工具。
- 《主数据服务管理规范》:用以定义主数据共享分发规则的建立、变更流程和考核制度,以及主数据共享管理的方法、工具。

4.3.2　主数据应用标准

主数据应用标准包括主数据编码标准、主数据属性标准。其中,主数据编码标准定义了数据的分类和编码规则,主数据属性标准定义了数据属性构成、元数据、参考数据、数据关系等内容。主数据应用标准是主数据标准体系的关键组成。

数据标准是主数据的数据模型,直接决定主数据的形式、内容和质量,因此数据标准应该具有以下几个主要的特性。

- 先进性:数据标准应该符合当前的技术标准的前提下,适应企业 3～5 年的发展需要,就是说在 3～5 年之内具有先进性。
- 可扩展性:数据标准必须具有可扩展性,根据企业的需要对模型进行扩展,支持企业的可持续发展。
- 可靠性:数据标准必须准确可靠,能够保证基于这些数据标准的信息系统的安全可靠运行。
- 全局性:数据标准需要满足各个业务部门不同管理层次的需求,保证企业级的管理视图。

- **合规性**：数据标准的制定应该遵循国际标准→国家标准→行业标准→企业标准的原则，参考其他相关技术标准规范，满足相关法律法规的要求。
- **一致性**：数据标准在整个企业范围内是完全一致的，不能存在二义性。

1．主数据标准制定流程

主数据标准的制定主要包括以下几个阶段：对主数据进行分类管理，搭建分类之间的关系，根据数据的重要性划分优先级；评估主数据的现状，分析主数据与业务价值的关联关系，保证数据标准满足实际业务的要求；按照数据重要性分别制定数据标准的目标；按照既定的目标，根据主数据标准化、规范化的要求，整合离散的数据，定义主数据的标准。这个过程中需要多级主数据管理部门的协作，以保证数据标准的有效、权威和科学性。

主数据标准制定流程如图 4-5 所示。

图 4-5　主数据标准制定流程

- 数据标准管理组收集数据标准管理的需求，交给相关主题与数据标准管理小组进行分析，判断是否需要新增或修改数据标准定义内容。
- 数据标准管理小组初步制定或修改数据标准定义内容，在数据管控协调组的协调下，提交数据标准管理组审核。
- 由专家组对新的数据标准定义内容进行审核，根据审核中提出的意见，由数据标准管理小组进行相关定义的调整。
- 数据标准管理组发布新增或更新后的数据标准定义内容。
- 技术部门将数据标准定义落实到具体工作中，在应用过程中发现并反馈存在的问题。

标准不是一成不变的，它会因企业管理要求、业务需求以及社会的发展、科学的进步而不断地发展，这就要求对标准进行持续地改进和修订。

2．信息分类制定

信息分类是指遵循约定的分类原则和方法，按照信息的内涵、性质及管理的要求，将所有信息按一定的结构体系，分门别类加以集合，从而使得每个信息在相应的分类体系中都有一个对应位置。信息分类的基本原则可归纳为科学性、系统性、可延性和兼容性。信息分类过程应遵循如下策略。

- 确定信息分类编码的对象和服务范围。

- 以信息的自然属性为分类的基本原则,同时兼顾生产建设经营管理要求和实际使用的需要。
- 结合企业现行信息分类情况,按照"继承历史、必要调整,修订细化、合理补充"原则进行修订。
- 突出科学性,确保质量的原则。遵循国家、行业现行相关标准,全面收集信息的现有数据,广泛征求总部及所属单位、部门的意见,组织各方面专家反复讨论、多层次审核。
- 突出管理要求与实用性相结合的原则。信息分类要适应信息化建设集成、整合、应用一体化的管理要求,做到实用、适用、方便。

根据上述信息分类策略,结合企业的实际情况并参考相关企业的最佳实践,可按照不同的主数据类别制定出不同的分类体系。

具体的信息分类体系的建立过程如图 4-6 所示。

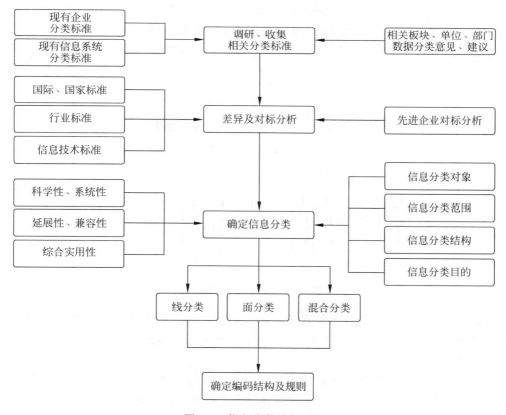

图 4-6 信息分类制定过程

3. 编码规则制定

信息编码规则制定的过程遵循以下规则。

- 统一标准化原则：尽量采用国家标准和行业标准进行信息分类与统一编码，对没有国标或行标的，可在企业层面统一制定信息编码，但必须与相关的国标和行标兼容。
- 含义性原则：编码应尽量有最大可能限度的含义，较多含义的编码可以反映编码对象更多的属性和特征。
- 稳定性原则：编码不宜频繁变动，编码时要考虑其变化的可能性，尽可能保持编码系统的相对稳定。
- 识别性原则：编码应尽可能反映企业及二级三级企业各类编码对象的主要特点，以助于记忆并便于人们了解和使用。
- 可操作性原则：编码应尽可能减少计算机处理的时间。
- 适应性原则：编码设计应便于修改，以适应编码对象特征或属性以及其相互关系可能出现的变化。
- 共性编码原则：统一编码体系主要解决企业范围内共性编码问题，对于各出资企业专业系统内的专有信息编码不列入体系之中。
- 唯一性原则：一个实体对象在企业范围内，应尽可能有唯一的编码。

常用信息编码类型如图 4-7 所示。

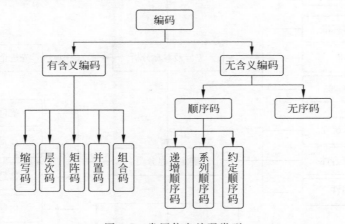

图 4-7　常用信息编码类型

根据上述信编码原则及不同类型信息编码的优缺点，结合企业的实际情况并参考相关企业的最佳实践，按照不同的主数据类别制定出不同的编码规则。

4. 标准模板制定

通过对主数据描述模板的制定，使前期制定的各类主数据标准和专家的思想进行固化，不再因为最终使用用户专业知识水平的差异导致主数据质量问题。

例如，对物料主数据中的紧固件六角螺栓建立如图 4-8 所示的模板。

通过对紧固件六角螺栓模板的制定，可限制物料名称必须为物料分类体系的小类名称，螺纹规格和公称长度之间的连接符号必须为"×"，螺纹规格的前置符号为"M"，螺纹规格和性能等级必须从下拉列表中选择，公称长度必须为数字，这些建立的取值和校验规则，能减

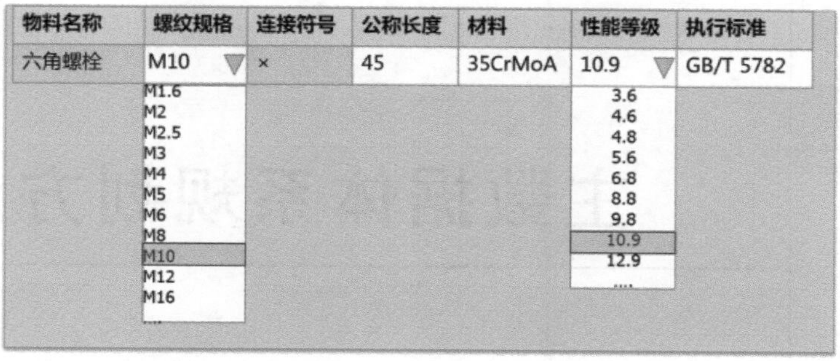

物料名称	螺纹规格	连接符号	公称长度	材料	性能等级	执行标准
六角螺栓	M10 ▽	×	45	35CrMoA	10.9 ▽	GB/T 5782
	M1.6				3.6	
	M2				4.6	
	M2.5				4.8	
	M3				5.6	
	M4				6.8	
	M5				8.8	
	M6				9.8	
	M8				10.9	
	M10				12.9	
	M12				……	
	M16					
	……					

图 4-8　标准模板制定

少人为输入错误,最大限度地提升数据质量。

　　按照上述方法,可以建立企业统一的标准数据编码库,建立符合各类标准的描述模板,建立企业供应商、客户、会计科目、员工、组织机构、资产分类、通用基础类等主数据分类体系。

第 5 章

主数据体系规划方法

    经过长期信息化建设的实践,主数据管理已经受到越来越多的重视,而主数据管理的关键是建立持续、稳定的长效管理机制。如果没有主数据体系的支撑,随着企业信息化进程的推进,越来越多的业务信息系统开发、实施将会带来更多的信息孤岛,阻碍企业的应用集成、业务协同和信息共享,严重影响企业的发展。因此,建设长效的主数据管控体系是信息化建设的坚实保障。

    规划指全面的长远发展计划,主数据体系规划是全面实施主数据管理的第一阶段。这一阶段的主要目标是明确主数据体系的发展方向、体系架构和实施步骤。主数据体系建设是投资大、周期长、意义重大的系统工程。科学的规划能够使企业主数据体系具有更好的整体性、适应性,建设过程井然有序,大大缩短项目周期,节约成本。本章内容首先论述主数据管理成熟度模型(Master Data Management Mature Model,MDMMM),再进一步阐述如何基于MDMMM 的理念进行主数据体系评估和需求分析,最后介绍主数据体系规划的方法和步骤。

- 主数据体系规划工作是主数据的概念在组织中逐渐形成、清晰和完善的阶段,是面向全局、面向长远的关键问题。因此,这一过程需要得到企业各个部门的支持与合作,采用自上而下的规划方法,以保证体系结构的完整性和统一性。
- 主数据体系现状评估是主数据体系规划的起点。主数据管理成熟度模型(MDMMM)通过对主数据体系建设的各个发展阶段进行多维度的描述,从而实现对企业主数据管理能力的量化评价,帮助企业清楚地认识内部的主数据以及主数据管理活动的真实现状,制定合理的主数据体系建设目标和规划,对主数据体系的建设和维护进行过程监控和研究。
- 进行主数据体系建设的需求分析,首先要对主数据进行识别,界定需求的范围,才能有的放矢地进行后续分析设计工作。这一过程主要采用逐级、逐层、多维度、多因素的识别方法。

5.1　主数据体系规划的任务和步骤

5.1.1　主数据体系规划的任务

主数据体系规划是主数据的概念在组织中逐渐形成、清晰和完善的阶段,是面向全局、面向长远的关键问题。主数据体系的建设涉及由高层管理到基层操作的各个层次、众多部门以及多个业务系统。如果没有一个总体规划来统筹安排和协调，很难大幅提升组织的主数据管理能力，形成统一的主数据视图，并可能造成资源的浪费。

主数据体系规划的主要任务有以下几个方面。

1. 制定主数据体系的发展战略

建立主数据体系的根本目的是服务于企业管理，其发展战略与企业的发展战略密切相关。主数据体系规划既是企业整体规划实现的方法和手段之一，又是影响企业规划的重要因素。因此，主数据体系规划的目标就是制定与组织战略规划相一致的建设和发展规划。制定主数据体系的发展战略，首先要调查分析企业的目标和发展规划，评价现行主数据的质量、环境和应用状况，分析差距，明确需求，在此基础上确定主数据体系建设的战略目标和相关政策。

2. 制定主数据体系的总体架构

在调查分析企业数据需求的基础上，运用科学的主数据识别方法，界定数据范围，提出主数据体系的总体架构。根据发展战略和总体架构，完成数据架构、数据管控体系架构、应用标准和集成标准的设计。

3. 制定主数据管理系统实施的资源分配计划

确定主数据管理系统的实施方案和时间计划，提出实现方案所需要的硬件、软件、参与人员、资金预算等资源，完成主数据管理系统建设的概算。

5.1.2　主数据体系规划的步骤

主数据体系规划是一个全局性的问题，需要得到企业各个部门的支持与合作，整体上着眼于高层管理者，兼顾各管理层的要求。因此，主数据体系规划需要采用自上而下的规划方法，以保证体系结构的完整性和统一性。

主数据体系规划的步骤可以总结为以下几个阶段(参见图 5-1)。

1. 现状调研

现状调查是规划的起点，通过调查问卷、现场访谈等各种方式收集大量资料和信息，全面深入地理解组织现行的组织架构、业务流程以及信息化建设情况，找出用户所面临的问题，准确把握用户真正的需要，为最终整理出符合用户需要的需求做准备。

2. 现状评估及需求分析

这一阶段将现状调研发现的问题进行总结，运用主数据管理成熟度模型对企业主数据管理的现状进行科学的评估。与行业领先者的实践水平进行差距对比，从而明确改进方向。同时，结合企业各个信息系统建设和应用情况，收集系统数据，界定主数据范围和应用单位。通过以上步骤得到准确、完整的用户需求，也就是主数据体系建设必须完成的任务。

3. 体系规划与架构设计

明确需求后，便可以对主数据体系进行整体规划，确立与企业目标相一致的建设目标。而后根据目标，进行主数据体系架构的设计。架构设计是主数据体系建设的关键环节，主要包括组织体系设计、管控体系设计、标准体系设计、安全体系设计 4 个方面，实现主数据管控

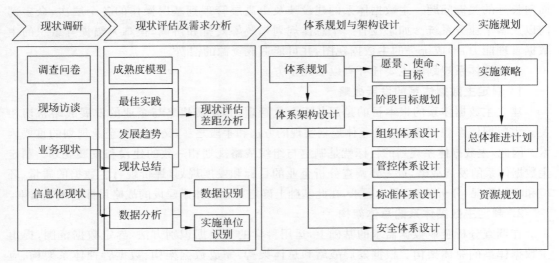

图 5-1　主数据体系规划的步骤

体系建设和各级管控组织的流程设计,确认人员岗位、明确职责分工、规范业务流程、制定主数据管理规范、主数据应用标准、主数据集成服务标准。经过体系架构设计,企业的主数据体系已经基本成型,主数据管理系统的实施已经有了明确的系统需求。

4. 实施规划

为主数据管理系统实施制定总体计划,确定究竟选择哪种实施方案,需要多少资金、人员和技术支持,设定时间进度和最终完成的期限。

5.2　主数据体系评估方法论

主数据体系现状评估是主数据体系规划的起点,只有清楚地认识企业内主数据以及主数据管理活动的真实现状,才能制定合理的主数据体系建设目标和规划。主数据管理成熟度是指企业按照企业数据治理的目标和条件,成功、可靠、持续地实施主数据管理的能力。主数据管理成熟度模型 MDMMM 通过对主数据体系建设的各个发展阶段进行多维度的描述,从而实现对企业主数据管理能力的量化评价,对主数据体系的建设和维护进行过程监控和研究,以使其更加科学化、标准化。

5.2.1　主数据管理成熟度模型

1. 主数据管理成熟度模型的起源

成熟度模型是用于描述事物发展阶段、阶段特征和发展方向的结构性工具。成熟度模型起源于卡耐基梅隆大学软件工程研究所提出的能力成熟度模型(Capability Maturity Mode,CMM)。能力成熟度模型是指(软件开发组织)用于定义、实施、测量、控制和改进其软件过程的一种阶段性描述。该模型能够对已有过程能力进行评估,识别软件质量和过程改进中的重要问题,从而指导企业制定合理的过程改进策略。在最初用于软件开发领域并获得成功后,成熟度模型被陆续用于流程管理、项目管理、知识管理、人力资源管理和供应链管理等管理领域。

一般而言,一个完整的成熟度模型可看作是外部结构和内部结构的有机结合,如图 5-2 所示。成熟度外部结构包含了事物发展的不同阶段,描绘了事物的发展过程,并将其简化为几个有限的成熟层级,最为常见的是 4～6 层。事物从第一层级顺序地发展到最高层级,高层状态是在底层状态基础上的进一步完善,因此,不可忽略其中的任意一层。成熟度外部结构说明了事物发展所要经历的各个阶段,但不能说明事物在某一时刻到底存在于哪一个阶段,或者说处于成熟度模型的哪一层级。为了判断事物所处的层级,需要明确的判断指标,也就是成熟度的内部模型。成熟度内部结构主要从事

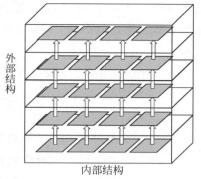

图 5-2 成熟度模型的外部结构与内部结构关系

物发展的某一阶段所表现出来的最基本特点入手,以某种框架将其层层分解,直至事物表现出外显性特点。内部结构分为成熟度级别、管理领域、关键指标和典型行为几部分。该内部结构存在于外部结构的每一个层级之中。其中,管理领域将每一层级进行了细化,每一个管理领域都可以实现一定程度的管理目标。接着,模型进一步将每一个管理领域划分为多个关键指标,用于阐述在该领域所关注的管理重点。最后,利用各关键指标的典型行为,区分出这些关键指标在不同的成熟度级别中的不同表现,建立起完善的评价体系,包括评价指标和评价方法,供使用者判断这些管理领域到底处于哪一成熟度级别。成熟度模型内部结构如图 5-3 所示。

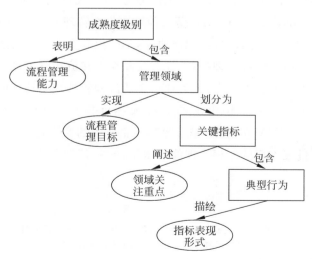

图 5-3 成熟度模型内部结构

由卡耐基梅隆大学软件工程研究所于 1987 年开发的能力成熟度模型(CMM)是成熟度模型的鼻祖,也是国际上最为流行的软件生产过程标准和软件企业成熟度等级认证标准,可用来评价软件开发单位的软件能力成熟度等级。在过去的十几年中,它对全球的软件产业产生了非常深远的影响。CMM 共有 5 个等级,分别标志着软件企业能力成熟度的 5 个层次。

- 初始级(Initial):软件开发随意性强,很少有经过定义的流程。
- 可重复级(Repeatable):已制定开发计划并预测软件功能,建立基本的项目管理流程。
- 已定义级(Defined):软件开发中的管理和工程行为都已经文件化、标准化,并整合为企业的软件开发标准流程。
- 已管理级(Managed):软件开发和产品质量的详细信息都有集中记录,这些质量问题都是可预见和可控的。
- 优化级(Optimizing):通过反馈和吸收创新思想,软件开发流程得以持续改进和完善。

随着成熟度等级从低到高,软件开发生产计划精度逐级升高,单位工程生产周期逐级缩短,单位工程成本逐级降低。CMM 为软件的过程能力提供了一个阶梯式的改进框架,它基于以往软件工程的经验教训,提供了一个基于过程改进的框架图。CMM 指出一个软件组织在软件开发方面需要哪些主要工作,这些工作之间的关系,以及开展工作的先后顺序,一步一步地做好这些工作,使软件组织走向成熟。

随着 20 世纪 90 年代中后期流程管理概念被正式提出,在过去的十几年中,流程管理不仅受到管理界学术研究的持续关注,更在国际企业界形成讨论和应用的热潮。流程管理(Business Process Management,BPM),是一种系统化的管理方法与技术,以规范化地构造端到端的卓越业务流程为中心,通过跨职能协作,不断提高企业所有流程增值能力。通过实践,学者将成熟度模型引入流程管理领域,综合反映企业在流程管理规划设计、管理应用、保障机制、理念文化等方面的发展水平,成为评估企业流程管理现实情况的有效工具。由保罗哈蒙(Paul Harmon)[①]于 2004 年提出的流程成熟度模型[②](Business Process Maturity Model,BPMM)参考了 CMM 的分级,结合流程在企业中的实际运用水平,主要描述了企业流程设计、测量和改进三方面的流程管理能力水平,并将其划分为 5 个等级,为流程管理评

---

① Paul Harmon:BPTrends 创始人、主编、高级市场分析师。BPTrends 为高层管理者、IT 经理、六西格玛从业人员和 ERP、CRM 及供应链经理和管理人员提供有关业务流程变革方面的各种研究、评估和资讯。

② Harmon. P Evaluating an Organization's Business Process Maturity[J/OL]. Business Process Trends,2004,2(3). http://www.bptrends.com/……

估工作提出了初步框架。此后,迈克尔·哈默(Michael Hammer)[1]建立了流程和企业成熟度模型(Process and Enterprise Maturity Model,PEMM)[2]。该模型是一个帮助管理层理解、表达、评价基于流程转型成果的框架,其内部结构包括设计、执行者、负责人、基础设施、衡量指标5个维度,每个维度使用若干变量衡量;外部结构也分为5个层次。在 PEMM 基础之上,国内学者林永毅和李敏强(2008)[3]提出了六级四维的业务流程管理成熟度模型(Business Process Management Maturity Model Based on Six Levels and Four Dimensions,BPMMM—6L4D)。BPMMM—6L4D 模型的流程管理成熟度分为初始、重复、定义、管理、优化和创新六级,从管理活动、组织岗位、企业文化和 IT 支撑四维特征对企业业务流程管理能力的标准进行了定义。

上述模型已经具备了流程管理成熟度模型的一般性特性,对组织管理成熟度水平所需要关注的因素也有比较详细的描述。但是,这些模型普遍为通用性模型。针对主数据管理这一特定流程集合,北京三维天地科技有限公司提出了主数据管理成熟度模型 MDMMM,用以评价企业主数据管理水平。主数据管理成熟度模型参考了业务流程管理成熟度模型,同样使用六级划分的外部模型和四维度的内部模型对企业主数据管理能力进行考量,确定其所处的级别,从而确定进一步的改进方向。图 5-4 展示了主数据管理成熟度模型的发展历程。

2. 主数据管理成熟度模型的结构

MDMMM 将主数据管理成熟度分为初始、可重复、已定义、已管理、优化和创新 6 个级别,如图 5-5 所示。每个成熟度级别是一个完备的进化阶段,反映企业主数据管理能力所达到的水平。

- 初始级 P0。处于初始级的组织内部只有模糊的主数据管理意识,没有专门的机构对其进行管理。
- 可重复级 P1。可重复级的最大特征是建立了基础的主数据管理流程,实现了局部可复用性,企业已经了解到主数据的重要性,并在组织内部开始进行主数据管理工作,但往往局限于项目或部门内部。
- 已定义级 P2。已定义级最大的特征就是组织内部建立起统一的主数据管理规范,并建立起独立的部门进行主数据管理的协调活动,明确定义主数据流程的各专业岗位。

---

① 迈克尔·哈默(Michael Hammer,1948—2008),企业再造之父,20 世纪 90 年代四位最杰出的管理思想家之一。1996 年被《时代》杂志列入"美国 25 位最具影响力的人"的首选名单。

② Hammer M. The Process Audit[J/OL]. 哈佛商业评论,2007.4. http://hbr.org/2007/04/the-process-audit/ar/1.

③ 林永毅,李敏强. 企业业务流程管理成熟度模型研究[J]. 现代管理科学,2008,07.

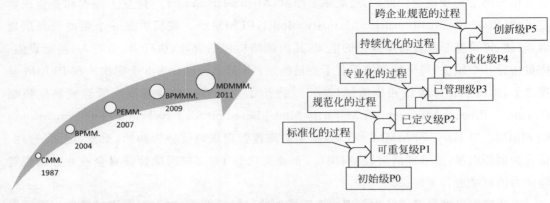

图 5-4 主数据管理成熟度模型的发展历程   图 5-5 主数据管理成熟度的级别

- 已管理级 P3。处于管理级的组织中已经形成主数据管理专业部门,建立起协同跨流程区域的专业化主数据标准团队,主数据实现集成化管理,主数据标准流程和制度的实施细则也已经明确。
- 优化级 P4。处于优化级的组织不仅能够保证主数据管理流程的有序进行,而且能够实现业务环节的专业评估,实现自我优化,不断提升。
- 创新级 P5。创新级是主数据管理的最高级别,此阶段的主数据管理已经跨越了企业的边界,形成跨企业的行业主数据标准,主数据业务流程能够灵活创新、敏捷地支撑新流程运作,响应新的产品服务。

每个级别的主数据管理水平将作为达到下一更高级别的基础,成熟度不断升级的过程也就是其主数据管理水平不断积累的过程。因此,从 MDMMM 归纳出的改进方向,将为企业数据管理水平不断升级的历程提供指引,指导企业不断改进缺陷。

MDMMM 的内部结构主要用于判断组织所处的成熟度水平,并分析未来的改进方向。内部结构将外部结构的每一级细化为管理流程、组织岗位、职责和 IT 支持四大管理领域,模型进一步为每一个管理领域描述了其对应的典型行为,区分出这些领域在不同的成熟度级别中的不同表现,从而判断这些管理领域所处的成熟度级别,进而得到企业的总体成熟度级别。在内部结构中,职责维度描述了企业"为什么要进行主数据管理",组织岗位维度描述了"谁来做主数据管理",管理流程维度描述了"怎么做主数据管理",IT 支持则描述了在企业 IT 系统应用体系中主数据的存储情况和主数据管理功能的实现情况。

5.2.2 主数据管理成熟度模型的评价指标

MDMMM 的评价指标更加具体地描述了各个级别上的企业在管理流程、组织岗位、职责和 IT 支持四方面的行为,为判断主数据管理成熟度级别提供标准,具体指标及标准见表 5-1 所示的 MDMMM 模型评价标准表。

表 5-1　MDMMM 模型评价标准表

层级	管 理 流 程	组 织 岗 位	职　　责	IT 支持	
				主数据管理	主数据运作
初始级 P0	主数据的业务是随机发生，无流程明确设计定义；无明确的主数据管理和管理制度；无主数据管理程序	依靠个人；职责和岗位不明晰；无专人负责主数据管理	强调个人特长和单兵作战能力，没有统一的主数据组织和管理机构	主数据无电子化存储	无成型的主数据流程管理 IT 应用，依靠手工进行
可重复级 P1	建立了基础的主数据管理和管理流程；稳定的业务质量可以重复出现；企业内部的数据管理流程和标准不统一，各自为政	依靠多专业的项目式团队	强调项目或部门内的团队合作，以制度维持管理	主数据以电子文件存储，可以流通共享	主数据的应用系统实现各主数据的独立功能
已定义级 P2	主数据管理的业务流程标准和总体框架统一；主数据管理流程设计已经实现了文档化和标准化管理；统一管理主数据的组织、岗位、指标和信息	明确定义流程的各专业岗位，如供应商的管理者、责任者、执行者和评估者	强调效率和执行力，统一语言，沟通协调	主数据以数据库或文件方式存储，出现主数据管理系统	主数据管理系统由专业模块构成，支持流程局部运作。核心流程部分环节有应用支撑
已管理级 P3	实现主数据的集成化管理，建立主数据管理的专项组织、岗位；实现主数据标准流程和制度的实施细则；建立主数据申请、校验、审批、发布、变更和注销的全面动态管理并真正实施；建立主数据质量绩效评估体系，可对数据管理流程执行绩效进行评测分析，解决问题，保持服务质量；主数据标准流程指导 IT 实施并在 IT 系统中固化标准；业务流程培训认证成为上岗必备	具备主数据管理专业部门；建立协同跨流程区域的专业化主数据标准团队	强调服务质量和高效管理	主数据使用数据库存储，形成企业级流程知识库，可实现对主数据管理流程运作的监测分析	主数据应用系统集成化，支持流程端到端的集成运作，实现主数据生命周期的管理

续表

层级	管理流程	组织岗位	职责	IT 支持	
				主数据管理	主数据运作
优化级 P4	主数据管理流程与战略目标、客户服务、绩效指标、成本预算和信息系统等要素的配置发生关联；主数据管理流程的设计、执行、评估、优化和退出有序进行；有效评估业务环节中的优劣，实现主数据流程的持续改进，提升服务水平	建立企业级的主数据管理委员会；各相关业务领域部门全员参与，形成多领域的主数据管理、专业化评估和优化组织	目标统一，全员参与，强调客户服务意识，对变革的必要性广泛认同	主数据管理系统与业务应用系统接口，实现跨领域的业务流程监测分析	企业各 IT 应用系统遵循主数据标准，快速支撑企业主数据管理流程运作的调整，支持主数据管理的绩效评估和动态管理
创新级 P5	在企业数据资产管理战略目标引导下，灵活运用企业内外的业务流程资产；主数据业务流程随需创新，支持面向客户的新产品服务	企业主数据管理部门与产品服务部门、信息化部门密切联合；实现跨企业的业务流程专业化组织	强调服务创新、合作共赢，共创价值，流程创造价值得到认同	形成主数据资产构件库，具有基于业务流程支撑的主数据产品服务管理系统	企业内 IT 应用系统形成模块化架构，符合跨企业的行业主数据标准，敏捷支撑新流程的运作，响应新的产品服务；实现主数据与业务数据的动态交互，支持对数据资产的战略管理评估

5.2.3 主数据管理成熟度评估方法

主数据管理成熟度评估的方法主要可以分为 4 个阶段(见图 5-6),包括组建评估小组、策划和准备评估、实施评估、报告评估结果,具体步骤如下。

1. 组建评估小组

评估组的选择要考虑评估组作为一个整体以及每个评估员的知识、技能和能力。评估组必须由一位充分授权的评估组组长领导,评估员由 6～10 名企业内部或从相关咨询机构聘请的有经验的数据管理专家构成。这些专家应具有丰富的数据管理经验,参与过主数据体系建设项目,并且接受过主数据管理成熟度模型评估方法的培训。

2. 策划和准备评估

为了得到准确、全面的评估结果,必须对评估工作进行充分的计划和准备。主要的准备活动包括以下几方面。

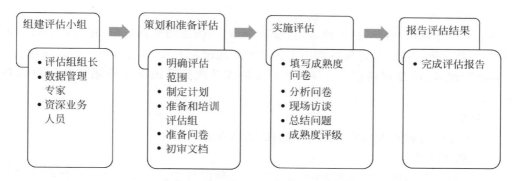

图 5-6　主数据管理成熟度评估步骤

1）明确评估范围

评估组组长和企业高层管理者之间对评估目标、范围、约束和输出等方面取得共识,并得到进行评估的承诺。

2）制定计划

基于评估目标,评估组组长和企业高层管理者共同制定评估的详细日程表,了解被评组织,按照一定的准则选择评估组成员和评估参与者,明确需初步审查的文档,策划现场采访时所需的各种后勤保障事务。

3）准备和培训评估组

通过培训,确保每个评估员都了解主数据管理成熟度模型的内涵、评估过程、评估的指标和方法以及需要执行的任务。经过小组的共同商议,确立评估的基本规则、讨论评估细节和准备访谈问题。

4）准备问卷

成熟度问卷是快速获取组织内大量用户反馈的有效手段。成熟度问卷在主数据成熟度评价指标体系的基础上,将各个维度的指标分解为一组问题。通过每个级别所包含的目标是否达到来进行衡量。

5）初审文档

挑选一些文档和业务系统应用的数据进行初步审核,以便发现问题,从而在后续访谈过程中进行更具针对性地引导。初审的文档和数据应该具有普遍性和代表性。

3.实施评估

评估小组按照评估计划对被评估单位进行调研、收集和整理问题,做出评估判断。

1）填写成熟度问卷

由被评估单位的代表完成成熟度问卷以及附加的由评估小组提出的诊断性问题。问卷的填写应遵循互不干涉原则,独立完成。

2）分析问卷

分析收集到的信息,由评估小组分析问卷及针对诊断性问题的回答,明确进一步需要了解的情况。

3）现场访谈

评估小组现场访谈被评估单位,进行座谈,一对一访谈和文档复审,证实问卷获得的信息,将与主数据管理成熟度评价标准中不一致的情况记录下来,以供分析。访谈的对象一般包括最高管理者、业务或部门负责人、业务人员以及现有系统应用的系统管理员和技术人员。

4）总结问题

整理上述所有的调查结果,提出发现问题的清单。

5）成熟度评级

制定主数据管理成熟度评级表(见表 5-2)。主数据管理成熟度评级表具体描述了各成熟度等级上不同维度达标的情况,通常分为三种情况,即未达到(N)、部分达到(P)及完全达到(F)。根据评级表画出主数据管理成熟度模型示意图,以雷达图形式表现,如图 5-7 所示。企业的主数据管理成熟度等级为各维度所处的等级中最低的等级。例如,图 5-7 所示的企业所处的成熟度等级为定义级 P2。

表 5-2　主数据管理成熟度评级表

	初始 P0			可重复 P1			已定义 P2			已管理 P3			优化 P4			创新 P5		
	N	P	F	N	P	F	N	P	F	N	P	F	N	P	F	N	P	F
管理流程																		
组织岗位																		
职责																		
IT 支持																		

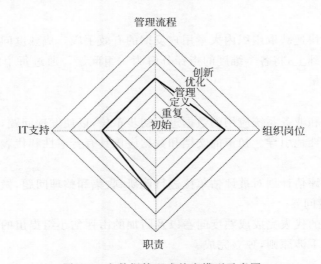

图 5-7　主数据管理成熟度模型示意图

4. 报告评估结果

完成评估报告并递交被评估企业。报告中应包括评估收集的数据、该企业的主数据管理成熟度等级、各维度能力等级、企业在主数据管理中的优势与弱势以及需要改进的方面。

5.3　现状调研与需求分析

现状调研、现状评估与需求分析是进行主数据系统规划设计以及架构设计必要的前期工作。现状调研展示了用户"现在怎么做"，现状评估与差距分析则解释了"做得怎么样"和"问题出在哪儿"，需求分析明确了"下一步需要怎么做"。主数据管理成熟度模型为现状评估和差距分析提供了系统的、科学的评估工具，应该将其有机地融入现状调研、现状评估过程中去，并利用模型评估结果指导后续的差距分析和需求分析。

5.3.1　现状调研

现状调研需要采取合理的调查方法，按照一定原则进行调查和分析，这样才能保证调研结果的真实性和完整性，为后续的分析与设计打下良好的基础。这一步工作的质量对整个项目的成败来说都是决定性的。

1. 调查方法

详细调查是问题分析的第一步，传统的调查方法有资料收集、访谈、实地考察和问卷调查等。

1）资料收集

收集企业现有的文档资料是信息系统调查的最基本的方法，也是最廉价和最有效的方法。收集的资料包括组织机构、部门职能、岗位职责的说明；业务流程说明、操作规程文件；管理工作标准和人员配置；单位内部管理用的各种单据、报表、报告；历史的系统分析文档。

2）访谈

访谈法用得最普遍，实施灵活度高。访谈既包括一对一的采访，也包括多人参与的会议；既可以是正式的访谈，也可以是非正式的访谈。通过详细的面谈，广泛、深入地了解用户的背景、心理和需求等。访谈实施的关键在于访谈问题的设计。访谈法相比其他方法而言，能够得到更积极、更丰富的反馈。访谈能够激发受访者主动贡献、自由表达的愿望，得到更为详细的信息，面对面地接触还能获得更多的隐性信息，如受访者的情绪等。但是访谈法耗时、成本高，并且受制于地理位置，访谈结果很大程度取决于分析人员的沟通能力。

3）实地考察

实地考察法要求分析人员来到用户工作现场，实地观察和跟踪用户的业务流程。实地考察对照用户提交的问题陈述，可对用户需求有更全面、更细致的认识。它的优点是能够获得第一手资料，收集的信息可靠性高；缺点是观察过程容易被其他事物打断，不容易观察到包含各种特殊情形的全部业务场景。另外还需要注意的是，新系统目标不应只是那些观察到的操作的简单复制,分析人员不要受实际观察的拘束。

4)问卷调查

问卷调查法将需要调查的内容制成问卷交由用户填写,通过回收和整理用户的回答获得用户的原始需求。本方法实施的关键在于问卷的设计。问卷调查法的实施成本较低,能够短时间内获得大量被访者的反馈,但获得的需求不一定能够得到保障。

2.需求引导方法

以上是传统调查方法,适用于各种分析场景。在信息化建设领域,为了帮助用户更好地理解主数据管理的能力和效果,引导用户发现现行组织管理和业务处理中所存在的问题,启发用户更好地表达自身的原始需求,可能还会使用一些需求引导方法,如原型法、JAD 联合会议、观摩法等。

1)原型法

通过快速构建原型,提交给用户来提出修改意见,使用户明确需求。原型可针对整个系统应用,也可针对具体功能。原型法能够给予用户直观的感受,促进分析人员和用户深度沟通,准确掌握用户需求,澄清并纠正模糊和矛盾的问题。其缺点是要投入额外的工作量和成本。

2)JAD 联合会议

JAD(Joint Application Development,联合应用开发)是一种类似于头脑风暴的技术,在一个或多个工作会议中将所有利益相关者带到一起,集中讨论和解决最重要的问题。参加人员有高层领导、主管人员、业务人员和技术人员等。JAD 会议的优点是可以发挥群体智慧,提高生产力,对问题有更理智的判断,解决各部门及人员之间的目标冲突,减少犯错。缺点是会议参与人员多,难以控制,人员之间的意见容易相互影响。

3)观摩法

用户或开发人员参观同行业或同类型成功的系统应用,通过观摩样板系统,对系统的作用、功能、外在效果、人机交互方法等产生认识,通过类比思维来获得新系统的需求,缩短需求分析的周期。

3.现状调研的原则

在现状调研过程中应始终坚持正确的原则,以确保调研工作的客观性和完整性。

1)自上而下有序开展

现状调查工作应按照自上而下的系统化观点展开,首先从组织的最高层管理者开始,然后调查支持高层管理工作的下一层管理工作,最后深入调查更基层的工作。以此类推,直至摸清组织的全部管理工作。通过自上而下地开展调查,能够避免调查者面对组织庞大的管理架构无从下手、顾此失彼,保证调查的完整性。

2)程序化的调研过程

调研的过程通常需要多名专业人员共同完成,按照程序化的方法组织调研能够避免调研工作中一些可能出现的问题。所谓程序化的方法就是对工作进行详细的安排,对个人的工作内容、工作方法和调研中所用的表格、图例和问题都统一规范化处理,以保证团队间的协作效率。

3）点面结合的合理分配

主数据在企业中应用广泛，重要程度高，因此全面的调研工作是必需的。但是这样的工作费时费力，而且容易产生组织间的冲突，影响调研的进展。因此，需要在调研过程中有所侧重。按照以数据为中心的思路，选择数据操作频繁、数据质量要求高、数据治理需求迫切的业务进行重点调研。例如，为实现集团统一采购，采购部门迫切需要集团企业级别的物料视图。因此，与物料数据相关的采购业务、生产业务成为工作重点。

4）客观开放的调研态度

企业内部的每一项业务流程和每一个部门都是根据企业的具体情况和管理需求而设置的，调研工作的目的正是要搞清这些现象存在的道理、环境条件以及数据使用过程，然后通过分析讨论在新的主数据体系下如何优化，会产生怎样的影响。因此，在进行调研时要避免先入为主，保持头脑冷静和思维开放，这样才能客观地了解实际问题。

5）主动友善的工作方式

现状调研的主要工作是与人交流沟通，因此创造一个积极、主动、友善的工作环境和人际关系是调研工作顺利进行的保障。一个好的人际关系可以使调查工作和分析设计工作事半功倍，反之则大大阻碍项目的进行。但这也对工作小组成员提出了很高的要求。

4．现状调研的内容

现状调研的内容主要包括两方面，即业务现状和信息化现状，二者分别从业务和系统的角度描绘出企业内数据治理的现状。

要建设一个切合企业实际需求的主数据体系，首先要清楚地了解企业的业务流程和相应的组织管理模式。因此，对业务活动的调查十分重要。业务现状主要包括组织结构、角色职责和业务流程等。组织结构指的是一个组织的组成以及这些组成成分之间的隶属关系或管理与被管理的关系，通常可以用组织结构图（见图5-8）来表示。角色职责描述了各级组织的职能和有关人员的工作职责、决策内容等。业务流程包括各环节的处理业务、信息来源、处理方法、信息去向、信息形式等。业务流程的调查应顺着企业内数据流动的过程逐步地进行。业务流程的表述可以通过业务流程图进行，业务流程图是描述各单位、人员之间业务关系、作业顺序和数据流向的图表。图 5-9 是供应商管理业务的流程图，在该图中包含了对供应商进行管理和考评的各项业务，通过流程图的形式可以间接清楚地表达出业务关系和信息流向。

信息化现状包括企业的信息化战略、现有业务信息系统的实施和运行情况、系统功能、系统中数据的存储和共享情况等。调查中可以用

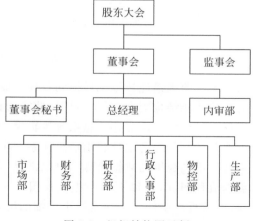

图 5-8　组织结构图示例

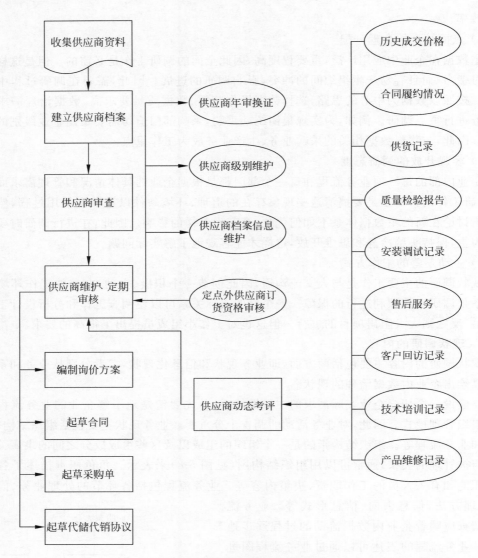

图 5-9　供应商管理业务流程图

功能层次图来描述从系统目标到各项功能的层次关系。例如,图 5-10 给出某物资管理系统的系统功能结构图,该图从各模块功能的相互关系角度描述了该系统的结构和功能。数据流程图是一种全面描述信息系统逻辑模型的工具,它可以摆脱业务流程图中的物质要素,用少数几种符号综合地反映出信息在系统中的流动、处理和存储情况,具有很强的抽象性和概括性。不同粒度的数据流程图可以满足不同的调研分析需求。例如,图 5-11 是一个简单的数据流程图,图 5-12 是该数据流程图进一步的展开。在数据流程图的基础上可建立数据字典,对流程图中的各个元素做出详细的说明。数据字典的内容主要是对数据流程图中的数据项、数据结构、数据流、处理逻辑、数据存储和外部实体等 6 个方面进行具体定义。数据流程图配以数据字典,就可以从图形和文字两个方面对系统的逻辑模型进行完整的描述。数据流程图和数据字典是数据分析中最为常用和有效的方法,这部分内容将在5.3.3节进行详细介绍。

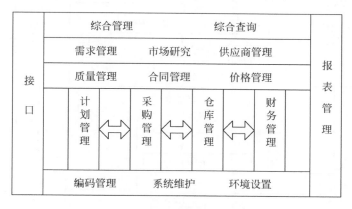

图 5-10 某物资管理系统的系统功能结构图

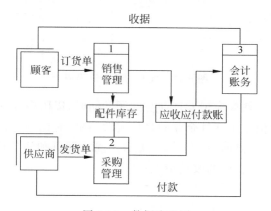

图 5-11 数据流程图

5.3.2 现状评估与差距分析

现状评估与差距分析是"承上启下"的重要环节。在该阶段,分析人员要根据战略理解与现状调研结果,结合主数据管理成熟度模型评价方法,对企业主数据管理现状进行综合评估,分析、总结存在的不足,同时充分借鉴国内外标杆企业数据治理的经验,发现与标杆企业间的差距,确定改进方向,形成主数据体系建设的思路。

利用主数据管理成熟度模型进行现状评估可以综合地反映企业主数据管理水平,能够最直观地体现主数据体系建设中的差距与不足。主数据管理成熟度模型包括对管理流程、组织岗位、职责和IT支持等方面进行全面描述和评估,作为需求分析、主数据体系架构设计、主数据管理系统规划和实施的基础。

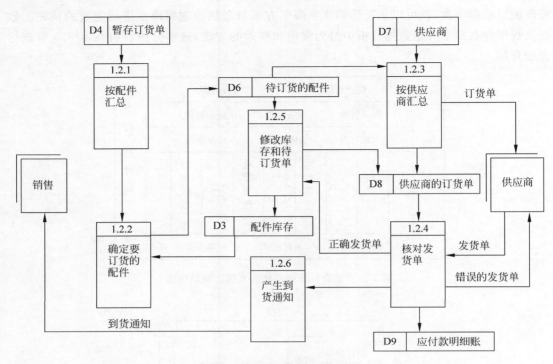

图 5-12　展开的数据流程图

　　在通过主数据管理成熟度模型发现存在问题的同时，以国内外的先进管理理念为依据，积极借鉴国内外同行业信息化标杆企业的最佳实践结果，对比当前企业数据治理现状，发现差距，作为今后改进的主要方向，如图 5-13 所示。现状调研和评估的目的是为了识别造成差距的根本原因，从而制定相应的改进措施。

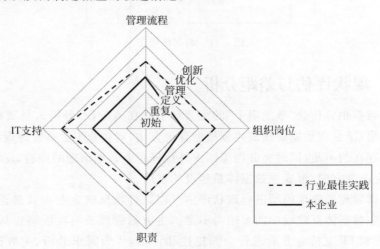

图 5-13　主数据管理成熟度差距分析

5.3.3 需求分析

1. 需求分析的内容

经过现状评估和差距分析后,企业将按照总体信息化规划,确立主数据体系的近期目标(如达到主数据管理成熟度模型(MDMMM)-P3 管理级),而后从战略规划、组织架构、管控流程、数据标准、数据质量、数据集成等维度来分析、总结需求,最终汇总出企业整体主数据体系建设的需求。

主数据体系建设的需求应该包括战略层次的需求和战术层次的需求,如图 5-14 所示。战略层次的需求是宏观的,描述了体系建设的目标、原则或方向。这些需求是比较模糊和高层次的目标,相对稳定,如"主数据体系建设的总体需求是 MDMMM-P3 管理级""建立覆盖股份公司范围的、集中的主数据管理体系,持续提升股份公司各方面对数据战略的认知程度和对主数据重要性的认识"等。战术层次的需求则描述了支持战略层次需求的具体的、确切的方法、步骤或流程,如系统功能需求、系统性能需求等。这些需求通常是可以采用形式化程度比较高的图示模型或量化标准来表

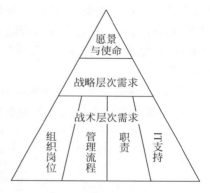

图 5-14 战略层次与战术层次需求

达。战术层次的需求内容抽象、层次低,容易受技术因素和环境因素的影响,较易发生变化。这部分需求的定义需要运用科学的需求分析方法对原业务进行抽象、升华,分析的过程主要包括主数据的识别、数据流程的分析、设计流程改进和优化方案。

需求分析是分析人员与用户反复沟通和谈判的过程,一旦双方就需求达成一致意见,接下来即应该进行需求定义。需求定义阶段的任务是整理并建立最终的需求模型,详细定义和描述每项需求,确定约束条件及限制,编写需求规格说明。由于需求分析采用的方法和模型不同,需求定义的内容也有所不同。最终,分析人员完成现状评估及需求分析报告,提交给企业。

2. 需求分析的方法

许多信息化项目之所以失败,最终均归结于需求分析的失败。或者是获取需求的方法不当,使需求分析不到位或不彻底,导致需求分析反复进行,引发后续设计、实施连锁反应,导致项目无法按计划完成;或者是各方配合不好,客户对需求不确认;或者是客户需求不断变化,致使项目无法顺利进行。

虽然企业可能在规章制度、工作细则等文件中对企业过程有相关描述,但这些文字性的描述缺乏统一的规范和结构。为了提高需求分析的效果,各种需求分析的方法都强调模型的使用,通过建立模型的方法来描述用户的需求,为用户、咨询顾问及相关参与者提供一个交流的渠道。这些模型是对需求的抽象,以可视化的方式提供一个易于沟通的桥梁。下面将简要介绍业务流程图和数据流图这两种常用的流程建模工具,帮助分析人员完成企业过程的分析与建模。

1）业务流程分析与建模

在开始设计或建模前,企业先要对其业务流程有充分地了解。总的来说,业务流程就是一组依据逻辑关系相互关联的业务活动,这些活动应有机地组合在一起,以便提供有价值的产品或服务。业务流程分析应该从全局角度审视流程。部门是企业内部的分支或职能划分,但业务流程凌驾于部门之上。举个例子,向顾客销售产品是一个典型的单一业务流程。但是,从销售部到分销部和财务部等多个部门都会参与到这个单一的流程中。

业务流程图是业务流程分析和建模的图示工具。理想的业务流程图是描述系统内各单位、人员之间业务关系、作业顺序和信息流向的图标,利用它可以帮助分析人员找出业务流程中不合理流向。分析业务流程时,还需要同时确定业务过程中每个活动分别需要使用哪些数据、会生成哪些数据、使用哪些业务规则,这些资料可以为后面的数据分析建模提供帮助。

图 5-15 描述了客户管理业务流程图,包括应对客户咨询的各类业务,通过流程图的形式可以间接清楚地表达出业务关系和信息流向。

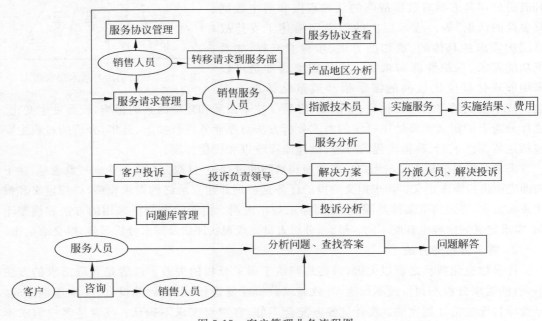

图 5-15　客户管理业务流程图

在分析过程中需要特别关注业务流程的复杂性,对复杂业务流程需要进行逐层分解,将每一个流程都化为一个简捷的过程,嵌套过程可以描述为一个个的子流程。对于无关的业务流程可以不进行分解。

2）数据流程分析与建模

通过业务流程建模,分析人员了解了企业的业务流,并构造出管理模型,接下来需要将注意力放在与业务流相关的数据流上,分析每个活动的输入数据流和输出数据流,以构建信息处理模型。数据流分析一般采用结构化分析方法,从上而下,从抽象到具体,一层一层地剖析。

数据流程图是结构化系统分析的主要工具。数据流程图描述数据流动、存储和处理的逻辑关系,也称为逻辑数据流图(DFD)。此外,数据流程图还要配合数据字典的说明,对系统的逻辑模型进行完整、详细地描述。

数据流程图的系统部件包括系统的外部实体、处理过程、数据存储和系统中的数据流 4个组成部分,如图 5-16 所示。外部实体指系统以外,和系统有联系的人或事物,它说明了数据的外部来源和去处,属于系统的外部和系统的界面。处理指对数据逻辑处理,也就是数据变换,它用来改变数据值。每一种处理又包括数据输入、数据处理和数据输出等部分。在数据流程图中,处理过程用圆角矩形表示,矩形分为三部分,标识部分用来标识一个功能,功能描述部分是必不可少的,功能执行部分表示功能由谁来完成。数据流是指处理功能的输入或输出,用来表示中间数据流值,但不能用来改变数据值。数据流是模拟系统数据在系统中传递过程的工具,在数据流程图中用一个水平箭头或垂直箭头表示,箭头指出数据的流动方向,箭线旁注明数据流名。数据存储表示数据保存的地方,用来存储数据。系统处理从数据存储中提取数据,也将处理的数据返回数据存储。与数据流不同的是数据存储本身不产生任何操作,它仅仅响应存储和访问数据的要求。

图 5-17 为一个最简单的企业采购销售及会计处理的数据流程图,图 5-18 为将销售管理业务展开后的数据流程图。

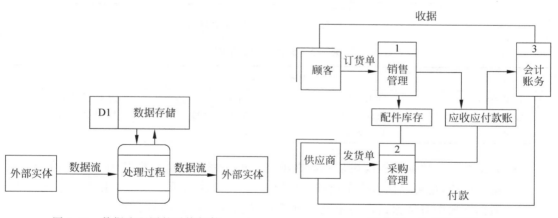

图 5-16　数据流程图的系统部件　　　　图 5-17　数据流程图

数据字典的作用是对数据流程图中的各种成分进行详细说明,作为数据流图的详细补充,和数据流图一起构成完整的系统需求模型。数据字典一般应包括数据项、数据结构、数据流、处理逻辑、数据存储和外部实体的说明,具体说明如下。

- 数据项。数据项又称数据元素,是数据的最小单位。分析数据特性应从静态和动态两个方面去进行。在数据字典中仅定义数据的静态特性,具体包括数据项的名称、编号、别名和简述;数据项的类型及宽度;数据项的取值范围。表 5-3 为数据项定义示例。

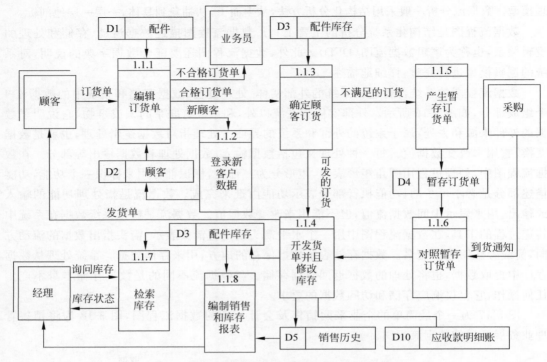

图 5-18　销售管理业务展开后的详细数据流程图

表 5-3　数据项定义示例

数据项定义			
数据项编号	DI02-01	简述	某种材料的代码
数据项名称	材料编号	类型及宽度	字符型,4 位
别名	材料编码	取值范围	0001～9999

- 数据结构。数据结构描述某些数据项之间的关系。一个数据结构可以由若干个数据项组成,也可以由若干个数据结构组成,还可以由若干个数据项和数据结构组成。数据字典中对数据结构的定义包括数据结构的名称和编号;简述;数据结构的组成。如果是一个简单的数据结构,只要列出它所包含的数据项;如果是一个嵌套的数据结构(即数据结构中包含数据结构),则需列出它所包含的数据结构的名称,因为这些被包含的数据结构在数据字典的其他部分已有定义,如表 5-4 所示。

表 5-4　数据结构定义示例

数据结构定义			
数据结构编号	DS03-08	简述	用户所填用户情况及订货要求等信息
数据结构名称	用户订货单	数据结构组成	DS03-02＋DS03-03＋DS03-04

- 数据流。数据流由一个或一组固定的数据项组成。定义数据流时,不仅要说明数据流的名称、组成等,还应指明它的来源、去向和数据流量等信息,如表 5-5 所示。

表 5-5　数据流定义示例

数据流定义			
数据流编号	DF03-08	数据流组成	材料编号＋材料名称＋领用数量＋日期＋领用单位
数据流名称	领料单	数据流量	10 份/时
简述	车间开出的领料单	高峰流量	20 份/时(上午 9:00—11:00)
数据流去向	发料处理模块		

- 处理逻辑。处理逻辑的定义仅对逻辑流程图中最底层的处理逻辑加以说明,如表 5-6 所示。

表 5-6　处理逻辑定义示例

处理逻辑定义	
处理逻辑编号	PL02-03
处理逻辑名称	计算电费
简述	计算应交电费
输入数据流	数据流电费价格,来源于数据存储文件价格表;数据电量和用户类别,来源于处理逻辑"读"电表数
处理	根据数据流"用电量"和用户信息,检索用户问卷,确定该用户类别,再根据已确定的该用户类别,检索数据存储价格表文件,以确定该用户的收费标准得到单价,与用电量相乘得到用户应缴纳的电费
输出数据流	数据流电费,一是去外部项用户,二是写入数据存储用户电费账目文件
处理频率	对每个用户每月处理一次

- 数据存储。数据存储在数据字典中只描述数据的逻辑存储结构,而不涉及它的物理组织,如表 5-7 所示。

表 5-7　数据存储定义示例

数据存储定义			
数据存储编号	ST03-08	数据存储组成	配件编号＋配件名称＋单价＋库存量＋备注
数据存储名称	库存账	关键字	配件编号
简述	存放配件的库存量和单价	相关处理	相关处理

- 外部实体。外部实体定义包括外部实体编号、名称、简述及有关数据流的输入和输出,如表 5-8 所示。

表 5-8 外部实体定义示例

外部实体定义			
外部实体编号	EE03-02	输入数据流	DF03-06、DF03-08
外部实体名称	用户	输出数据流	DF03-01
简述	购置本单位配置的用户		

编写数据字典是数据流程分析中的一项重要工作。在数据字典的建立、修正和补充过程中,要始终注意保持数据的一致性和完整性。

5.4 主数据识别分析方法

根据主数据的定义,主数据是在整个企业范围内各个系统(操作/事务型应用系统以及分析型系统)间共享的、高价值的数据,可以在企业内跨越各个业务部门被重复使用,并且存在于多个异构的应用系统中。主数据管理最重要的就是数据的唯一性、完整性和相互的关系。显然,主数据只是企业数据的一部分。进行主数据体系建设的需求分析,首先要对主数据进行识别,界定需求的范围,才能有的放矢地进行后续的分析设计工作。

主数据识别分析主要采用逐级、逐层、多维度、多因素的识别方法,以国家标准和行业标准为参考依据,对现行数据的特性、标准、体系、属性规范等方面进行深入挖掘与分析,从中提取有效信息,继而在此基础上结合企业运营的实际情况,提出具体的主数据列表。

主数据识别分析中主要考虑以下问题。

- 识别哪些是主数据和哪些是主数据的属性。
- 识别不同主数据之间的关系。
- 识别主数据与业务系统之间的关系。
- 识别主数据与业务管理之间的关系。

5.4.1 多因素分析方法

在主数据识别分析主要采用多因素分析方法。通过研究主数据多个因素间的关系,对具有这些因素的个体之间的分值进行统计分析,确定影响分析目标的各因素与该目标的关系。

多因素分析方法是现代统计学中一种重要而实用的方法。使用这种方法能够把一组反映事物性质、状态、特点等的变量简化为少数几个能够反映出事物内在联系的、固有的、决定事物本质特征的因素。多因素分析方法的最大功用,就是运用数学方法对可观测的事物在发展中所表现出的外部特征和联系进行由表及里、由此及彼、去粗取精、去伪存真的处理,从而得出客观事物普遍本质的概括。

运用多因素分析方法,首先确定需要分析的指标,确定影响该指标的各因素及与该指标的关系,计算确定各个因素影响的程度数额,得出分析结果。

利用多因素分析方法进行主数据识别的具体流程图如图 5-19 所示。

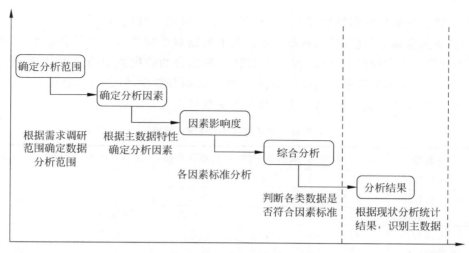

图 5-19　主数据识别流程

5.4.2　主数据类型识别分析

从主数据的概念上来看,主数据应具有以下特性。

- 特征一致性:主数据的特征经常被用作业务流程的判断条件和数据分析的具体维度层次,因此保证主数据的关键特征在不同应用、不同系统中的高度一致是将来能否实现企业各层级的应用整合,也是企业数据仓库成功实施的必要条件。
- 识别唯一性:在一个系统、一个平台甚至一个企业范围内同一主数据,要求具有唯一的识别标志(编码、名称、特征描述等),用以明确区分业务对象、业务范围和业务的具体细节。
- 长期有效性:主数据通常贯穿该业务对象的整个生命周期甚至更长。换而言之,只要该主数据所代表的业务对象仍然继续存在或仍具有比较意义,则该主数据就需要在系统中继续保持其有效性。
- 交易稳定性:主数据作为用来描述业务操作对象的关键信息,在业务过程中,其识别信息和关键特征会被交易过程中产生的数据所继承、引用和复制。但是无论交易过程如何复杂和持久,除非该主数据本身的特征发生变化,否则主数据本身的属性通常不会随交易的过程而被修改。

依据主数据的特性建立四因素分析标准指标体系,如表 5-9 所示。

表 5-9　相关因素分析表

因　　素	标　准　一	标　准　二	标　准　三
特征一致性	符合	基本符合	不符合
识别唯一性	符合	基本符合	不符合
长期有效性	符合	基本符合	不符合
交易稳定性	符合	基本符合	不符合

而后,将待判断的数据类型与 4 个特征因素进行对比。对比不能局限于某一业务视图的限制,应该从全局的角度出发,判断企业视图上数据对各特征因素的符合程度,进而判断该数据类型是否为主数据。例如,表 5-10 描述了判断合约数据类型的过程,虽然所示合约数据在企业级别上满足特征一致性、识别唯一性和长期有效性,但合约会随着业务过程而建立和修订,因此不满足交易稳定性,不能判断为主数据。

表 5-10 主数据类型分析表(示例)

序号	数据名称	特征一致性	识别唯一性	长期有效性	交易稳定性	分析结论(是/否)
1	客户数据	符合	符合	符合	符合	是
2	人员数据	符合	符合	符合	符合	是
3	订单数据	符合	符合	不符合	不符合	否
4	工程合约	符合	符合	符合	不符合	否
5	投资合约	符合	符合	符合	不符合	否
⋮						

5.4.3　主数据元属性识别分析

一种数据类型通常包含众多属性,以满足各类业务的需求。因此,并不是所有属性都满足主数据特征的要求,需要对数据属性进行逐一判断,只将满足主数据基本特征的属性纳入主数据管理的范畴。例如,对于员工信息,员工编码、姓名、所属单位、所属部门等属性同时满足特征一致性、识别唯一性、长期有效性和交易稳定性的要求,应该属于主数据,而员工薪资、员工绩效不满足长期有效、交易稳定性的特征,因此不属于主数据内容。对属性的判断同样可以通过因素分析表进行,如表 5-11 所示。

表 5-11 主数据元属性分析表(示例)

序号	数据名称	特征一致性	识别唯一性	长期有效性	交易稳定性	分析结论(是/否)
1	员工编码	符合	符合	符合	符合	是
2	姓名	符合	符合	符合	符合	是
3	所属单位	符合	符合	符合	符合	是
4	所属部门	符合	符合	符合	不符合	是
5	员工绩效	符合	符合	符合	不符合	否
6	员工薪资	符合	符合	符合	不符合	否
⋮						

经过主数据类型识别和主数据属性识别,分析人员可以得到具体的主数据列表,表内列举了企业中常见的数据类型及其属性的识别结果。对属于主数据内容的数据属性将在后续的数据标准中进行统一规范,纳入主数据管控流程的管理范畴,不属于主数据的数据属性则仍然分布于原业务系统中。表 5-12 为常见主数据类型和内容。

表 5-12　常见主数据类型和内容

类　　型	主数据内容	非主数据内容
供应商、客户相关数据	基本信息,如供应商编码、名称、地址、开户银行等	供应商投标报价、供应商合同金额、供应商的供货记录、客户购货记录、客户成交数量
物资相关数据	物资分类信息,如类别编码、类别名称;物资的基本信息,如物资编码、名称、规格型号、计量单位等	按物资类别统计物资收发存数量、物资的历史成交价、物资的库存数量等
财务相关数据	会计科目的基本信息,如科目编码、科目名称等	科目的余额、科目的借贷金额等
设备相关数据	设备分类,如类别编码、类别名称;设备的基本信息,如设备编码、名称、规格、位置等	设备运行维护记录、设备停机记录、设备运行参数等
组织机构、员工相关数据	组织机构的基本信息,如编码、名称、分类等;员工的基本信息,如编码、名称、所属单位、部门等	组织机构的费用统计、组织机构资产统计、员工绩效数据、员工薪资等
项目相关数据	基本信息,如项目编号、项目名称、项目类型等	项目的费用统计、项目的进度等

5.5　主数据体系规划设计

　　主数据体系规划是为了实现企业战略目标,由企业高层管理者、数据治理专家、业务人员代表根据企业总体战略规划和信息化战略规划的要求,在充分分析信息化建设所面临的机遇和挑战后,结合自身的优、劣势,对企业主数据体系的发展目标和方向所制定的基本谋划。主数据体系规划是对企业主数据体系建设的一个战略部署,涵盖了主数据体系未来愿景、使命、战略定位、发展思路、规划目标、阶段目标、核心能力、关键举措等方面的内容,指导后续的主数据体系架构设计和主数据管理实施工作,如图 5-20 所示。

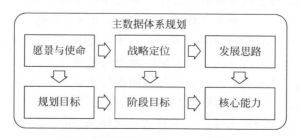

图 5-20　主数据体系规划与架构设计的任务

　　主数据体系建设是一个系统工程。与建筑或制造工程不同的是,企业主数据体系建设的对象是"企业",而不是一个建筑物或是一个产品。在建筑工程或是制造工程中,会有一张建筑物或产品的设计图纸,它是建造高楼大厦或是生产出形形色色产品的基础。同样,在企业主数据体系建设这样的工程中,也需要一张描绘企业数据资产的设计蓝图。企业主数据体系建设规划能为企业各级领导和员工描绘出在一个未来企业中业务、信息、应用和技术互动的蓝图。

主数据体系规划是企业根据自身的实际情况对主数据体系建设进行一个全局的观察和分析,最根本的作用在于为企业主数据体系建设提出一个纲要性的目标和指导,使主数据体系建设与业务的结合上考虑得更缜密细致,目的性、计划性更强。目前,国内不少企业的信息化项目陷入不同程度的困境,数据的质量已经成为决定企业信息化进程的重要因素,混乱的数据甚至成为企业的包袱。造成这种现象的原因很多,最重要的是缺乏科学的战略规划。

主数据体系规划作为企业战略规划和信息化战略规划的有机组成部分,必须服从并服务于企业总体战略及长远发展目标。无论企业采取何种整体战略,都需要高质量的数据资产作为支持。只有从企业发展全局考虑,把企业作为一个有机整体,用系统的、科学的、发展的观点,根据企业发展目标、经营策略和外部环境,结合企业的管理体制和管理方法,从企业信息化的长远需求出发,对企业主数据体系进行系统的、科学的规划,才能对企业整体战略实施提供最大限度的数据保障。

主数据体系规划的范围控制要紧密围绕如何提升企业的核心竞争力来进行,切忌面面俱到。主数据体系规划目标的制定要具有强有力的业务结合性,深入分析和结合企业不同时期的发展要求,将建设目标分解为合理可行的阶段性目标,最终转化成企业业务目标的组成部分。

主数据体系规划包括愿景与使命和发展思路、战略目标、阶段规划目标、核心能力几方面的内容。

愿景代表未来组织所能达到的一种状态的蓝图,主数据体系的愿景阐述的是企业主数据体系建设的最终目的。使命则阐述在这样一种最终目的下,组织将以何种形态或身份实现目标。发展思路即企业战略的规划,主要作用是如何更好地发展企业,是企业发展计划的路线和原则、灵魂与纲领。企业发展战略指导企业发展计划,企业发展计划落实企业发展战略。主数据体系规划要与企业发展战略及企业发展计划方向上保持一致。主数据体系规划的目的是为企业确立一个主数据体系建设的基本指导思想、原则、方向及经营哲学等,它不是具体的战略目标,或者是抽象地存在,不一定表述为文字,但影响管理者的决策和思维。

战略目标是指企业在实现其使命过程中所追求的长期结果,是在一些最重要的领域对使命的进一步具体化。它反映了企业在一定时期内经营活动的方向和所要达到的水平,既可以是定性的,也可以是定量的。战略目标要有具体的数量特征和时间界限,一般为 $3\sim5$ 年或更长。主数据管理改进首先确立在主数据管理体系、组织、运营、业务流程、评估、集成等方面的改进点,并参照评估模型,确定主数据管理工作的绩效改进目标。总体战略目标作为一种总目标、总任务和总要求,可以在时间上把长期目标分解成一个又一个阶段的具体目标和具体任务。

阶段规划目标要符合企业实际情况和发展要求,不可追求一蹴而就。目前,大部分国内企业主数据管理意识薄弱,主数据管理水平尚处于较低水平。通过引入国内外主数据管理的先进理念,实施领先的主数据管理系统,能够在短时间内有效提升企业主数据管理能力,改善企业数据资产质量,进而加速推进企业实现整体战略和信息化战略的进程。

核心能力是指企业的主要能力,即那些使企业在竞争中处于优势地位的强项。通过对主数据体系规划发展的阶段划分,明确在不同阶段的发展重点。对于处于不同主数据管理成熟度级别的企业,所追求的发展重点不同,核心能力建设的方向也不同。在体系建设的前期,发展重点可归纳为建设高绩效的主数据管理和业务执行体系,与之相匹配的核心能力建设以数据组织管理能力和数据标准管理能力为主。在主数据体系不断完善的过程中,发展重点应逐渐向建设能持续优化标准和长期运营的主数据管理绩效改进体系转移,与之相匹配的能力以持续改进能力为主。

5.6　主数据体系架构设计

基于前面章节对主数据体系架构的介绍分析,现将企业主数据体系架构设计划分为四大体系,分别进行架构设计,如图 5-21 所示。

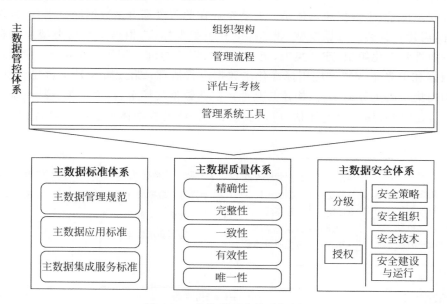

图 5-21　主数据四大体系规划

主数据管控体系:主数据管控体系建立的目标是制定提升主数据质量、促进主数据标准一致、保障主数据共享与使用安全。主数据管控体系包括组织架构体系、管控流程体系、评估与考核体系以及主数据管理系统工具。

主数据标准体系:主数据标准体系分为主数据管理规范、主数据应用标准、主数据集成服务标准三大类。主数据标准的制定是全面提升主数据的质量、实现主数据规范化的前提。

主数据管理的首要任务就是要制定统一的主数据标准和规范,开发共用的、标准的主数据定义,并定义企业级的主数据模型。

主数据质量体系:主数据的质量体系主要从数据质量的组织、制度、流程、评价标准等方面,对企业的主数据质量控制进行统一的规划。主数据质量体系是主数据管理成果的可靠保证,通过建立质量控制体系,实现主数据的高效监控;通过主数据质量的实时跟踪和反馈机制实现对数据的持续优化。主数据质量需符合数据精确性、完整性、一致性、有效性、唯一性的原则。

主数据安全体系:主数据安全体系是指为了防止无意、故意甚至恶意对主数据进行非授权的访问、浏览、修改或删除而制定的规范及准则,主要通过主数据分级、用户级别及权限的授权来进行主数据安全的管理。通过主数据安全体系的建设,增强信息安全风险防范能力,有效地防范和化解风险,保证业务持续开展,满足内控和外部法律、法规的符合性要求。安全体系包含安全策略,安全组织,安全技术和安全建设与运行四部分。

主数据体系架构设计工作分为三个阶段:第一阶段是规划设计阶段,此阶段需制定管理策略,明确组织分工,梳理管理流程,建立评估机制,随着工作的推进,提出改进方向。第二阶段为标准与体系制定阶段,制定主数据管理规范、主数据应用标准、主数据集成标准,构建主数据安全体系、主数据质量体系。有些企业在此阶段部署主数据测试平台,针对主数据标准管理,需建立各类主数据模型、业务标准和主数据标准,根据主数据类型建立相关专业团队等专业性常态化组织,建立集中、统一、科学、规范的统一编码和标准属性库,对现有分散的主数据和信息系统统一应用标准化主数据进行清理;第三阶段是平台建设阶段,建立企业范围内集中的主数据平台,构建与其他系统的数据交换平台,为决策支持系统提供关键基础数据应用,同时建立定期评估、应用反馈机制,对主数据体系进行持续优化,如图 5-22 所示。

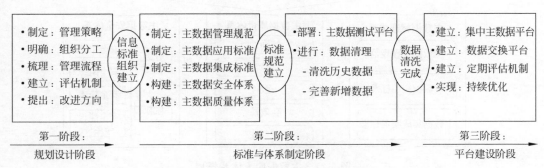

图 5-22 主数据体系架构设计三个阶段

5.6.1 主数据管控体系

主数据是在整个企业范围内各个系统间共享的、高价值的数据,可以在企业内跨越各个业务部门被重复使用,这就会导致主数据的使用分工不清、责权不明、流程混乱等问题。主数据管控体系建设通过组织、职责、管理流程进行设计，以绩效考核为结果，以奖惩兑现来保障主数据管理工作的高效运行。

关于组织架构、管控角色、管控流程、绩效考核体系的建立，参见 4.2 节所述。

5.6.2　主数据标准体系

主数据标准的制定是全面提升主数据质量、实现主数据规范化的前提。主数据管理的首要任务就是要制定企业统一的主数据标准和规范，开发共用的、标准的主数据集成规则，并定义企业级的主数据模型。主数据标准体系保证了企业范围内主数据的一致性，为实现企业的信息集成共享、业务协同和一体化运营做好信息化的基础保障。

主数据标准体系分为主数据管理规范、主数据应用标准和主数据集成服务标准三大类，如图 5-23 所示。

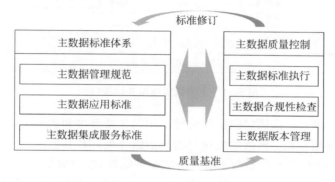

图 5-23　主数据标准管理

1．主数据管理规范

主数据管理规范建立参见 4.3.1 节。

2．主数据应用标准

主数据应用标准建立参见 4.3.2 节。

3．主数据集成服务标准

主数据管理是一个全面的信息基础，用于决定和建立单一、准确、权威的事实来源，主数据管理最重要的就是数据的唯一性、完整型和相互的关系。建立统一、集中的主数据管理系统是信息共享和集成的基础，良好的系统集成方式和效率是主数据管理系统应用的重要目标。

主数据集成服务标准为集成服务规范、数据压缩方法、数据加密方法、集成日志应用规范等内容提供统一的标准，保证了系统接口集成的统一、规范，实现了主数据管理系统与业务系统之间的支持协作，保障了系统架构的灵活性和可扩展性，如图 5-24 所示。

- 集成服务规范：包括数据接收的传输模式、数据分发和接收采用的技术方法、数据格式，数据交换中间件的运行模式以及各项参数的设置规则。
- 数据压缩管理：包括数据存储和传输时采用的数据压缩方法和标准。

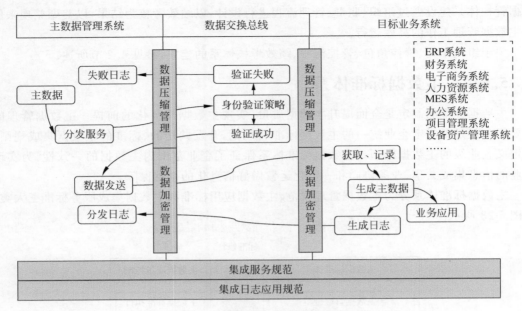

图 5-24　主数据集成服务标准应用

- 数据加密管理：包括接口数据传输时采用的加密技术和规则。
- 集成日志应用规范：包括集成接口的日志服务模式和日志内容。

其他业务系统的开发人员参考主数据集成服务标准，进行数据中间件的配置，就可以实现业务系统与主数据管理系统的对接，使用主数据管理平台提供的高质量数据资源，可以大大提高业务系统的实施效率和运行效果。

5.6.3　主数据质量体系

主数据的质量体系主要从数据质量的组织、制度、流程和评价标准等方面，对企业的主数据质量控制进行统一的规划。主数据的质量控制体系是主数据管理成果的可靠保证，通过建立质量控制体系，实现主数据的高效监控。同时，通过主数据质量的实时跟踪和反馈机制，实现对数据的持续优化。

主数据质量管理需建立在对数据质量评估的基础上。通常数据质量评估需通过以下几个维度来衡量。

- 精确性：是指数据记录的信息是否存在异常或错误。
- 完整性：是指数据是否完整，描述的数据要素、要素属性及要素关系存在或不存在，主要包括实体缺失、属性缺失、记录缺失以及主外键参照完整性等内容。
- 一致性：是指描述同一实体的同一属性的值在不同的系统中是否一致。
- 有效性：描述数据取值是否在界定的值域范围内，主要包括数据格式、数据类型、值域和相关业务规则的有效性。

- 唯一性：是指数据是否存在重复记录。

影响数据质量的因素主要来源于信息因素、技术因素、流程因素和管理因素4个方面。

- 信息因素：产生这部分数据质量问题的原因主要有元数据描述及理解错误、业务规则和校验规则错误、数据集成和分发的策略不恰当等。
- 技术因素：主要是指由于具体数据处理的各技术环节的异常造成的数据质量问题。
- 流程因素：是指由于系统作业流程和人工操作流程设置不当造成的数据质量问题，主要来源于系统数据的生成流程、审核流程、继承和分发流程、使用流程及维护流程等各环节。
- 管理因素：是指由于人员素质及管理机制方面的原因造成的数据质量问题，如人员培训、人员管理、培训或者奖惩措施不当导致管理缺失或者管理缺陷。

因此，对主数据质量管理不仅应包含对数据本身的改善，同时还包含对组织的改善。针对主数据的改善和管理，主要包括主数据质量评估、主数据标准执行、主数据合规性检查、主数据版本管理、主数据质量监控、错误预警等内容；针对组织的改善和管理，主要包括确立组织数据质量改进目标、评估组织主数据业务流程和主数据管理流程、进行流程优化、制定质量审核和质量监控机制等多个环节。

5.6.4　主数据安全体系

主数据安全体系是指为了防止无意、故意甚至恶意对主数据进行非授权的访问、浏览、修改或删除而制定的规范及准则，主要通过主数据分级、用户级别及权限的定义来进行主数据安全的管理。同时，通过主数据安全体系的建设，增强信息安全风险防范能力，有效地防范和化解风险，保证业务持续开展，满足内控和外部法律、法规的符合性要求。

安全体系包含安全策略、安全组织、安全技术和安全建设与运行4部分。各部分主要包括以下内容。

- 安全策略：建立主数据安全策略框架，制定主数据的分级规范和相应的安全保护标准，制定完善的安全策略、安全管理制度、安全技术规范、操作流程和操作规范，初步形成比较完整的策略体系，并建立策略体系动态维护机制。
- 安全组织：建立企业的主数据安全组织，依据安全岗位的不相容原则，落实岗位职责，建立安全考核机制。配合主数据管理系统的建设和运行，定期开展各类安全教育和技能培训，提高使用者对主数据风险管理的认知程度。
- 安全技术：提升和完善身份认证、内容安全、访问控制、集成安全、日志管理和安全恢复等安全技术，通过日志审计和应用审计，逐步形成完善的安全技术体系。
- 安全建设与运行：通过建立常态化的基础数据管理安全审计流程，定期开展主数据管理系统的安全等级保护及系统的安全测评。建立主数据安全事件管理机制，主数据出现异常问题时，制定完善的解决流程及风险应急方案。

5.7 主数据管理实施规划

信息化是实现高效主数据管理的强大保证和支持,通过主数据管理系统的实施能够实现主数据的集中管理,建立统一的主数据中心作为唯一的数据源,实现数据集成分发策略标准化,在分散的业务信息系统间最大限度地保证主数据的完整性和一致性。主数据管理系统能够支持主数据管控流程模型的动态调整,有效实现主数据全生命周期的管理,快速支撑企业主数据管理流程运作和优化,支持对主数据业务过程的绩效评估和动态管理,实现准确、高效、实时的数据决策支持。

与其他信息化项目一样,主数据管理系统的实施需要进行合理的规划,对各类资源进行有效分配。特殊的是,主数据体系规划与架构设计阶段的成果已经为主数据管理系统的实施奠定了坚实的基础,已有业务信息系统为实施提供了数据来源。实施阶段的主要任务是根据主数据标准体系实现对现有主数据的清洗和标准化,对主数据管理系统产品进行定制化开发、人员培训、系统部署上线等。

主数据管理实施规划包括实施策略、实施计划、投资预算等内容,如图 5-25 所示。

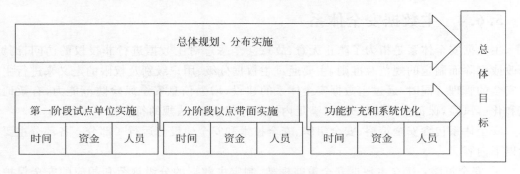

图 5-25　主数据管理实施规划内容

5.7.1 实施策略

信息系统项目的实施策略有全面实施和渐进式实施两种。

全面实施:整个信息系统于同一时间在企业内部的所有组织全面实施。系统从测试版发展到实用版大约只需要几天时间,但是系统正式运行之前,需要很长的测试时间。全面实施需要多个模块同时进行,这种方式不需要临时界面,各个功能模块之间衔接较好,但是全面实施也面临着对企业的工作模式一次彻底的革新,失败的风险较高,因此更加适合规模较小、结构简单的组织,或者系统模块较少的信息系统项目。

渐进式实施:每次实施系统的一个或一组模块,即每次实施经常是针对组织的一部分组织或功能进行的。渐进式实施策略是按顺序实施,充分考虑了与旧系统和其他相关业务系统的过渡和配合。

图 5-26 为根据企业组织特点选择合适的实施策略。

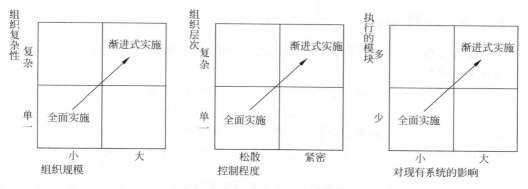

图 5-26　企业组织特点与实施策略的选择

　　由于集团企业规模较大、业务关系复杂,在主数据管理系统实施上,一次性上线受很多因素的影响,风险也很大。因此,在项目建设过程中尽量采用先试点,后推广的渐进式实施推进策略,这样在试点单位项目建设过程中可以积累丰富的项目建设经验,为推广上线奠定坚实的基础。采用先试点后推广,分批次上线的策略,既保证了系统实施范围和项目建设的进度控制,又提高了系统实施的效果。

　　根据企业近期主数据体系规划总体目标,结合主数据管理现状,将规划年度内的全部实施内容,按照主数据类型和实施单位进行分解,从重要性、需求紧迫性、技术实施难易度等多方面因素进行综合分析,排定主数据类型的优先级和实施单位的优先级,选择试点单位和优先实施的主数据类型。

5.7.2　实施计划

　　主数据管理实施的主要阶段包括数据清理和转换阶段、系统开发阶段和系统部署上线阶段。实施的主要活动并非严格地按照一成不变的程序依次进行,而往往是在充分考虑时间进度的基础上交叉安排计划或同时从事多项活动。在确定各项任务完成时间的基础上,统筹计划、综合平衡整个项目的实施进度。如果安排不当,各个环节不能准确、及时地协调配合,都可能会拖长工期。

　　实施计划一般通过编制项目实施进度表来实现。编制项目实施进度表的方法很多,其中最简便、最常用的方法有甘特图法和网络图法。无论采取哪种方式,实施时间表都应包括项目实施的开始时间和持续时间,明确每一项活动和任务在整个实施计划中的位置和时间。对每一项任务的说明应包括要进行的工作、需要的资源、完成任务需要的时间、对任务的责任、任务所需投资的信息、要产生的结果及与其他活动的相互联系等。

　　每一项任务都必须有里程碑式的标志性成果,然后再推进下一个里程碑的阶段性工作,这样就能逐步完成并控制整个项目的进度和质量。每个阶段的成果都能够鼓舞项目组和用户的信心,从而更加有力地推动项目向前发展。针对主数据管理实施规划,可以将其划分为数据清理完成、人员培训完成、系统开发完成、系统测试完成和系统上线运行 5 个里程碑。

5.7.3 投资预算

对实施阶段和后期维护阶段的费用支出进行预估,计算项目投资总额。成本包括初始成本与日常维护费用。

主数据管理系统的初始成本包括各种软、硬件及辅助设备的购置、运输、安装和调试费用;软件开发费用;人员培训费用;其他(差旅、办公、不可预见费用)费用。

日常维护费用包括系统维护(软件、硬件、通信)、人员费用、备件费用、其他。

在进行预算时应该防止成本估计过低的倾向。例如,只考虑开发费用,不考虑维护费用等。

要判断主数据管理项目的经济合理性,还需要将项目开支与项目带来的经济效益进行比较。经济效益应该从两方面综合考虑:一方面是可以用货币衡量的效益,如节省的人力成本、节约的数据统计成本、集团统一采购后减少的采购成本等;另一方面是难以用货币来衡量的社会效益,如系统运行后,可以更及时得到准确的信息,对管理者的决策提供有益的支持,改善企业形象,增加竞争力等。

第 6 章

主数据项目实施步骤

　　主数据管理系统的实施是主数据体系建设的关键内容。在主数据体系架构设计及实施规划完成之后,主数据管理工作将进入系统实施阶段。这一阶段要把架构设计中的物理模型转换为实际运行的主数据管理系统,对系统的质量、可靠性、可维护性等性能有着十分重要的影响。这一阶段的工作任务复杂,工作量大,需要多部门协同合作。只有经过合理安排,统筹协调,才能保证系统实施的顺利进行。本章将介绍系统实施阶段的主要任务和流程。

- 信息系统实施是一个复杂的项目,信息系统软件只是管理逻辑的物理载体,其实质是企业管理流程、管理手段的一次变革。因此,信息系统实施的过程实际是组织、人员、流程及系统融合的过程。
- 主数据项目一般分为两个阶段,第一阶段是体系规划阶段,构建主数据体系规划、主数据管理平台规划,搭建主数据标准体系、管理体系,形成企业主数据管理方案;第二阶段的主要任务是搭建企业主数据管理平台,将主数据标准体系在主数据管理平台中实现。两个阶段,可以再进行阶段细化,共需要 6 个步骤完成整个项目实施任务。
- 主数据管理的核心是数据,因此主数据的准备是主数据管理系统实施阶段的重中之重。数据准备是一项耗时、复杂的工作,需要企业各个部门的共同参与。由于需要耗费大量的人力、物力,因此必须提前做出周密的计划,做好协调管理工作,同时对准备的过程严加管控,以保证最终数据的质量。

6.1　实施方法概述

　　本节将介绍传统的软件实施方法及主数据管理平台的实施方法。主数据管理平台的实施,一般以大型集团或政务管理部门为核心进行。由于数据治理会涉及集团公司的多个平台,系统工作量大,所以大多数据企业在选择主数据系统建设时,都会选用市面上比较成熟的数据治理平台。这些平台基本上具备二次开发过程,因此在企业主数据管理平台构建过程中,与传统的实施方法会有所不同。

6.1.1　传统软件开发项目的实施方法

传统的软件项目实施,整个过程分成三个步骤进行。图 6-1 描绘了传统软件开发与实施的每个阶段及其相关活动之间的关系。该实施过程是一个闭环系统,它会不断地检查和验证实施项目组所做工作是否达到或完成了最初的项目工作范围和业务目标。

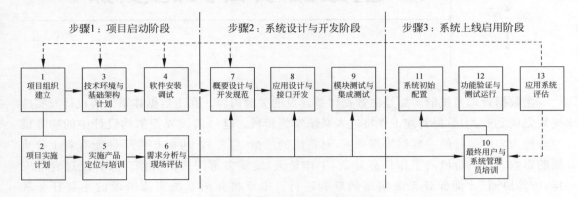

图 6-1　传统软件开发与实施过程

步骤 1:项目启动阶段

项目启动阶段通过定义和进一步确定项目的工作范围与业务目标,建立技术环境,为项目组成员提供产品培训,奠定项目成功的基础。项目启动阶段主要包括以下任务。

- 项目组织机构建立。
- 项目实施计划。
- 技术环境与基础架构计划。
- 软件安装和调试。
- 实施产品定位与人员培训。
- 需求分析与各用户现场评估。

步骤 2:系统设计与开发阶段

系统设计与开发阶段包括了所有与开发和客户化相关的工作,使其达到用户的需求。该阶段主要包括以下任务。

- 概要设计与开发规范设计。
- 应用设计与接口开发。
- 模块测试与集成测试。

步骤 3:系统上线启用阶段

系统上线启用阶段包括了所有与用户培训、系统初始配置、软件功能验证,以及对设计、开发、应用的使用情况评估分析相关等工作。该阶段主要包括以下任务。

- 最终用户系统管理员培训。
- 系统初始配置。

- 功能验证与测试运行。
- 应用系统评估。

6.1.2　主数据项目的实施方法

　　主数据管理平台的实施,一般以大型集团或政务管理部门为核心进行。下面以大型集团(简称企业)为例介绍主数据管理平台实施方法。该方法在参考国际先进的实施方法论基础上,结合主数据平台的特点而设计。整个过程包括两大阶段 6 个步骤,如图 6-2 所示。

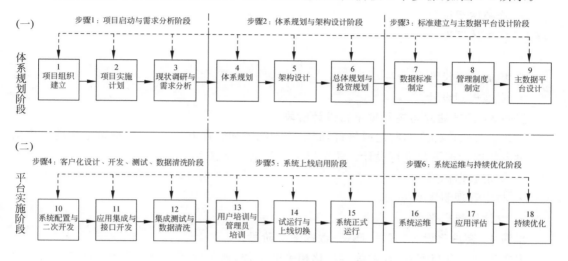

图 6-2　主数据体系规划与平台实施过程

　　第一阶段(体系规划阶段):主要工作任务为构建主数据体系规划、主数据管理平台规划,搭建主数据标准体系、管理体系,形成企业主数据管理方案。

　　第二阶段(平台实施阶段):主要工作任务为搭建企业主数据管理平台,将主数据标准体系在主数据管理平台中实现。

　　上述两大阶段,可以再进行阶段细化,共需要 6 个步骤完成整个项目实施任务。

步骤 1:项目启动与需求分析阶段

　　项目启动阶段需定义并进一步确定项目的工作范围和业务目标。通过建立技术环境,为项目组成员提供产品培训,奠定项目成功的基础。该阶段主要包括以下任务。

- 项目启动。
- 项目组织机构建立。
- 技术环境/架构计划。
- 原型系统安装、调试。
- 需求访谈。
- 基础资料收集。
- 系统功能需求分析。

- 整体评估分析。
- 蓝图规划。
- 项目实施计划。

步骤 2：体系规划与架构设计阶段

主数据体系规划与架构设计阶段需构建主数据标准体系、管理体系,形成企业主数据管理方案。该阶段主要包括以下任务。

- 组织体系设计。
- 管控体系设计。
- 标准体系设计。
- 安全体系设计。
- 集成体系设计。
- 实施规划设计。

步骤 3：标准建立与主数据平台设计阶段

主要进行数据标准的制定或修订,制定管理制度和管理办法,使之能够落地实施。依据规划对主数据管理平台进行设计。该阶段主要包括以下任务。

- 制定数据标准。
- 制定管理制度和办法。
- 设计主数据平台。

步骤 4：客户化设计、开发、测试、数据清洗阶段

主要进行所有与配置、开发等客户化相关的工作,通过完善的测试工作,使其达到用户的需求,并开始执行数据清洗工作。该阶段主要包括以下任务。

- 平台客户化开发。
- 主数据生命周期管理配置。
- 应用集成接口开发。
- 数据交换中间件配置。
- 数据模型设计。
- 清洗历史数据。
- 集成测试。
- 功能测试。

步骤 5：系统上线启用阶段

通过对各类用户培训,使其能够使用并维护主数据平台。通过系统功能测试与验证等达到上线的目的,执行上线切换、正式运行等工作。该阶段主要包括以下任务。

- 用户培训。
- 管理员培训。
- 软件系统功能验证。
- 系统试运行。

- 正式上线切换。
- 系统正式运行。

步骤 6：系统运维与持续优化阶段

对运维过程中出现的问题及时解决，并对应用情况进行评估，对相关功能进行持续优化。该阶段主要包括以下任务。

- 系统运维。
- 应用效果评估。
- 系统持续优化。

6.2　项目实施阶段的主要任务

6.2.1　第一阶段：体系规划阶段

对主数据管理进行整体规划，搭建主数据标准体系、管理体系，形成企业主数据管理方案。

1. 项目启动、需求调研及评估

1）工作目标

通过调研分析，掌握企业的数据现状、应用系统现状和管理现状，明确项目建设目标、项目建设范围、主数据范围；对标国内外先进数据标准，进行差异性分析比对，提出改进方向。通过收集各部门、各系统的数据治理需求，抽取归纳各类主数据系统建设工作的主要任务和关键路径。通过需求分析，归纳业务流程，挖掘用户需求，突出业务重点，确保业务需求详尽、准确。从主数据应用、主数据管理等维度分析主数据体系构建需求，规划未来主数据标准体系。

2）工作内容

项目启动后，通过需求调研对主数据应用现状和管理目标进行精炼，对工作范围和业务目标进行明确，对数据资源应用进行分析，对管理现状进行评估，定位主数据应用及管理中存在的问题。了解现行标准体系与编码管理的应用现状，发现存在的主要问题，对编码体系需求和现状进行清晰评估分析，提出改进建议，并进行蓝图规划。建立平台技术环境，通过对主数据管理平台的系统原型进行需求差异化分析，为关键用户和项目成员提供产品培训，为主数据管理平台建设项目的成功奠定基础。

3）主要任务与活动

- 项目启动：通过项目启动会，进行项目宣贯，动员各方加大对项目的重视和配合支持。
- 项目组织机构建立：明确项目的各项资源角色，确定咨询顾问、需求分析、设计、开发、测试、文档、现场实施等各工作小组，明确项目资源的投入时间和投入方式。
- 技术环境/架构计划：确认主数据管理平台的生产运行环境、开发测试环境。
- 原型系统安装、调试：安装主数据管理平台的原型系统，包括安装数据库，构建服务器，调试基础环境，配置为可用系统，为功能演示与交流提供工具。
- 需求访谈：制定需求调研方案，明确需求调研方式，提前下发访谈提纲，确定需求访谈的对象、访谈时间、访谈地点、访谈方式、参与人员,明确访谈内容。

- 基础资料收集:下发基础资料收集模板,进行基础信息的准备工作。
- 系统功能需求分析:根据需求调研和访谈的结果,收集客户的相关资料,进行系统的功能需求分析,并编写需求分析报告。
- 整体评估分析:对数据现状、信息化现状、管理现状进行调研分析,估算工作量和投入的资源,明确项目目标和范围,并根据指定的关键点进行进度安排,识别关键任务和关键路径,提出改进方向。
- 蓝图规划:结合信息化发展规划,参考典型行业主数据体系建设案例,根据现状调研与评估、标杆经验借鉴等一系列工作基础,从主数据应用、管理等维度分析主数据体系构建需求,规划未来主数据标准体系蓝图。
- 项目实施计划:根据需求调研确认业务功能,明确系统的详细实施计划和里程碑计划。

2. 体系规划和架构设计

1) 工作目标

制定符合企业信息化建设的目标,通过对现有问题的分析,设计符合长远需求的主数据管理架构、集成架构、安全架构等规划内容,明确企业主数据体系的建设线路,确保未来能按此线路推进执行。

2) 工作内容

主数据体系实施规划:根据当前企业信息化建设现状,制定主数据实施原则;对系统实施任务进行分解,明确每期系统建设的阶段目标、功能、内容、范围;分析每期实施工作可能面临的风险与难点,制定具有针对性的项目实施策略。

主数据管理体系设计:明确企业与下属单位之间的主数据管理模式,明确各自的管理责任,包括每个主数据的发起部门、使用部门审核部门、维护部门等;进行主数据管理组织设计,包括标准化组织架构、相应的职责和人员配备、专家团队的设定和相应职责等;进行主数据管理流程设计,如申请、审核、生成、发布、更新、废除等;进行主数据管理工作考核KPI设计,形成主数据管理规范。

主数据集成架构设计:明确主数据系统与企业系统的横向数据交换方式,明确主数据系统与二级单位系统的纵向数据交换方式,明确交换的内容、频度、技术实现方法。

主数据安全架构设计:明确主数据安全体系中的安全策略、安全组织、安全技术、安全建设及运行4部分内容。主数据安全体系的建设可以增强信息安全风险防范能力,有效防范和化解风险,保证业务持续开展,满足内控和外部法律、法规的符合性要求。

3) 主要任务与活动

- 主数据体系实施规划:制订可推进、可执行、可落地、清晰明确的主数据体系实施规划方案,明确建设内容、建设次序,并对建设工作进行评估。
- 主数据管理体系设计:规划企业的整体主数据管理体系,明确各类数据的管理组织、管理职责、管理角色、管理制度和相应的流程设计,形成主数据管理规范。

- 主数据集成架构设计：完成企业数据流向分析，明确各类数据的数据源头、分发系统、消费系统，明确具体的集成关系和集成方式，形成企业主数据集成技术规范。
- 主数据安全架构设计：明确主数据安全体系中的安全策略、安全组织、安全技术和安全建设与运行等方面内容。

3. 数据标准制定

1）工作目标

完成基于总体规划下的当期建设的各类主数据标准、管理制度，为下一阶段的项目实施和数据清洗提供依据。

2）工作内容

建立主数据分类体系，如物料主数据、客户主数据、供应商主数据、通用基础类主数据等；建立符合各类标准的描述模板、主组织属性模板、组织层属性模板。

提供企业通用主数据编码库、分类模型、描述模型；在项目实施过程中为企业主数据的分类及编码库的建立提供相应的设计方案。

根据企业信息化规划中对数据管控建设要求，制定数据标准管理制度和管理办法，包含组织、职责、流程、工作模板等内容，推动企业数据标准管理工作的有效展开；提供数据标准后续落实的总体建议，落实资源投入要求、工作计划，对相关部门、下属单位的配合事项等内容。

3）主要任务与活动

- 制定数据标准：通过借鉴典型行业的标准和编码库，结合企业实际情况制定各类主数据标准。
- 制定管理制度和办法：根据企业管控的要求，制定各类主数据的管理制度和办法。

4. 主数据管理平台设计

1）工作目标

确认企业对主数据管理平台的功能要求，并基于功能要求进行功能设计，确保未来搭建的主数据管理平台在企业实际业务执行中发挥支撑作用。

2）工作内容

主数据管理平台需求：归纳企业主数据管理平台主要功能需求，明确系统相关基础设施、网络环境与基础软件（如操作系统、中间件）配置需求等。

对主数据管理平台功能需求进行详细设计：明确主数据管理平台所具备的功能，如主数据建模、申请、校验、审核等。主数据建模应支持页面配置方式，无须进行程序代码的开发。

对主数据管理平台数据交换功能进行详细规划：明确主数据管理平台在与业务系统进行数据交换时的功能与方式，如 Web Service[①]、JMS[②]、RFC[③]、BAPI[④]、数据库直连和文件交

---

① Web Service 是一个平台独立、低耦合、自包含、基于可编程的 Web 的应用程序。

② JMS：Java Message Service，Java 消息服务应用程序接口。

③ RFC：Request For Comments，意即"请求评议"，包含了关于 Internet 的几乎所有重要的文字资料。

④ BAPI：Business Application Programming Interface，是面向对象程序设计方法中的一组程序接口。

互方式;主动分发、被动分发,同步分发和异步分发,定时分发和即时触发等方式。数据交换功能应通过配置方式实现,无须进行程序代码开发;可查看主数据接收(分发)日志,获知主数据接收(分发)结果,对不能正常接收(分发)的主数据进行主动预警,并按预先设定规则处理,确保主数据正确接收(分发)。

对数据清洗功能进行详细规划:明确数据清洗的相关功能,如数据清洗模型的建立、智能数据健康度分析、智能相似度计算、智能映射匹配,实现清洗过程中主数据的唯一性、完整性、一致性、合理性。

3)主要任务与活动
- 平台需求梳理:梳理企业主数据管理平台主要功能需求,明确系统相关基础设施、网络环境与基础软件(如操作系统、中间件)配置等,并进行相应的确认工作。
- 平台需求规划:基于确认的需求,进行符合性需求分析评估和功能设计,尤其是对数据全生命周期管理(数据建模、数据申请、数据校验、数据审核、配置化支撑等)、数据集成交换、数据清洗等工作的功能设计规划。

6.2.2 第二阶段:平台实施阶段

依据咨询规划阶段制定的各类主数据标准和管理办法及各类主数据的规划要求,开展数据清洗、系统开发、系统集成、系统测试、系统内数据初始化、上线准备、上线运行等工作。

1. 客户化设计、开发和测试阶段

1)工作目标

充分考虑企业主数据管理现状、目标及未来规划的需求,实现企业对主数据管理平台的建设要求。数据和应用的设计结果应符合企业对系统安全、接口规范及数据标准化的规定。系统测试过程严格遵照系统测试方案进行。

2)工作内容

基于咨询规划阶段结果,开展客户化设计与开发工作,使其达到与企业主数据规划项目相一致的目标。

3)主要任务与活动
- 概要设计。
- 详细设计。
- 接口设计和客户化开发:实现主数据管理平台的定制化功能,确定与相关业务系统之间的接口定义、结构、实现方式、输入输出等内容。
- 系统测试:根据测试用例检查软件的功能是否符合详细设计说明书中的要求,测试内容包括功能测试、集成测试、性能测试等。

2. 数据清洗阶段

1)工作目标

完成各类主数据的系统内建模和系统内标准编码库建设,通过数据清洗最终形成各类

主数据的标准编码库。

2）工作内容

依据数据标准进行系统内各类主数据标准模型建设，提供清洗工具，依据历史数据分析，制订由历史数据向标准化转化的清洗工作方案，并组织企业数据清洗小组开展各类数据的清洗工作。

3）主要任务与活动

- 建设数据标准模板：依据咨询阶段制定的各类主数据标准的编码规则、构成属性、校验规则和数据审核流程、数据管理制度等，进行系统内数据标准配置和工作流配置。
- 制订清洗方案：对各业务系统的历史数据进行标准化清洗的分析，并按照各类主数据的上线时间确定各类数据的数据清洗方案和清洗计划。
- 开展数据清洗：组织各数据清洗小组进行清洗培训，指导各清洗小组开展历史数据的清洗工作，最终形成各类主数据的标准编码库。

3．培训、上线准备、系统上线运行阶段

1）工作目标

完成项目的上线和培训工作，并对提交的文档进行完整性和符合性检查，对系统测试结果的合理性进行检查。系统上线前，各项工作准备必须完备，如数据准备、业务流程设置、人员培训、系统运行管理规范、试运行安排、Bug 消除等。

2）工作内容

进行项目上线准备的培训、数据初始化、上线切换和上线运行等相关工作。

3）主要任务与活动

- 用户培训。
- 系统初始配置。
- 软件系统功能验证和测试运行。
- 上线切换方案制订。
- 上线切换。
- 实施评估。

4．系统上线运行支持

1）工作目标

完成上线后的完善和优化工作，并协助企业完善系统运维机制。

2）工作内容

按照企业要求进行项目上线后的运维工作。

3）主要任务与活动

- 上线运行支持。
- 运维技能转移。
- 上线总结报告。

6.3 各主要阶段的任务分工

主数据治理项目的实施,不能盲目地认为购买一套工具就可以一锤定音地解决所有问题。企业多年积累下来的数据问题成因是复杂的,因此治理的过程也会是艰巨的。主数据治理项目涉及信息系统众多,需多个部门参与工作,治理过程也需和多个系统大量的数据模型打交道,因此治理的工作也是繁重的。在整个治理过程中,离不开大量的规划咨询、访谈调研、需求分析、数据模型分析、问题跟踪等工作,执行数据治理过程不仅会涉及一些具体的系统改造项目的跟踪管理,也需要对数据质量进行持续的测试和检查等工作。因此,仅通过企业内部自身的力量完成数据治理工作较为困难,需要引入业界有丰富经验的专业集成商。本节将讨论主数据项目实施过程中集成商与企业间的各自分工,6.4～6.10节着重讨论实施过程中的数据准备、人员培训、程序设计、系统集成、系统测试、系统评估、项目管理等内容。

6.3.1 项目启动与需求调研阶段

该阶段的主要工作任务是完成咨询规划阶段中的设计工作,对企业的业务现状、信息化现状、管理组织架构以及各类主数据管理和应用现状进行全面调研,分析企业各业务板块之间和业务板块内部业务衔接流程,明确主数据产生源头(业务源头和系统源头),提出数据管理流程优化建议。同时,对于各类主数据的分类标准、编码标准等提供优化建议。需求调研的形式将通过问卷调研、现场调研和集中调研相结合,针对具体单位的调研形式在项目建设过程中双方协商确定。该阶段的工作内容如表 6-1 所示。

表 6-1 项目启动与需求调研阶段的工作内容

具 体 工 作	集成商负责完成的工作内容	企业负责完成的工作内容
需求调研及规划	• 编写主数据调研问卷; • 安排人员进行现场调研和集中调研; • 下发、收集并整理调研提纲和问卷; • 整理企业各类主数据的管理现状,并完成现状及需求分析报告; • 收集企业现有主数据分类标准资料; • 对照国际、国内和相关行业标准,同时对标先进企业主数据分类标准; • 完成主数据审批流程、分类标准、规范,完成主数据管理制度初稿	• 为主数据集成商完成工作提供必要的支持,协调集团内部资源接受调研访谈; • 审核并确认需求分析报告; • 组织、讨论、修订、审核主数据集成商提交的主数据标准化相关建议初稿

6.3.2 体系规划与架构设计阶段

根据工作方案,深入了解企业主数据现状及需求,制定符合企业信息化建设的目标,解决现有问题,设计符合长远需求的主数据管理架构、集成架构、安全架构等内容,明确企业主数据体系的建设线路,未来能按此线路进行推进建设。该阶段的工作内容如表 6-2 所示。

表 6-2　体系规划与架构设计阶段的工作内容

具 体 工 作	集成商负责完成的工作内容	企业负责完成的工作内容
体系规划与架构设计	• 明确主数据系统与企业系统的横向主数据交换方式; • 明确主数据系统与二级单位系统的纵向主数据交换方式; • 设计交换的内容、频度、技术实现方法; • 规划安全策略、安全组织、安全技术、安全建设与运行内容; • 确定企业与下属单位之间的主数据管理模式; • 梳理各自管理责任,如发起部门、使用部门、审核部门、维护部门等; • 进行主数据管理组织设计,如标准化组织架构、相应的职责和人员配备、专家团队的设定和相应职责等; • 设计主数据管理流程,如申请、审核、生成、发布、更新、废除等,进行主数据管理工作考核 KPI 设计; • 形成主数据体系实施规划方案	• 配合进行调研与讨论工作; • 组织、安排讨论所需各种资源; • 讨论、修订、确认企业体系规划内容; • 审定并发布企业最终体系规划内容

6.3.3　标准建立及主数据平台设计阶段

完成基于总体规划下当期建设的各类主数据标准、管理制度,为下一阶段的项目实施和数据清洗提供依据。确认企业对主数据管理平台的功能要求,并基于功能要求进行功能设计,确保未来搭建的主数据管理平台在企业实际业务过程中发挥支撑作用。该阶段的工作内容如表 6-3 所示。

表 6-3　标准建立及主数据平台设计阶段的工作内容

具 体 工 作	集成商负责完成的工作内容	企业负责完成的工作内容
主数据分类标准、分类模板讨论	• 负责制订会议安排计划; • 负责编制会议讨论主题; • 负责整理主数据讨论结果; • 参与相关讨论并协助企业主数据分类标准、分类模板修订	• 组织建立主数据分类专家团队; • 通知参会主数据分类专家; • 组织、安排讨论所需各种资源; • 讨论、修订、确认企业主数据分类标准、分类模板; • 审定并发布企业最终主数据分类标准

续表

具 体 工 作	集成商负责完成的工作内容	企业负责完成的工作内容
主数据平台设计	• 梳理企业主数据管理平台的主要功能应用需求; • 了解系统相关基础设施情况; • 了解网络环境与基础软件(操作系统、中间件等)配置需求; • 进行符合性需求分析评估和功能设计; • 对数据全生命周期管理进行设计,如数据建模、数据申请、数据校验、数据审核、配置化支撑等; • 对数据集成交换进行设计; • 开展数据源与数据清洗等工作	• 提供硬件环境、网络环境; • 对主数据平台的功能进行讨论; • 对主数据平台的功能进行确认

6.3.4 客户化设计、开发、测试、数据清洗阶段

充分考虑企业主数据管理现状、目标及未来规划,从项目整体建设的角度出发,制订出详细的系统设计方案。设计方案要充分考虑企业功能要求、定制化要求,设计方案最终效果能完整呈现。该阶段的工作内容包括系统开发、编写测试计划、测试脚本准备、测试数据准备及系统测试和系统演示。数据清洗的主要工作为定义主数据分类及相应模板,讨论确定企业标准主数据库建立,并完成现有信息系统的主数据清理及转入。该阶段的具体工作内容如表 6-4 所示。

表 6-4　客户化设计、开发、测试、数据清洗阶段的工作内容

具 体 工 作	集成商负责完成的工作内容	企业负责完成的工作内容
系统建立	• 安装、调试主数据管理平台; • 主数据管理平台的二次开发与系统配置; • 进行各应用系统的集成接口开发; • 收集整理各类用户、授权; • 按照第一阶段设计的流程在系统中设置审批流程; • 进行主数据管理平台的数据初始化; • 完成主数据管理平台端与业务系统的集成开发和测试; • 完成企业关键用户和系统管理员等相关人员的培训; • 根据企业确认的各类主数据初始标准数据,完成主数据管理平台的数据标准化校验和转入工作。 相关系统服务商职责包括: • 进行应用系统与主数据管理平台的集成设计、开发、测试工作; • 根据主数据管理平台中的标准主数据编码进行各自系统主数据的对照和转换工作; • 积极解决主数据管理平台集成过程出现的各种问题	• 提供主数据管理平台的基础资料; • 组织各类用户参加主数据管理平台培训; • 讨论确定数据维护的专家团队和运维制度体系; • 组织、协调业务系统与主数据管理平台的标准编码系统的数据对照和转换工作

续表

具 体 工 作	集成商负责完成的工作内容	企业负责完成的工作内容
主数据清洗	<li>根据最终企业主数据分类标准建立企业的主数据编码模板初始数据库；<li>根据企业确认的主数据编码模板，转入主数据管理平台；<li>提交企业主数据编码数据清理方案；<li>协助、指导企业对现有主数据信息进行清理和标准化等工作；<li>根据企业提交的标准主数据明细数据，整理、导入、生成标准编码和主数据属性库；<li>提交主数据管理平台与各相关应用系统的集成方案（主数据系统端）。 相关系统服务商职责包括：<li>提供各相关系统与主数据的相关信息；<li>制定相应应用系统中主数据的对照、转换方案，参与相应的集成方案讨论，并完成集成方案（应用系统端）	<li>组织、讨论、确认主数据编码数据清理方案；<li>组织并进行数据清理、对照和主数据明细数据的标准化工作；<li>组织、协调、确认主数据管理平台与各相关系统的集成方案

6.3.5　系统上线启用阶段

　　系统上线启用阶段的工作内容包括最终用户培训课件准备、最终用户培训、系统切换计划制订、系统切换和上线后的支持，将业务系统中的主数据逐步移植到主数据管理平台中，实现主数据全集团统一管理的最终目标。该阶段的具体工作内容如表 6-5 所示。

表 6-5　系统上线启用阶段的工作内容

具 体 工 作	集成商负责完成的工作内容	企业负责完成的工作内容
业务系统主数据管理上线运行	<li>制订系统上线计划；<li>准备系统培训课件、系统环境和培训数据；<li>进行培训授课；<li>进行上线支持；<li>负责根据试运行计划组织最终用户进行试运行；<li>负责搭建系统试运行测试环境并进行相应设置；<li>负责对试运行过程进行跟踪与监控，汇报试运行进度以及所发现的问题；<li>负责对试运行中发现的与主数据管理平台相关的问题进行修正	<li>提供主数据管理平台的基础资料；<li>组织各类用户参加主数据管理平台培训；<li>组织、协调业务系统与主数据管理平台中标准编码系统的数据对照和转换工作；<li>监督培训质量；<li>审核确认上线计划；<li>完成上线通知的起草和下发；<li>组织系统正式上线所需的各项协调工作

6.3.6 系统运维与持续优化阶段

在该阶段提供系统的运维支持,并推动项目顺利进入项目验收。该阶段的工作内容如表 6-6 所示。

表 6-6 系统运维与持续优化阶段的工作内容

具 体 工 作	集成商负责完成的工作内容	企业负责完成的工作内容
系统运维支持和验收	• 对系统进行运维支持,确保系统运行正常; • 对遗留或需优化部分进行优化完善; • 申请项目初验和终验; • 进行持续的改进与优化	• 逐渐承担起独立完成系统运维的能力; • 提出改进建议; • 按照主数据集成商提出的初验和终验申请,进行评审并组织相应的验收会; • 进行主数据的后期运维工作

6.4 数据准备

数据准备阶段的主要任务是根据制定的数据标准,完成企业现有全部主数据的采集和清洗,形成统一、规范的主数据版本,并导入到新系统中。主数据的准备是主数据管理系统实施阶段的重中之重,是企业实现数据治理目标、系统成功上线的必要保障。同时,数据准备也是一项耗时、复杂的工作,需要企业各个部门的共同参与。由于需要耗费大量的人力、物力,因此必须提前做出周密的计划,做好协调管理工作,同时对准备的过程严加管控,以保证最终数据的质量。该阶段的主要内容包括数据准备方案的制订、数据采集、数据清洗和数据导入。

6.4.1 数据准备方案制订

数据准备方案就是数据准备工作的指导思想和工作计划。深化对企业业务、主数据体系、主数据标准的了解是数据准备方案中的重要前提。数据准备方案包括数据范围、数据准备原则、数据准备的负责人和内容分配、数据准备的人员要求、数据采集格式以及数据准备的时间计划。

主数据的采集工作根据职能部门的实际情况进行分配,各部门同时进行,缩短准备时间。主数据的清洗工作则需要各个部门之间协作,才能发现主数据中隐藏的不一致现象,并进行有效处理。由于主数据的重要性,参加数据准备的人员应该熟悉业务、认真仔细,并具有高度负责的精神。

数据准备方案所提供的数据采集格式直接决定了数据质量,因此必须严格参照数据标准,由项目组和专家经过深入讨论,谨慎推敲,力求做到全面、准确、易懂、无歧义。对数据采集格式中的每一个关键字段都应有对应的填写说明,以指导采集人员的实际工作。

方案的制订固然重要,但是积极地推动方案并切实有效地执行才是关键。在推动方案的过程中必须注意以下几点。

- 企业内部必须提高主数据意识,自上而下从高层管理到基层员工都要充分认识数据采集工作的重要性和艰巨性,只有全员意识的提高才能保障数据来源的高质量。
- 广泛地开展数据培训,保证基层数据来源的真实性,确保数据准备工作的高效率。
- 制定完整的权责制度、奖励机制和应急措施,在充分调动企业全员参与积极性的同时,做好突发事件或紧急状况的预防措施,为数据准备方案的有效执行提供制度保障。

6.4.2　数据采集

在数据准备方案确定后,项目组要集中力量进行数据采集工作。为了保证采集数据的质量,一定要求数据采集人员严格按照方案中数据格式进行录入。数据采集格式既要满足数据标准的要求,同时也要兼顾新系统和原系统的数据结构,保证采集数据的完整性,为后续的数据清洗工作奠定基础。

在数据采集前,项目组应该进行相关数据管理知识、数据规划方案和数据采集工具的培训,说明关键字段的含义、系统使用原理和原系统数据的对应关系,这些均有利于提高准备数据的质量。培训的对象包括业务部门负责人、数据提供者、数据录入者和项目组成员。

在数据采集的工具方面,一种方法是利用业务系统的数据导出工具,通过人工的方式整理为标准的数据采集格式;另一种方法是由项目组开发或购买一套数据采集软件,这样可以在保证数据质量的前提下,提高工作效率,达到事半功倍的效果。

6.4.3　数据清洗

在某一类型的主数据采集工作完成后,就可以开始进行该类数据的清洗。数据清洗的目的是检测数据中存在的错误和不一致,剔除或者改正它们,将剩余部分转换成数据标准所接受的格式,以提高数据的质量。

数据的清洗过程可能不止一次,必须视数据情况而定。数据初始来源基本是在各个业务部门,这部分初始数据的收集也由相关责任部门完成。在进行完第一轮收集的时候就可以进行一次部门内部的数据清洗,而后将来自不同部门的主数据整合,进行集中的数据清洗。这一过程需要来自各个部门的业务人员协作,也是矛盾冲突的高发期。经过集中的数据清洗,主数据已经基本形成了企业层面的统一视图,但是为了保证数据清洗工作的质量,还需要由数据小组进行数据的抽检,发现清洗过程中存在的问题并进行补救。

对于企业,主数据的数据规模已经远远超过了人工处理的承受范围,必须借助高效的数据清洗工具。数据清洗工具可以自行开发或者借助现有的工具,可以使用一种,也可以多种工具配合使用。无论如何选择,最终的效果必须覆盖数据清洗的内容范围,即同时解决数据的错误、重复、不完整等问题。

数据清洗及导入的过程如图 6-3 所示。

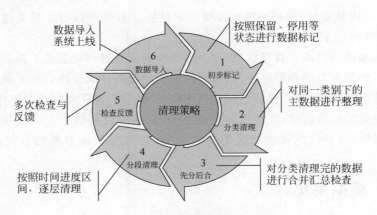

图 6-3　数据清洗及导入的过程

依据 IT 系统应用的实际情况，主数据清理按照以下策略进行。

1．清理原则

- 清理已使用的主数据编码，对于未使用的主数据编码采用停用等方式。
- 对企业统建系统的基础编码数据，可保留原编码规则，不进行编码改动，仅完善维护相关属性值。
- 属性值不完整的编码数据，按照其主数据规范标准进行补充完善，使其完全符合数据标准化的要求。
- 清理要覆盖全部的数据，保证数据清理的完整性。

2．清理工作流程

1）建立数据清理团队

组建一个科学、有序的数据清理团队。

2）现有数据分析评估，制订数据清理阶段计划

- 评估现有各业务系统数据的现状。
- 制定数据清理策略。
- 制定各业务系统数据转换策略。
- 制定数据清理阶段目标和阶段计划。
- 信息支持系统构建，一般由清洗工具支持。

3）依据数据标准，进行数据标准化编码库

- 依据数据标准模型、属性模板和规则，对现有数据进行整理。
- 剔除无效数据、重复数据。
- 对已清理的数据进行校验、审定。
- 形成标准数据编码库。

4）依据数据映射和转换方案，进行各相关系统的清理和转换

- 制订各业务系统数据映射和转换方案。

- 数据模拟转换。
- 各类相关培训。
- 标准数据转入。
- 数据上线切换。

5）正式上线运行

- 数据运营体系。
- 质量保障机制。
- 信息系统支持。

3．清理方法

1）初步标记

将从目标应用系统中获取的主数据进行初步清理、标记工作。

2）分类清理

对主数据采用分类清理的策略，首先制定出清理收集模板，按照清理模板要求的属性规范进行填写收集。

3）先分后合

数据清理人员的工作内容，按主数据的条数分工进行清理，将检查无误的主数据提交到企业主数据项目组，由项目组统一合并汇总，完成数据的导入。

4）分段清理

按照时间分阶段进行清理，逐步将目标系统中的主数据进行清理，形成规范编码库，完成所有的清理工作。

5）检查反馈

检查在数据清理过程中是一项非常重要的工作，定期检查能够保证数据清理的质量，避免盲目数据清理。

6.4.4　数据导入

数据导入是在上述阶段都完成后，将正式数据导入正式系统的过程。该阶段也是系统初始化的过程。前期的数据清洗工作已经将企业主数据转化为高质量的、标准的主数据形式，数据导入阶段的工作就是将这些数据平滑地转入新系统。数据导入工作的质量，不是决定系统成功上线的唯一因素，却是一个关键因素。只有做好了数据导入工作，才能顺利完成系统切换。

1．数据导入的方式

数据导入的方式有以下几种。

1）手工录入

由用户将处理后的数据手工录入到新的系统。这是最费时的数据导入方式，用户的疏忽大意还可能造成数据录入的错误，影响系统初始数据的质量。因此，应尽量避免采取这种方式进行数据导入。

2) DataLoad[①] 类工具

利用软件模仿人的录入动作，逐条地从系统界面导入数据。例如，DataLoad 的工作原理为，先把数据在 Excel 中整理好，然后打开 DataLoad 记忆功能，这时手动执行一次从 Excel 复制数据到系统数据录入界面并保存的动作，这时 DataLoad 软件将记录录入动作；然后进行适当设置，DataLoad 软件会模仿用户录入的动作对 Excel 中多条数据进行录入，直到录入完成。这种数据录入工作，适合于系统没有专门的数据导入工具，并且一个数据的录入会涉及后台多张表的复杂关联，以至于很难在编写导入程序的情况下使用。其缺点是速度慢，一万条数据可能会运行几小时。目前这种方法几乎被淘汰。

3) 调用系统接口

大部分信息系统对各种数据的保存，如新建一条用户信息，都是由统一的函数或者接口调用的。有的是在 Web Service 服务中由接口函数实现数据的保存，有的是在数据库中由接口函数实现数据的保存。这种方式能够快速地导入大量数据，但其中也会存在格式错误，需要对导入过程进行记录，以便发现其中的问题。这种方式通过编程的方式实现，方法灵活，使用最为广泛。

4) 系统专用导入工具

部分信息系统产品提供了自己的导入工具，这是导入数据最好的选择。这些导入工具其实是产品供应商按照调用系统接口方式开发的工具。

2. 数据导入的步骤

使用软件工程的方法可以有效地指导新旧信息系统切换过程中的数据导入工作。数据导入工作的过程包括导入设计、编码、导入测试和正式导入等步骤，如图 6-4 所示。

图 6-4　数据导入的步骤

1) 导入设计

确定要导入的数据类型和对应的数据属性，导入目标数据库表中数据类型与元数据类型的对应关系，属性与原数据属性的对应关系、对应条件、属性名称对照关系和属性的导入方法，形成数据字典对照报告和数据导入设计报告。

2) 编码

根据数据导入字典对照报告、数据导入设计报告、程序设计报告编写数据导入程序，并对数据导入程序进行功能测试。如果采用系统专用的导入工具，这一步可以省略。

3) 导入测试

用编写好的数据导入程序对备份数据进行导入，同时要进行数据合理性和正确性校验，对一些有问题的数据要清除。对导入完毕的数据通过总体数据对比、关键性数据的逐项对比以及人工抽查等方式来校验数据导入的正确性。

数据导入实验后，要使用导入后的数据运行新系统，以检查新系统的运行情况。对数据

---

① http://www.dataload.com/.

导入过程中发现的一些有问题的数据,找出批量修改的方法。如果无法应用程序进行批量处理,则需要人工修正。

测试过程中要注意测试案例的准备。测试案例要由业务部门参与编写,最好完整地还原真实业务流程和企业管理流程。该阶段工作的完成,需要业务部门的大力支持和全程参与,因为它们是源头数据的创造者和业务数据的使用者。

4)正式导入

在原系统的数据经过了导入实验,并且有问题的数据都进行了修正处理之后,方可开始进行新系统数据的正式导入。正式的数据导入要在旧系统停止办理业务的情况下进行,数据导入工作的时间必须集中,争取一次导入成功,以将新旧系统切换带来的风险降到最低。在导入过程中,应该密切关注数据的变化和系统运行情况,如有异常应该立刻暂停,并进行迅速排查。期间,要吸取数据导入测试阶段的经验教训,同时将数据导入过程中的问题在测试系统中进行还原和解决。

6.5　人员培训

为了使新系统能够按照预期目标正常运行,各项功能得到正确而充分的利用,对用户人员进行必要的培训是在系统上线前不可忽视的一项工作。一般来说,人员培训工作应尽早进行。人员培训主要是对系统操作员、管理者和运行管理人员的培训。

1. 人员培训计划

人员培训计划是在全面、客观地考虑培训需求的基础上,结合项目总体计划做出的培训时间、培训地点、培训者、培训对象、培训方式和培训内容等的预先安排。

操作人员培训是与程序设计和系统测试工作同时进行的。主要基于如下几方面原因考虑。

- 编程开始后,系统分析人员有时间开展用户培训。
- 编程完毕,系统即将投入试运行和实际运行,如再不培训系统操作员和运行管理人员,将影响整个计划的执行。
- 用户受训后能够更有效地参与系统的测试。
- 通过培训,系统分析人员能对用户需求有更清楚的了解。

2. 培训内容

培训计划要确定什么样的人应该接受及接受怎样的培训,需要进行培训的人员包括以下三类。

1)管理者

任何信息化项目的推进,都离不开管理者的大力支持。因此,对于管理者的培训是不容忽视的。对于管理者的培训主要从他们最关心的问题展开。下面是问题的一些实例。

- 系统能为他们做什么?
- 新系统对他们的组织、人员有什么影响?

- 数据标准对业务有哪些影响？
- 如何衡量任务的完成情况？

对管理人员的培训主要通过讲座、报告会的形式，向他们说明系统的目标、功能、结构和运行过程，以及对企业组织架构、人员职责、业务流程所产生的影响。对管理者的培训应该做到通俗、具体，尽量不采用计算机专用术语。

2）系统操作员

系统操作员是管理信息系统的直接使用者，因此系统操作人员的培训是人员培训工作的重点。

对系统操作员的培训需要通过讲座授课和上机操作相结合的方式，向他们传授主数据体系架构、系统的工作原理、使用方法、简单问题的处置和求助方式。一般地，由于主数据管理组织已成为企业的常设机构，因此可以要求其成员参与系统实施的整个过程，如数据准备、系统测试和试运行等，从而对系统有更深入的理解。

3）运行管理人员

对于系统的运行管理人员，应该具有一定的计算机软、硬件知识，并对新系统的原理和维护知识有较为深刻的理解，一般由专门的计算机专业技术人员担任。运行管理人员应全程参与系统实施的过程，对运行管理人员的培训应该做到一对一指导。

表 6-7 简要列出了系统操作员、管理者和运行管理人员不同的培训内容。

表 6-7　人员培训内容

系统操作员	管　理　者	运行管理人员
主数据体系架构	主数据体系架构	主数据体系架构
系统概述	成本效益分析	系统结构
关键术语	对企业发展的支持	系统文档
系统启动和关闭	开发方的关键联系人员	典型的用户问题
主菜单和子菜单	主要报表和界面	供应商的支持
图表与快捷键	主要需求	问题解决策略
常见问题	—	系统操作员和管理者的技术培训
帮助系统	—	—

6.6　程序设计

程序设计的目的是用计算机程序语言来实现系统功能的每一个细节。目前，主数据管理系统的实施一般采用"成熟套装软件＋专业的实施团队＋适当的个性化定制开发"的形式，因此程序设计的主要任务是在软件产品的基础上进行定制化开发。

6.6.1　程序设计的基本要求

如何判断程序的优劣，主要从以下几方面考虑。

1．可维护性

由于信息系统需求的不确定性,伴随着企业业务的变化,用户对系统的功能需求和性能需求不断增加,因此就必须对系统功能进行完善和调整,对程序进行补充或修改。此外,由于技术革新带来的硬件和软件升级,也需要对程序进行相应的修改。

2．可靠性

一方面,程序应该尽可能地减少出错;另一方面,程序应具有较好的容错能力。不仅正常情况下能正确工作,而且有充分的应急响应措施以应对突发的意外情况,不至于因为意外的操作或不可抗力,造成严重损失。

3．可理解性

程序不仅要求逻辑正确,计算机能够执行,而且应当层次清楚,便于阅读。这是因为程序维护的工作量大,程序维护人员经常要维护他人编写的程序,一个不易理解的程序将会给程序维护工作带来困难。

4．效率

程序的效率是指能否有效地利用计算机资源。近年来,硬件价格大幅度下降,其性能却不断完善和提高,因此程序的效率已不像以前那样举足轻重了。与之相反,程序设计人员的工作效率则日益重要。提高程序设计人员的工作效率,不仅能降低软件开发成本,而且可以明显降低程序的出错率,进而减轻维护人员的工作负担。此外,程序的效率与可维护性和可理解性通常是矛盾的。在实际编程过程中,人们往往宁可牺牲一定的时间和空间,也要尽量提高系统的可理解性和可维护性,然而片面地追求程序的运行效率,反而不利于程序设计质量的全面提高。

6.6.2 程序设计方法

目前,程序设计的方法大多按照结构化方法、原型方法、面向对象的方法进行。这种利用现有软件工具的方法不仅可以减轻开发的工作量,而且可以使系统开发过程规范、功能强,易于维护和修改。

1．结构化程序设计方法

结构化程序设计的基本思想是采用“自顶向下,逐步求精”的程序设计方法和“单入口单出口”的控制结构。结构化程序设计方法将软件系统分解成许多基本的、具体的功能,具体的功能再进一步分解为更小的子功能,然后将这些功能按照层次调用的关系组合起来,构成整个系统。这种设计思想和工作任务分解十分相似。

2．快速原型式的程序设计方法

快速原型法的基本思想是在投入大量的人力和物力之前,在限定的时间内,用最经济的方法开发出一个可实际运行的系统模型,用户在运行使用整个原型的基础上,通过对其评价,提出改进意见,对原型进行修改,统一使用。评价过程反复进行,使原型逐步完善,直到完全满足用户的需求为止。

快速原型法摒弃了那种一步步周密细致地调查分析,然后逐步整理出文字档案,最后才能让用户看到结果的烦琐做法,更加符合人们认识事物的规律。这种系统开发方法循序渐进,反复修改,开发周期短,费用相对少,同时确保了较好的用户满意度。但是这种方法只适合于处理过程明确、简单,涉及面窄的小型系统,不适合大规模系统的开发。

3. 面向对象程序设计方法

面向对象程序设计(Object Oriented Programming,OOP)是目前最流行的程序开发技术。OOP的一条基本原则是计算机程序是由单个能够起到子程序作用的单元或对象组合而成。OOP达到了软件工程的三个主要目标:重用性、灵活性和扩展性。为了实现整体运算,每个对象都能够接收信息、处理数据和向其他对象发送信息。

结构化程序设计是从系统的功能入手进行描述的。在实际设计中,用户的需求和软、硬件条件是不断变化的,按照功能划分设计的模块必然也是易变和不稳定的,这样开发出来的模块可重用性不高。面向对象程序设计从所处理的数据入手,以数据而不是以功能为中心来描述系统。数据相对于功能而言,具有更强的稳定性。因此,以数据为中心设计出来的系统,具有较强的稳定性,模块的可重用性也比较高。面向对象程序设计的提出并不是对结构化程序设计的否定,而是对它的继承与发展。面向对象程序设计中依然渗透着结构化程序设计的思想与方法。

6.6.3   产品定制开发

目前,大部分企业都比较接受"成熟套装软件+专业的实施团队+适当的个性化定制开发"的路线。在这种情况下,根据企业管理特点和建设目标,个性化的开发是必要的,但成熟软件的个性化开发比例越大,项目风险越大。

管理软件的二次开发就是在现有软件产品的基础上,针对客户的个性化需求进行的开发,一般由软件产品的开发厂商进行,或由厂商提供二次开发接口和源码,由第三方来进行。不同于完全的定制开发,二次开发不是从头开发,而是在已有软件的基础上进行的。评估一个软件产品是否合格的一个重要标志是,二次开发的接口是否成熟、完善和易于使用。

当现有的产品功能不能满足客户的需求,或需要和其他软件进行对接、实现数据的交换和传输时,就需要对产品进行二次开发。相较于完全定制开发,管理软件二次开发的优势包括以下几点。

- 与完全的定制开发相比,二次开发的工作量小、时间短、风险低。
- 二次开发是在已有产品的基础上进行的,原有产品功能和业务的积累能够很好地被继承。
- 解决了单纯的产品化、个性化需求不能满足的问题。

二次开发的工作量是由现有产品的功能与客户个性化需求的差异程度、接口的难易程度、系统的设计(如模块之间耦合程度低)、产品的扩展性(是否适合于二次开发)等综合因素决定的。

管理软件二次开发中需要注意以下几个问题。

（1）二次开发最好是基于系统提供的接口进行开发。如果是直接针对源码修改开发，特别是在核心源码的基础上进行处理，不仅会导致已有功能出现新的错误和不稳定，而且软件厂商的标准产品升级后不能直接进行覆盖升级，需要重新整合，这种情况是灾难性的。很多用户不清楚问题的严重性，这也是很多软件厂商不愿意提供二次开发的原因之一。

（2）现有产品需提供成熟和完善的系列接口。这是考查一个软件产品是否成熟和规范的重要指标之一，否则二次开发只能由原厂商进行。如果厂商的服务和支持不及时、不能提供良好的服务，后续的服务和开发无法进行。不能进行二次开发将导致现有系统不能深入的使用或只能替换，现有的投资和时间投入都付之东流。

（3）不是所有的产品都能进行二次开发。没有成熟和规范的接口、系统设计和编码非常差的系统，二次开发的时间和成本要远远高于系统的替换和完全定制开发，这点也是至关重要且容易被忽略的。

（4）应尽量减少不必要的开发。一些企业一味地强调企业自身的特点，并针对这些特点要求实施方添加相应的模块和解决方案，其实这是不必要的。优秀的信息系统产品本身已经继承了最优的管理方法和管理流程，在当前的环境下具有先进性。特别是一些已形成行业解决方案的产品，配合经验丰富的实施团队，将大大降低自主开发带来的风险。例如，由北京三维天地科技有限公司提供的主数据管理系统，只需通过系统配置就可以满足绝大部分能源、装备制造、冶金、化工、建筑地产等不同类型企业和机构的功能需求。实际上，企业一部分个性化需求更多的或许是因为企业管理流程不合理产生的。解决方案是对企业现有的流程进行优化，而不是对产品进行修改以适应当前不合理的流程。

6.7　系统集成

主数据集成商的主数据管理平台应采用 SOA[①] 架构，支持 SOA 的架构模型，支持灵活的接口方式，可以集成不同平台厂商的系统数据，支持与其他系统的数据交换，并可提供有针对性的技术方案。

主数据管理是一个全面的信息基础，用于决定和建立单一、准确、权威的事实来源，主数据管理最重要的就是数据的唯一性、完整型和相互的关系，建立统一、集中的主数据管理平台是信息共享和集成的基础。良好的系统集成方式和效率是主数据管理平台应用的重要目标。

主数据管理平台提供了数据交换平台，可以直接与业务系统进行集成，也可以与第三方企业服务总线（ESB[②]）实现数据交换。数据交换平台应支持主动推送和数据共享的主数据发布方式，能够在主数据发生变化时将其推送至目标系统，也可建立主数据共享库，将发生变化的主数据以主题视图或其他方式存储于共享数据库中并实时更新，供业务系统采用，或

---

① SOA：Service-Oriented Architecture，面向服务的架构。
② ESB：Enterprise Service Bus，企业服务总线。

通过标准接口或数据交换平台进行标准化的主数据分发。

主数据管理平台构建于开放式的 Web 体系结构基础上,所遵循的是开放的体系及开放的标准,可指定统一管理分发策略与任务,实现与目标系统集成接口。

6.7.1　系统集成架构

系统集成支持 SOA 架构的集成方式,以 Web Service 为传输协议,通过数据集成平台中的企业服务总线与业务系统采用松耦合的方式进行集成,如图 6-5 所示。

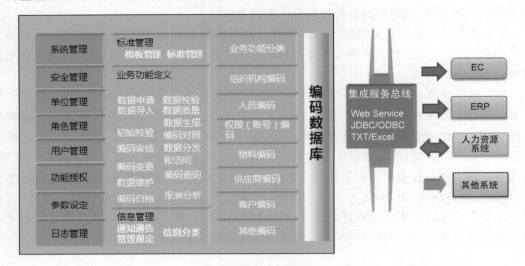

图 6-5　系统集成构架图

系统架构具备灵活性和扩展性,能够以低成本、高效率的方式支持未来系统升级和业务流程变化。系统支持与异构数据库、ERP 等系统的集成。

6.7.2　集成流程

一般,主数据管理平台采用 SOA 架构,以 Web Service 为传输协议,以松耦合的方式进行集成。集成过程有两种模式,一种是直接通过数据交换平台与业务系统进行集成;另一种是将数据交换平台与 ESB 进行无缝集成,再通过 ESB 进行与业务系统的集成。从数据分发方式上,存在主动分发与被动分发的模式,如图 6-6 所示。

主动分发即为主数据管理系统及时判断数据变动,主动推送数据至业务系统端。该方式由主数据管理系统主动发起数据分发动作,并将数据发送至业务系统,主动分发适用于数据获取及时性要求高的系统。

被动分发即为数据需用的业务系统在其需要获取数据时,发出数据获取请求,主数据管理系统获取到数据请求后,按照数据请求的条件,将需用数据发送至业务系统端。该方式由需用业务系统端主动发起数据获取请求,主数据管理系统在接收到数据请求后,被动进行数据提供,被动分发适用于数据获取及时性不高,可按需进行数据获取的系统。

图 6-6 系统接口流程图

主数据管理平台在分发的安全性方面,可提供身份认证和数据加密的方式,确保数据发送至正确的目标系统并且发送的数据内容不会被截取直接读取,以保障数据集成分发的安全性。身份认证是一种由服务发布端设置认证规则,服务消费端在消费服务时,提供相应的身份认证信息(如用户名和密码),以获取服务消费权限。身份认证过程使用 DES 加密技术。DES 加密是一种比较传统的加密方式,其加密运算、解密运算使用同样的密钥,信息的发送者和信息的接收者在进行信息的传输与处理时,必须共同持有该密码,主数据系统加密信息时,一般使用 DES 加密和 3DES 加密。

在数据集成分发的过程中,重视数据分发监控,主数据管理系统发出的每一条数据,都需要需用业务系统反馈一个数据接收处理日志,以判断数据是否发送成功或者发送失败的原因,便于进行后续的数据再次分发处理。

6.7.3 系统集成技术

主数据管理平台项目提供接口,实现与系统相关联的信息系统的数据互通、无缝对接。接口方式主要有以下几种。

1. Web Service 标准接口

可通过此接口与各系统进行业务数据交换。通过 Web Service 接口能使运行在不同机器上的不同应用无须借助附加的、专门的第三方软件或硬件,就可相互交换数据或集成。依据 Web Service 接口规范实施的应用之间,无论它们所使用的是何种语言和平台,都可以相互交换数据。

可扩展的标记语言(XML)是 Web Service 平台中表示数据的基本格式。该语言提供一种描述结构化数据的方法,是一种简单与平台无关并被广泛采用的标准。

主数据管理平台提供标准 Web Service 接口进行数据交换,采用 Web Service 接口的方式对外提供和获取数据,对数据格式、操作流程等内容进行约定。接口参数样例说明如表 6-8 所示。

表 6-8 接口参数样例说明

参　　数	数据类型	描述说明	示　　例
Account	字符串	账户名	
Password	字符串	密码	

queryXml	字符串	查询条件	`<?xmlversion=\"1.0\" encoding=\"UTF-8\"?>`
			`<root>`
			`<param>`
			`<name> cp_id </name>`
			`<description> description </description>`
			`<type> string </type>`
			`<value> 2009 </value>`
			`<opration> rightlike </opration>`
			`</param>`
			`</root>`

其中，queryXml 查询条件的内容说明如下。

- param：表示一个查询条件。
- name：表示一个字段名称。
- description：表示说明。
- type：表示参数类型，如字符串'string'，数字型'number'。
- value：表示参数值。
- opration：表示操作符号，如'rightlike'表示一个字符串从右边开头的模糊查询。

2. Excel 或文本文件接口

可通过文件与无法实现 Web Service 的系统进行交换数据。不同应用系统之间通过外部 Excel 文件或 TXT 文本文件的方式进行数据交换。按照指定的 Excel 文件或文本的列数据模板，提供 Excel 数据文件的直接导入或经数据校验通过后转入系统数据的功能。

对采用文件方式进行系统集成时，可约定中间文件的存放位置并自动进行文件的写入和读取，避免用户手工操作中间文件，减少人为错误。

6.8　系统测试

系统测试是管理信息系统开发周期中一个十分漫长的阶段。其作用与重要性主要体现在它是保证系统质量与可靠性的最后关口，是对整个系统开发过程(包括系统分析、系统设计和系统实现)的最终审查。系统测试的工作量占整个系统开发工作的 40%～50%，甚至更多。

1. 测试的概念

系统测试的对象不仅仅是源程序，而是对应的整个软件。它把需求分析、概要设计、详细设计以及程序设计各阶段的开发文档，包括规格说明、概要设计说明、详细设计说明以及源程序,都作为测试的对象。

系统测试中发现的错误可以分为以下几类。

(1)功能错误:由于功能规格说明书不够完整或叙述不够确切,致使编码时对功能理解有误而产生的错误。

(2)系统错误:主要是指与外部接口的错误、子程序调用错误、参数调用错误、输入/输出地址错误以及资源管理错误等。

(3)过程错误:主要是指运算错误、初始过程错误和逻辑错误等。

(4)数据错误:主要是指数据结构、内容、属性错误,动态数据与静态数据混淆,参数与控制数据混淆等。

(5)编码错误:主要是指变量名错误、局部变量与全局变量混淆、语法错误、程序逻辑错误和编码书写错误等。

目前,系统测试可以分为两种方式,即静态测试和动态测试。

静态测试(static testing)就是不实际运行被测软件,而只是静态地检查程序代码、界面或文档中可能存在的错误的过程,包括代码测试、界面测试和文档测试三方面。

(1)代码测试,主要测试代码是否符合相应的标准和规范。

(2)界面测试,主要测试软件的实际界面与需求中的说明是否相符。

(3)文档测试,主要测试用户手册和需求说明是否符合用户的实际需求。

其中,对界面和文档的测试相对容易,只要测试人员对用户需求很熟悉,并且测试过程耐心细致,就很容易发现界面和文档中的缺陷。对程序代码的静态测试需要测试人员按照相应的代码规范模板来逐行检查程序代码。目前,已经有很多测试工具提供了代码测试的功能,使得代码测试变得方便快捷。

动态测试(dynamic testing)指的是实际运行被测程序,输入相应的测试数据,检查实际输出结果和预期结果是否相符的过程。动态测试是测试的主要方式。

黑盒测试和白盒测试是两种广泛使用的软件测试技术。

黑盒测试,又称功能测试或者数据驱动测试。这类测试不考虑软件内部的运作原理,因此软件对用户来说就像一个黑盒子。软件测试人员以用户的角度,通过输入各种信息和观察软件的各种输出结果来发现软件存在的缺陷,而不关心程序具体如何实现。黑盒测试不能测试程序内部的特定部分。

白盒测试,又称结构测试或者逻辑驱动测试。白盒测试是知道产品内部工作过程,把测试对象看作一个打开的盒子,通过测试来检测产品内部动作是否按照规格说明书的规定正常进行。测试人员按照程序内部的结构测试程序,检验程序中的每条通路是否都能按预定要求正确工作,而不顾它的功能。白盒测试的主要方法有逻辑驱动、基路测试等,主要用于软件验证。

测试的目的在于发现程序的错误,因此测试的关键问题是如何设计测试用例,即设计一批测试数据,通过优先的测试用例,在有限的时间、人力和资源条件下,尽可能多地发现程序中的错误。

2．系统测试的原则

系统测试应注意以下一些基本原则。

- 测试工作应避免由原开发软件的个人或小组来承担。
- 设计方案时，不仅要包括确定的输入数据，还应包括从系统功能出发预期的测试结果。
- 测试用例不仅要包括合理的、有效的输入数据，还应包括无效的或不合理的输入数据。
- 不仅要检查程序是否做了该做的事，还应检查程序是否同时做了不该做的事。
- 软件中存在的错误的概率和已经发现的错误的个数是成正比的。
- 保留测试用例，作为软件文档的组成部分。

3．系统测试的步骤

系统测试一般有单元测试、联合测试、确认测试和系统测试 4 个步骤，其顺序如图 6-7 所示。

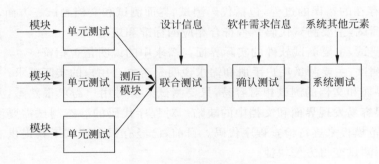

图 6-7　系统测试的步骤

1）单元测试

单元是指程序中一个模块或一个子程序，是程序运行的最小单元，或是程序最小的独立编译单位。因此，单元测试也称为模块测试。单元测试采用白盒测试方法，往往可以发现编码和设计细节上的错误。

2）联合测试

联合测试即通常所说的联调，也称为集成测试。在模块测试完成后，将模块组合起来进行测试，可能会发现意想不到的错误，因此要将系统作为一个整体进行联调。联合测试通常采用黑盒测试方法。联合测试可以分为两种，即根据模块结构图自顶向下和自底向上进行测试。

- 自顶向下测试

按照程序模块结构图，从顶层模块开始自上而下地组装，每次只增加一个模块，每增加一个新模块，要加上与之接口的桩模块，去掉上次测试中本模块的替身桩模块。其特点是能够较早地显现整个程序的轮廓，辅助模块只有桩模块而无驱动模块，但不容易设计测试用例。

- 自底向上测试

先从一个最底层模块开始,从下向上逐步添加模块,组成程序的一个分支,最后每一个分支重复该过程,直到所有分支组装完成。其特点是不能在测试早期显现程序轮廓,总体结构只有加上最后一个模块才能体现。辅助模块只有驱动模块,而无桩模块。由于每个分支的测试均从下层模块开始,所以较容易设计测试用例,数据由已测试过的真实的下级模块提供。

3)确认测试

经过联合测试,软件已经装配完毕,接下来进行的验收测试和系统测试将是以整个软件作为测试对象,且采用黑盒测试的方法。

确认测试是要进一步检查软件是否符合软件需求规格说明书的全部要求,因此又称为合格性测试或验收测试。

确认测试主要包括以下几部分。

- 功能测试:检测软件需求规格说明书的内容是否全部实现,是否有功能遗漏。
- 性能测试:检查软件的可移植性、兼容性、错误恢复能力以及可维护性等性能指标,以检查软件功能实现程度。
- 配置审查:检查被检测软件的全部构成成分是否齐全,质量是否合乎要求,应有维护阶段所需的全部细节,并且是否编好目录。

由于确认测试是面向用户需求的,因此应让用户参与。测试采用的测试用例应以实际应用数据为基础,不再使用模拟数据。

4)系统测试

系统测试是将信息系统的所有组成部分,包括软件、硬件、用户以及环境等综合在一起进行测试,以保证系统的各组成部分协调运行。这种测试可能发现系统和设计中的错误。系统测试是面向集成的、整体系统的,主要包括以下几个方面。

- 集成功能测试。
- 可靠性与适应性测试。
- 系统自我保护及恢复能力测试。
- 安全性测试。
- 强度测试。

4. 外部接口测试

在实施成熟的主数据管理系统产品与解决方案的过程中,系统测试重点关注定制化开发功能和与其他业务系统集成接口的测试。主数据管理系统作为各个业务系统唯一的主数据来源,是为其他系统提供服务的底层框架系统和中心服务系统。因此,在主数据管理系统的测试中,外部接口测试成为重中之重。外部接口测试主要用于检测外部系统与系统之间的交互点。

接口测试实施在多系统多平台的构架下,有着极为高效的成本收益比。平台越复杂,系统越庞大,接口测试的效果越明显。

接口测试的目的是测试接口，尤其是那些与系统相关联的外部接口。测试的重点是要检查数据的交换、传递和控制管理过程。此外，还包括处理的次数。外部接口测试一般是作为系统测试来看待的。

与系统内部测试不同，很多情况下，外部接口测试并不能在一个隔离的测试环境中进行，因此对外部接口的测试显得更为困难。如果数据进入外部系统不能执行真实业务活动的测试，而只通过人工静态地审阅，很难发现接口的问题，这会增加实际运行中遇到的风险。为了保证测试的质量，应该提前与相关的组织进行协调，共同制定外部接口测试方案。外部接口测试方案应该关注以下问题。

- 确定系统测试中内、外部系统的负责人。
- 预定的测试时间。如果没有合适的测试环境，测试可能需要在周末或者工作时间以外的时间里进行，以免影响外部系统的正常运行。
- 需要什么类型的测试用例。测试用例的制定需要充分考虑外部系统的业务流程，最好由外部系统的系统管理人员和业务人员参与，共同制定。
- 需要多大的数据量。测试过程中不仅需要用一般大小的数据量去测试，也需要用预期的或者规定的最大数据量去测试。
- 由谁确认测试结果。
- 各部门间如何进行协调管理工作。

6.9　系统试运行及上线

经过系统开发和测试，系统的功能已经基本实现，马上可以交付使用。但在此之前还需要进行一项必须的关键步骤——系统切换。系统切换即由新系统代替老系统的过程，在这一阶段，前期工作存在的问题会集中反映出来。为了保证原有的业务功能有条不紊地转换到新系统中，在系统正式上线前应该做好充足的准备。

6.9.1　系统试运行

为了尽可能避免系统上线后出现重大问题、严重影响企业正常运作，系统在正式上线、投入实际运行前，应该先经过小范围试运行的验证，成功后再进行全面推广。

1. 系统试运行的目的
系统试运行的目的包括以下几项。

- 通过对实际业务的模拟操作，检验系统设计和实现的功能是否真正满足用户的实际业务需求，并在实际业务环境下，查找软件编码中潜在的问题和错误。
- 通过操作人员的实际工作体会，对系统的可行性提前进行评价。
- 提前在实际运行环境下检验系统处理业务峰值数据的稳定性和系统的健壮性。
- 为系统正式运行积累宝贵的经验。

2．系统试运行的任务

系统试运行的主要任务包括以下几项。

1）制定系统试运行计划

由项目组制定系统试运行计划，明确试运行的部门和人员范围、数据范围、流程范围、时间进度及试运行风险管理方案等。系统试运行的工作以用户方人员为主，实施方为辅。通过系统试运行，很好地检查系统是否真正满足其实际的业务需求。

试运行时间的长短一般要视具体项目而定。一般来说，试运行工作周期应选择用户的一个业务处理周期较为合适，不宜拖得太长，适中的试运行时间是一个月左右。

系统试运行采用真实的业务数据和用户权限，模拟真实业务的情景，案例覆盖所有的业务类型。在完成项目组提供的标准案例基础上，各参与人员根据实际业务，在系统中执行相应主数据业务操作，模拟实际业务的运行。具体的业务场景由顾问和关键用户、最终用户等依据试点经验，选择体现常规性、全面性、代表性的业务案例，真正起到检验系统的目的，确保正式上线后系统处理的正确与稳定。

2）运行环境、数据及人员的准备

为系统进行模拟运行环境的设置，包括系统配置、接口配置等，旨在给用户搭建一个真实的业务环境。导入数据完成系统的初始化，对系统测试用户进行测试前的培训。

3）系统试运行过程的检查

系统试运行阶段要对系统进行严格的监控，对系统功能、系统性能进行检验，记录出现的问题和用户的反馈。

4）系统的改进和完善

对于试运行中发现的问题，应具体情况具体处理。

- 对于可能造成系统试运行停顿的问题和错误，必须立即进行修改。
- 对于可能影响系统性能的问题，可以通过收集汇总，进行集中的问题处理。
- 对于用户提出一些新的、本次项目合同以外的功能需求，应采取合理的方法，尽量避免马上增加新功能，而应将这部分新的内容适当延迟到项目的第二阶段或者新一轮项目的开展中去规划和实现。

5）整理项目相关文档

根据系统试运行过程中出现问题的修改情况，对项目的相关文档报告进行整理与修改。

6）最终上线版本的生成

系统通过试运行以后，项目组需要对最终形成的系统版本进行整理归档，进行试运行阶段数据的整理和试运行阶段正式数据的补录入等交付前的处理工作。

7）准备投入正式运行

系统试运行工作结束后，系统将正式与其他业务系统进行功能集成，投入运行。

6.9.2 系统切换

主数据管理系统开发完成，数据清洗和导入工作结束，系统经过调试与测试，即可准备投入运行。这时,必须将所有的业务系统中主数据的相关业务切换到主数据管理系统中来。虽然这一过程并不是新系统完全替代旧系统,而是将部分系统功能转移到新系统中,但是也同样存在系统切换问题。系统进行切换时,不纯粹是信息技术的问题,项目管理方面的问题也是系统切换所必须注意的。

主数据被广泛应用于各个业务系统和业务部门中,因此主数据管理系统的上线涉及与多个业务系统间的切换。传统的系统切换方式主要包括以下三种(参见图 6-8)。

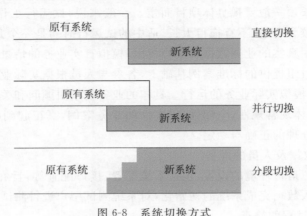

图 6-8　系统切换方式

1. 直接切换

直接切换是在指定时刻,旧的信息系统停止使用,同时新的信息系统立即开始运行,没有过渡阶段。这种方案的优点是转换简便,节约人力、物力和时间。但是,这种方案是三种切换方案中风险最大的。一方面,信息系统虽然经过测试和联调,但隐含的错误往往是不可避免的。因此,采用这种切换方案就是背水一战,没有退路可走,一旦切换不成功,必将影响正常工作。此外,任何一次新旧交替,都会面临来自多方面的阻力,许多人不愿抛弃已经得心应手的旧系统而去适应新系统。当新系统出现一些瑕疵,人们就会把抱怨、矛盾都转移到对新系统的使用上,这样将大大降低系统切换成功的概率。这种方式一般适用于一些处理过程不太复杂、数据不很重要的情况。

2. 并行切换

并行切换是在一段时间内,新、旧系统各自独立运行,完成相应的工作,并可以在两个系统间比对、审核,以发现新系统存在的问题并进行纠正,直到新系统运行平稳,再抛弃旧系统。并行切换的优点是转换安全,系统运行的可靠性最高,切换风险最小。但是该方式需要投入双倍的人力、设备,转换费用相应增加。另外,对于不愿抛弃旧系统的人来说,他们使用新系统的积极性、责任心不足,会延长新旧系统并行的时间,从而加大系统切换代价。这种方式比较适用于银行、财务和一些企业的核心系统。

3. 分段切换

分段切换是指分阶段、分系统地逐步实现新旧系统的交替。这样做既可避免直接切换的风险,又可避免并行运行的双倍代价,但这种逐步转换对系统的设计和实现都有一定的要求,否则是无法实现这种逐步转换的。同时,这种方式接口多,数据的保存也总是被分为两部分。这种转换方式安全性较好,但费用高,适合于处理过程复杂、数据重要的大型复杂系统。主数据管理系统的切换一般多采用这种方式,按照不同的数据类型以及集成的业务系统,分段完成主数据相关功能的转移。在过渡阶段,各个业务系统可以采用映射转换的方式,满足数据的共享和交互功能,如图 6-9 所示。在过渡完成后,业务系统中的所有主数据都经过了标准化改造,但由于主数据的使用范围广泛,并且业务系统中的主数据质量参差不齐,这一过渡并不是一蹴而就的。对于新建的系统要严格按照主数据标准进行建设。

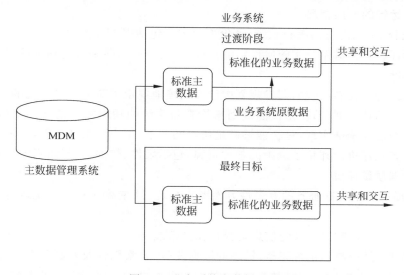

图 6-9　业务系统主数据过渡

6.10　系统评价

主数据管理系统实施完成并运行一段时间后,需要对系统进行全面评价。根据用户的反馈和运行情况的记录,评价系统性能如何、系统运行效果怎样、是否达到了设计的目标,提出系统的进一步改进意见,最终将评价的结果形成书面的系统评价报告。

由于信息系统的实施包括了信息资源、技术、组织和流程等诸多因素,主数据管理系统的效能最终表现为主数据质量、对企业业务流程和管理决策的支持等方面。因此,信息系统的评价既具有一般工程系统评价的特点,又具有独有的特征。信息系统的效能既有有形的,又有无形的;既有直接的,又有间接的;既有固定的,又有变动的。所以,管理信息系统的评价具有复杂性和特殊性。

系统评价是一个多目标评价问题,一直受到业界和学术界的广泛关注。由于信息系统的效益很多是间接的、无形的,因此只有一部分评价内容可以转化为可量化的评价指标,大部分内容还需要以定性分析的方式进行叙述性的评价。

由于信息系统的运行环境在不断发生变化,因此评价工作也需要定期进行。通常,新系统的第一次评价与系统的验收同时进行,以后每隔半年或一年进行一次。参加首次评价工作的应包括高层领导、系统实施人员、系统管理和维护人员、用户和相关专家,以后参加各次评价工作的主要是系统管理人员和用户。系统评价的主要依据是用户的使用反馈、系统日常运行记录和现场实际监测得到的数据。评价的结果可以作为系统维护、更新以及进一步开发的依据。

系统评价的范围应根据系统的具体目标而定,一般包括以下几方面。

1. 系统运行的一般情况

从系统目标和功能方面考查系统,评价内容主要包括以下几方面。

- 目标评价。针对系统实施所设定的目标逐项检查,判断是否达到预期目标以及完成的程度。
- 功能评价。在新系统的开发规划中已经明确地规定了新系统要实现的功能要求,对新系统的功能评价,就是按照规划来检查新系统的功能实现情况。比如,预期的功能是否已经全部实现,是否能够满足用户的要求,用户满意度如何,等等。
- 运行方式评价。评价系统中的各种资源,包括硬件、软件、人与组织的利用率等。

2. 主数据质量评价

从系统提供的主数据服务的有效性方面考查系统,是主数据管理系统运行效果的最直接的反映。

- 精确性:是指数据记录的信息是否存在异常或错误。
- 完整性:是指数据是否完整,描述的数据要素、要素属性及要素关系存在或不存在,主要包括实体缺失、属性缺失、记录缺失以及主外键参照完整性等内容。
- 一致性:是指描述同一实体的同一属性的值在不同系统中是否一致。
- 有效性:描述数据取值是否在界定的值域范围内,主要包括数据格式、数据类型、值域和相关业务规则的有效性。
- 唯一性:是指数据是否存在重复记录。

3. 系统性能评价

系统性能评价内容主要包括以下方面。

- 完整性:系统设计的合理性,具备的功能及其特点,系统是否达到了设计任务的要求。
- 正确性:系统输出信息的正确性和精确性。
- 可靠性:系统运行的可靠程度,即系统能否无故障的正常工作。当出现异常或故障时,会采取哪些防止系统破坏的方法和措施。
- 效率:新系统带来的效率提高,主要考查系统响应时间、单位时间内处理的业务量、设备利用率等指标是否满足业务的需求。
- 安全性:系统安全保密措施的完整性和有效性。系统安全性主要体现在严格的权限管理、有效的通信加密机制、有效的重要数据安全机制、全面的数据备份与恢复功能等方面。

- 可扩展性：系统结构与功能的调整、改进与扩展，与其他系统交互或继承的难易程度。
- 实用性：系统学习和掌握、操作的难易程度、人机交互界面的友好程度。
- 可维护性：系统故障诊断、排除和恢复的难易程度。
- 系统文档完备性：与系统有关的文档资料的完整性、规范性与有效性。

4．系统管理水平评价

主要是指对系统认识和管理工作的检查，评价内容包括以下几方面。

- 领导和各级管理人员对系统的认识水平。
- 使用者对系统的态度。
- 管理组织是否完备。
- 规章制度的建立和执行情况。
- 外部环境对系统的评价。

5．系统经济评价

经济效益是企业首先要探究的问题。系统经济效益评价主要包括对企业项目成本和效益的比较研究。按照主体、周期和计量方式的不同，可以将管理信息系统的效益分为宏观经济效益与微观经济效益、当前经济效益与长远经济效益、直接经济效益与间接经济效益。宏观经济效益是系统带给社会的全部利益，其费用包括系统自身的和系统外为此付出的相关费用。微观经济效益是从企业角度出发得到的系统实际经济效益。当前经济效益是指近期可得到的经济效益。长远经济效益是指未来才显示出来的经济效益。直接经济效益主要是指可以用货币定量计算的经济效益。有些效益无法定量分析，只能定性分析，称为间接经济效益。评价时应该做到直接和间接经济效益的统一。

1) 直接经济效益

信息系统直接经济效益的基本指标是年经济效益的变化。直接经济效益主要取决于以下几个要素：系统正式投入运行后，因合理地利用现有的资源，使产品产量有了增加；因减小工时损失和生产设备停工损失，使劳动生产率提高，产品生产周期缩短；因改善组织管理，减少了物资储备，提高了产品质量，降低了非生产费用等。

上述因素可用一些综合性指标进行计算。常用的评价指标有年利润增长额（年节约额）、年经济效益、系统的投资效益系数和投资回收期等。

衡量经济效益还应与成本进行比较，系统成本主要包括系统投资额和系统运行费用。系统投资额主要包括系统硬件和软件的购置、安装，系统的开发费用及组织内部投入的人力、材料的费用等。系统运行费用主要包括消耗性材料费用、系统折旧、系统软硬件维护费用及电费等。

2) 间接经济效益

信息系统与其他先进技术的应用一样，必然会给企业带来一系列的变化，促进管理工作的进一步科学化，这类综合性的经济效益称为系统的间接经济效益。这种效益是无法用具体的统计数字计算出来的,只能做定性分析。衡量管理主数据管理系统的间接经济效益应从以下几方面进行评价。

- 加强企业的集中管理。主数据管理系统的实施实现了企业信息的集中监控,达到企业集团成员之间资源共享、合作共赢、共同发展的目标,是企业实施统一报告制度、统一管理制度的有力保障。
- 促进管理体制的合理化。任何一个企业都是由技术、生产、经济、组织等多个子系统组成的复杂的整体系统,企业的各个环节都是相互衔接、相互配合和相互制约的。主数据管理系统实行了主数据资源的集中管理,应该加强纵向和横向的业务联系,做到纵横结合,使各职能部门相互协调一致。主数据管理系统在实现信息管理的同时,也使企业的管理体制进一步合理化。
- 主数据管理系统的建立,使得企业信息处理效率提高,质量提升;企业由静态管理、事后管理变成了实时的动态管理,管理工作逐步走向定量化、智能化,从而管理方法更加科学化。
- 改善企业形象,提高在客户和供应商等合作伙伴心目中的信任度,提高企业的行业竞争力。
- 在企业中传播新知识、新技术,树立不断学习、不断创新的企业文化环境,全面提高员工的素质。
- 提高企业对市场的适应能力。主数据的规范统一,保障了企业各部门之间的信息共享和业务协调。当市场情况变化时,企业可以及时进行决策以便适应市场。例如,企业通过物资主数据的统一管理,可以实现不同组织间资源的合理分配和集团的统一采购,以应对原材料市场价格的波动。

6.11　项目管理

与主数据体系架构设计阶段相比,系统实施阶段的特点是工作量大,需要投入的人力和物力更多,因此合理地调度安排显得更为重要。项目管理是运用各种知识、技能、方法与工具,为满足或超越项目有关各方对项目的要求与期望所开展的各种管理活动。采用项目管理的方法组织信息系统的实施,就是要在有限的资源条件约束下,对信息系统实施全过程进行有效地计划、组织、协调、领导和控制。主数据管理系统实施的项目管理一般包括项目计划的制订、项目组织管理、项目审计与控制、项目风险控制、系统文档规范管理等方面。

1. 项目计划的制订

信息系统的实施成果并不是单纯的系统上线运行,而是对管理流程、管理手段的优化变革,而后通过系统软件的运行发挥作用产生效益。因此,信息系统作为一个项目,既具有项目的一般属性,也具有其自身的特殊性。

- 目标不精确:信息系统项目目标是不精确的,任务范围比较模糊。在项目的初始阶段,用户往往只提出一些初步的功能要求和性能要求,而后在项目实施过程中不断完善和确立。因此,需要在项目开始前通过合同描述或定义最终的产品是什么,否则将影响最终的交付。

- 需求变化频繁:在项目进行的过程中,用户的需求随着系统分析和设计的推进也在不断发生变化,从而导致项目进度、费用等不断发生变更,需要不断修改设计文档。在修改过程中还会发现新的问题需要解决,因此,信息系统的项目管理必须是动态的,通过持续地监控和不断地调整应对需求的变化。
- 智力密集型:信息系统的开发受人力资源影响较大。项目组的组织结构、成员的责任心和能力对项目的成功与否有决定性的影响,只有充分调动项目组成员的积极性和责任感,发挥成员的聪明才智、团队精神以及创新精神,才能保证项目的高质量完成。

由于信息系统项目有这些特点,为了保证项目的有序开展,必须对系统实施制订一份工作计划。项目计划要根据项目实施规划的总进度要求,对项目各项工作排定时间、落实具体人员和明确内容。制订一份信息系统项目工作计划,首先要将项目划分为不同的任务,明确各项任务的关系,再结合项目的总计划,用工程项目计划的相关方法制定具体工作计划的内容。

1) 任务分解

任务分解,也称为工作分解结构(Work Breakdown Structure,WBS),是把整个信息系统的开发工作定义为一组任务的集合,这组任务又可以进一步划分成若干子任务,进而形成具有层次结构的任务群。任务划分是实现项目管理科学化的基础,是计划过程的中心,也是制定进度计划、资源需求、成本预算、风险管理计划和项目变更控制等活动的重要基础。

任务分解的主要内容包括以下几方面。

- 任务设置:详细说明每项任务的内容、应该完成的文档资料、任务的检验标准等。
- 任务工作量估计:根据经验估计各个任务需要划分的时间和投入的人力。一般情况下,工作量可以大致地表示为人·月数,对工作的估计应该包括乐观、最可能及悲观估计。
- 任务资源需求:估计完成该项任务所需要的外部和内部条件,即哪些人需要协助、参与该项任务,保证任务按时完成的人员、设备和技术支持,后勤支持是什么,等等。
- 资金划分:根据任务的大小、复杂程度,所需的硬件、软件、技术等多种因素,确定完成这项任务所需的资金及分配情况。

划分具体任务后,可以将任务通过树结构或表格的形式表示出来,如图 6-10 所示。在表示过程中,要标明任务编号、任务名称、完成任务的责任人,其中任务编号按照任务的层次对任务进行编码。

任务的划分一般可以从多个维度进行。主数据管理系统实施阶段可以划分为数据标准制定、数据清洗、系统开发、系统测试、用户培训、系统试运行和上线等阶段任务,针对每项任务明确应该完成的任务、技术要求、软硬件系统的支持、完成的标准、人员的组织及责任、质量保证、检验及审查等项内容,同时还可根据完成各阶段任务所需的步骤,将这些任务进行

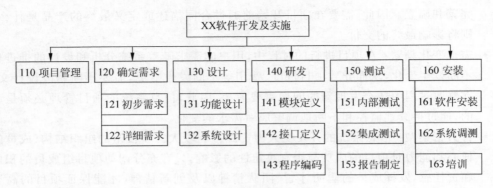

图 6-10 任务分解

更细一级的划分。每个阶段任务还可以根据系统功能模块、主数据类型和主数据实施单位等维度进行划分。划分所采用的维度要从实际应用考虑,兼顾企业的组织结构、行业特征和主数据管理水平的不同特点进行。

在任务划分过程中应特别注意以下两点。一是划分任务的数量不宜过多,但也不能过少。过多会引起项目管理的复杂性与系统集成的难度增加,也会降低项目对不确定性风险的抵抗能力;过少会对项目组成员,特别是任务负责人有较高的要求,从而影响整个任务的实施。因此,应该注意任务划分的恰当性。二是在任务划分后应该对任务负责人赋予一定的职权,明确责任人的任务、界限,对其他任务的依赖程度,确定约束机制和管理规则。

2)明确任务关系

任务之间存在相互依赖、相互制约的关系,在明确了任务划分后,需要根据任务之间的联系,进一步确定任务在计划安排中的先后顺序。一般地,任务之间的关系可以分为 4 种,如图 6-11 所示。

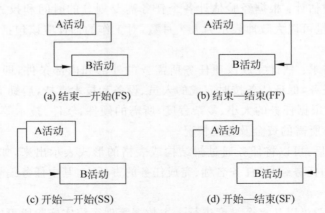

图 6-11 四种任务关系

- 结束—开始(Finish-to-Start,FS):A 活动结束,B 活动才能开始。结束—开始(FS)是最常用的一种关系或依赖关系。

- 结束—结束(Finish-to-Finish,FF)：B活动结束时,A活动必须结束。
- 开始—开始(Start-to-Start,SS)：B活动开始时,A活动必须开始,或在B活动开始前开始。
- 开始—结束(Start-to-Finish,SF)：B活动开始时,A活动必须结束。这种关系一般很少被采用。

3）制订项目计划

依据任务划分和任务关系,即可制订出整个项目计划。在制订项目计划时,必须表明任务的开始时间、结束时间,表明任务之间的相互依赖程度。这个计划可以按照任务的层次形成多个子计划,系统实施的主任务计划是所有子任务时间计划建立的基础。这些计划是所有报告的基础,同时还可以帮助对整个项目实施监控。

项目计划的建立可以有多种方法,既可以采用表格形式,也可以使用图形表达,还可以使用软件工具,其中较为有效的方式是利用甘特图和网络计划法等工具来辅助制订计划。甘特图和网络计划法不仅是计划的展示工具,更是计划的优化方法,其具体内容此处不多作介绍。

2．项目组织管理

项目实施要以用户为中心,以用户的需求为出发点。因此,为了确保项目的顺利进行,实施方需要与企业共同工作。项目团队一般由实施方顾问和企业的关键用户共同组成。在实施过程中,企业的关键用户通过学习咨询顾问的系统实施经验,在实施方和企业之间、技术和业务之间起到重要的桥梁作用。企业内部顾问的业务水平、学习能力和投入程度,对项目实施有着不可忽视的影响。

对于项目组织结构,建议成立专门的主数据项目领导委员会,加强项目的指导和推进力度,同时成立主数据项目管理办公室(PMO),负责资源协调、后勤保障和整体方案把控;再根据业务类型,成立方案小组。这些组织与主数据体系建设过程中形成的主数据管控组织是相对应的,由主数据管控组织的人员与实施方共同组成。因此,与其他信息系统项目不同的是,主数据项目中的组织具有延续性,不会在项目实施结束后解散,而仍旧以常设部门的形式存在于企业中,负责企业日常主数据相关的各项管理事务。由于这一特点,主数据项目的实施更加强调用户的参与。项目组中的企业人员只有对主数据管理的理念、主数据标准、主数据体系、系统功能有深入的理解,才能确保其在以后的日常工作中能够胜任主数据管理工作,保障整个主数据体系的高效运行。

由于项目组是跨组织、跨专业、协作型的团队,这种工作方式不可避免地会由于背景和观念的不同而发生冲突,需要成员之间的协调。这就要求冲突各方本着目标一致、相互信任和高度负责的态度进行沟通和交流。为了更好地避免和解决冲突,需要提前制定项目组的工作制度,形成合理有效的协作机制,明确各方的职责。

3．项目审计与控制

项目审计与控制是整个项目管理的重要部分。它对于整个系统实施能否在预算范围内按照任务技术来完成相应的任务起着关键的作用。信息系统项目的审计和控制之所以尤为重要,是因为在实际项目实施中,几乎没有一个信息系统项目能按进度完成,由此常导致成本增加或项目规模缩小。

信息系统项目的审计与控制,一般通过对工作计划执行情况的监督和检查、对计划延误原因的分析和解决等活动实现,相应的管理内容和步骤如下。

(1)制定项目组的工作制度。针对项目组成员的分工,制定出其工作过程中的责任、义务、完成任务的质量标准等细则。

(2)制订审计计划。按照总体目标和项目计划,指定进行审计的人员、方式和时间,形成审计计划。

(3)分析审计结果。按计划对每项任务进行审计,分析执行任务计划和经费的变化情况,确定需要调整、变化的部分。

(4)控制。即根据任务的时间计划和审计结果,掌握项目进展情况,及时处理开发过程中出现的问题,及时修正开发工作中出现的偏差,保证系统开发工作的顺利进行。

对于项目实施过程中出现的变化情况,项目经理要及时与用户和主管部门联系,取得他们的理解和支持,及时针对变化情况采取相应的对策。

4. 项目风险控制

信息系统项目的风险是指发生预计不到的、会对项目造成严重影响的事件发生的可能性。信息系统开发项目风险控制的目的是尽可能地降低风险事件发生的概率,以及在发生风险时尽可能地减少损失。

信息系统的主要风险因素可以归纳为以下三方面。

- 项目规模方面:信息系统开发项目规模越大,开发时间就越长,费用就越高,相应的风险也就越大。
- 技术经验方面:信息系统采用的技术越先进,项目队伍对所选用的技术越不熟悉,信息系统开发项目的风险就越大。
- 项目结构方面:信息系统的方案越模糊,涉及的业务逻辑越复杂,业务结构化程度越低,项目的风险就越大。

项目规模是由信息系统规划所决定的。一般情况下,规模引起的风险是不可控制的。但是将一个较大的信息系统开发项目分解为同时进行的多个开发项目,实质上就是一种风险控制方式。在开发过程中,技术经验的问题与开发人员的选择和分工有关,这可以通过合适的人员和工作匹配加以控制。而项目结构问题往往是由信息系统的不确定性特点所致,难以从根本上得到解决。

为了降低项目风险,项目管理过程中应注意以下几点。

- 技术方面必须满足需求:应尽量采用较为成熟的系统产品,选择有经验的实施团队,这样可以降低系统实施的风险。
- 开销应尽量控制在预算范围之内。
- 开发进度应尽量控制在计划之内。

- 应尽量保证实施方与用户及时有效地沟通,实施过程中的任务需要得到双方的确认。
- 提前对可能出现的风险进行估计。在制订计划时预留出应对不确定性风险的时间和资源。
- 注意倾听项目组成员和用户的意见,及时采纳减少风险的建议。

5．系统文档规范管理

信息系统主要由运行的系统与对应的文档两大部分组成。文档作为记录人们思维活动及其结果的书面形式的文字资料,在信息系统开发与维护管理方面发挥着很大的作用。信息系统的文档是描述系统从无到有的整个发展演变过程及各个状态的文字资料。

系统文档不是一次性形成的,它是在系统开发、运行与维护过程中不断地按阶段依次推进、编写、完善与积累而形成的。可以说,如果没有系统文档或没有规范的系统文档,信息系统的开发、运行和维护会处于一种混乱状态,这将严重影响系统的质量。特别是出现诸如系统开发人员发生变动等不可预知的事件和变故时,文档作为宝贵的历史数据记录,可以为工作的继续开展提供有力的支持。从某种角度说,系统文档是信息系统的生命线。

文档的重要性决定了文档管理的重要性。文档管理是有序、规范地开发与运行信息系统所必须做好的重要工作。主数据管理系统实施过程中所产生的各类文档根据不同的性质,可分为技术文档、管理文档及记录文档等。表 6-9 列出了文档的内容及产生阶段。

表 6-9　文档的内容及产生阶段

分　类	文　档　内　容	产　生　阶　段
管理文档	现状调研报告	现状调研
	现状评估及需求分析报告	需求分析
	主数据体系架构报告	体系架构规划
	主数据管理系统实施规划报告	实施规划
	主数据管理规范	体系架构设计
	主数据应用标准	体系架构设计
	主数据集成标准	体系架构设计
	系统各类设计说明书	系统设计
	系统维护、使用手册	系统实施
技术文档	系统设计说明书	系统设计
	系统集成方案	系统集成
	数据清洗方案	数据清洗
	系统试运行及维护报告	系统实施
	系统运行、总结、评价报告	运行及维护
记录文档	会议纪要、调研记录	各阶段
	系统运行情况及日常维护记录	运行及维护
	项目周报和月报	每周

系统文档的管理工作可以从以下几方面着手进行。

1）文档管理的制度化、标准化

形成一整套的文档管理制度，主要包括下列内容。

- 明确必须提供的文档的种类、格式规范。
- 明确文档管理人员。
- 明确文档的设计、修改和审核的权限。
- 制定文档资料的管理制度。

根据这一套完善的制度，最终协调、控制系统开发工作，并以此对每一个开发成员的工作进行评价。

2）维护文档的一致性

虽然系统文档是相对稳定的，但随着系统的运行及环境的变化，也会有局部修改与补充。当变化较大时，系统文档有可能以新的版本提出。一旦需要对某一文档进行修改，要及时、准确地修改与之相关的文档。这一修改过程也必须要有相应的制度来保证。

3）维护文档的可追踪性

无论在系统开发阶段，还是在系统运行阶段，都不可避免地要对文档资料进行修改，要保留修改前和修改后的变化情况，这样才能保证系统有据可查，保证系统维护工作的顺利进行。

第 7 章

主数据项目的运维和管理

通常情况下，主数据管理平台的日常运维组织会分为三个层级，即二级运维中心、一级运维中心、外部供应商。其中，二级运维中心由集团公司下属单位主数据应用支持人员、数据专家组成；一级运维中心由集团总部主数据应用支持人员、数据专家组成；外部供应商由主数据管理平台软件供应商和其他软件供应商共同组成。

主数据管理平台由于在系统设计、开发等方面产生的质量问题会影响系统的正常运转，用户在使用过程中会存在许多操作上无法处理的问题，运维中心将分级别及时提供维护服务，及时解决系统中存在的各种问题。在主数据管理平台运行的生命周期内，若系统出现问题或故障，运维中心应及时进行故障处理或与外部供应商联系进行软件更新。

主数据运维管理流程包括多个步骤，如提报事件工单、问题处理、内部支持人员处理问题、外部支持人员支持、变更流程等。

主数据管理平台的日常运维，一般会涵盖如下内容。

- 主数据模型运维管理：包括模型标准维护、数据模板标准维护、属性模板维护、规范维护、数据模板元属性维护等。
- 主数据工作流运维管理：日常中对申请流程和审批流程进行重新定义或变更处理。
- 主数据生命周期运维管理：对各类主数据生命周期中各个过程进行维护管理，如主数据建模、申请、校验、审批、配码、变更、变更审核、冻结、解冻、分发等内容。
- 主数据质量运维管理：通过主数据管理平台，以定时、常态的方式对标准库内数据进行扫描、监控，生成数据质量分析报告，并对分析出来的数据质量问题进行维护处理。
- 主数据基础服务运维管理：为了保证主数据平台的安全，需要对相关基础服务平台进行维护，涉及系统平台、资源管理、变更布置、监控告警、故障响应、数据安全、机房容灾等内容。
- 主数据存储运维管理：为了保证存储数据的安全，需要对数据存储设施进行维护，涉及集群系统、存储阵列、存储网络等内容。
- 主数据安全运维管理：为了保证企业的机密信息不受损害，需建立相应的安全防护措施，以保障各模块、数据库、中间件及应用等方面的安全性。

- 数据库系统运维服务：为了快速发现、诊断和解决数据库性能问题，当出现问题时，能及时找出性能瓶颈，解决数据库性能问题。
- 基于云服务的运维管理：许多企业将 MDM 平台部署在云服务器中，以依托云服务更好地为企业进行数据标准化管理服务。因此，日常中也有许多需要重点关注的运维内容。

7.1 主数据运维管理体系

7.1.1 主数据运维管理组织

多数情况下，主数据管理项目是针对全集团公司的数据治理任务的，因此在运维组织上也需建立多个层级。下面以集团公司三个层级的运维机构为例进行说明。三个层级包括集团总部运维中心（一级运维中心）、集团公司下属单位运维中心（二级运维中心）、外部供应商，如图 7-1 所示。

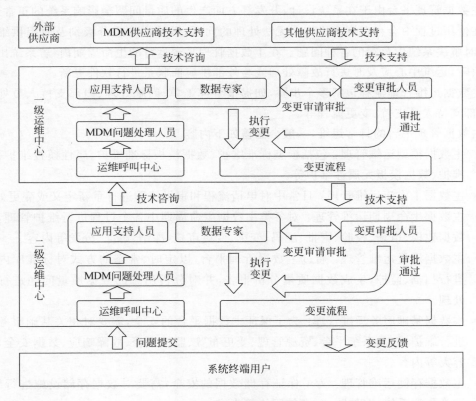

图 7-1　主数据运维管理组织

1. **二级运维中心的工作职责**
- 为集团公司下属单位各部门系统终端用户提供一线的现场支持。
- 解决用户遇到的操作、权限等问题。
- 对于平台用户提出的数据维护请求进行确认。
- 对于不能解决的问题报给运维呼叫中心。

2. **一级运维中心的工作职责**
- 收集二级运维中心未解决的申请并通过平台提报。
- 解决用户遇到的操作、权限等问题。
- 统筹解决主数据管理相关的业务功能问题。
- 负责与外部供应商进行业务问题协调处理。

3. **外部供应商的工作职责**
- 对一级运维中心提供技术支持。
- 及时响应运行系统的紧急事件处理。
- 及时解决有关系统功能提升问题。
- 积极配合，寻求业务解决方案。

7.1.2　主数据运维管理流程

1. **提报事件工单**

系统终端用户在使用主数据管理平台过程中，针对发现的问题，可以通过集团公司下属单位系统管理员、现场应用支持人员进行解决；如果以上人员不能解决，可以通过二级运维中心提报问题。

2. **问题处理**

二级运维中心和一级运维中心制定问题处理制度，指定专人负责集中处理问题，针对提报的问题进行分析，以界定问题是业务问题还是技术故障，并根据问题的不同，将其派发给应用支持人员和数据专家。

3. **内部支持人员处理问题**

如果内部支持人员（一级或二级系统管理员、应用支持人员、数据专家）可以自行处理的问题，则由内部人员首先提出解决方案并进行解决。需要通过变更解决的问题，则需向上级主管部门提交变更申请，变更申请经审批通过后，内部支持人员可以进行实体模型、工作审批流程或系统程序的调整。如果有无法解决的问题，则需协调外部供应商支持人员进行解决。

4. **外部支持人员支持**

如果内部支持人员不能自行处理所提问题，则由事件具体负责人向外部供应商提交技术支持请求，由外部供应商指派相应的技术人员进行支持。外部技术支持人员根据内部支持人员所提交的请求，将解决方案或处理建议反馈给内部支持人员。若解决方案或处理建议需要启动变更流程，则由内部支持人员向上级主管部门提交变更申请，变更申请审批通过后,进行具体的变更调整工作。

5．变更流程

若所提问题需要通过启动变更流程解决,则运维中心维护人员首先应提出启动变更流程申请,变更申请审批通过后,可以进行业务或技术调整,所调整的程序在通过测试系统的验证无误后,才允许投入到正式的生产系统中。

7.2　主数据运维管理内容

主数据运维管理包括诸多内容,不仅涵盖了系统平台运维、数据管理运维、数据安全运维等内容,而且最重要的是主数据管理平台运维。

主数据管理平台运维,目的是保证在系统平台上运行的主数据管理软件系统的安全性、可靠性和可用性,定期评估主数据管理软件系统的性能、功能缺陷、用户满意度等,及时消除应用系统可能存在的安全隐患和威胁,根据需求更新或变更系统功能。

7.2.1　主数据模型运维管理

1．模型标准管理

运维人员需要对数据模型进行创建、修改、删除、层次关系定义等工作,包括数据实体定义、数据属性定义、视图定义和版本控制等。

运维人员需要对数据实体模型进行管理,内容包括实体模型模板、实体模型模板标准、实体模型元属性、实体模型元属性规则、实体模型编码规则、实体模型校验规则的管理。

运维人员需要维护数据实体的编码、名称、描述,以及主数据实体是否启用层级结构、是否启用分类模板等属性。

运维人员需要定义数据实体属性列,配置属性在业务数据套件页面中是否显示。

2．数据模板标准维护

当数据实体描述模板中的某个属性启用标准后,需要设置此属性在不同的标准下的元属性组成,如当描述某类数据的规格时,可以用国标、企标、美标、公制。

对主数据按照标准分别维护数据模板,对模板元属性进行标准的统一维护,并组合不同元属性值,按照标准设定进行分组显示。

3．属性模板维护

维护已创建的主数据实体的描述模板,确定此类主数据实体元属性组合方式,如描述某类数据时的描述模板、名称、规格、材质、计量单位等。

维护实体模型模板,如设置描述模板编码、描述模板名称、属性是否启用标准、属性是否启用列表、属性的排序序号等。

维护主数据模板初始化元属性编码、元属性名称、元属性附表、连接符等数据,当使用Excel 批量导入时,需进行模型审核。

在主数据模板申请、变更过程中,可以通过创建层级结构、启用分类模板的实体模型实现,此类模型实现大中小类的申请、审核、发布、同步等系统。日常中,维护人员需要维护大类、中类、小类定义属性、属性值以及属性之间的逻辑控制关系,设置条件默认值、元属性之间附表值的制约关系。

4. 规范维护

编码规则维护包括编码规则的定义、设置、修改和查询;分类规范维护包括分类的查询和修改;管理数据规则包括匹配规则、清洗规则和异常管理规则,同时可对数据属性模板进行维护,实现数据的属性授权控制。

5. 数据模板元属性维护

维护主数据实体模板的属性是由哪些元属性组成,或启用标准的某个属性的标准由哪些元属性组成。

维护元属性的校验规则以及元属性的组合方式,如前置符号、连接符号、后置符号、计量单位等。

维护主数据唯一性校验规则,即通过哪些元属性可确定主数据的唯一性。

维护属性间的关联校验。系统内置多种常用校验规则,如元属性值全填、全不填、至少填写一个、世界国家邮编、银行账号规则、枚举等,同时支持自定义校验条件、校验表达式、校验提示信息。

6. 数据模板元属性规则

设置元属性的规则定义,包括取值范围、同名词库、校验方式、域设定、页面显示控制、前后置符号、附表取值等多种的属性组合,并设定变更和维护的属性。

7. 数据模型发布

对已定义完成的主数据类(如物资编码)发布后,系统自动调用业务定义模型生成业务实体功能,包括编码模板定义和维护、新编码申请、编码转入、编码审批、编码校验、编码发布、编码维护、编码停用、编码分发(主动、被动)等全生命周期的编码管理功能,维护用户功能的授权、类别编码授权、已定义主数据类的工作流自定义和关联设置等内容。

对于存在分类的主数据,可以自行开启分类授权,并针对用户进行授权。

8. 数据模型维护

维护那些已经发布的模型的编码规则、显示列、元属性值附表、校验规则、模板基本信息等内容。

7.2.2　主数据工作流运维管理

工作流技术是业务流程的任务调度器。它的主要作用是实例化及执行过程模型,为过程和活动的执行进行导航,与外部过程交互完成各项活动,维护工作流相关数据,等等。

针对工作流,技术人员可以进行以下的日常维护。

- 定义审批工作流,配置工作流的版本管理;配置工作流中会签、互斥、汇总、分支等多种审批流;配置按条件跳转审批;配置与手机短信或者内部消息等通知。
- 对主数据与工作流的绑定,当此类主数据发生新增或修改等变化时,配置的绑定流程进行流程审批。

- 配置工作流的启用/停用,定义了启用状态的工作流在系统中方可被使用。
- 配置各类主数据的状态,包括申请、审批、发布等过程状态。
- 根据自定义图形化工作流,对主数据的分级分类审批进行管理。
- 按主数据类型、组织结构等维度配置工作流程的创建、修改、删除功能。
- 对主数据类的不同审批工作流、变更工作流进行定义。
- 配置工作流与用户、用户组及分类授权数据的关联功能。
- 维护企业与权属企业的分级流程授权和设置。
- 维护审批流程中的审批角色、人员、审批权限。

7.2.3　主数据生命周期运维管理

主数据生命周期运维管理包括主数据建模、申请、校验、审批、配码、变更、变更审核、冻结、解冻、分发等内容,维护每条主数据生命周期过程、当前状态及其与业务系统的关系。

1. 主数据申请管理

根据定义模板维护主数据申请编码录入,并自动完成录入数据的合法性校验。

主数据申请包括逐条申请和 Excel 格式上载导入两种申请模式。主数据申请需对模板文件进行自动校验,确保根据模板规定的格式导入数据,并确保导入后的数据具有合法性和逻辑性。

运维人员需对在线查重或相似度匹配检查后的数据质量进行判断,对同名词库进行日常维护。

参照主数据管理制度和流程的规定,对数据申请单位或人员提交相应的数据申请内容进行配置。

2. 主数据校验管理

主数据管理系统的数据校验功能贯穿于数据申请、审核和变更过程,保证数据在全生命周期内的唯一性和规范性。运维人员可以配置主数据的校验规则,以最大限度地保证主数据的唯一性和规范性。

主数据校验管理支持多种校验规则,并可自定义校验规则;通过系统配置由系统进行智能校验以及对数据之间的精确查重和模糊查重。在校验结束后自动提示错误输入,有效保证主数据的唯一性和规范性,最大限度地降低和避免人为因素导致的信息错误。

3. 主数据审批管理

配置审批任务清单,确定审批人员是采用批量审批数据,还是逐条审批数据的方式。

配置电子邮件、手机短信或者内部消息等通知功能。按照主数据管理制度和流程,配置数据审批人员,审批人员对数据复核和审批处理,查看审批意见及审批日志。

4. 主数据变更管理

对主数据信息变更过程的申请、校验、提交、审核的全过程进行管理,对主数据在线变更(修改、冻结、解冻、归档)申请进行管理。

7.2.4　主数据质量运维管理

数据质量报告是根据预定义的规则和约束条件,对数据进行合法性校验,以保证数据的高质量、高标准。系统可以定时、常态地对标准库内的数据进行扫描、监控,对数据的唯一性、完整性和一致性进行校验和检查,最终形成质量报告。

日常运维中,需要对不同类型数据配置相应质量管控参数,实现不同类标准数据的常态质量监控管理。

- 提供数据的质量管理措施:包括数据录入、导入校验、数据查重、相似度告警等,并为工作流程中每个处理环节提供相似度校验功能。
- 录入数据校验:可根据已定义的规则与约束条件,自动进行数据合法性校验,保证主数据的唯一性和规范性。支持对元数据的多种规则定义,包括取值范围、计量范围校验方式、域设定、页面显示控制、前后置符号等多种的属性视图,并可预设变更和维护的属性内容。
- 导入数据校验:导入后自动进行合法性校验、逻辑效验及查重校验,告知用户校验结果,并提供相似数据查询功能。
- 查重校验:实现根据查重策略配置要求的查重校验工作,并提供相似数据的查询。
- 相似查询:支持对多个属性视图的查重校验,利用各种算法(如余弦距离、边界距离等)获取相似度结果,并提供相似数据的查询。
- 数据质量分析:内置数据质量分析模型,使用人员可通过简单的拖曳操作,实现数据质量模型的新建和修改,作为数据质量报告的输出模型。
- 数据质量报告:提供数据质量问题列表和预警,自动生成数据质量报告。
- 数据质量稽核规则管理:对数据的完整性、相关性、有效性、唯一性、及时性和非重复性等规则进行定义和管理。
- 数据质量跟踪:跟踪数据质量问题的处理状态。

1. 数据质量报告

数据质量报告功能提供数据质量问题列表和预警,自动生成数据质量报告。支持数据整体的质量检查管理,并按照定义的检查指标生成该类数据的质量报告。数据质量报告可以处理如下内容。

标准版本检测:对数据中与分类编码和元数据相关的数据内容所执行的国家标准的版本进行检测,查看是否为最新版本,并明确与当前版本的差距。

唯一性检测:对数据中与分类编码和元数据相关的数据内容进行唯一性检测,以保证数据的唯一性。

完整性检测:对数据中与分类编码和元数据相关的数据内容进行完整性检测,包括是否允许为空、长度检测、枚举值检测、关联校验检测和一致性检测。

约束检测:对数据中与分类编码和元数据相关的数据内容进行约束检测,包括计量单位、前置符号、后置符号、连接符号、最大值、最小值以及关联取值等约束内容进行检测。

相似度检测：对数据中与分类编码和元数据相关的数据内容进行相似度检测，提供基于编辑距离和余弦距离（基于字或基于词）的相似度检测方法，通过基于词法分析和语法分析的相似度算法并应用不同行业的专业词库来对数据的相似程度进行检测。

通过数据质量报告，帮助数据管理人员判断数据质量问题的类型和分布，可以更好地对是否需要进行数据治理，以及如何进行数据治理提供数据支持。

2. 数据质量稽核规则管理

数据质量稽核规则管理实现数据之间的精确查重和模糊查重，并提供可配置的多种数据检查功能，具体如下。

- 支持精确查重功能，并可配置查重规则。
- 通过可配置的数据检查条件，对数据进行多种检查功能。
- 配置数据约束规则的建立。
- 配置字段的强制检查功能。
- 配置关系字段检查功能。
- 支持重码匹配条件的配置。
- 对发布的重码清单进行处理跟踪。

主数据管理系统支持多种校验规则，并可自定义校验规则。下面列出了部分校验规则。

- 配置取值范围校验。
- 配置相关附属表校验。
- 配置正则表达式校验。
- 配置同名库校验。
- 自定义规则校验。

3. 数据质量分析

质量分析模型可支持标准版本检测、唯一性检测、完整性检测、约束检测、相似度检测5个维度的质量分析，包含30余项指标，使用人员可以通过简单的选择和配置即可实现数据质量模型的新建和修改，作为数据质量报告的数据输出模型。

7.2.5 平台基础服务运维管理

主数据基础服务运维管理可以从系统平台、资源管理、变更部署、监控告警、故障响应、数据安全6个方面来概括。

- 系统平台：保证操作系统、数据库系统、中间件、其他支撑系统应用的安全性、可靠性和可用性，需定期评估系统平台的性能，制定系统故障处理应急预案，及时消除故障隐患，保障信息系统的安全、稳定、持续运行。
- 资源管理：日常运维会根据数据存储空间的需求给出相应的服务器资源。提到资源，当然就会涉及成本，运维人员需要根据业务的重要程度合理地采购、分配资源，以保证存储资源的合理使用。
- 变更部署：变更部署内容非常多而且也比较复杂，如业务的部署、变更、发布、回退等。部署需要运维人员解决环境问题,如系统、依赖(包括库以及组件)、网络等,否则服务无法正常运行。变更其实是一个制定规则的过程,日常中大多数故障都来源于变更,如变更已经上线的程序模块、维护迁移数据等内容。为了降低变更的影响面,提高成功率,运维人员需要制定一系列的变更规则,如变更时间间隔不能太短,按步骤处理变更内容等。

- 监控告警:除了基础监控(CPU、内存、磁盘等)外,运维人员还需要对系统的关键部位安插告警点。对于敏感业务,可能需要运维人员自己写脚本,进行更加细致、及时以及定制化的监控,以便及时发现和定位系统的异常。
- 故障响应:这部分是运维最常见的工作,当系统发生故障时,运维人员需要进行定位和修复,运维人员一般是进行系统级别的操作(如切换网络、切换机房等),代码层面的问题需要配合开发一起解决。
- 数据安全:定期评估数据的完整性、安全性、可靠性,制定备份、容灾策略和数据恢复策略,消除可能存在的安全隐患和威胁,以保证数据存储、数据访问、数据通信、数据交换的安全。

7.2.6 主数据存储运维管理

为保证主数据管理平台的平稳运行,需要对数据存储设施(如服务器设备、集群系统、存储阵列、存储网络,以及支撑数据存储设施运行的软件平台的安全性、可靠性和可用性)进行日常监控,保证存储数据的安全,定期评估存储设施及软件平台的性能,确认数据存储的安全等级,制定故障应急预案,及时消除故障隐患,保障主数据管理平台的安全、稳定、持续运行。

对存储设备进行日常监控管理的内容如下。

- CPU 性能管理。
- 内存使用情况管理。
- 硬盘利用情况管理。
- 系统进程管理。
- 主机性能管理。
- 实时监控主机电源。
- 风扇的使用情况及主机机箱的内部温度。
- 监控主机硬盘运行状态。
- 监控主机网卡。
- 阵列卡等硬件状态。
- 监控主机 HA(高可用性群集 High Available)运行状况。
- 主机系统文件管理。
- 监控存储交换机设备状态、端口状态、传输速度。
- 监控备份服务进程、备份情况(起止时间、是否成功、出错告警)。

- 监控记录磁盘阵列、磁带库等存储硬件故障提示和告警,并及时解决故障问题。
- 对存储的性能(如高速缓存、光纤通道等)进行监控。

7.2.7 数据库系统运维服务

数据库的主动式性能管理对系统运维非常重要。通过主动式性能管理可了解数据库的日常运行状态,识别数据库的性能问题发生在什么地方,并有针对性地进行性能优化。同时,密切注意数据库系统的变化,主动预防可能发生的问题。

数据库运维服务还包括快速发现、诊断和解决性能问题,在出现问题时,及时找出性能瓶颈,解决数据库性能问题,维护高效的应用系统。

数据库运维服务的主要工作是使用技术手段来达到管理的目标,以系统最终的运行维护为目标,提高用户的工作效率。

数据库运行维护监控内容如下:

- 操作系统的监控。
- 文件系统的空间使用情况,必要时对数据库的警告日志及跟踪文件进行清理。
- 如果数据库提供网络服务,检查网络连接是否正常。
- 检查操作系统的资源使用情况是否正常。
- 检查数据库服务器有没有硬件故障,如磁盘、内存报错。
- 数据库宕机检查,数据坏块检查。
- 影响业务不能进行的产品问题。
- 软件产品的更新及维护。

数据库系统健康检查内容如下:

- 提供可靠的运作环境。
- 降低系统潜在的风险,包括数据丢失、安全漏洞、系统崩溃、性能降低及资源紧张。
- 检查并分析系统日志及跟踪文件,发现并排除数据库系统错误隐患。
- 检查数据库系统是否需要应用最新的补丁集。
- 检查数据库空间的使用情况。
- 协助进行数据库空间的规划管理。
- 检查数据库备份的完整性。
- 监控数据库性能。
- 确认系统的资源需求。
- 明确系统的能力及不足。
- 通过改善系统环境的稳定性降低潜在的系统宕机时间。

数据库性能调优内容如下:

- 分析用户的应用类型和用户行为。
- 评价并修改数据库的参数设置。
- 评价并调整数据库的数据分布。

- 评价应用对硬件和系统的使用情况,并提出建议。
- 利用先进的性能调整工具实施数据库的性能调整。

7.2.8　主数据安全运维管理

安全可靠是主数据管理系统运行必须具备的条件,是系统运维的重要工作,应该为主数据管理系统提供全面的安全体系保障。安全保障措施涉及安全审计、数据存储、数据传输、访问控制、身份认证、备份与恢复等手段,防止各类计算机病毒的侵害、人为破坏和数据丢失。系统的安全性应该满足国家有关软件产品安全的规章制度。运维应保证企业的机密信息不受损害,并保证满足国家或公司审计要求。主数据的安全运维至少包括以下内容。

- 检测传输过程中数据信息的完整性,在检测到完整性错误时,提示用户采取必要的措施。采用加密措施实现数据传输的保密性。
- 保障存储安全,保障数据信息的完整,保障数据信息不受损坏、不被窃取,日常应具备数据备份和数据恢复机制,针对机密、核心数据应当进行加密存储处理。
- 提供系统登录日志(包括登录时间、IP、地点)、操作日志(包括登录时间、IP),以便于查询。

1. 系统数据安全

主数据管理系统支持使用透明的数据加密(Transparent Data Encryption)技术对数据表空间进行加密处理。数据直接放置在加密过的数据库中,如果没有解密授权,从数据库中搜索出的数据都是不可读的非明文。只有指定的用户 ID 进行读取时,才进行自动的解密操作。

2. 操作日志

运维人员可查看日志记录功能,包括登录系统日志、系统数据处理日志、数据分发日志、权限变动日志、错误登录日志等信息,系统应自动记录登录本系统人员的操作和访问痕迹,为系统提供使用安全保障。

3. 权限控制

运维人员日常可以进行权限控制。主数据管理系统提供统一的系统管理功能,可按照组织结构、角色、用户及功能模块进行授权,实现多层级的逐级授权。同时,支持用户角色定义和维护,可以一人多岗位(角色)或一岗位(角色)多人设置,支持各种操作、登录、数据权限的设置。

主数据管理系统采用分级授权管理模式,提供分级别、分角色、分用户的高安全性、易操作的安全保障措施,系统管理员可以随时查看系统授权情况。

主数据管理系统权限提供批量下发功能,可实现上级单位根据管理需要批量为下级单位制定权限。

主数据管理系统可对数据进行分级管理。一般,数据访问采用 HTTP,高密级数据访问时采用 HTTPS。

主数据管理系统支持字段级权限控制,可配置元属性权限,通过用户、角色、用户组配置元属性是否显示,用户如果没有某个元属性的权限,创建、审核、维护、查询页面都不显示此元属性。

4. 入侵防范

主数据管理系统能够检测到对服务器进行入侵的行为,能够记录入侵的源 IP、攻击的类型、攻击的目的、攻击的时间,并可设置黑名单策略,在恶意入侵达到一定频率/次数时自动将攻击的 IP 列入系统黑名单。运维人员日常可以进行入侵防范检查。

5. 审计管理

主数据管理系统提供了多种方便的手段进行审计。审计内容应包括重要用户行为、系统资源的异常使用和重要系统操作的使用等系统内重要的安全相关事件。审计记录包括事件的日期、时间、类型、主体标识、客体标识和结果等。运维人员日常可以进行审计功能检查,可以够根据记录数据进行分析,并生成审计报表,随时查看系统资源访问及占用情况。

6. 抗抵赖管理

运维人员可以设置主数据管理系统与 CA 证书的结合。通过公钥基础设施(PKI),利用数字证书与电子签名将用户的数字身份绑定到一个交易中。例如,数字证书与电子签名必须与双因素身份认证相结合才能得到加强,可以将数字身份绑定到用户的物理身份上。主数据管理系统与 CA 证书结合后,为数据原发者或接收者提供数据原发证据的功能,同时为数据原发者或接收者提供数据接收证据的功能,达到抗抵赖和防篡改的目的。

7.2.9　基于云服务的运维管理

云计算服务器实现了基于网络的 IT 服务,进行资源的虚拟化共享和分布式计算,在某种程度上可称之为基于网络的 IT 服务外包工具。在这种趋势下,许多企业也将 MDM 平台部署在云计算服务器中,依托于云计算更好地为企业进行数据标准化管理服务。图 7-2 为主数据平台云计算服务架构。

云计算服务器(又称云服务器或云主机),是云计算服务体系中的一项主机产品,是一种处理能力可弹性伸缩的计算服务。云服务器有效地解决了传统物理主机与虚拟私有主机VPS(Virtual Private Server)服务的弱点,具有快速供应和部署能力,在用户提交云主机租用申请后可实时开通,并立即获得服务。当用户业务规模扩张时,可快速实现业务扩容。

与 VPS 相比,云服务器的用户可以方便地进行远程维护,免费重装系统,硬件级别上实现云服务器之间的完全隔离。云服务器内置冗余的共享存储和智能备份,物理服务器失败可在几分钟内自动恢复。云服务器的服务环境采用高端服务器部署,集中管理与监控,确保业务稳定可靠。云服务器具备更强的主机性能,总体性能远高于 VPS,强于部分独立服务器。

如果企业正在使用云计算服务的数据中心,其日常运维要点如下。

1. 理清云计算数据中心的运维对象

- 机房环境基础设施:为保障数据中心所管理的设备正常运行所必需的网络通信、供配电系统、环境系统、消防系统和安保系统等。例如,大多数用户都不会忽略数据中

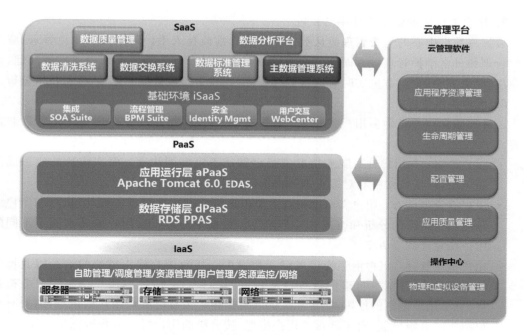

图 7-2 主数据平台云计算服务架构

心的供电和制冷,因为这类设备如果发生意外,对依托于该基础设施的应用来说是
致命的。
- 数据中心所应用的各种设备:包括存储、服务器、网络设备和安全设备等硬件资源。
  这类设备在向用户提供 IT 服务过程中提供了计算、传输和通信等功能,是 IT 服务
  最核心的部分。
- 系统与数据:包括操作系统、数据库、中间件和应用程序等软件资源,还有业务数
  据、配置文件、日志等各类数据。这类管理对象虽然不像前两类管理对象那样"看得
  见,摸得着",但却是 IT 服务的逻辑载体。
- 管理工具:包括基础设施监控软件、IT 监控软件、工作流管理平台、报表平台和短信
  平台等。这类管理对象是帮助管理主体更高效地管理数据中心内各种管理对象的
  工作情况,并在管理活动中承担起部分管理功能的软硬件设施。通过这些工具,可
  以直观感受并考证数据中心如何管理好与其直接相关的资源,从而间接地提升了可
  用性与可靠性。

2. 定义各运维对象的运维内容

云计算数据中心资源管理所涵盖的范围很广,包括环境管理、网络管理、设备管理、软件
管理、存储介质管理、防病毒管理、应用管理、日常操作管理、用户密码管理和员工管理等。
这就需要对每一个管理对象的日常维护工作内容有一个明确的定义,定义操作内容、维护频
度、对应的责任人,要做到有章可循,责任人可追踪,实现对整个系统全生命周期的追踪
管理。

3. 建立信息化的运维管理平台系统

云计算数据中心的运维管理应从数据中心的日常监控入手，事件管理、变更管理、应急预案管理和日常维护管理等方面全方位进行数据中心的日常监控。实现提前发现问题、消除隐患，要有完整的、全方位实时有效的监控系统，并着重监控数据的记录，进行技术分析。

4. 用户关系管理

云计算数据中心是为多用户提供 IT 服务的平台，在运维过程中对用户关系管理非常重要。

- 服务评审：与用户针对服务情况进行定期或不定期的沟通。每次沟通均应形成沟通记录，以备数据中心对服务进行评价和改进。
- 用户满意度调查：用户满意度调查主要包括用户满意度调查的设计、执行和用户满意度调查结果的分析和改进等 4 个阶段。数据中心可根据用户的特点制定不同的用户满意度调查方案。
- 用户抱怨管理：用户抱怨管理规定了数据中心接收用户提出抱怨的途径以及抱怨的相应方式，并留下与事件管理等流程联系的接口。应针对用户抱怨完成分析报告，总结用户抱怨的原因，制定相关的改进措施。为及时应对用户的抱怨，需要有用户抱怨的升级机制，对于严重的用户抱怨，按升级的用户投诉流程进行相应处理。

5. 安全性管理

由于提供服务的系统和数据有可能被转移到用户可掌控的范围之外，云服务的数据安全、隐私保护就成了用户对云服务最为担忧的方面。云服务引发的安全问题除包括传统网络与信息安全问题（如系统防护、数据加密、用户访问控制、DoS 攻击等）外，还包括由集中服务模式所引发的安全问题以及云计算技术引入的安全问题。例如，防虚机隔离、多用户数据隔离、残余数据擦除以及多 SaaS（Software as a Service，软件即服务）应用统一身份认证等问题。要解决云服务引发的安全问题，云服务提供商需要提升用户安全认知、强化服务运营管理和加强安全技术保障等。加强用户对不同重要性数据迁移的认知，并在服务合同中强化用户自身的服务账号保密意识，可以提升用户对安全的认知。在服务管理方面，要严格设定关键系统的分级分权管理权限并辅以相应规章制度。加强安全技术保障，充分利用网络安全、数据加密、身份认证等技术，消除用户对云服务使用的安全担忧，增强用户使用云服务的信心。

6. 流程管理

流程是数据中心运维管理质量的保证。作为客户服务的物理载体，数据中心存在的目的就是要保证服务可以按质、按量地提供符合用户要求的服务。为确保最终提供给用户的服务符合服务合同的要求，数据中心需要把现在的管理工作抽象成不同的管理流程，并把流程之间的关系、流程的角色、流程的触发点和流程的输入与输出等进行详细定义。通过这种流程的建立，一方面可以使数据中心的人员能够对工作有一个统一的认识，更重要的是通过这些服务工作的流程化，使得整个服务提供过程可被监控和管理，以形成真正意义上的"IT"。服务数据中心建立的管理流程，除应满足数据中心自身特点外，还应兼顾用户、管理者、服务商和审计机构的需求。由于每个数据中心的实际运维情况与管理目标存在差异,数据中心需要建立的流程也会有所不同。

7.3　主数据运维应急响应措施

应急预案是为确保发生故障事件后,尽快消除紧急事件的不良影响,恢复业务的持续运营而制定的应急处理措施。应急预案的注意事项如下:

- 根据业务影响分析的结果及故障场景的特点编写应急预案,以确保当紧急事件发生后可维持业务继续运作。在重要业务流程中断或发生故障后,在规定时间内,要及时恢复业务运作。
- 应急预案除包括特定场景发生后各部门和第三方的职责外,还应评估复原可接受的总时间。
- 应急预案必须经过演练,使相关责任人熟悉应急预案的内容。应急预案应是一个闭环管理系统。从预案的创建、演练、评估到修订应是一个全过程的管理,绝不能为了应付某个演练工作,制定后就束之高阁了,而是应该在实际演练和问题发生时不断地总结和完善。

主数据管理平台一旦发生意外事件,出现宕机、网络瘫痪等状况造成主数据管理平台不可用的情况,应急响应措施如下。

1. 网络攻击事件应急预案

- 当发现网络被非法入侵、网页内容被篡改,应用服务器的数据被非法复制、修改、删除,或有黑客正在进行攻击等现象时,使用者或管理者应断开网络,并立即报告应急小组。
- 应急小组立即关闭相关服务器,封锁或删除被攻破的登录账号,阻断可疑用户进入网络的通道,并及时清理系统、恢复数据和程序,尽快将系统和网络恢复正常。

2. 信息破坏事件应急预案

- 当发现信息被篡改、假冒、泄露等事件时,信息系统使用单位或个人应立即通知应急小组。
- 如被篡改或被假冒的数据正在接收或分发过程中,应急小组应立即通知分发方和接收方终止分发或接受工作。
- 应急小组通过跟踪应用程序,查看数据库安全审计记录和业务系统安全审计记录,查找信息被破坏的原因和相关责任人。
- 应急小组提出修正错误方案和措施,通知各部门及相关系统进行处理。

3. 信息内容安全事件应急预案

- 当发现不良信息或网络病毒时,系统使用人员应立即断开网线,终止不良信息或网络病毒传播,并报告应急小组。
- 应急小组根据情况通告局域网内所有计算机用户隔离网络,指导各计算机操作人员进行杀毒处理、清除不良信息，直至网络处于安全状态。

4. 网络故障事件应急预案

- 发生网络故障事件后，系统使用人员应及时报告应急小组。
- 应急小组应及时查清网络故障位置和原因，并予以解决。
- 不能确定故障的解决时间或解决故障的期限并属较大影响及其以上的，应急小组应报告领导。

5. 服务器故障应急预案

- 服务器故障后，应急小组应确定故障设备及故障原因，并通知相关厂商。
- 根据服务器修复和恢复系统所需时间，由领导决定是否启用备份设备。
- 如启用备份设备，在服务器故障排除后，应急小组在确保不影响正常业务工作的前提下，利用网络空闲时期替换备用设备。如不启用备份设备，应急小组应积极配合相关厂商解决服务器故障事件。

6. 软件故障事件应急预案

- 发生计算机软件系统故障后，系统使用人员应立即保存数据，停止该计算机的业务操作，并将情况报告应急小组，不擅自进行处理。
- 应急小组应立刻派出技术人员进行处理，必要情况下，通知各业务部门停止业务操作并对系统数据进行备份。
- 应急小组组织有关人员在保持原始数据安全的情况下，对计算机系统进行修复；修复系统成功后，利用备份数据恢复丢失的数据。

7. 灾害性事件应急预案

- 一旦发生灾害性事件，应急小组的每一位成员都有责任在第一时间进入机房抢救服务器及存储设备。
- 应急小组对服务器及存储设备的损坏程序进行评估，如服务器损坏或存储设备损坏无法使用，立即联系相关厂商，进入维保服务程序。
- 根据服务器或存储设备修复和恢复系统所需时间，由领导小组决定是否启用备份设备。

8. 其他突发事件应急预案

- 应急小组应立刻派出技术人员进入现场，制定相应措施，根据实际情况灵活处理，并按要求报告领导小组。

7.4 对外部供应商的运维要求

由于系统设计、开发等质量问题而引起的故障影响系统正常运行，并且用户无法处理这些问题，此时，外部供应商应及时提供维护服务，快速解决系统中存在的各种问题。在维护期内，若系统出现问题或故障，外部供应商应及时进行故障处理或软件更新。

在运维过程中，对外部供应商的要求如下：

- 外部供应商具有稳定、可靠、有效的运维服务队伍,健全的标准化运维服务体系,建议引入先进的客服支持平台,设立运维服务专线,完善服务工作流程,以确保系统正常运转。
- 外部供应商为项目的故障反应和故障处理还应设立经验丰富的维护专家组,负责制定现场的应急处理方案。
- 项目运维服务小组有权启动紧急处理程序,包括召集维护专家组成员,指派运维服务成员直接面向用户服务。
- 外部供应商应提供 7×24 小时的技术支持能力以及优先服务级别。针对系统问题进行分级快速响应,响应级别见表 7-1。

表 7-1　响应级别

响 应 级 别	故 障 类 型	服务处理时间
紧急(一级)	系统瘫痪,无法启动	立即远程支持,2 小时内解决
严重(二级)	系统严重故障,重要服务不正常	立即远程支持,4 小时内解决
一般(三级)	系统轻微故障,一般服务不正常	立即远程支持,8 小时内解决

第 8 章　典型主数据管理产品及实施案例

主数据管理项目对于企业有效管理关键数据资产、深度挖掘数据价值具有十分重要的意义。因此,企业应该科学地进行产品评估,选择适合自身 IT 战略特点的解决方案。随着近几年主数据管理概念的不断升温,越来越多的软件厂商纷纷推出了自己的主数据管理软件产品。主数据管理已经在许多行业中进行了优秀的实践,这些企业通过主数据体系建设,大大促进了数据资产的价值提升,得以在信息时代的激烈竞争中占据优势。

本章将比较主数据管理系统的两大模式,对几个典型的主数据管理平台进行介绍与分析,同时对国内主数据管理的应用现状进行总结,并对国内能源、建筑、电器、机械制造、水泥等行业领先企业中的实践进行探讨。

主数据管理系统的模式可以分为两种:基于 ETL 工具的系统模式和基于面向服务架构(SOA)的系统模式。ETL 模式的优势在于处理数据的能力强,能够实现实时双向的主数据同步,成本较低。但是,由于 ETL 模式仅适用于局域网,在广域网中有可能造成数据不一致。SOA 模式的主数据平台具有灵活性高、集成便捷、扩展性好等优势,是当前 MDM 产品的主流。但是,当主数据同步量非常大时,该架构可能存在效率方面的问题。

目前,主流的主数据管理系统包括 SunwayWorld MDM、SAP NetWeaver MDM、IBM InfoSphere MDM Server、Oracle MDM Suite 和 Informatic MDM 等。这些主数据管理系统在产品特性、产品实施复杂度、系统兼容性、可扩展性方面存在许多差异,企业需按照科学的方法、严密的流程对 MDM 的产品进行选型。

越来越多的国内企业已经意识到了数据治理和主数据管理的重要性,已经有许多来自石油、石化、煤炭、银行、电力、制造、建筑、航空等特大型集团企业率先开展了主数据管理工作,通过主数据体系的建设和信息标准化,有效提升了企业的风险管控能力,促进了信息的深度集成和共享利用,为工业化和信息化的深度融合提供了强有力的支持。

8.1　主数据管理系统模式的分类

8.1.1　基于 ETL 工具的主数据应用

ETL 指数据抽取(Extract)、清洗(Cleaning)、转换(Transform)、加载(Load)的过程,是

构建数据仓库的重要环节。用户利用 ETL 工具从数据源抽取出所需的数据,经过数据清洗,最终按照预先定义好的数据仓库模型,将数据加载到数据仓库中去,如图 8-1 所示。当前,许多软件厂商都拥有自己的 ETL 工具,如 Oracle Data Integrator(ODI)、Informatica 公司的 PowerCenter、IBM 公司的 Datastage 等。

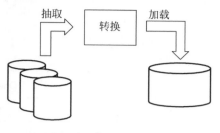

图 8-1　ETL 过程示意图

大部分 ETL 工具本身就具有连接各种异构数据源和变化捕捉的能力,利用这些功能可以实现主数据管理系统(MDM)中异构系统的数据触发、整合和发布。变化数据捕获(Changed Data Capture,CDC)只捕获数据源中变化的记录,而不是整个数据集,从而降低了数据集成时间和资源的消耗,让实时数据满足数据集成方案的要求。目前,Oracle、IBM、Informatica 等许多具有自己 ETL 工具的厂商都推出了基于 ETL 工具的主数据管理解决方案。这种方案的基本思路如下。

- 数据抽取。当某个主数据的源发生变化时,ETL 的 CDC 功能就会捕获到变化,进而将变化的数据传输到主数据管理系统的临时存储区。
- 数据清洗。ETL 工具根据用户定义的数据转化规则对数据进行清洗转化,形成高质量的主数据。
- 数据审批。ETL 调用审批流程,对数据进行审批。
- 数据存储。一旦获得审批,ETL 即可将主数据同步到主数据存储系统。
- 数据分发。同步数据库的同时,将变化后的主数据分发给各个订阅该主数据的业务系统。

并不是所有 ETL 工具都具备能够支持流程设计、运行和监控的流程引擎,必要时,需要调用其他的工作流引擎进行主数据的审批监管。当前,主流的 ETL 工具一般都可以实现与 SOA 的无缝集成,既可以将自身的数据清洗功能封装为 Web 服务,也可以便捷地调用外部的 Web 服务。因此,ETL 工具更多地被集成在基于 SOA 架构平台类产品中,提供变化捕获、数据清洗等功能的支持。

以 ODI 为例,ODI 为主数据管理提供的功能主要包括元数据管理、创建数据流程、变化数据捕获、规范并清洗数据、发布和共享主数据,如图 8-2 所示。在基于 ETL 工具的架构中,主数据管理应用需要企业自定义开发或者集成第三方产品,从而形成统一的界面和操作流程。

ETL 工具的优势在于处理数据的能力强,因此基于 ETL 工具设计的架构效率较高,能够实现实时双向的主数据同步。同时,ETL 工具与平台式系统相比,成本较低,对企业的 IT 架构没有特殊的要求。但是,对于已经采用企业服务总线(ESB)或 SOA 架构的大型集团企业,ETL 架构反而会造成资源的冗余和浪费。此外,由于 ETL 普遍在局域网内部使用,这种架构同样只适用于局域网。在广域网中,网络的不稳定有可能造成数据的不一致。

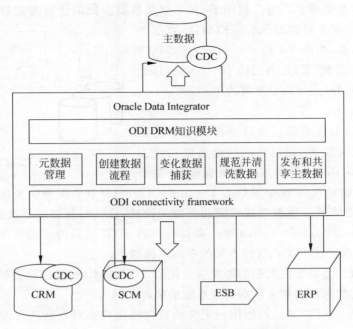

图 8-2　基于 ODI 的主数据管理应用架构

8.1.2　基于 SOA 的主数据管理平台

面向服务的体系架构（SOA）强调灵活、复用和松耦合性，注重接口及标准化描述，这些都为企业应用集成规划了非常好的框架体系架构。SOA 可以将企业分布在多种平台和系统环境上的应用系统划分为一系列服务，企业可以按照模块化的方式来添加新服务或更新现有服务，以解决新的业务需要，并且可以把企业现有的或已有的应用作为服务，这直接提高了企业应用的重用程度，缩短了产品面市的时间，保护了现有的 IT 基础建设投资，降低了系统的总体拥有成本。

基于 SOA 的主数据管理平台解决方案采用企业服务总线（ESB）技术构建应用集成平台，采用 Web Service 方式实现在多个系统之间的应用集成和互联互通，如图 8-3 所示。应用集成平台是数据采集、数据清洗、数据分发等服务的直接提供者。在平台中，数据的采集和分发采用各种应用适配器实现，数据审批采用 SOA 中的工作流引擎来实现，同时，SOA 中的流程监控系统可以对全部主数据的收集、转化、审批和分发提供端到端的监控。

另一方面，主数据管理对企业 SOA 架构也有着至关重要的作用。SOA 被设计为可灵活添加 IT 基础架构，创建新的业务流程或修改现有的流程，但是往往背后的数据质量问题阻碍了新的业务流程的实现。有两种基本类型的 SOA 服务：以流程为中心的服务和以数据为中心的服务。以流程为中心的服务执行商务流程，如批准信用卡、处理订单、发送账单等。以数据为中心的服务管理流程需要数据的属性和关系。这两种服务都能够由一个以数

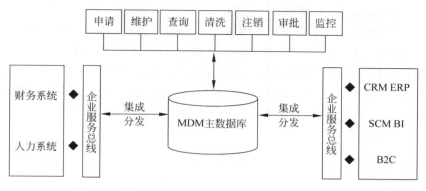

图 8-3 基于 SOA 的主数据管理平台架构

据为中心的平台提供。这个平台保证了在一个独立的地方管理企业最关键的基础数据的正确性、唯一性、完整性和相互的关系,这正是主数据管理平台需要提供的功能。

采用 SOA 架构设计的主数据管理架构一般基于 J2EE 的开放架构,具有灵活性高、集成便捷、扩展性好的特点。然而,与基于 ETL 工具的解决方案相比,当主数据同步的量非常大时,该架构可能存在效率方面的问题。但是由于企业主数据一般情况下稳定性高,变动频率低,效率并不会成为主数据管理的瓶颈。相比之下,SOA 是目前企业应用集成领域最先进的体系架构,受到众多厂商和企业的追捧。基于 SOA 的主数据管理平台也成为主数据管理产品的主流模式。

8.2 典型产品和解决方案及其对比

8.2.1 SunwayWorld 的主数据全生命周期管理平台

1. 产品概述

北京三维天地科技有限公司(以下简称"北京三维天地")成立于 1995 年,是专业的软件开发和咨询服务提供商,为众多企业提供了主数据管理咨询和平台构建、电子商务平台、供应链管理咨询和流程优化等系统应用实施服务。北京三维天地具有成熟的软件架构和系统设计、研发经验,开发了 30 余种大型企业级应用软件产品。

北京三维天地主数据管理平台(以下简称"SunwayWorld MDM")的前身是企业物资编码系统。早在 1997 年,三维天地便推出了企业物资编码系统的解决方案,旨在对企业内部分散于多个组织、不同业务中的物资数据进行统一的规划和管理。2002 年,北京三维天地在物资编码系统的基础上,发布了支持多种主数据类型和更广泛的主数据管理功能的主数据管理系统,该系统摆脱了传统的客户端/服务器模式(Client/Server,C/S),使用浏览器/服务器模式(Browser/Server,B/S),实现了客户端零安装、零维护,系统的扩展和维护非常容易。该系统无论在主数据管理理念还是信息系统技术上都达到了当时的先进水平,是国内最早的主数据管理系统软件之一。之后,北京三维天地对该系统在功能和性能上进行不断地完善和升级,相继推出了 V2.0、V3.0、V4.0、V5.0、V6.0 和 V7.0 等版本。
SunwayWorld MDM V7.0 实现了对集团级大型企业主数据全生命周期的统一管理,保证
了主数据管理准确、高效地执行和监控,为企业整体决策提供了强有力的技术支持。现行的
主数据管理平台不仅支持计算机浏览器访问,还将业务扩展到了各类移动终端,如手机、
PAD 等,大大提高了系统使用的灵活性和便捷性,提高了业务执行效率,并且提供大数据分
析和数据可视化等功能,成为企业大数据分析的核心支撑。图 8-4 展示了 SunwayWorld
MDM 的发展历程。

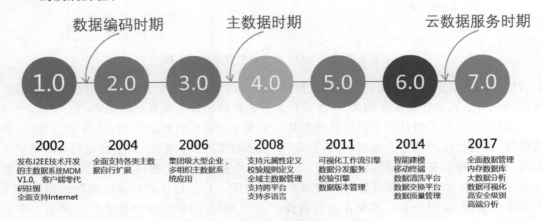

图 8-4　SunwayWorld MDM 发展历程

　　SunwayWorld MDM 整体设计理念先进、功能全面、集成度高、安全性好、实用性强,总
体达到了国内乃至国际的先进水平,广泛应用于大型集团类企业。在不断的实践中,还总结
了多套具有行业特色的解决方案,大大提高了系统实施的效率和质量。SunwayWorld
MDM 具有如下优势:

- 构建集中的主数据标准化体系,实现流程驱动和数据管控。
- 集中的数据总线访问,提高数据质量,降低数据集成成本。
- 提升数据资产管理成熟度,实现主数据全生命周期的动态管理。
- 精确决策支持,减少信息统计汇总成本和信息沟通成本。

2. 系统功能模块

　　北京三维天地基于公司多年来在主数据管理领域的深耕细作,以及为众多大型企业和
政府机构提供的数据治理管理咨询和信息化建设服务经验,逐步发展为平台化、高灵活性、
校验审核机制完善的全生命周期的数据标准化解决方案,可管理的主数据类型多达上百种。
SunwayWorld MDM 融合了数据标准管理(DSMP)、数据生命周期管理(DLMP)、数据分析
(DAP)、数据交换服务(DESP)、数据清洗(DCP)、数据质量管理(DQMP)、校验规则引擎
(CRE)、大数据分析引擎(BDE)以及移动互联应用(Mobile & APP)9 大功能(图 8-5),为客
户提供从数据标准规范定义和使用、数据全生命周期管理、异构系统集成和数据交换、数据
清洗和治理、数据质量监控和管理、数据可视化、分析与挖掘预测、手机移动应用审批等全面

的管控一体化解决方案,为用户全面掌控信息标准化业务提供强大支持。

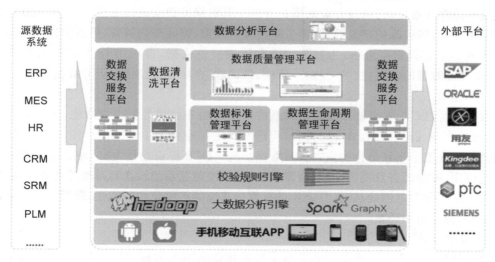

图 8-5　SunwayWorld MDM 产品构成

1) 数据标准管理

数据标准管理(DSMP)提供对企业数据执行标准的全方位管理,从模块化、功能化角度考虑数据模板、数据结构,对数据编码及数据约束条件进行定义与管理。功能包括数据模型定义、数据模型模板定义、数据模板标准定义、数据模板元属性定义、数据模板约束规则定义、数据编码规则定义、数据模型发布、数据模型维护等,提供预置的、专业的主数据模型,支持主数据模型、主数据的属性设置和主数据模型的扩展,支持数据标准层次关系、矩阵关系和分类关系的建立。

2) 数据生命周期管理

数据生命周期管理(DLMP)依据 DSMP 配置生成的各类数据标准化执行规范,提供数据标准模板化申请、智能校验和相似度检测、数据审核智能提醒、审核流程配置、数据构成元属性权限配置、智能数据发布、数据维护修改、数据归档、数据版本控制等功能,支撑企业实现数据管理从技术到业务的各项建设要求,为业务提供高质量、高可信的数据。

3) 数据交换服务

数据交换服务(DESP)包括数据交换总线、数据交换配置和数据交换业务的功能,DESP 采用了事件驱动的处理模式以及分布式的运行管理机制,支持基于内容的路由和过滤,具备对结构化数据、半结构化数据、非结构化数据的传输能力,实现底层数据、文本、XML、文件等多种方式的数据接收和分发,通过自动化数据配置服务管理,实现数据同步、异步、主动、被动等多种发送方式,实现各类标准接口服务自动化功能。通过 DESP 提供的后台数据队列服务,实现对大数据量下的数据传输管理。

4) 数据质量管理

数据质量管理(DQMP)保证企业数据标准库的数据质量,实现对标准数据编码库的透明可视分析。由于数据编码库的数据量庞大、数据信息复杂性、专业要求高等因素,人工进行质量保障存在难度,需通过专业的质量管理工具对标准数据编码库进行检测,发现需处理的不完整数据、需去除的重复数据、需去除的噪声数据、需处理的异常(但真实)的数据,通过DQMP 提供数据健康度分析,为数据清洗和治理提供依据,再利用 DCP 进行数据清洗治理,从而保证数据的完整性、唯一性、一致性、精确性、合法性、及时性,提升数据质量。

5)数据清洗

数据清洗(DCP)实现基于多对多关系数据模式的开放式数据清理功能,支持对原始数据的抽取、分词、语义识别、清洗与整合,构建不同主题模型的主数据信息库,采用系统自动扫描清洗与人工干预相结合的模式进行数据清洗。DCP 界面操作友好,使企业管理人员可以快速应用,控制已有数据的抽取、清理和重整,如映射关系的转换和对照关系的存储,实现高效率人工干预与数据确认,提升企业进行数据清洗的系统化和智能化,降低数据清洗的操作复杂性,提升数据质量。

6)数据分析

数据分析(DAP)以专业的分析方式来可视化信息标准数据,提高客户的工作效率。通过数据分析和挖掘工具,能够清晰地展现数据的工作流程、数据之间的关系,为实现精确的业务决策提供强大的支持。利用可视化展现功能可以迅速地、精确地进行关键业务活动的预测分析,帮助客户预测重要事件,可靠地洞察数据变化带来的影响。通过富有创新力的表格和图形能够辨识可能发生的瓶颈问题,防范风险,最终提高整体效率。通过预测分析,可以深入挖掘数据,确定数据的变化趋势和模式,辅助业务决策。强大的仪表盘功能能够迅速反映数据全生命周期各阶段的情况,映射出业务工作流程,展现并确定业务的瓶颈节点。

7)校验规则引擎

校验规则引擎(CRE)通过分离数据的校验规则逻辑,能有效提高实现复杂逻辑的校验规则的可维护性,符合各类组织对敏捷或迭代设置校验规则过程的使用,支持校验规则的次序和规则冲突检验、简单脚本语言的规则实现、通用开发语言的嵌入开发,可应用于DLMP、DESP、DQMP、DCP 的数据校验,并可应用于外部数据源的数据校验,为其他系统提供数据校验服务。同时,提高校验规则设置效率,满足业务规则快速变化的需求,数据校验规则依据业务规则的变化进行快速、低成本的更新,业务人员可直接管理 IT 系统中的校验规则,不需要程序开发人员参与。

8)大数据分析引擎

大数据分析引擎(BDE)提供基于分布式内存的大规模并行处理框架,内置 SQL 查询接口、流数据处理以及机器学习,提高大数据分析性能。通过 Hadoop 提供可靠存储 HDFS 以及 MapReduce 编程范式,进行大规模并行处理数据。通过 Hbase 实现大规模分布式NoSQL 数据库,提供随机存取大量的非结构化和半结构化的海量数据。

9)移动互联应用

移动互联应用(Mobile & APP)集消息应用、现场应用、管理应用、自助应用 4 大主流企业级应用为一体,满足企业中不同级别、不同岗位的所有需求。Mobile & APP 是立体化的解决方案。它可为企业带来信息化应用场景的完善、扩展和延伸,使企业实现信息化商业模式的创新变革。

3. 系统特点

SunwayWorld MDM 可协助企业建立数据标准化管理体系,实现数据标准、数据模型、工作流管理、数据申请/转入、数据清洗、数据校验、数据审核、数据发布、数据维护、接口管理、数据分发、日志管理、系统管理等功能,SunwayWorld MDM 广泛适用于大型集团类企业,能够更好地实现企业数据治理,最大限度体现信息数据的价值,实现信息数据高端决策分析。SunwayWorld MDM 具有以下系统特点。

- 数据实体模型应用,支持数据多标准体系。
- 多编码规则定义,多重编码体系支持。
- 标准化元属性和业务规则库,自动校验。
- 数据变更版本控制,跟踪数据历史。
- 全文检索、相似度匹配。
- 多系统数据分发策略定义,服务自动化。
- 工作流驱动、业务动态监控。
- 业务执行动态反馈和预警、集成短信平台。
- 良好的用户体验,自动拼音助记、动态排序、动态列显示和高级复合搜索。
- 多语言支持,Java 开发,B/S 架构,跨平台应用。
- SOA 架构,优秀的开放性和扩展性。
- 日志审计、操作跟踪、授权控制、USBKey 安全认证。

8.2.2 SAP 的 MDM 解决方案[①]

1. 产品概述

SAP 公司成立于 1972 年,总部位于德国沃尔多夫市,在全球拥有 6 万多名员工,遍布全球 130 个国家,并拥有覆盖全球 11500 家企业的合作伙伴网络。作为全球领先的企业管理软件解决方案提供商,SAP 帮助各行业不同规模的企业实现卓越运营。SAP 是 Systems Applications and Products in Data Processing 的简称,既是公司名称也是其 ERP 软件的名称。

SAP 主数据管理解决方案由多组件协同完成,其核心组件是 SAP NetWeaver Master Data Management(MDM)与 SAP Master Data Governance(MDG)。

SAP NetWeaver MDM 是 SAP NetWeaver 平台的重要组成部分,提供强大的数据清理以及集中管理等功能,帮助企业实现产品或客户等主数据的统一有效管理。NetWeaver MDM 主要应用于异构系统环境,能够在多产品线、多技术应用共存的 IT 环境下,提供强大

[①] 本小节内容来源:SAP MDM 主数据管理. 和轶东,张怡,曹乃刚. 北京:清华大学出版社,2013;SAP NetWeaver Master Data Management 解决方案手册 http://www.bestsapchina.com/offer/20728.html.

的数据清理及集中管理等功能,帮助企业实现对产品或客户等主数据的统一有效管理。SAP MDM 软件的部署可分为 4 种形式,其中前三种分别特定用于客户、产品及财务领域,第四种是一个通用版本,力求支持所有领域并且提供必要的通用化。

SAP MDG 被称为嵌入式主数据管理,是 SAP 商务套件的一个组成部分。MDG 基于 SAP 标准数据模型,以系统现有的业务流程逻辑以及企业的特定配置校验数据,为商务套件内部的各个模块提供统一的、集中的主数据创建、维护以及分发等服务。

2. SAP NetWeaver MDM 的主要功能

SAP NetWeaver MDM 的功能架构如图 8-6 所示,可实现整合、协调和集中主数据的功能。

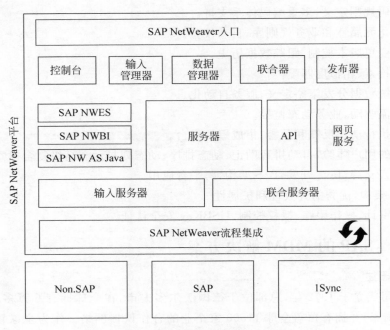

图 8-6 SAP NetWeaver MDM 功能架构

1)整合主数据

SAP NetWeaver MDM 能够使用预定义或自定义的数据模型对不同数据源(包括 SAP 和非 SAP 系统)的主数据进行整合,可以导入主数据架构、结构、值和分类体系。在数据清洗过程中执行多种操作,如删除重复数据和规范化处理、ID 映射、匹配和合并、数据富集(enrichment)、数据分级、交互式数据质量分析,从而得到统一、完整而准确的主数据视图。在数据整合后,数据可以被轻松访问,以实现准确的企业层面的分析和报表输出。

2)协调主数据

SAP MDM 还可以通过交互式的数据分发(Data Syndicator,数据联合)来协调整个企业范围内的主数据信息,将准确、完整的主数据信息更新到链接的 SAP 或非 SAP 系统中。

数据联合使用行业标准 XML,且可配置为交互式运行或自动运行。该联合功能利用数据工作流和基于角色的多层模型集中维护主数据。它可以从一个系统的记录来维护主数据,并作为集中的主数据管理集线器,自动更新到其他系统中对应的信息,达到整个公司层面上不同应用系统之间的数据统一和协调。数据联合支持多个主表的功能特性,为数据建模和复杂对象带来了更大的灵活性,且支持对多个数据域使用单一主数据管理资源库。

3)集中主数据

SAP MDM 是实现公司层面数据标准化目标的平台,在主数据从多个源系统整合到MDM 之后,主数据可以进行集中的管理和创建。用户可以使用功能强大的客户端主数据管理器或 SAP NetWeaver Portal 企业门户界面直接管理这些数据。SAP MDM 提供有效的数据校验和工作流平台,可以对主数据的创建、修改和删除进行统一的监管,这些主数据信息也可以根据需要,通过业界标准的 XML 格式同步或分发到其他需要的系统中,达到集中的主数据质量控制和监管,实现企业数据标准化目标。此外,还可将统一、标准的信息提取到 SAP BI 智能分析系统中,得到准确的全局报表分析。

3. SAP MDG

区别于通用的 NetWeaver MDM 平台,SAP MDG 是 SAP 商务套件主数据治理功能的扩展。传统的 SAP ERP 虽然包含了主数据的相关业务流程,但没有将主数据业务和日常生产业务流程区分开来,没有形成统一的主数据管控体系。MDG 提供了主数据临时存储区域的功能,通过可配置的业务流程进行主数据的变更,变更生效前,它们与生产主数据是分离的,只有变更请求生效后,主数据才从临时区域转入活动区域,分发给所有隶属的系统(图 8-7)。因此,MDG 提供了集中创建、修改以及分发主数据的功能。通过跟踪修改和审批,MDG 支持合规和完整的审计追溯。

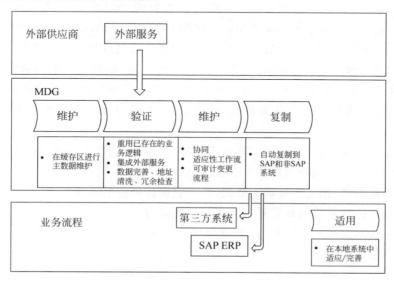

图 8-7　SAP MDG

MDG 和 MDM 同属于 SAP 主数据管理解决方案,但 MDG 主要用于 SAP 商务套件环内的主数据管理功能,其涵盖的主数据范围只能是商务套件内存在的业务主数据。而 SAP NetWeaver MDM 是通用型的主数据管理平台,适用于各种应用系统,涵盖更丰富的主数据类型,并具有独立的主数据集成和分发功能。MDG 在对商务套件外的第三方系统进行协作时,需要 NetWeaver MDM 和其他数据服务的支持。

SAP MDG 通常以插件的形式部署在商务套件的实例之上,不需要独立的服务器进行安装。但当企业内部署了多套 SAP 商务套件系统,或非 SAP 业务应用和 SAP 商务套件具有相同的重要性时,也可以将 MDG 作为独立的系统或集线器进行部署。

8.2.3 IBM 的 MDM 解决方案[①]

1. 产品概述

IBM(International Business Machines Corporation,国际商业机器公司或万国商业机器公司)于 1911 年由托马斯·沃森创立于美国,是全球最大的信息技术和业务解决方案公司。

IBM 的主数据管理产品 IBM InfoSphere MDM,能够处理完整范围的主数据管理需求和用例。IBM InfoSphere MDM 有以下 4 个版本:合作版(Collaborative Server)、标准版(Standard Edition)、高级版(Advanced Edition)以及企业版(Enterprise Edition),其中企业版包含了其他三个版本所有的功能。

2. 合作版 InfoSphere MDM Collaboration Server

InfoSphere MDM Collaboration Server(MDMCS)在 V10 之前叫作 InfoSphere Master Data Management Server for Product Information Management(MDM Server for PIM),目前最新版本是 V10.1,该产品在 V6.0 之前的版本曾叫 WebSphere Product Center,是从 Trigo Technologies 公司(IBM 于 2004 年收购)的 Trigo Product Center 衍生而来的。MDMCS 是一个中间件,提供了高度可伸缩的企业产品信息(PIM)管理解决方案,用于企业内部和外部的产品和服务信息的单个、集成且一致的视图,帮助企业缩短销售时间,提高市场占有率和客户满意度,降低成本。通过使用 MDMCS 集中处理和优化产品数据,可以将有关的唯一内容传递给需要的业务系统、合作伙伴、客户以及个人。产品具体提供了以下功能:

- 灵活且可伸缩的存储库,用以管理产品单品、条目、位置、组织结构、贸易伙伴和贸易条款信息以及与这些信息建立链接。
- 帮助企业捕获、创建和管理主数据,为主数据提供建模工具。
- 具有灵活的数据模型和管理多层次结构的能力。
- 具有连接到离散系统的能力,支持与现有系统、各种应用程序、存储库集成,并保证主数据信息同步。

---

① 本小节内容参考 IBM InfoSphere MDM V10.0,http://pic.dhe.ibm.com/infocenter/mdm/v10r0m0/index.jsp。

- 支持工作流程、可快速适应需求变化的业务流程。
- 支持与业务合作伙伴交换信息和保证信息同步。
- 具有一个细粒度化且易于扩展的安全性模型。

3. 标准版 InfoSphere MDM Standard Edition

InfoSphere MDM Standard Edition(MDMSE)在 V10 之前被称为 Initiate Master Data Service,是 Initiate 主数据管理的产品平台。Initiate 是一家专注于医疗卫生、政府等行业主数据管理产品和解决方案的软件公司,2010 年被 IBM 收购,并补充进 IBM 信息管理产品家族。

MDMSE 是业内领先并被广泛应用的 MDM 软件,帮助政府、医疗、零售和金融等行业用户理解和信任其所拥有的数据,企业可以使用该解决方案来获得完整、实时、准确的主数据视图。

MDMSE 产品以其灵活的数据模型、SOA 的标准架构、无侵略性和松耦合的集成方式、轻量级、易操作、快速实施部署等特点在政府和医疗领域的使用尤为突出。使用 MDMSE 可以快速识别和整合散落的人员、机构信息。MDMSE 提供了针对关键数据资产以及这些数据相互关系的单一视图,帮助企业快速集成现有同构或异构数据源和应用系统,通过对数据进行统一的转换、清洗、匹配和链接等操作,清除数据的不一致和重复,丰富、完善现有数据,保证数据的质量和完整性,提供真实可靠的主数据。

4. 高级版 InfoSphere MDM Advance Edition

InfoSphere MDM Advance Edition(MDMAE)在 V10 之前被称为 InfoSphere MDM Server,主要用来实现和维护跨企业的单一版本的真实数据,消除信息竖井,控制企业内最重要最需要共享的信息资产。

MDMAE 主要用于管理客户主数据,也可以管理合约和产品等,具体来说可以实现企业内重要的主数据实体,如客户、产品、供应商、员工、潜在客户、代理商、项目、产品捆绑、部件和协议等管理,实现主数据实体的单一视图,帮助用户减少信息错误,消除重复数据,提高企业运营效率。

MDMAE 产品部署灵活迅速,其匹配和关联能力业内领先,并具有全面管控功能,可以满足行业内和行业间广泛的业务需求。企业可以使用该产品内嵌的智能和对数据的洞察力,提升销售能力,改进市场推广效果并提高财务运营能力。MDMAE 作为一个完整的主数据管理方案,可以帮助企业完成客户整合、客户管理、客户流程优化和以客户为中心的转型等短、中、远期业务目标。

MDMAE 是一个企业级应用,为参与者(Party)、产品(Product)、账户(Account)和位置(Location)提供事实的单一版本,提供多渠道管理的环境,通过统一前后台系统提供客户信息的单一版本。Party 可以反映任何合法的实体,无论是个体还是组织;Product 既包括物理存在的货物,也可以是任何服务;Account 包括期限和条件,以及相关的各种关系;Location 既可以独立存在,也常常与其他主数据域共存。主数据管理需要关注的不仅仅是这些域,还包括它们之间的各种关系。MDMAE 使用基于组件的可扩展标记语言(XML)、

J2EE 平台和 EJB 架构,以便快速和其他系统集成,并提供充分的灵活性和扩展性。

8.2.4 Oracle 的 MDM 解决方案[①]

1. 产品概述

Oracle 主数据解决方案旨在整合、清理和收集整个企业的关键业务数据,并将其与所有应用程序、业务流程和分析工具同步。Oracle 企业主数据管理(MDM)产品套件可在整个企业内整合并维护完整、准确和权威的主数据,然后以共享服务的方式将此主数据分发给所有操作和分析型应用程序。

Oracle MDM 套件是一个平台,旨在全天候地整合、清理、监管和共享整个企业内的主数据。其中包括预定义的数据模型和访问方法,还有一些强大的应用程序,可集中管理主数据的质量和生命周期。Oracle MDM 消除了应用程序之间核心数据的不一致性,实现了对集中管理的主数据存储的强大流程控制。Oracle MDM 产品组合还包括直接支持主数据存储中的数据监管的工具。

Oracle 为产品、客户、供应商、地址和财务等关键主数据对象提供了预置的 MDM 套件。相对于从头构建这些资产,这些打包的解决方案只需较短的时间即可提供商业价值。

2. 系统功能

Oracle MDM 应用作为企业级的 MDM 主数据管理应用产品,而不是一个简单的主数据管理工具平台,提供从数据建模到前端丰富的应用系统和逻辑到后端的安全控制和数据监管。Oracle MDM 实现全生命周期的主数据管理,包括主数据的集中存储、主数据合并、主数据清洗、主数据监管和主数据的共享,满足企业对于企业级别主数据管理平台的需求,如图 8-8 所示。

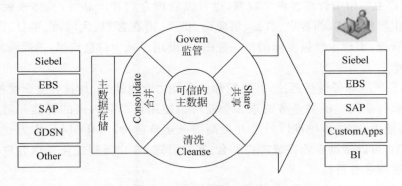

图 8-8　Oracle MDM 主要功能

1) 主数据存储

Oracle MDM 采用 Oracle 应用系统中企业级别的高可扩展的数据模型作为主数据管

---

① 本小节内容参考 Oracle MDM 主数据管理平台产品白皮书。

理的底层数据模型,这些数据模型的设计是为了支持复杂的企业业务运营,适用于存储适合绝大多数类型的各种系统的主数据对象,如客户、供应商、分销商、合作伙伴和资产等。这个模型可以支持驱动业务的所有主数据类型,而不管这些数据的源系统是什么,如 Oracle EBS、PSFT、Siebel、SAP、计费系统、邓白氏和遗留系统等。Oracle 企业级数据模型可以存储复杂的信息关系,如客户、供应商信息的 360 度视图、产品数据的多版本支持、附加的层次管理、不同类别分类属性管理等复杂信息管理功能,并且 Oracle MDM 数据模型是可配置、扩展的数据模型,用户可以方便地通过配置来增强额外的属性信息,以满足本企业主数据管理的需求。

2)主数据合并

主数据合并是管理主数据的一个关键步骤。如果没有将所有的主数据属性合并在一起,一些关键的管理能力,如从多个数据来源创建统一的、唯一真实的主数据记录将变得无法实现。这个往往是排在第一位的 MDM 的基本功能,通过主数据的合并可以实现企业范围的唯一真实数据提供。

Oracle MDM 平台内置数据导入工作台可以集中处理导入、匹配等业务流程,并可以在导入前审核主数据,配置、包装相关信息,通过自动检测导入错误进行审核和匹配,在将各个不同数据源的数据导入到 Oracle MDM 平台的过程中,实现数据的初步处理、清洗、筛选和标准化。Oracle MDM 也支持对 Excel 的双向导入导出,可以方便地将主数据信息导出到 Excel 表格中,进行修改后再加载到 Oracle MDM 系统,并且这种导入和导出受 Oracle MDM 平台的安全控制,可保证数据的安全性。

3)主数据清洗

一个干净、准确、唯一真实有效的主数据信息是建立 MDM 管理平台的基本目标。在 Oracle MDM 中内置了大量的数据质量管理工具,能够维护一个干净、准确的企业主数据集合,如图 8-9 所示。

4)主数据监管

Oracle MDM 平台提供基于 Oracle Workflow 的强大数据监管功能,可以实现复杂的监管管理。例如新主数据的定义和引入,可以在某个业务系统产生新的主数据信息,并通过 Workflow 给不同的业务单元(如外部供应商或内部财务部门等)增强相关数据项信息,经过前面 MDM 平台的数据清洗功能进行主数据的增强和标准化,最终得到唯一、准确、有效的主数据信息并落地到集中的资源库中,还可以将主数据信息分享到不同的业务系统,实现整个企业的主数据统一。

Oracle MDM 的数据监管可以实现丰富的安全控制,可以指定不同的数据字段到不同的部门,不同的人员有不同的修改或查看权限,全面保障数据的安全有效。

5)主数据共享

Oracle MDM 提供多种开放接口,可以实现主数据信息的同步,驱动整个企业的信息保持准确性,这些开放接口包括开放接口表、PL/SQL API、Web Services 等。

同时,Oracle 还提供现代化的 SOA 集成平台,可以实现和 Oracle MDM 的无缝集成。

图 8-9　数据质量工具

借助 Oracle 提供的现代化的 SOA 集成平台，可以将 Oracle MDM 的数据分发到不同的业务系统，并可以将主数据信息暴露给企业业务流程。在这里，SOA 和 MDM 的完美结合可以确保企业建立起完善的企业主数据管理平台，并平滑地将相关主数据信息提供给需要的业务系统，实现主数据管理平台的最大效益。

8.2.5　Informatica MDM[①] 解决方案

1. 产品概述

Informatica 是独立的企业数据集成软件提供商。世界各地的组织机构可以通过 Informatica 为其重要业务提供及时、相关和可信的数据，从而赢得竞争优势。Informatica 1993 年创立于美国加利福尼亚州。Informatica 于 2005 年正式进入中国。短短的几年时间中，凭借全球领先的技术和完善的服务，Informatica 很快就在包括金融、政府和公共部门、电信、医疗、制造、能源、教育、零售和运输等多个领域获得突破，并帮助众多企业构架随时随地呈现正确而重要信息的数据整合平台。

Informatica 提供全面、统一、开放且经济的智能数据平台，使用者可以在改进数据质量的同时，安全地访问、发现、清洗、集成并交付数据，以提高运营效率并降低运营成本。Informatica 平台是一套完善的技术平台，可支持多项复杂的企业级数据管理规划，包括企业数据集成、数据质量管理、主数据管理、数据隐私保护、消息收发和大数据处理。

Informatica 主数据管理产品主要包括：

① 本小节内容参考 Informatica MDM 产品白皮书，http://www.informatica.com/cn/.

- Multidomain MDM：提供关键主数据完整准确的视图,使业务用户全面而准确地了解错综复杂的关键业务数据,攻克复杂问题,提升业务价值。
- Identity Resolution：用于搜索系统和数据库,发现人们之间隐藏的联系,借助高度准确的多语言身份数据提高运营效率。
- Business Applications：支持业务部门直接访问、管理和分析关键业务数据。
- Product 360(PIM)：用于集中管理通过不同分销渠道出售的产品信息,使得业务用户能够更高效地收集、编写并发布产品信息。
- Cloud Customer 360 for Salesforce：提供集成的数据质量,可以保持数据整洁,使业务用户建立更为智能化的客户关系,同时协调多家组织。
- Business Process Management：实现流程自动化,并创建面向服务的应用系统集成。

2．系统功能

Informatica MDM 提供端对端的解决方案,使用模块化方法提供客户体验、决策和合规服务。这些端到端功能包括数据质量、数据整合、业务流程、管理和作为核心的数据安全。它可以提供以下功能:

- 单一数据视图：使用分散、重复和相互矛盾的信息创建单一且权威的关键业务数据视图。
- 360 度关系视图：业务规则可以帮助识别数据之间的关系。
- 更完整的交互视图：将随产品、客户、渠道合作伙伴或其他数据元素一起出现的交易数据与社交互动数据整合在一起,提供该客户的完整视图。

8.2.6 产品对比

从系统功能的角度,对上述主数据管理产品和解决方案的对比如表 8-1 所示。

表 8-1 主数据管理产品和解决方案的对比

系统功能	SunwayWorld MDM	SAP NetWeaver MDM	IBM Infosphere MDM	Oracle MDM	Informatica MDM
面向对象建模	有,简单易用	有,配置界面复杂	有,多个产品组合	无	有,配置过程复杂
分类模板	有,灵活方便	无法实现	难度大	无法实现	无法实现
元属性关系管理	有	无	无	无	无
数据清洗工具	有	有	主要通过映射功能实现	主要通过映射功能实现	主要通过映射功能实现
数据交换中间件	多业务系统分发,自定义分发策略	SAP-PI,配置复杂,需单独授权	WESB、MQ	OSB,需单独授权	SAP-PI,配置复杂,需单独授权

续表

系统功能	SunwayWorld MDM	SAP NetWeaver MDM	IBM Infosphere MDM	Oracle MDM	Informatica MDM
接口监控	有	使用 PI,部分支持	有	无	使用 PI,部分支持
工作流定义	有	有	无,需单独的 BPM	无,需第三方 BPM	无,需第三方 BPM
高级搜索	支持	部分支持	部分支持	部分支持	部分支持
后台任务线程池	有	无	无	无	无
移动办公	有	有	无	无	无
系统更新升级	每月升级更新	新产品	十分缓慢	缓慢	2014 年已停止更新,服务支持到 2020 年

8.3 先进企业的主数据管理现状

很多大型企业,在业务系统基本建成后,迫于降低 IT 成本及提升企业效率的需要,急需更有效的方式来管理和维护跨多个数据源的数据。日益增加的数据治理费用、运营风险和法规制度,也迫使企业更加重视主数据的标准化管理。数据综合治理是一项复杂而艰巨的系统工程,是信息化建设必经之路。主数据管理是数据综合治理的关键举措,是提升公司数据管理与应用水平的有效手段,是进一步梳理业务及其数据、强化跨部门协同、提高信息系统应用水平的过程,同时也是明确数据责任、优化数据管理流程、实现跨部门协同的管理要素。

国外先进企业的主数据管理工作起步较早,近年来,主数据管理工作更是得到了迅猛的发展。根据 QYResearch 公司关于《全球主数据管理市场规模、市场现状和 2023 年市场预测》,目前全球主数据管理市场增长迅速,未来中国、印度和东南亚会进入主要市场行列,预计到 2023 年全球主数据市场份额会超过 59 亿美元。当前,由于人口众多和网络经济的快速增长,移动互联网在中国发展较为迅速,中国未来将保持高速增长的势头。中国市场主数据业务主要集中在政府部门、金融业、通信业、健康业、制造业等,2023 年预计增长到 8.76 亿美元。

在选择产品方面,早期的实践者更倾向于选择单领域的主数据管理解决方案。这些解决方案关注于产品、客户和财务等某一类关键领域的数据管理,如产品信息管理(PIM)、客户数据整合(CDI)等。虽然这些方案能够高效地解决单一领域的数据问题,但伴随着企业信息化工作的不断深入,更多的企业开始倾向于选择多领域的、企业级别的主数据管理平台。Gartner 调研副总裁安德鲁·怀特(Andrew White)近期预测,多领域的产品会变得更有市场。

国内企业的信息化程度虽然不及欧美等发达国家,但在信息技术高度发达的今天,国内企业也在面临着一场数据引发的变革。数据是企业核心资产的思想已被越来越多的国内企业所接受,它们亟待寻求合理的手段从中创造更多的业务价值。

目前,包括能源、金融在内的诸多行业已经将数据治理和主数据管理列为信息科技的新的规划中,已经有许多来自石油、石化、银行、电力、航空等企业和机构率先开展了主数据管理工作。部分企业已经通过主数据体系的建设和信息标准化工作,有效地提升了企业的风险管控能力,促进了信息的深度集成和共享利用,为工业化和信息化的深度融合提供了强有力的支持。

但是,从总体上看,国内企业的主数据体系建设工作仍然处在起步阶段。TechTarget商务智能发起的中国数据管理优先度调查显示,只有11.3%的受访企业部署了MDM系统,17%的企业表示计划在未来部署MDM,18.1%的企业表示不会考虑部署,其他用户则处于观望状态。在已部署或正在部署MDM项目的企业当中,大部分还处在需求收集阶段,16.3%的企业正在选择厂商,6.3%的企业正在将MDM扩展到更多的数据域。对于主数据管理的挑战,34.3%的企业表示自身技术还不成熟,无法完成MDM项目的部署;另有10.9%的用户认为MDM项目过于复杂,不愿轻易触碰;10.4%的企业表示公司管理层不支持MDM项目的开展。

可见,国内企业的主数据管理发展仍存在诸多问题,主数据的概念混乱而且不清晰,很多人对主数据的相关知识还存在一定的认识误区,主要表现在以下方面。

- 对主数据的重要性认知不足,如认为主数据管理不紧迫,可以等系统建设完成后再开展。
- 对主数据管理的复杂性和长期性认知不足,认为主数据的质量可以通过短期运动式的活动得以改善。
- 主数据管理的组织不健全,没有可靠的、稳定的主数据管理组织和质量控制措施,对主数据的战略高度认知不足,认为主数据管理只是IT部门的责任。
- 主数据安全和风险管控薄弱,普遍没有实现主数据分级安全控制,对数据安全隐患和数据的风险没有严格检查,也没有相符合的管理手段和工具支持。
- 缺乏统一的主数据标准,主数据内容、格式和质量千差万别,主数据资源难以共享与利用,导致重复投资和信息资源浪费。

数据资产的高度复杂性使得企业在进行主数据管理时无从下手。随着全球经济一体化的迅速发展,信息战日益激烈,数据资产的优劣已成为企业竞争的重要砝码。主数据已被越来越多的企业所重视,很多企业都将主数据管理作为提升企业管理和运作水平的重要手段。

基于企业安全稳定运营、风险管理、业务及管理创新、合规的多重需要,主数据体系的构建已经成为很多国内企业的必修课。同时,"主数据管理"之路也必将是一条长期艰苦的道路。由于历史原因,目前国内一些企业的主数据应用多在技术层面,将分散在各个业务及管理环节的已有的主数据进行清洗、整合、应用,而对更深层次的主数据体系和主数据架构还少有涉及,如建立主数据模型、设计主数据体系等方面。只有当企业的主数据体系能够明确解决需要什么主数据、为什么需要、如何获取、怎么应用等一系列问题时,才能真正实现基于主数据的经营决策分析和风险管控。今后几年,相信国内企业会不断总结多年主数据服务、主数据管理的实践经验,探索建立主数据管控机制的有效方式,为提升企业信息化管理能力夯实基础。

8.4　主数据典型应用案例介绍

8.4.1　石油行业应用举例——某大型石油总公司的主数据管理

本节介绍某大型石油总公司主数据管理项目的应用案例。

1. 单位概况

某大型石油总公司(以下简称总公司)是中国最大的海上油气生产商。公司成立于1982年,注册资本949亿元人民币。公司海外业务已遍及40多个国家和地区,海外资产比重达到40%,海外收入比重达到30%,海外员工本地化率达到82%,2013年在《财富》杂志"世界500强企业"排名中位列第93位,比2012年上升了8位。跨国指数正在向国际一流公司迈进。自成立以来,该公司保持了良好的发展态势,由一家单纯从事油气开采的上游公司,发展成为主业突出、产业链完整的综合型能源集团,形成了上游(油气勘探、开发、生产及销售)、中下游(天然气及发电、化工、炼化、化肥)、专业技术服务(油田服务、海油工程、综合服务)、金融服务以及新能源等产业板块。近年来,通过成功实施改革重组、资本运营、海外并购、上下游一体化等重大举措,企业实现了跨越式发展,综合竞争实力不断增强。

2. 信息化建设总体情况

该总公司高度重视信息化建设工作,建立了集中的 SAP-ERP 系统、采办系统、主数据管理平台、e-HR 人力资源管理系统、Notes 办公系统等众多信息化系统。数据管理工作经过近年的努力推进,管理水平得到了一定提高。但是数据管理的标准化、集中化和管理深度等方面还存在一定的差距,其数据的标准同一性差和管控体系薄弱成为核心问题,数据管理分散,数据共享程度不够、有效利用率低,数据质量较差,数据的完整性、准确性需提高。各类主数据的存储和管理分散在众多系统中,由于产品选型不同,各系统存储的主数据自成体系,数据结构不同,造成彼此间难以共享与联动更新。对于同一系统来说,各二级单位根据自身需要创建与维护的主数据,尽管不同单位创建的主数据的数据结构相同,但很难保证遵循统一的编码规则、命名规范与标准单位;各二级单位主数据彼此间不一致,也无法共享与联动更新。

从主数据管理的业务流程而言,IT 系统的支持力度差异很大,手工处理占主要部分。数据标准的执行主要靠人为因素,无法实现全面、严格的数据质量控制和审计。如何实现主数据的全面标准化,建立唯一、集中、共享、高效的主数据管控中心,实现主数据从申请、校验、审批、生成、发布、分发到核销的全生命周期的集中管理体系迫在眉睫。

3. 主数据平台的建设情况

2010 年,该总公司启动了主数据管理平台的项目建设工作,一期项目于 2010 年 8 月正式启动,于 2011 年 3 月正式上线。截至 2014 年 5 月,已经持续完成了七期项目的建设,从一期的 8 类数据扩展到 36 类数据,从一期数据分发 4 个系统扩展到目前的 10 个系统,为该总公司的信息化深入建设和精细化推进奠定了强大的数据基础。

系统的投用彻底改变了原有业务平台主数据管理流程不规范、平台不统一、依靠手工完成数据校验的方式,实现了从分散到集成、从局部到全面、从手工非专业到专业流程管理的转变,建立了一体化的集中数据管控中心,实现了数据标准的信息数据治理。系统应用大幅提高了数据处理的效率,提高了数据应用的唯一性、准确性和规范性。

系统的投用实现了主数据的全生命周期管理,通过数据模型的应用固化了主数据管理标准、管理流程及管理规范,构建了"一个集中数据管理平台、三层业务支持架构、六大业务功能"的功能体系。

系统实现了全局性主数据,包括物料分类、供应商、客户、银行、设备分类及特性、设备故障原因等 36 类主数据的申请、审批、导入、分发、校验、变更、冻结、统计分析等功能,实现了与 ERP 系统、采购系统、人力资源系统、IT 支持系统等共 10 套系统的数据分发、同步的无缝集成。系统提供了完备的业务处理日志、数据分发、同步日志等监控和自动反馈机制,为各业务系统中主数据的一致性与完整性提供了可靠保证。

通过系统的支持,完全实现了主数据管理的制度化、专业化、规范化和信息化,主要应用成果表现在以下几方面。

(1) 建立了数据标准定义和发布的平台。主数据为信息系统体系提供统一的数据标准,规范企业的业务数据定义、数据处理流程和共享标准,实现主数据的集中创建、分子公司分散应用。这不但有利于实现集中式 ERP 系统与在用的其他应用系统的集成,还将给未来建立的其他应用系统提供数据集成标准,为企业业务扩展后的系统整合提供数据标准,从业务层面上提高业务之间的信息互联互通、使业务流程更加顺畅,同时从 IT 技术基础的层面提升企业的战略扩展能力。

(2) 建立了数据管理的业务管控平台。引进了先进企业主数据管理理念,强化基础数据质量管理,实现一体化的主数据的提取、审查、发布的机制和流程,实现主数据整个生命周期中的数据质量控制,提升内部管理手段,实现科学、统一的主数据管理。

(3) 建立了主数据知识库。通过主数据相关的、结构化的业务知识固化,在主数据管理的过程中能够直接引用,帮助判别、搜索标准主数据,通过知识综合积累、应用,实现专业化管理,以控制、提升主数据的质量水平。

(4) 建立了系统集成和商务智能的基础支持平台。为以后系统的全面集成提供信息标准,支持业务数据同步机制,使业务信息更加及时、业务流程更加顺畅,协助实现整条供应链的业务协作。在主数据的支持之下,商务智能可以在企业内获得所需的一致性的、可对比的数据,其分析的结果具备高可用性。

主数据管理平台作为总公司范围内主数据的唯一来源,能够为信息系统各 IT 架构层、各业务系统提供标准主数据,为系统集成和整合提供保障,为决策支持系统建立数据标准化的支持。该平台的应用是提高信息化建设效益、改善业务数据质量、在高端决策上提供强有力支持的重要途径。通过数据集成消除在信息系统间和信息系统内部业务数据的关联和沟通过程中的差异,提高历史数据对比和数据决策分析的效率,最大限度地体现和挖掘企业信息数据的价值,对提升总公司的核心竞争能力具有重要的战略意义。

8.4.2 煤炭行业应用举例——某大型能源集团公司的主数据管理

本节介绍某大型能源集团公司主数据管理项目的应用案例。

1. 单位概况

某大型能源集团公司(以下简称某集团)是国务院国资委管理的国有重点骨干企业,主要从事煤炭生产贸易、煤化工、坑口发电、煤矿建设、煤机制造以及相关工程技术服务等业务。该集团是中国大型煤炭生产企业,现有煤矿 46 座,总产能 2.39 亿吨,矿区主要分布在山西、江苏、黑龙江、陕西、内蒙古和新疆等省、自治区;拥有洗煤厂 28 座,洗选能力 2.53 亿吨。集团已有 30 余年的煤炭、焦炭进出口贸易历史,拥有完善的物流配送中心和分销网络,构建起"两级三域一体化"市场导向型煤炭贸易营销体系。集团共有全资公司、控股和均股子公司 52 户,境外机构 4 户,资产总额 2815 亿元,从业人员 11 万人。

近年来,该集团以科学发展观为指导,秉承以市场为导向,以客户为中心的经营理念,坚持生产规模化、技术装备现代化、队伍专业化、管理手段信息化的"四化"方向,遵循高起点、高目标、高质量、高效率、高效益的"五高"原则,整合内外部资源,优化产业布局,调整产业产品结构,转变经济发展方式,新基地新项目建设成效显现,煤炭产销量持续增长,利润总额位居中央企业前列。

2. 信息化背景和需求

该集团的管理者非常重视信息化建设工作,2009 年启动了集团统一建设的 Oracle-EBS-ERP 项目,取得了良好的管控效果。随着 Oracle-EBS-ERP 系统的深入应用,数据质量和数据标准的问题逐步显现出来。例如,物料主数据已经超过 70 万条,由于 ERP 系统中缺少对物料描述规则和标准的统一控制,依赖于审批人员的人工审核,不同的审核人员对物资描述理解不一样,产生了大量的错码、重码,主要原因在于以下三方面。

- 不同人员的命名习惯不同导致一物多码。
- 不同人员的标识和分类方式不同导致重复编制。
- 物资的书写错误等原因造成重码、错码。

主数据标准化的问题,已经对集团的整体战略产生了严重的影响,如集中采购的顺利推行、信息的决策统计分析等工作无法有效开展。尽快建立物资标准管理体系和物资主数据管理平台,确保物资制造、采购、储存、运输、销售和财务等业务的正常运行,已经成为集团信息化建设过程中必须解决的关键问题。该体系的建设对促进物资信息交流、提高集中采购度、减少储备资金占用、保障 ERP 系统的正常运行有着重要的意义。

3. 主数据管理系统建设情况

该集团经过多方的考察、对比和功能试用分析等工作,最终选定 SunwayWorld 提供主数据体系咨询和主数据管理系统建设服务。SunwayWorld MDM 一体化解决方案能够为集团从组织、架构、岗位、职责、流程、标准等方面实现统一、集中、规范的主数据管控体系,实现物料、设备、客户、供应商、服务、组织机构和会计科目等主数据的标准化工作。

项目从 2011 年 1 月正式启动建设,经过需求调研、现状分析和评估、管控体系构建、物料数据分类标准的优化、基础数据清洗和标准化、系统集成分发、用户培训和上线等阶段,于 2012 年 7 月正式上线运行,业务范围包括物料分类和物料主数据、供应商主数据、客户主数据、单位、弹性域、项目信息等 12 大类主数据。项目主要包括管理体系咨询和主数据管理系统构建两部分内容。

1)管理体系咨询

- 建立符合集团管理现状的主数据规范管理体系,包括编码、分类、模板等规范;建立主数据管理制度和相应的规范流程。
- 建立集团主数据标准数据库,逐步统一集团生产经营活动中的各种信息标准,为集团公司后续经营管理的信息化管理和数据分析奠定基础。

2)主数据管理系统构建

- 设计、建立集团主数据管理平台,实现全生命周期管理,包括主数据申请、审批、导入、分发、校验、统计和工作流管理等功能。
- 实现主数据的信息、分类、模板及管理流程的标准化管理。
- 实现向目标业务系统的数据自动分发和同步,确保业务系统中主数据的一致性与完整性。

通过主数据的标准化和信息化建设,构建适合于全集团各业务板块通用的主数据分类体系,以满足各业务节点对主数据分类管理以及管理精细度的需求,逐步规范统一全集团主数据,建立未来主数据管理的基础能力,并固化主数据管理组织和流程。

4. 主数据管理系统建设应用效果

集团主数据管理体系咨询和管理系统建设实现了主数据标准体系管理、主数据业务处理、主数据审查监控和信息共享等业务内容,可以通过工作流控制从主数据申请、特征值自动检查、主数据管理人员分发,到内外部专家审核、主数据管理人员确认的全部过程,并统一分发下达到 ERP 等应用系统。主数据管理系统不但支持专职主数据管理团队的工作,还可以借助系统自动检索、检验的优势及引入行业内兼职业务专家的知识和经验,进一步提高主数据与数据分析的质量,进而提升决策依据的科学性。主要的应用效果包括以下几方面。

- 主数据申请。系统上线前各类数据的提报依托 ERP 系统,以工单形式通过 Excel 表的方式提报到总部。在提交前没有相应的校验,当主数据发生变更时,只能通过手工方法实现变更前后比较,无法查询主数据的变更历史。系统应用后,根据定义的数据模型,自动生成不同主数据的申请表,并可生成 Excel 的导入模板,以方便数据申请。在申请过程中,系统根据模型定义的相关规则对提交的主数据进行校验,在审核主数据变更时可方便地对主数据变更前后的信息进行对比。通过版本管理实现主数据的变更历史管理,可对主数据的变更历史进行追溯。

- 主数据审批。系统上线前基本没有审批过程,无法实现精确的数据质量管控,主数据管理平台通过可视化界面完成工作流的定义,并实现与相关业务的绑定,从而实现业务流程的自动流转,在审批时可以对主数据进行校验。

- 主数据同步。系统能够对录入主数据系统的物料、供应商、客户信息按照预先配置的校验规则进行标准自动校验,同时支持自动和手动分发功能,可设置分发策略,定制分发时间频次、分发数据内容和范围,并提供标准的 Web Service 接口,实现与 ERP 系统、供应商系统、电子商务平台等其他业务系统的数据分发接口,全面保证了基础数据的一致性。

- 数据管控流程。系统全面支持审批流程自定义功能,提供图形化工作流引擎。系统管理员可通过工作流定义完成各类业务相关工作流的定制,当流程发生变化时,可通过工作流定义进行调整,迅速作出响应,针对具体主数据按照单位、分类配置流程进行自定义审核。

- 查询统计和分析。系统提供强大的数据统计和分析支持功能,各类主数据均提供了快捷查询、模糊查询和高级查询功能。不同用户可根据各自的要求,设置相应的查询条件,并能保存为查询线索,实现主数据的快捷查询。

- 报表。系统提供图形化的报表工具,实现自定义统计分析报表和图形化报表支持,可以对员工的实际工作效率、各单位的实际工作情况进行在线统计和监控。主数据系统根据不同类型的主数据,分别根据人员、单位进行预审、终审、回退、已审核、未审核和物料月报等相关操作的数据统计,对数据质量进行准确、实时的监控,有效保证了主数据的有效性、唯一性和规范性。

8.4.3 有色金属行业应用举例——某大型有色金属公司的主数据管理

本节介绍某大型有色金属公司主数据管理项目的应用案例。

1. 单位概况

某大型有色金属公司(以下简称公司)成立于 2001 年 2 月 23 日,是中央直接管理的国有重要骨干企业。公司主要从事矿产资源开发、有色金属冶炼加工、相关贸易及工程技术服务等,是目前全球第二大氧化铝供应商、第三大电解铝供应商,铜业综合实力位居全国第一。

该公司现有所属企业 66 家,业务遍布全球 20 多个国家和地区,公司资产总额近 5000亿元,2014 年销售收入近 3000 亿元,连续 6 年跻身世界 500 强企业行列。公司 5 家控股子公司实现了境内外上市,其中某股份有限公司在香港、纽约、上海三地上市,两家在香港上市,另外两家在深圳上市。

该公司的中长期发展战略是做强铝业,做优铜业,做精稀有稀土,其他相关业务为三大核心主业提供服务和保障,加快向产业链前端和价值链高端转型,提高国家战略性矿产资源和国防军工材料的保障能力,建设具有国际竞争力的世界一流企业。

2. 信息化背景和需求

该公司信息化工作伴随着公司的发展壮大而不断进步,经过多年的努力,在网络基础设施、应用系统建设、信息化管控体系构建等方面都已经相对成熟并不断巩固。公司在不断完善信息化组织机构和运维体系的同时,制定了一系列信息化管理制度及规范,为公司信息化工作稳定开展及推进信息化进程提供了基础保障。

该公司已建成的系统包括综合信息平台相关系统、公司法律合同管理系统、公司外事管理系统、公司人力资源绩效考核系统、公司财务数据管理平台、公司审计与风险管理信息系统、投资管理信息系统、生产统计信息系统、项目统计查询系统、ERP 系统、BW 系统、物料编码管理系统、管理层决策报表支持系统、电子商务采购平台、中国稀有稀土财务系统、财务系统、电子商务平台等。

随着公司及各板块信息化建设工作的不断推进,各信息系统间信息互通共享的需求日益迫切。目前,公司准备将原有的 SRM 电子商务采购平台系统和正在建设中的电子商务采购系统合并为统一的电子商务采购平台,这两个系统的物料管理规则各不相同,两个系统之间、两个系统与其他各个应用系统之间难以实现数据的共享与互联互通。数据管理口径、统计口径不一致、数据定义不正确、数据内容谬误、各系统间数据屏障等问题,已成为影响应用系统间数据互联与应用集成、决策分析系统数据统计准确真实的主要因素。

3. 主数据管理项目建设目标

为加强公司数据运营管理能力,通过数据分析切实发现企业管理中存在的问题,强化企业数据管理的信息化支撑,更好地实现公司信息资源充分共享,信息资源利用效率最大化,启动主数据管理平台建设项目。

在公司主数据整体规划下,建立公司主数据管理平台,从而实现对总公司、各板块公司及下属企业主数据的统一集中管理,实现对主数据的全生命周期管理,实现现有应用系统与主数据管理平台间的全面集成。项目组织范围包括总公司、各板块公司及实体企业。项目业务范围包括设备、物资、人力资源、财务、项目、生产、调度、矿产资源等业务范畴和主题域。

项目主要任务包括:搭建完成集团统一集中管理的主数据管理平台;构建公司主数据总体架构,设计公司关键指标体系,并在主数据管理平台中实现;构建公司主数据管理体系,并在主数据管理平台中实现;构建公司主数据标准体系,架构公司主数据标准库,并在主数据管理平台中实现;构建数据交换总线,完成相关应用系统及与本项目相关的招标方正在使用和正在建设的应用系统的数据清理,完成主数据管理平台与现有应用系统间的数据自动交换。

4. 系统建设应用效果

公司主数据管理平台作为数据标准化管理的规范工具,集中管理了物料分类及物料主数据、银行、客户等 13 类主数据,实现了主数据与 ERP、EC、HR、OA 等业务系统的分发与集成。同时,为各类主数据业务管理提供统一的数据标准化管理,实现主数据的唯一性、完整性、一致性、及时性。通过主数据管理平台的应用,推动各类主数据统一标准、统一管理、统一分发,为公司信息系统的数据整合提供基础,为管理决策提供支持。

- 逐步完善数据治理管理组织。该项目实施过程中,开展了充分全面的宣贯工作,使业务部门深刻理解主数据管理的价值和意义,提升全员主数据质量管理意识,促使公司逐步开始规划主数据管理组织,为数据质量提高奠定了组织基础。
- 全面提升企业数据管理能力。通过主数据管理项目加强企业主数据管理力度、增进主数据管理细度;通过对各类主数据的结构进行定义及梳理,统一标准,减少冗杂数据,提高业务流程流转及数据传递水平;通过完善各类主数据的唯一性标识规则,提升数据的标识表达水平;通过主数据管理系统的纽带,实现各类主数据的统一管理及发布,强化语言的一致性。
- 规范数据管理。通过完善各类主数据的维护管理流程,对主数据管理系统进行固化,降低主数据维护的随意性;通过设置多层数据校验控制点,有效防止不规范的数据、冗杂数据的产生。
- 实现数据上下贯通。通过完善各类主数据在不同系统间的取值途径,以主数据管理系统为原点,建立跨系统、跨职能的纵横交错的集成路由,组成不同管理颗粒度的数据集,实现由一套标准数据生成多种不同口径报表的需求。

8.4.4 建筑行业应用举例——某大型建筑股份有限公司的主数据管理

本节介绍某大型建筑股份有限公司主数据管理项目的应用案例。

1. 单位概况

某建筑股份有限公司(以下简称建筑公司)是中国最大的建筑房地产综合企业集团、中国最大的房屋建筑承包商,是建筑业唯一具有房屋建筑工程施工总承包、公路工程施工总承包、市政公用工程施工总承包三个特级资质的企业。长期位居中国国际工程承包业务首位,是发展中国家和地区最大的跨国建筑公司以及全球最大的住宅工程建造商。该建筑公司是32个中国内地入选2007年度世界著名品牌500强排行榜的世界知名品牌之一,2010年排名187位,2012年财富500强第100位,2013年上升为第80多位。

该建筑公司信息化建设始终以"一最两跨、科学发展"战略为指导,通过持续建设与优化升级,建成国内一流、行业领先的信息化体系,形成与国际一流建筑地产综合企业集团相适应的企业信息化能力,实现企业信息化与经营管理模式的有机融合,真正使信息化成为建筑公司的核心竞争力。

该建筑公司信息化发展战略目标是在现有信息化建设的基础上,持续打造"数字化中建",推动信息化与企业业务管理的高度融合,支撑专业化、区域化、标准化、国际化的需要。到"十三五"末期,初步形成企业全员信息化绩效考核机制,展现信息化服务企业经营的能力与价值,并使建筑公司信息化达到国内先进、行业领先水平。

2. 信息化背景和需求

随着公司信息系统"横向到边、纵向到底"建设步伐的不断加快,总部及下属单位信息系统应用数量正在不断增多,系统间数据横向共享、纵向交互需求也在逐渐增加。主数据相关业务已经涉及公司运营管理的方方面面。据目前统计,公司总部及二级企业需要主数据服务的系统超过 30 个,涉及的总部职能部门超过 12 个。

每一项主数据从申请注册到发布使用都需要有一套完善的审批流程,而目前公司各职能部门在主数据管理职责方面尚不清晰明确,多数未落实管理岗位,主数据管理流程尚未建立,因此给公司主数据的标准化和规范化工作带来较大困难。公司迫切需要加强主数据管理工作,对各系统间公用数据进行统一、集中管理,实现标准化应用,达到"数据同源、规范共享、应用统一、服务集中"的目的。

3. 主数据体系规划咨询情况

主数据体系建设已经成为该建筑公司信息化建设中一项非常紧迫的信息化基础建设工程。经过项目的前期准备、公开招标、评标等工作,确定项目实施商。2013 年 7 月,该建筑公司主数据体系规划及主数据管理系统一期建设项目正式启动,经过主数据体系需求调研、现状评估及需求分析、体系规划和架构设计、实施规划等阶段工作,在 2014 年 7 月完成咨询阶段专家评审,系统建设项目于 2014 年 7 月末正式上线试运行。

北京三维天地通过借鉴国内外先进企业的主数据管理和数据治理工作经验,引入主数据管理成熟度评估模型(MDMMM),对该建筑公司的主数据管理能力进行了整体评估。通过分析与先进企业的主数据管理差距,提出主数据体系建设的长期愿景和使命,进行了主数据管理组织架构、应用架构、标准架构、集成架构和安全架构设计,制定了建筑公司主数据体系建设三年实施总体规划。

主数据体系规划路线图如图 8-10 所示。

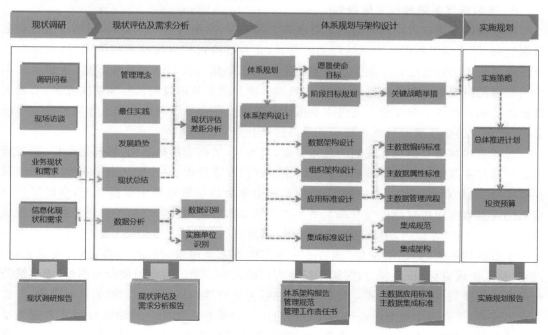

图 8-10　主数据体系规划路线图

4. 主数据需求调研阶段

项目组相继开展了问卷调研和重点单位访谈工作,调研访谈涉及该建筑公司总部业务部门、信息化主管部门、下属二级单位、信息系统开发商共计 34 家,涉及 36 个信息系统,共收集管理规定、制度规范、主数据编码等相关资料 600 余份,对该建筑公司的主数据管理、流程、标准、应用、集成等各方面进行了详尽的调研和分析。

5. 主数据管理现状评估和差距分析

项目组充分调研该建筑公司的主数据应用现状,借鉴国内外主数据管理的先进理念和发展趋势,基于业务流程管理成熟度模型的基础之上,构建了主数据管理成熟度模型,分别从管理流程、组织岗位、职责和 IT 支持等维度对该建筑公司的主数据管理能力进行评估。从体系评估的总体情况来看,该建筑公司与国际一流公司和国内先进企业相比,在主数据的体系规划、战略、理念、管理制度、组织体系以及管理的标准化、集中化和管理深度等方面还存在一定的差距。

根据该建筑公司主数据体系规划和主数据管理系统建设项目的工作内容,结合现状调研报告和需求访谈情况,应用主数据识别方法论(多因素分析法)对该集团的主数据进行识别,得出该建筑公司共三类 18 个主数据。

进一步分析出项目需要实施的三个主数据、两家试点应用单位以及相应对接的业务系统。分析过程中应用了 SunwayWorld MDM 的主数据识别评价模型,对公司信息系统与各类主数据进行了关联分析和主数据应用层面分析,构建出公司主数据识别和分析指标体系。根据分析结果确定一期项目实施组织机构、人员与供应商三类主数据。

6. 主数据体系规划和实施规划

主数据体系建设以国内外的先进管理理念为依据,参照行业最佳实践,对标一流企业主数据管理,结合信息数据资产战略规划的部署,妥善解决过渡阶段所面临的问题,制定出符合该建筑公司实际情况和发展要求的主数据体系三年规划及"4568"发展战略,逐步建立主数据管理的组织机构和管理体系,落实主数据标准并制定各阶段的目标和解决方案,实现主数据高效的质量控制和安全。通过主数据体系建设支持业务管理模式和工作流程的持续改进,实现高效的企业战略目标和核心竞争力的提升。

按照该建筑公司信息化规划的总体要求,实现"主数据应用标准化、管理集中化、服务规范化",通过主数据体系的持续建设,实现"主责部门专业负责、专业团队全力支撑、标准流程高效应用"的专业化管控。通过逐步、全面实施全生命周期管理型主数据系统,全面提升该建筑公司主数据应用规范性与管理水平。主数据体系的近期提升目标是达到主数据管理成熟度模型——P3 管理级,中长期目标达到 P5 创新级。

主数据体系规划"4568 战略"涵盖了主数据体系未来愿景、使命、战略定位、发展思路、规划目标、阶段目标、核心能力、关键举措等方面的内容。通过明确的使命和愿景,该建筑公司可以形成主数据体系的发展定位和发展思路,为实现规划目标构建宏观的发展阶段,形成关键里程碑,并在每个规划阶段培育发展相应的主数据核心能力。该建筑公司主数据体系建设的愿景是"树立央企一流、行业排头的主数据管理标杆典范",内涵是成为国内建筑行业主数据管理标准的制定者,成为同行业主数据管理标准化与数据治理的标杆典范。该建筑公司主数据体系建设的使命是打造"数据标准、组织健全、过程监控、优质高效的主数据体系"。

通过项目实施,能够全面提升该建筑公司的主数据管理水平。通过数据管理模式、数据共享模式和数据应用模式的制度化、规范化和标准化,实现各系统间公用数据的统一、集中管理。通过完善管理机制、明确管理职责、落实管理岗位、规范业务流程,建设主数据管理系统并进行管理要求的固化,保障了对主数据进行全生命周期的高效管理,进而大幅提高主数据质量,为业务报表编制、数据统计分析以及财务业务一体化等工作提供统一的基础数据源,为系统集成和提高业务数据处理准确性奠定重要基石。主数据体系及系统建设,将全面加快并促进信息化规划的实现。

通过主数据管理体系规划咨询项目建设,给该建筑公司基础数据应用与管理工作带来一次巨大的革新。

(1)数据管理模式变革。实现数据"源头"集中管理,改变原有基础数据分散管理现状,为主营业务系统集中化部署与集约化运营管理奠定数据基础,也为未来主数据管理系统建设提供蓝图指引。

(2)数据共享模式变革。建立基础数据共享"桥梁",打破各系统信息交互壁垒,使得物资、项目、人员、组织等重要基础信息能够在多个系统内充分共享、高度复用,通过本项目,梳理各系统主数据及共享技术方案。

(3)数据应用模式变革。制定主数据标准化应用"指南",引导各单位在系统建设中规范使用基础数据,保持该建筑公司总部与各下属单位所用系统主数据高度统一,进而为业务报表编制、数据统计分析以及财务业务一体化工作提供便利条件,建立主数据应用标准、管理、服务标准,并完善现有编码内容。

8.4.5 航空航天行业应用举例——某航天建设集团有限公司的主数据管理

本节介绍某航天建设集团有限公司主数据管理项目的应用案例。

1. 单位概况

某航天建设集团有限公司(以下简称航天建设集团)成立于1965年,半个多世纪以来,承担着航天领域绝大部分工程项目的咨询、设计、勘察和建设任务,在载人航天、月球探测、北斗导航等重大项目中为国防工业和航天事业做出了重要的贡献。目前拥有工程设计综合甲级资质,城乡规划编制甲级、工程勘察综合甲级、测绘甲级、工程咨询甲级、工程监理甲级、工程造价咨询甲级、安全评价机构甲级、地质灾害危险评估等甲级资质,是全国仅有的8家同时拥有设计综合甲级和城乡规划甲级"双甲级"资质的企业之一;拥有房屋建筑工程施工总承包、市政公用工程施工总承包、机电安装工程施工总承包、消防设施工程专业承包、建筑智能化工程设计与施工等建筑业企业资质;具有房地产开发、工程招标代理、建设项目环境影响评价、压力管道设计等资质;具有对外工程总承包经营权。作为高新技术企业,拥有北京市级企业技术中心。航天建设集团下设三大板块,分别是设计咨询板块、工程施工板块、房地产板块(目前已转型为节能环保业务),每个板块下设多家子公司和分公司。

2. 信息化背景和需求

经过多年建设,航天建设集团实施了一批信息化精品工程,信息化与业务的融合初见成效,并在 2018 年初开始了 ERP 系统建设。

管理信息化方面,参与集团总公司统一部署的财务管理系统、人力资源管理系统、安全传感器系统建设,完成了全面风险管理系统的试点实施;建设了协同办公系统、文图档案系统、安全电子邮件系统,实现了信息内部传递流程中的标识和审批等控制,实现了初步的综合管理流程化应用,促进了综合管理水平的提升;统筹建设了视频会议系统,提升了跨地区、跨企业统一指挥调度效率和水平;全面预算与资金管理系统、合同管理系统的建设方案论证工作已经开展。

工程信息化方面,勘察领域建立了勘察数据采集系统、CORS 数据监测系统,并成功应用;建立了 BIM 技术中心,开展基于 BIM 三维设计及相关领域探索应用;试点建设了协同设计系统,为协同设计的全面开展奠定基础。在信息化关键技术研究中,自主提出“数字化工厂建设模式”命题,开展“航天工业建筑数字化仿真验证技术”自主创新课题研究,探索先进数字化技术的工程应用。

3. 主数据管理系统建设情况

2017 年底,航天建设集团启动了主数据体系咨询规划项目,项目于 2017 年 12 月启动,2018 年 4 月完成验收。项目的主要工作包括建立航天建设集团的主数据管理体系、统一主数据标准、数据清洗。项目分为以下三个阶段。

第一阶段:现状评估及需求分析阶段。内容包括业务现状及需求调研、体系现状评估、主数据管理差距分析、主数据体系建设需求分析。

第二阶段:体系规划和架构设计。内容包括组织架构设计、绩效考核体系设计、主数据应用架构设计、主数据标准体系设计、主数据集成架构设计、主数据安全体系设计、主数据清洗。

第三阶段:主数据实施规划。内容包括主数据体系推进计划、主数据平台技术方案、基础信息初始化方案、数据转换方案、主数据集成服务规范、风险及效益分析等。

通过咨询规划项目,为航天建设集团规划出了完整的主数据标准化体系,包括统一的主数据标准、从总部到下属单位的完整的主数据管理组织、严格有效的管理制度和管理流程等。其中进行标准化的主数据包括组织、人员、客户、供方、项目、物料 6 类。航天建设集团隶属于集团总公司,主数据标准首先要遵从集团总公司标准,同时要满足建筑工程主业的业务需求。这一点主要体现在物料主数据方面,集团总公司的物料主数据以电子元器件和机电产品为主,而航天建设集团的物料主要是工程建设过程中用到的各类建筑材料。通过借鉴同行业的参考数据,并抽调下属企业的专业骨干集中讨论,最终制定了航天建设集团物料主数据标准,包括 23 个大类、171 个中类、1391 个小类,每一小类制定了对应的描述模板。

4. 主数据管理系统的应用成果

通过咨询规划项目，为航天建设集团规划了较为完善的主数据标准化体系，主要的应用成果包括以下方面。

（1）打通从上而下的主数据管理流程。集团总公司作为上级单位，已经发布了主数据的相关标准，航天建设集团一直未能很好地贯彻、应用。通过咨询规划项目，贯彻了上级标准，明确、细化了本级和下级单位的主数据管理组织、岗位、流程，满足了集团总公司的主数据标准化总体要求。

（2）根据自身业务特点，建立适用的主数据标准。上级单位的主要业务是航天领域的相关机电产品研发、制造，而航天建设集团的主业是工程建设，物料主数据很难直接应用集团总公司标准。在集团总公司主数据总体框架下建立符合工程建设业务需求的物料主数据标准，是今后标准发挥应有作用的基础。

（3）为下一步主数据管理系统的落地实施打下了良好基础。

（4）为 ERP 系统能够顺利开展工作打下了良好基础。

8.4.6　基建行业应用举例——某工程建设有限责任公司的主数据管理

本节介绍某工程建设有限责任公司主数据管理项目的应用案例。

1. 单位概况

某工程建设有限责任公司（以下简称公司）是中国交通建设股份有限公司的全资子公司，代表中交股份在国际工程市场开展业务，目前在世界各地设有 40 多个分公司和办事处，业务涵盖 70 多个国家和地区，在建项目合同额约为百亿美元，全球从业人员超过 7000 人。

该公司的业务主要集中在交通基础设施建设方面，包括海事工程、疏浚吹填、公路桥梁、轨道交通、航空枢纽以及相关的成套设备供应与安装。此外，在房建、市政环保、水利工程、电站电厂、资源开发等领域也有着丰富的资源和经验。

该公司从创建初始，便跻身于风云变幻的国际市场。以一体化服务为己任，历经蝶变，形成了针对不同需求和细分市场的服务阵列，以及适应经济全球化和产业快速发展变革的公司运行机制。核心事业拓展到海事工程、疏浚吹填、公路桥梁、港口机械、勘察设计五大业务领域，涉及沿海及内河的港口港湾和船坞与船台、疏浚、路桥、隧道、机场、水利、环保、市政、工民建、港口机械、航标制造安装、勘察设计、工程监理、外经外贸等多项业务。依靠中国港湾的信誉和实力，充分发挥融资功能，形成以一体化服务为基础，涉及设计总承包、工程建造总承包、建设-移交（BT）、建设-经营-转让（BOT）、工程总承包（EPC）、项目管理承包（PMC）等多种服务模式。公司深信，只有创造客户价值的服务才是企业的生存之道。客户需求的多样化要求企业在最短的时间内捕捉到客户需求并在恰当的时间、恰当的地点满足这种需求。

2. 信息化背景和需求

该公司积极进行信息化建设，以信息技术为基础，不断提高信息技术在经营、管理、决策中的作用。最近几年,公司先后实施了 OA、邮件、报表、门户、统一用户管理等多个基础设施与综合办公类系统,对公司的经营管理起到了很好的支撑和促进作用。进入"十三五"以来,该公司的信息化建设逐步扩展到生产运行和经营管理以及决策支持领域,系统间的应用集成交互越来越密切,数据共享越来越迫切。而主数据的标准化是实现系统集成、数据共享的基础前提保障,但目前公司面临着数据标准不统一、数据源头不一致、数据质量较低等问题。

3. 主数据管理系统建设情况

经过前期的调研和技术交流,该公司通过公开招标确定了项目承建商,项目于 2017 年 2 月正式启动,项目内容主要包括以下方面。

1) 体系规划

在"十三五"信息化规划及顶层设计的指导下,围绕该公司各项业务和现有信息系统,建立一套科学的适用于公司的主数据标准和管理流程,并通过主数据管理系统将数据标准落地;基于全公司视角,按各类数据主题建立企业主数据模型、数据结构建模,完成主数据分类与代码库构建,管理流程固化,提升公司的主数据质量,进而实现对主数据的全生命周期管理,全面支撑公司的战略管控和"十三五"信息化建设。

项目重点建立公司的主数据管理组织和认责机制,梳理组织机构、用户、项目主数据的数据标准与属性规范;结合公司现状,建立公司主数据管理系统,固化主数据规范标准及相关管理流程和制度,作为主数据管理的有效手段,提高数据管理效率与数据质量,为公司级业务系统提供及时准确的主数据。同时,建立完善的、可共享的主数据推送机制,实现主数据快速同步,实现准确、完整的主数据信息在不同业务系统中充分共享。

2) 系统建设

主数据管理系统实现全公司主数据的在线申请、审核、发布、分发、变更等管理,提高数据管理效率,实现主数据编码规则定义、校验规则定义、管理流程定义、主数据集成、主数据质量监控等功能。

公司主数据项目的数据范围涉及人力资源、用户权限、合作方、财务等多类主数据。具体数据范围如下。

- 人力资源类数据:组织机构、用户。
- 用户权限类数据:岗位、角色、岗位角色、用户岗位、用户岗位角色。
- 合作方类数据:供应商、分包商、客户。
- 财务类数据:核算单位、核算部门。
- 其他类数据:项目、合同。

3) 系统集成

主数据管理系统同时定义多个异构系统数据分发策略和规则,通过配置接口服务定义、参数、服务描述等自动生成标准 Web Services,并自动创建数据同步日志,实现数据监控管理。系统具备自动分发和手动分发两种模式,根据预定义的分发规则、分发频率向目标业务系统进行主数据分发,通过接收规则的配置实现外部数据进入主数据管理系统。

主数据管理系统是整个 IT 核心基础架构的一部分,是纳入管理范围的数据入口标准,可以支持主数据多源头产生,统一校验和授码,通过数据接收和分发与相关业务系统进行数据共享和集成,具体集成范围如下。

(1) 实现主数据管理系统与人力资源系统、报表系统、门户系统、合作方系统、投标报价系统、档案管理系统、驻外 OA 系统、总部 OA 系统、合同管理系统、采购系统、GS 系统进行集成。

(2) 通过主数据管理系统与十余个系统的集成,实现公司各系统集成互通,提升集成效率,保障多个系统的数据衔接,促进系统数据信息的准确性,减少垃圾冗余数据,为管理精细化和管理改进提供有效信息展现,降低管理成本。

8.4.7　电器行业应用举例——某大型电器集团的主数据管理

本节介绍某大型电器集团主数据管理项目的应用案例。

1. 单位概况

某大型电器集团(以下简称集团)创始于 1958 年,公司前身是我国"一五"期间的 156 项重点工程之一,是当时国内唯一的机载火控雷达生产基地。从军工立业、彩电兴业,到信息电子的多元拓展,产业拓展至黑电、白电、IT/通信、服务、零部件、军工等多种门类,已成为集军工、消费电子、核心器件研发与制造为一体的综合型跨国企业集团,并正向具有全球竞争力的信息家电内容与服务提供商挺进。

近年来,集团以市场为导向,强化技术创新,夯实内部管理,积极培育集成电路设计、软件设计、工业设计、工程技术、变频技术和可靠性技术等核心技术能力,构建消费类电子技术创新平台,并大力实施智能化战略,推进产业结构调整,不断提升企业综合竞争能力。

2. 信息化背景和需求

集团于 2000 年开始实施 SAP-ERP,后续又实施了 SRM、CRM、SRDM、信用系统、营销平台等信息化系统。

在主数据项目建设的同时,正在实施的系统包括智能 PDM 升级项目以及 SOA 项目(基于 Oracle-OSB 的数据总线),未来主数据的接收和分发将通过 Oracle-OSB 进行。

这些信息系统应用于各相关部门及公司,满足了各相关部门及公司的业务管理需要,提高了工作效率。但是在取得效果的同时,在信息化建设方面还存在以下不足。

(1) 数据分散,系统异构,缺乏统一的主数据管理。随着信息化建设的不断推进,集团投入运行的应用系统众多,大部分系统仍保留着各自的数据管理体系,应用孤岛和数据孤岛现象较为严重。在硬件和软件两方面,都存在着异构现象,数据存储在异构的系统中,给系统集成带来了技术屏障。这种局面制约了集团对于关键业务数据和管理数据的有效利用。

(2) 缺乏高效的数据交换模式,影响了综合业务分析能力。在集团层面缺乏对关键业务数据和管理数据存储、管理和共享利用的统筹规划,缺乏主数据的统一视图,现有各系统间信息交换方式不相同,难以形成对于主数据的统一监控和实时更新。主数据编码不一、数据冗余,进而无法为集团整体决策分析提供科学、准确、完整的数据来源,无法形成有效的综合业务分析,影响了业务响应速度。

(3)整体上缺少数据质量管理体系。集团的基础数据维护工作和编码质量管理主要由各业务部门各自管理,数据标准和检查措施停留在各部门内部,专业部门之间缺少交流,各自为政。跨专业的数据质量沟通机制不完善,缺少清晰的跨专业的数据质量管控规范与标准,尚未完全实现数据的自动数据,处理过程需要人为干预,各业务部门存在数据质量管理人员不足、知识经验不够、监管方式不全面,缺乏完善的数据质量管控流程和系统支撑能力。

(4)数据生命周期管理不完整。缺乏完善和统一的数据生命周期管理规范和流程,不能确定过期和失效数据的识别条件,无 IT 工具支撑数据生命周期状态的管理。

(5)对数据缺少需求分析。针对目前集团信息化存在的问题,当务之急是提高数据质量,以便更好地决策。从数据产生的源头开始规范、标准,杜绝人为化的错误,确保主数据具有准确性、一致性和完整性,通过统一平台实现横向、纵向的服务,消除在业务系统间数据的差异和沟通中的不畅,提高历史数据对比和决策分析的效率,最大限度地体现数据的价值,实现基于主数据的综合分析和利用,提升集团经营管理核心能力。

3. 主数据管理系统建设情况

集团主数据管理系统经过项目前期的调研和技术交流准备,通过公开招标确定了相关承建商,项目于 2015 年 5 月正式启动,项目内容主要包括以下几方面。

1)体系规划

通过主数据管理系统项目的实施,完成集团数据管理的顶层设计与三年整体规划,建立和完善数据管理体系,搭建数据管理平台,实施数据治理,提升数据质量,强化管控能力,实现整个集团的数据标准、规范、统一。

数据管理规划:进行顶层设计与三年整体规划,完成集团数据架构体系规划(数据分类与分布)、数据标准体系与数据质量体系规划,完成数据管理平台建设路径规划。

企业数据模型:完成主数据代码及数据指标标准、数据结构建模,完成分类与代码库、数据指标库、主数据知识库的建立。

数据管理体系:完成数据管理组织、流程、规范、制度建设,实现主数据全生命周期的统一管理,使全集团的数据管理规范化、制度化、流程化。

2)系统建设

通过数据管理平台实现全集团主数据及数据指标的在线申请、审核、发布、分发、变更等管理,提高数据管理效率,实现主数据编码规则定义、校验规则定义、管理流程定义、主数据集成、主数据质量监控等功能。

集团主数据项目的数据范围涉及"人、财、物、产、供、销"六大类管理领域,具体数据范围如下。

- 财务类数据:业务范围、成本中心、利润中心、成本要素。
- 单位类数据:组织机构、员工、供应商。
- 营销类数据:客户(用户)、销售区域、工厂、库位。

- 物资类数据：物料、物料分类(含产品组、物料组)、物料模板。
- 指标类数据：财务指标、存货指标。

3) 主数据集成接口

主数据管理平台建成之后将成为整个 IT 核心基础架构的一部分,是纳入管理范围的数据入口标准,可以支持主数据多源头产生,统一校验和授码,通过数据接收和分发与相关业务系统进行数据共享和集成,具体集成范围如下。

- 一期项目实现主数据管理平台与集团信息化系统 SAP-ERP、SRM、PDM、SRDM、信用系统、营销平台进行集成。
- 基于集团集成交互服务平台(基于 ORACLE 的 SOA 解决方案),为主数据管理平台的数据交互与系统集成提供支撑,使主数据项目与集成交互服务平台紧密结合。
- 通过 ESB 与 SAP-ERP 系统实现 Web Service 到 BAPI 的数据集成,与 Teamcenter PDM、Dassault SRDM、信用系统和营销平台通过 Web Service 方式实现双向交互。

8.4.8 机械制造行业应用举例——某大型饲料机械集团的主数据管理

本节介绍某大型饲料机械集团主数据管理项目的应用案例。

1. 单位概况

某大型饲料机械集团(以下简称集团)是商务部最早定点专业生产粮食、饲料、机械的厂家,是全国饲料机械标准化委员会秘书处单位,主要产品有饲料工程、养殖工程、油脂工程、仓储工程、钢结构工程、农业机械等,具有提供农牧全产业链系统解决方案的能力。2012 年集团产销量在饲料及食品加工机械行业位列亚洲第一、世界第二。

2013 年,集团成功整合全球销售资源,设立国际、国内 20 个营销平台,构建起了国际事业、饲料工程、油脂工程、养殖工程、粮食工程、生物质能源工程、粉体工程、酿造工程 8 大业务线事业部/公司,整合仓储、钢构两大产品线,独立培育农机连锁、隧道工程,形成了 10 大事业部/公司纵横结合、2 大公司独立发展的格局,用产品线的专业化支撑业务线的发展。

2. 信息化背景和需求

集团对信息化建设十分重视,在 2011 年开始 SAP-ERP 的建设,已初步形成"一个中心,两条主线"的基础框架。通过 SAP 为核心的业务主线,集团在纵向方面实现了由上到下统一的财务管理,横向方面可以在各事业部内形成财务业务一体化的应用平台,实现生产成本和费用的精细化管理,提高了数据标准化程度和业务数据的横向可比性,全面加强了结算中心的资金管理,显著提高对运营情况掌握的准确性、及时性和透明度,实现了集团发展战略的安全落地。通过以 PDM 为核心的技术主线,集团实现了对产品设计开发活动的有序管理,提升了研发设计组织效率,大大缩短了新产品的上线周期。

随着信息化建设的不断深入,现行的主数据管理方面也存在着与信息化发展不相适应的问题,主要表现在以下几方面。

- 数据管理流程方面,物料分类体系不统一,物料描述规范缺失,产品规范缺失,没有有效的数据管理组织,数据入口众多但是没有明确的责任部门。

- 在操作执行方面,因为没有统一的描述规范,按照个人理解去申请数据,产生许多错误和不一致的问题,对于如何处理产生的错误没有对应的变更流程。因为基础数据的不一致导致研发和生产环节缺乏良好的沟通渠道。
- IT 工具方面,因为在研发、生产和销售环节都有对应的 BOM,但是物料编码的不一致导致设计 BOM 和生产 BOM 之间的转换困难。因没有统一的主数据标准,PDM 和 SAP 不能有效集成,同样的工作要在不同的系统中重复操作。

3.主数据管理系统建设情况

集团主数据管理系统经过项目前期的调研和技术交流准备,通过公开招标确定了项目承建商,项目于 2013 年 8 月正式启动,项目内容主要包括以下方面。

- 制定编码。确定主数据范围与业务部门共同制定主数据编码标准和数据标准,包括分类规范、编码结构、数据粒度和属性描述。
- 编制编码内容。编制符合数据标准和规范的主数据代码库,包括按照数据标准进行数据检查、数据排重、数据编码、数据加载和数据监控策略。
- 建立组织管理流程。建立标准化管理组织,包括主数据管理组织,制定相应的标准及管理流程,并建立系统应用的运维组织来完善流程和进行知识转移。
- 通过主数据管理系统的建设,为实现一套标准、一个责任主体、一个 BOM、一个核心管理系统的全数合一目标奠定基础。

公司主数据管理平台总体架构如图 8-11 所示。

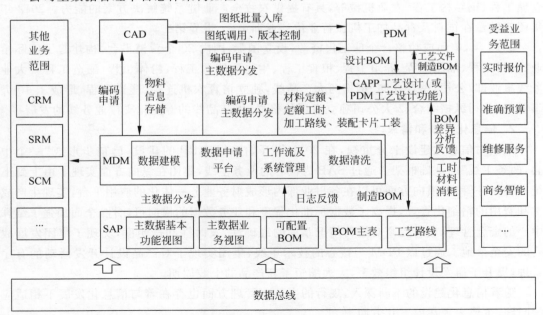

图 8-11 主数据管理平台总体架构

主数据管理系统的主要功能包括以下几方面。

（1）实现主数据模型的自定义。允许企业主数据可使用"分类＋特征值＋关键值"和"特征值＋关键值"等多种类型的模型来定义，实现数据建模过程中编码规则、显示规则、校验规则、输入规则、取值规则等内容自定义；通过元属性模板定义、特征值集合、数据多标准设置，提供数据配置的高度灵活性；实现灵活方便的主数据之间、属性之间、特征值之间的逻辑关系设定，可以设定如限制条件、默认条件等关联；实现数据模型版本控制，能方便地对模型和相关旧数据进行变更，并通过数据模型的版本控制和变更流程，保证模型转换过程中数据的连贯性；实现分类、特性值等与 SAP 的分类系统关联，并自动更新；物料编码采用了灵活定义，按"分类＋特征值"和特征值单独自动生成编码，在物料主数据中包含了通用物料、产品、主机、零部件、编码器，生成 5 种编码规则共存的编码。

（2）物料主数据清洗工作。定义原有历史数据清洗规则，并将 SAP 等系统的主数据按规则自动加载到 MDM 系统，根据历史数据的相关信息自动或者手动实现单独或者合并模拟出新的数据（信息完善），以及实现多人协同（按照字段权限）完善新数据的信息。

利用系统映射功能，自动根据设定相似度算法进行重复数据识别，自动生成重复和新旧数据的映射表，实现手动的映射关联和解除关联功能，并利用系统提供的映射关系表查询和分析数据清理的结果。映射后的数据清洗状态信息回传至原系统，并变更相应的数据状态，在合适栏位记录新数据编码、描述等字段。

物料主数据清洗共完成了 20000 条数据的清理，其中标准化 18540 条数据，废弃 1450条数据。

（3）主数据全生命周期管理。主数据全生命周期管理包括以下几项。

- 数据申请维护。系统提供每条主数据的单人或多人协同申请、校验、审批、配码、变更审核、冻结和分发等全生命周期管理；支持逐条申请和 Excel 格式批量上载的功能，Excel 格式可以根据主数据规范自动下载生成，对于逐条申请或批量上载的数据，系统均提供自动校验功能。

- 图片显示。在申请编码时，操作者可以选择显示图片，系统按分类提供物料图片显示，以便操作者可以形象化地进行特性的选择。

- 编码器功能。系统提供自动编码器，维护人员输入编码数量后，系统自动预提供一批编码，维护人员可以导出；在确定了编码描述等数据后，可以导入，系统就在原预提供的编码上更新描述等相关数据，为没有使用 PDM 的单位提供便捷的编码生成工具。

- 工作流设定。提供自定义图形化工作流，支持自定义设置申请流程、审核流程、变更流程等，支持会签审批、互斥审批、汇总审批、分支审批等，按条件跳转审批，提供文字和图形显示审批进程及审批状态功能。

（4）主数据集成接口。系统内同时定义了多个异构系统数据分发策略和规则，自动生成并提供标准的 Web Services，具备自动分发和手动分发两种模式，根据预定义的分发规则、分发频率向目标业务系统进行主数据分发，同时自动创建数据分发、同步日志及日志下载,实现数据监控管理,提供分发服务定义、参数和服务描述,在主数据配置中提供数据映射功能的定义和使用。通过抽取规则的配置实现外部数据进入主数据管理平台,通过分发规则的配置实现数据分发至其他系统。

系统与 SAP-ERP 系统采用 RFC 方式实现了数据集成,与 Teamcenter PDM 系统通过 Web Service 方式实现了双向交互。

8.4.9 水泥行业应用举例——某水泥控股有限公司的主数据管理

本节介绍某水泥控股有限公司主数据管理项目的应用案例。

1. 单位概况

某水泥控股有限公司(以下简称水泥公司)为某大型集团有限公司(以下简称集团)的全资子公司集团战略业务单元,是华南地区领先的水泥及混凝土生产商,是国家重点支持的大型水泥企业集团之一。以产能计,该水泥公司是华南地区最大的新型干法水泥及熟料生产商;以销量计,该水泥公司为中国第二大混凝土生产商。

该水泥公司的业务涵盖石灰石开采,以及水泥产品、熟料及混凝土的生产、销售及分销。水泥公司的产品广泛用于修建高层建筑及基建工程,如水电站、水坝、桥梁、港口、机场及道路等。

2. 信息化背景和需求

该水泥公司高度重视信息化建设,目前正在推广 Oracle EBS,采用统一部署模式,其中一个二级公司在 2012 年 6 月作为试点已上线,到 2013 年 4 月有 5~6 家水泥厂实施 Oracle EBS,全集团共有 40 多个水泥厂在 2 年内完成 EBS 实施工作。

数据标准化管理工作经过近年的努力推进,管理水平得到了一定提高。对主数据治理的业务管理和流程,结合业务流程,评估模型,从管理活动、组织岗位、企业文化、流程和 IT 支撑进行了评估,为进一步提升管理水平和绩效改进提供依据。

但是,从总体数据应用情况来看,与国际一流公司和国内先进企业相比,水泥公司在主数据管理的标准化、集中化和管理深度等方面还存在一定的差距。总体上看,对于数据战略重要性的认知程度不够,没有从数据资产的战略角度来规划数据和管控数据。

从数据应用的体系、组织、标准、质量、安全和风险管控的角度来看,存在以下问题。

(1)缺少全面、科学的主数据规划体系。集团层面缺乏全面的、涵盖所有应用系统的主数据体系规划,对数据管理策略、组织模型和流程模型没有清晰的目标和定义,没有可执行的主数据实施阶段和步骤。同时也缺乏数据管控体系规划,缺乏对整个数据生命周期中数据的处理、校验、生效、变更、分布以及相关的策略、模型、流程和方案。

(2)缺少数据治理、数据管控工具支持。集团正在推广 Oracle EBS,在推行过程中物资编码等基础数据完全采用人工方式收集、整理,存在工作效率低下、错误率高等问题,目前已经严重影响集团的 EBS 推广进度。已实施 EBS 的单位,主数据编码管理完全在 EBS 系统中进行,EBS 系统本身对主数据管理程度较低,主数据质量很难保障,且不能实现分级、分层管理的要求。

（3）数据标准不统一、没有建立数据质量体系。各信息系统的分散建设和管理，没有集团层面统一的基础数据标准，导致基础数据在各信息系统之间较难通用，并且没有统一的标准。

从整体上来看，数据标准和质量方面主要存在以下问题。

- 缺乏集团基础数据管理的标准、规范。目前已有的基础数据编码规范，主要是针对EBS系统制定的，如果把这些数据编码标准应用到其他各信息系统，还需要进一步研究和制定新的标准体系。
- 缺少基础数据管理规划和纲领性的指导思想，导致目前的基础数据管理随机性、临时性以及突发性比较明显，各类基础数据编码不一致，统计口径不统一，甚至有冲突的可能。
- 目前各类基础数据的业务质量审核主要由各业务职能部门分头负责，缺乏清晰的、跨业务的基础数据管控规范及标准，数据质量控制力度薄弱。
- 主数据管理组织欠缺、管理分散。

集团层面缺乏水泥公司高层认可的、集团层面的主数据治理组织，无法统一建立集团层面的基础数据管理标准，相应的数据监督管理措施无法得到落实，也没有建立数据管理及使用考核体制，无法保障已经建成的数据管理标准和内控体系的有效执行。

各信息系统的建设和管理职能分散到各职能部门或各单位，缺乏数据管理组织和岗位职责的界定体系，各职能部门或各单位中数据管理的职责分散，权责不明确，致使数据的相关标准、规范无法有效地执行和落实；缺乏完善、统一的基础数据来源和技术标准；缺乏集团统一、可信的基础数据源。

总的来说，目前缺少集团高层领导认可的、统一归口的基础数据治理组织，基础数据管理相对职责分散，责权不明，缺乏统一完善的基础数据管理内控体系，以及落实这些内控制度的监督、考核机制，具体表现在以下几方面。

（1）业务部门重视程度低，对数据的重要性认知不足。目前各类基础数据的管理分散到各业务部门中，数据业务质量审核主要由各业务职能部门分头负责，缺乏完善的基础数据质量管控流程和管理规范，基础数据业务管理人员不足，业务监管方式不够全面，执行不力，知识与经验不够。跨业务部门的基础数据质量沟通机制不够完善，缺乏清晰的跨业务的基础数据管控规范及标准，影响基础数据质量，统计分析口径不统一。

由于对数据的重要性认识程度参差不齐，各职能部门或各单位中的基础数据管理的职责分散，权责不明确，相同的基础数据在不同部门及不同应用系统中存在大量差异，导致数据不规范、不一致、无法共享和集成。

（2）业务流程管理不健全。未建立涵盖主数据管理全生命周期过程的集中、统一的业务流程管控体系，业务流程管理分散在众多系统中，各自为政。从数据管控现状来看，缺乏严格的数据管理流程、制度与考核手段来确保数据质量，包括数据的准确性、完整性、及时性与一致性。

（3）IT支持力度薄弱。各二级单位各自根据自身需要创建与维护自己的主数据,尽管不同单位创建的主数据的数据结构相同,但很难保证遵循统一的编码规则、命名规范与标准单位,各二级单位主数据彼此间不一致,无法共享与联动更新。从主数据管理的业务流程而言,IT系统的支持力度差异很大,手工处理占主要部分。数据标准的执行主要靠人为因素,无法实现全面、严格的数据质量控制和审计。

3．主数据管理系统建设情况

该水泥公司主数据管理平台建设项目工作于2013年5月正式启动,项目主要内容包括以下方面。

- 通过先进管理理念及工具,把物料、供应商、客户等主数据基本业务纳入信息化管理,平台固化数据标准体系,规范流程,提高工作效率和管理水平。同时,为ERP项目实施中数据初始化过程提供工作平台,高效、保质地完成了数据清理任务。

- 主数据管理系统建成后应成为标准化基础数据的载体,应能支撑全公司主数据信息的初始化清理与管理维护,能够整合相关业务的主数据,为业务系统提供实时、完整、一致的主数据信息,实现主数据管理规范化、标准化,实现基础数据在全公司标准统一,数据一致。

该水泥公司主数据管理平台总体架构如图8-12所示。

4．主数据管理系统功能

该水泥公司的主数据管理系统主要功能包括以下几方面。

（1）实现实体数据模型自主设计。实现实体数据模型设计、分类数据模型设计功能,包括主数据的属性、元属性、编码规则、校验规则等相关信息设计功能;通过实体数据模型设计,在主数据管理平台设计完成了集中管控的主数据的实体数据模型,包括物料主数据、供应商主数据、客户主数据等。

（2）实现主数据的全生命周期管理。在主数据管理平台中实现了集中管控各类主数据的全生命周期管理,包括主数据的申请、审核、编码和变更。

（3）实现工作流的可视化定义。根据不同主数据管理制度,通过可视化界面完成工作流的定义,并将工作流与业务功能进行绑定,实现主数据相关业务的自动流转。

（4）完成物料数据的标准化和数据清理工作,为ERP上线提供了强大的支持。物料主数据清理是按照新编码标准进行物料数据整理、规范、标准化的过程。数据清理质量的好坏直接关系到水泥公司ERP系统运行质量,进而影响其业务数据决策分析,物料数据清理共完成了约23万条数据,其中标准化13万条数据。

- 保证数据整理核对的真实性、准确性,达到数据标准化、规范化的要求。

- 实现数据属性值的规范化、标准化,对原属性值描述不规范、不完整之处进行修正和完善,建立一套属性值描述规范的主数据编码库。

- 实现主数据编码分类归属的一致性,对于分类归属错乱的编码进行清理。

- 实现主数据编码的唯一性,对一物多码的数据进行统一清理。

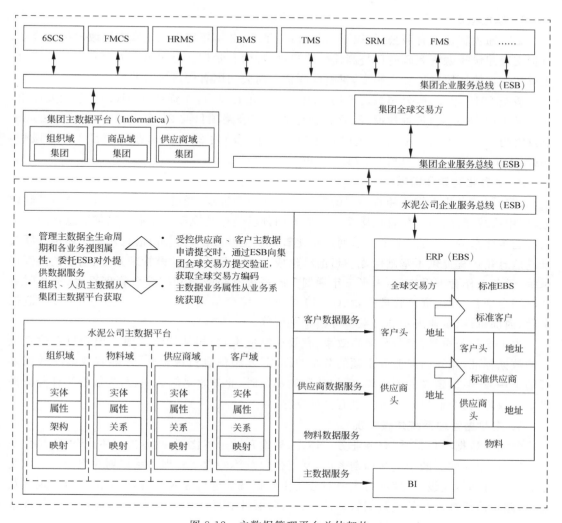

图 8-12　主数据管理平台总体架构

- 建立一套标准、规范、唯一的主数据编码库,为 ERP 高质量运行奠定数据基础。

（5）提供通用接口。提供标准的 Web Service 接口分发集成服务,实现主数据系统与 Oracle-EBS-ERP 系统的主动分发和被动分发。对主动分发过程,可通过定义外部调用接口地址、接口名称、参数、映射、定时器规则等内容,实现数据的自动分发和同步。系统支持自行定义分发规则,并生成标准的 Web Services 服务接口。

8.4.10　交通运输行业应用举例——某交通投资建设有限公司的主数据管理

本节介绍某交通投资建设有限公司主数据管理项目的应用案例。

1．单位概况

某交通投资建设有限公司(以下简称公司)于 2012 年年底由广东省人民政府批准成立，负责交通建设投融资和政府还贷高速公路建设、经营和管理。公司出资人为省人民政府，授权省交通运输厅履行出资人职责，省财政厅负责对公司国有资产进行监管。

截至 2017 年 2 月，公司总资产约 1239.72 亿元人民币，净资产约 616.16 亿元人民币，共有员工约 2800 人，负责建设、经营和管理的高速公路项目共 21 个(段)，总长约 2000km，总投资约 2787.8 亿元人民币。其中营运项目 4 个(段)共 268.8km，在建项目 14 个(段)共 1637.5km，筹建项目 5 个(段)共 74.1 公里。

2．信息化背景和需求

该公司信息化工作伴随着公司的发展壮大而不断进步，经过多年的努力，在网络基础设施、应用系统建设、信息化管控体系构建等方面都已经初具规模。在不断完善信息化组织机构和运维体系的同时，制定了一系列信息化管理制度及规范，为公司信息化工作稳定开展及推进信息化进程提供了基础保障。目前已建成人力资源系统、建设管理系统、电子档案管理系统、党务工作管理系统等，未来三年规划中的系统有路政与养护综合管理平台、资金财务共享综合平台、固定资产管理平台、OA 协同办公、综合集成平台、经营决策分析系统、监控平台、内部审计、企业展示与公众服务信息平台等。

为了加强公司经营管理、提高效率、有效控制成本，公司从战略层面意识到只有建立统一的数据标准，建立面向业务主题的共享数据库，实施信息资源整合，才能有效解决数据来源的不一致、数据定义的不正确、数据传递的不及时、业务效率低等问题，为数据统计分析提供基础保障，为企业战略决策提供有力的支撑。

3．主数据管理系统建设情况

公司主数据项目秉承"财务业务一体化、建设营运一体化、路政养护一体化"的信息化发展战略，从企业数据的全生命周期考虑，制定公司总体的数据管理体系规划并将成果落地实施。项目分两期建设，一期项目主要对公司主数据现状进行深入调研，识别出主数据现状及需求，制定出标准规范的主数据管理体系；二期项目主要将一期项目成果，通过平台软件落地实施。项目整体内容包括以下方面。

1）体系规划

通过主数据管理系统项目的实施，完成公司主数据管理体系的设计与三年整体规划，建立和完善数据管理体系，搭建数据管理平台，实施数据治理，提升数据质量，强化管控能力，实现上到交通集团下到所属公司的整体数据标准、规范、统一。

承建商参照行业最佳实践，对标一流企业主数据管理，结合公司信息化战略规划的部署，应用主数据识别方法论(多因素分析法)，对公司主数据进行识别，规划出 8 类 42 个主数据。

2）系统建设

数据管理平台实现全公司主数据标准的固化，在线申请、审核、发布、分发、变更等管理主数据，提高数据管理效率；实现主数据编码规则定义、校验规则定义、管理流程定义、主数据集成、主数据质量监控等功能。

该公司主数据项目的数据范围涉及人资、财务、客商、物资、工程项目、公路及附属设施、文书和基础类,具体如下。

- 人资类:组织、人员、岗位、人员专业。
- 财务类:会计科目、预算科目、银行、银行账户。
- 客商类:客户、供应商。
- 物资类:固定资产及分类、应急物资及分类、机电备品备件及分类、车辆。
- 工程项目类:项目、标段、路段、路线。
- 文书类:档案分类、合同及分类。
- 公路及附属设施类:路基、路面、桥梁、涵洞、隧道、景观绿化、安全设施及分类、机电设施及分类、管理服务设施及分类。
- 基础类:行政区划、计量单位、币种。

3) 主数据集成接口

主数据管理平台建成之后将成为整个 IT 核心基础架构的一部分,是纳入管理范围的数据入口标准,可以支持主数据多源头产生,统一校验和授码,通过数据接收和分发与相关业务系统进行数据共享和集成,主要集成范围有人力资源管理、OA 协同办公系统、廉情预警审计管理、资金财务共享综合平台、经营决策分析路政与养护平台、监控电子档案管理系统、固定资产管理平台。

8.4.11　政府部门主数据应用举例——某省经信委项目的主数据管理

本节介绍某省经信委(经济和信息化委员会)主数据管理的应用案例。

1. 项目简介

近年来,某省省委、省政府为全面、动态、准确地了解和掌握该省企业登记注册和生产经营等方面的情况,决定加强企业情况综合工作,并依托省电子政务基础设施构建企业情况综合数据平台。平台建成后可准确、高效、可靠地汇集来自多种渠道的企业数据,形成数据资源池。在数据分析模型和指标体系的指导下,通过数据整理、汇总、展示,向政府部门和社会公众提供信息服务。本项目为平台的一个重要组成部分,起着基础性作用。

项目建设目标是采用“大数据”的管理理念,建立全省企业情况综合主数据库,广泛收集来自政府部门、企业、行业组织、咨询研究机构、新闻媒体和互联网的企业数据,整理形成内容丰富、数据翔实、格式规范的该省企业情况综合相关业务数据库,并通过构建企业数据交换服务平台,为互联网数据挖掘项目、大数据分析工具项目、数据可视化展示项目、企业情况综合白皮书项目等系统提供数据应用服务,为全面反映微观企业、中观产业以及宏观经济三个层面的发展情况提供支持。

该经济和信息化委员会企业情况综合数据平台——数据管理应用系统作为统一门户、数据标准、数据治理工具和主数据库支撑整个企业情况综合数据平台中各大平台的集成和数据交换。

2．信息化背景和需求

该省经信委先后建立了企业情况综合数据平台、互联网企业大数据挖掘平台、大数据分析工具、企业情况综合数据可视化展示平台、全省企业情况综合白皮书、企业数据采集指标体系等信息系统。但是因为各平台在建设初期没有统一的数据标准、集成规范、安全认证规范，导致各平台相对孤立，数据交换和共享十分困难，数据链无法打通，最终用户需要登录不同的系统来获取相应的内容，操作起来也十分烦琐，费时费力。

建设企业主数据管理平台，通过构建唯一、标准、规范的企业基础信息，实现企业基础信息的全面共享和统一数据分发，并为大数据分析和数据可视化等应用系统提供可靠、一致的基础数据。企业主数据管理平台包括数据标准模型管理、数据清洗管理、数据全生命周期管理、数据配置管理、数据质量管理等内容。

（1）数据标准模型管理。能够支持动态创建各类企业数据模型，实现数据项目、数据字段、数据属性的全面自定义配置。数据标准管理支持明确描述各属性项的定义以及属性项之间的关系。数据标准管理中的各类采集数据项，以及数据项描述、定义和数据之间的关系均应通过配置的方式进行创建和管理。

（2）数据清洗管理。企业主数据管理平台支持对导入原始数据的抽取、分词、语义识别、清洗与整合，构建不同主题模型的主数据信息库，通过人工干预与确认，完成主数据初始化工作。数据清理功能采用系统自动扫描清洗与人工干预相结合的模式进行数据清洗，界面操作友好，可实现高效率人工干预与确认数据。

（3）数据全生命周期管理。系统能够实现对企业数据生命周期的全方位管理，实现数据申请、数据校验、数据审核、数据变更、数据归档的全过程管理，实现数据的版本管理，支撑对数据管理从技术到业务的各项建设要求，为业务提供高质量、高可信的数据。

（4）数据配置管理。数据模型能够从模块化、功能化角度考虑数据模板和数据结构，能够实现数据编码及数据约束条件的定义与管理。系统能够支持自定义的元属性配置，并能够在线进行数据类型和数据页面展现形式的设定，支持配置多种输入方式。系统支持多重编码体系，可灵活定义主数据编码规则。系统提供多种校验方式，并提供可自定义的校验配置器和表达式配置工具，支持对元属性进行分组权限控制。

（5）数据质量管理。系统能够通过对数据的多个质量指标进行设定及计算来判断数据的质量，从数据的完整性、一致性、唯一性等多个层面能够实现对数据的全面质量管理和预警，能够实现对不同类型数据配置相应质量管控和分析参数，并提供可配置的多种数据检查功能。

3．主数据管理系统建设情况

1）系统上线运行情况

数据管理应用系统建设项目于 2016 年 8 月正式启动，在数据管理应用系统建设项目组的全力推动以及经信委、其他第三方厂商等全力配合下，经过需求调研、系统设计、开发、系统搭建、系统测试、数据收集、数据整理、数据初始化、数据集成开发、培训等阶段性工作，于

2016 年 11 月正式上线,并运行正常,总体架构如图 8-13 所示。

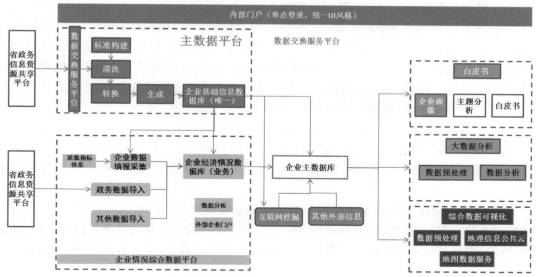

图 8-13　数据管理应用系统总体架构图

　　该省经信委企业主数据管理平台上线使用,对于来自省政务信息资源共享平台、企业数据采集平台、互联网大数据挖掘平台等 600 多万条企业信息进行质量分析、数据清洗、数据梳理,生成标准企业数据 160 万条,为相关信息系统提供准确、唯一、完整、及时的企业数据。

　　2) 集成对接情况

　　企业主数据管理平台是企业情况综合数据平台建设的核心基础数据标准,通过构建唯一、标准、规范的企业基础信息,可以避免目前多套系统之间企业数据冲突、重复、错误等问题,实现企业基础信息的全面共享和统一数据分发,并为互联网数据挖掘、大数据分析和数据可视化等应用系统提供可靠、一致的基础数据。

　　目前企业数据管理平台(数据管理应用系统)已经实现与其他第三方业务系统的集成对接,具体如表 8-2 所示。

表 8-2　数据管理应用系统集成对接情况

序号	对接项目	集成类型
1	大数据分析工具开发项目	企业名录、上市公司基本信息、上市公司业务数据
2	企业情况综合数据可视化展示项目	企业名录、上市公司基本信息、上市公司业务数据
3	互联网大数据挖掘项目	企业名录、上市公司基本信息、上市公司业务数据
4	企业情况综合白皮书项目——企业基本信息、业务数据	企业名录、上市公司基本信息、上市公司业务数据
5	企业情况综合白皮书项目——企业画像	企业名录、上市公司基本信息、上市公司业务数据
6	制造业大数据项目	企业名录、上市公司基本信息、上市公司业务数据

3）应用成果

（1）经过数据管理应用系统建设项目的实施，建立了全省企业情况综合主数据库，并且构建了企业数据交换服务平台。通过系统的应用，使经信委能够准确掌握全省各地区、各行业企业发展的现状及其空间格局，对产业竞争力进行评价诊断，把握全省经济的增长前景，发掘工业发展的潜力，找到区域经济未来发展的合理方向，为区域发展战略和区域调控提供科学的理论依据，为各级地方政府制定宏观区域产业政策提供决策参考依据，了解县域工业的发展差距的基础工作，对缩小省内各县、市间的经济发展差距，提高区域整体竞争力，促进区域经济的发展，乃至对国家实施区域经济协调发展战略的制定，起到重要参考作用。

（2）实现准确、高效、可靠地汇集来自多种渠道的企业数据，形成数据资源池，在数据分析模型和指标体系的指导下，通过数据整理、汇总、展示，向政府部门和社会公众提供信息服务。

（3）全省企业情况综合主数据库是企业信息资源开发利用的基础，根据"一数一源，一源多用"原则，围绕企业情况数据构建完整一致、集中统一的企业情况基础数据库，建立涵盖数据提供、数据获取、数据维护、数据共享、监督评估的工作机制，支持各部门的业务运行。

第三篇
数据治理技术

本篇（第 9 章～第 13 章），面向 IT 工程技术人员，从技术视角展开数据治理所需的相关技术，如数据架构和模型技术，数据集成技术及其企业应用，数据质量管理的定义、评估框架以及数据质量战略，数据生命周期管理的概念、内容和体系架构，数据安全管理和数据隐私保护等。本篇包含章节如下：

第 9 章　数据架构和模型

第 10 章　数据集成

第 11 章　数据质量管理

第 12 章　主数据全生命周期管理

第 13 章　数据安全管理

数据架构和模型

数据架构是数据管理框架中非常重要的组成部分,它与数据治理交互并受其影响。数据架构提供标准、通用的业务术语和字典,表达战略性数据需求,提供高层次整合设计,使战略和相关业务架构保持一致。

数据模型是现实世界数据特征的抽象,或者说是现实世界的模拟,用数据模型来抽象地表示现实世界的数据和信息。

- 数据架构:是对数据管理构成要素的有组织安排,能够优化整个结构或系统的功能、性能、可行性、成本。当结构和系统变得复杂时,人员和组织都可从了解架构中受益。系统越复杂,人们通过了解架构受益越多。
- 数据模型:是数据特征的抽象,是对数据内容以及数据实体和属性之间关系的一个可视化表示,可帮助理解数据如何被组织或结构化创建。数据结构、数据操作、数据的完整性约束是其要素。

9.1 数据架构

数据架构是用于定义数据需求、指导数据资产的整合和控制、使数据投资与业务战略相匹配的一套整体构件规范。同时,它也是主蓝图在不同层面的抽象之大集。数据架构包括正式的数据命名、全面的数据定义、有效的数据结构、精确的数据完整性规则,以及健全的数据文档。

数据架构在支持整个企业的信息需要时才最有价值。企业数据架构整合整个企业的数据并标准化。本章将着重于企业数据架构,相同的技术也适用于组织内有限的特定功能或某个部门。

企业数据架构是更大的企业架构中的一部分,在企业架构中,数据架构与其他业务和技术架构相整合。企业架构整合了数据、流程、组织、应用和技术架构,帮助各个组织进行变更管理,提高效率、灵活性,并明确管理责任。

企业数据架构是一套规范和文档的集合。它主要包括如下三类规范。

- 企业数据模型:是企业数据架构的核心。

- 信息的价值链分析：使数据与业务流程及其他企业架构的组件相一致。
- 相关数据交付架构：包括数据库架构、数据整合架构、数据仓库/商务智能架构、文档和内容架构，以及元数据架构。

企业数据架构不仅是关于数据的，更是关于术语的。企业数据架构定义了组织中重要事项的标准术语——这些事项对业务至关重要，而关于这些事项的数据对经营业务是必不可少的。这些事项是一些业务实体。企业数据架构对企业来说，最大的收益就是建立一套关于业务实体及其重要属性的通用业务术语。

企业数据架构由数据规划层、数据设计层和数据运营层构成，如图 9-1 所示。

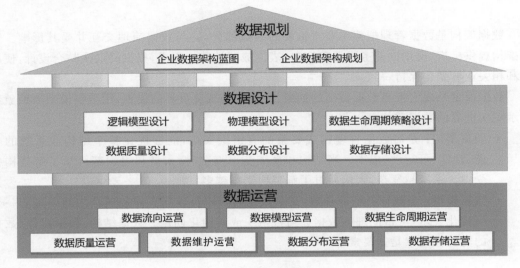

图 9-1　企业数据架构

9.1.1　数据架构规划

企业 IT 架构由数据架构、应用架构和技术架构共同构成。其中，数据架构是企业 IT 架构的核心。因为信息系统支撑下的企业业务运作状况，是通过信息系统中的数据反映出来的，是数据信息系统管理的重要资源。因此构建企业 IT 架构时，首先要考虑数据架构对当前业务的支持。理想的企业 IT 架构规划逻辑是数据驱动的：首先根据业务架构分析定义数据架构；然后根据数据架构，结合业务功能定义应用架构；最后根据应用架构与数据架构的定义设计技术架构。

数据架构管理的职能是定义数据资产管理蓝图。架构是对构成要素的有组织安排，它优化整个结构或系统的功能、性能、可行性、成本以及美感。"架构"这个词是信息技术领域应用最广泛的术语之一。架构是一组反映不同利益相关者的问题和看法的、相互密切相关的综合视图。对架构的了解，可以使人们明白一些非常复杂的事务，无论这个复杂的事务是自然的抑或是人为的。

　　理解建筑物的蓝图,有助于建筑商在成本和时间要求范围内,建成安全、功能实用而且美观的楼宇;学习解剖学(生物活体的结构),有助于医学学生学习如何提供医疗救治。当结构和系统变得复杂时,人员和组织都可从了解架构中受益。系统越复杂,人们通过了解架构受益越多。

　　从宏观的城市规划到微观的机械部件构建都会有架构的体现。在每个层面,标准和协议都用来确保构成的不同部件可以协同工作。架构包括标准及其在特定设计需求方面的应用。

　　在信息系统的语境中,架构是"任何复杂的技术对象或系统的设计"。

　　技术一定是复杂的。信息技术领域极大地受益于架构设计——它帮助管理软硬件产品的复杂性。技术架构包括特定厂商自有的"封闭"设计标准和任何厂商都可用的"开放"标准。

　　组织机构也是复杂的。整合组织中的不同部分,若使其符合企业战略目标,通常需要全面的业务架构,可能包括对业务流程、业务目标、组织架构、组织角色的通用设计和标准。对组织机构来说,架构完全是关于整合的。通过并购而发展的组织机构,通常面临重大的机构整合挑战,因此会从有效的架构中大大获益。

　　信息系统通常是非常复杂的。随着企业中越来越多相对简单的独立应用系统的建立,并且采用战术的方法在各个孤立业务应用系统之间移动和共享数据,使大部分机构的应用系统组合看上去像一盘意大利面条,用来理解和维护这类复杂系统的成本越来越高。因此,根据整体结构来重构应用系统和数据库的收益越来越有吸引力。

　　数据架构规划主要包括数据定义、数据分布与数据管理三部分内容,如图 9-2 所示。其中,数据定义,即数据模型,包括数据概念模型、数据逻辑模型、数据物理模型以及更细化的数据标准;数据分布包括数据业务分布与数据系统分布。

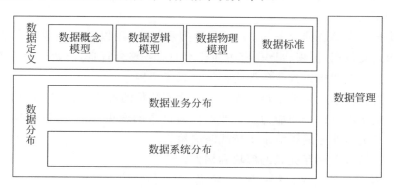

图 9-2　数据架构规划

　　数据架构规划是进行企业 IT 架构规划或完整 IT 规划不能绕开的重要环节,对于完全通过定制化开发进行应用系统实施的企业来说,数据架构设计是完全可以指导应用系统开发的,数据架构的规划工作无疑是有意义的。然而,大多数企业采用的是"引进与管理"的信息化实施策略。对于这些已经引入或正准备引入 ERP、CRM、PDM 等大型成熟软件包的企业来说,因为软件包中的数据结构以及数据在不同模块间的引用关系是相对固化的,不能随意改动的,那么,企业在进行 IT 架构规划时是不是就可以绕开数据架构呢?

回答这个问题,首先要想一想数据架构规划的目的。进行数据架构规划的目的有三个:一是分析业务运作模式的本质,为未来核心应用系统的确定以及分析不同应用系统间的集成关系提供依据;二是通过分析核心数据与业务之间的应用关系,分析规划应用系统间的集成关系;三是数据管理需要明确企业的核心业务数据,而这些数据正是应用系统实施与运行时 IT 系统实施人员或管理人员应该重点关注的,因为他们要时时考虑保证这些数据在整个企业层面的一致性、完整性与准确性。

无论 ERP、CRM、PDM 系统覆盖的业务领域有多广,它们总是不能覆盖所有业务,这就说明这些系统在实施时,其中的数据定义仍然可能是从企业局部业务环节来考虑的,所以站在整个企业层面的数据架构规划还是必要的。但是,在具体的规划操作上,会与完全通过定制化开发应用系统情况不同。对于定制化开发,建立数据模型一般有两种方式:一种是从头做起;另一种是以已有的行业模型为基础,结合企业自己的业务实际进行设计。但对于引入大型成熟软件包的情况,在进行数据建模时,更多的是站在企业单位整体的角度,把关注点放在数据概念模型与逻辑模型的分析上,尤其要关注跨所有系统,并在所有系统中都要保持一致的主数据定义,同时分析这些主数据在各业务环节的分布关系,以此定义在不同应用系统中的引用关系。保证主数据在不同应用系统中的一致、准确与完整,是保证所有数据一致、准确与完整的基础。因为,那些业务交易数据是基于主数据产生的,并且可以在业务操作的环节及时校验。

总之,无论什么情况,都不能绕开数据架构规划。没有进行数据架构规划分析的 IT 架构规划或 IT 规划是不能让人信服的。

1. 企业架构

企业架构是一套整合的业务与 IT 规范模型和构件,用以反映企业整合和标准化的需求。企业架构定义数据、流程、组织、应用和技术的业务整合背景,协调企业资源与企业目标之间的一致性。企业架构包含业务架构和信息系统架构。

企业架构为管理信息和系统资产提供了一套系统化的方法,以满足战略性的业务需求,赋予企业管理机构项目组合的能力。企业架构通过帮助变更管理、追踪机构变更对系统的影响以及系统变更对业务的影响来支持战略决策。

企业架构包括很多相互关联的模块和构件。

- 信息架构:业务实体、关系、属性、定义、参考值。
- 流程架构:职能、活动、工作流、事件、周期、产品、步骤。
- 业务架构:目标、战略、角色、组织结构、场所。
- 系统架构:应用、软件组件、接口、项目。
- 技术架构:网络、硬件、软件平台、标准、协议。
- 信息价值链分析构件(artifact):绘制数据、流程、业务、系统和技术之间的关系。

企业模型从整合的规范中产生了大量相关的构件。这些构件包括图形、表格、分析矩阵和文字档案。这些构件在不同细节程度上描述组织如何运作以及需要何类资源。这些规范应追溯至其支持的意图和目标,而且应该遵从内容和表达方式的标准。很少有组织机构的企业架构包括所有潜在可能的组件模块和构件。

企业架构经常把"现有的"和"将来的"愿景相区别,有时会包括中间阶段和迁移方案。

一些企业架构试图把一个理想状态作为参照模型,把目标模型定义为朝着理想状态迈进的一系列实用的、可达到的步骤。时时更新企业的架构,规范体现当前的情况,才可使其具有相关性和实用价值。没有任何机构能一次性完全完成其企业架构的维护和完善工作。

每个机构都基于其对业务需要和业务风险的理解来投资企业架构的开发和维护。一些机构选择对企业架构定义到具体细节,以更好地管理风险。

企业架构是非常重要的知识资产,能带来诸多益处,是规划、IT 治理和组合管理的工具。企业架构可以帮助企业实现以下提升和改善。

- 有效地整合数据、流程、技术和人们的努力。
- 使信息系统与业务策略一致。
- 可有效地使用和协调资源。
- 改善跨组织的沟通和理解。
- 降低管理 IT 基础设施的成本。
- 给业务流程的改进提供指引。
- 使组织有效地应对不断变化的市场机会、业界挑战和技术进展。企业架构帮助评估业务风险,管理变更,改进业务的有效性、敏捷性和可问责性。

定义企业架构的方法包括 IBM 的"业务系统规划"(Business Systems Planning,BSP)方法和 James Martin 的信息工程方法"信息系统规划"(Information Systems Planning,ISP)[①]。

2. 架构框架

架构框架提供了一种思考和理解架构的方法,以及需要进行架构设计的结构和系统。架构是复杂的,架构框架从总体上提供了"架构的架构"。

有两类不同的架构框架:

- 分类框架:将指引企业架构的结构和视图组织起来。框架定义构件的标准组件来描述视图以及视图之间的关系。构件大多数是图形、表格和矩阵。
- 流程框架:规定业务和系统规划分析以及流程的设计方法。有些 IT 规划和软件开发生命周期(SDLC)包括其自定义的复合分类。不是所有流程框架都规定同一套东西,有些是专用的。

架构框架的范围不只限于信息系统架构。架构框架帮助定义软件分析和设计过程中产出的逻辑、物理和技术构件,这些构件又指导更具体明确的信息系统解决方案设计。组织机

---

① *Information Engineering Book II,Planning and Analysis.*

构采用架构框架用于 IT 治理和架构质量控制。组织机构有可能在批准一个系统设计之前要求 IT 部门提交特定的构件。

目前已经存在一些框架,例如:

- TOGAF:开放组织架构框架是开放群组(The Open Group)所开发的一套标准流程框架和软件开发生命周期(SDLC)方法。这是一个供应商和技术中立的组织,旨在定义和推广全球互操作性公开标准的合作团体。TOGAF 9 企业版可被任何机构采用,无论是否为开放组织的会员。
- ANSI/IEEE 1471—2000:推荐用于软件密集型系统的架构描述,有望成为 ISO/IEC 25961 标准,是用来定义解决方案的构件。

有些咨询公司开发出有用的自有专利的架构框架。有些政府和国防部门也开发出了一些架构框架,包括:

- 联邦企业架构(FEA):由管理和预算办公室产生,供美国政府内部使用。
- 政府企业架构(GEA):立法规定由澳大利亚昆士兰省政府各部门使用。
- DODAF:美国国防部架构框架。
- MODAF:英国国防部架构框架。
- AGATE:法国 DGA 架构框架。

9.1.2 数据架构设计

1. 逻辑模型设计

逻辑数据模型反映的是系统分析设计人员对数据存储的观点,是对最终用户综合性信息的进一步分解和细化。根据业务域的划分,梳理跨业务域端到端的业务流程,从而梳理出大的对象之间的关系和小的业务流程。

逻辑模型是根据业务规则确定的,是关于业务对象、业务对象数据项以及业务对象之间关系的基本蓝图。逻辑模型的内容包括所有的实体和关系。确定每个实体的属性,定义每个实体的主键,指定实体的外键,需要进行范式化处理。逻辑数据模型的目标是尽可能详细的描述数据,但并不考虑数据在物理上如何实现。

逻辑数据建模不仅会影响数据库设计的方向,还间接影响最终数据库的性能和管理。如果在实现逻辑数据模型时投入得足够多,那么在物理数据模型设计时就可以有许多可供选择的方法。

数据架构通过端到端的业务流程梳理出大量的小流程和对象关系,进一步梳理出各个业务域的业务对象及其行为和属性。

2. 物理模型设计

物理数据模型是在逻辑数据模型的基础上,考虑各种具体的技术实现因素,进行数据库体系结构设计,真正实现数据在数据库中的存放。

物理数据模型的目标是指定如何用数据库模式来实现逻辑数据模型,以及真正的保存数据。常用的设计范式,在数据模型层面处理表之间主外键关系,主要将逻辑模型的各个业务对象及之间的关系通过 E-R 模型展示。

3. 数据生命周期策略设计

如同任何其他资产一样,数据资产也具有生命周期。企业管理数据资产,就是管理数据的生命周期。数据先被创建或获得,然后存储、维护和使用,最终被销毁。在其生命过程中,数据可能被提取、导入、导出、迁移、验证、编辑、更新、清洗、转型、转换、整合、隔离、汇总、引用、评审、报告、分析、挖掘、备份、恢复、归档和检索,最终被删除。

数据是流动的。数据在其存储空间流进和流出,并被包装在信息产品中交付使用。它以结构化的格式存储在数据库、平面文件、有标记的电子文件中,数据也存在于许多不甚严谨的格式中。例如,电子邮件,其他格式的电子文件、纸质文件、电子表格、报表、图形、电子图像文件,以及音频和视频录音等。

数据的价值通常体现在实际使用中,也可能是在未来才有用。数据生命周期的所有阶段都有相关的成本和风险,但只有在"使用"阶段,数据才增加了商业价值。有效的数据管理是指数据的生命周期开始于数据获取之前,企业先期制定数据规划、定义数据规范,以期获得实现数据采集、交付、存储和控制所需的技术能力。

数据生命周期的策略需要考虑数据的计划、获取、存储、共享、维护、应用和消亡。

4. 数据质量设计

数据质量设计要考虑数据从计划、获取、存储、共享、维护、应用、消亡生命周期的每个阶段里可能引发的各类数据质量问题,并进行识别、度量、监控、预警等一系列管理活动,并通过改善和提高组织的管理水平,使得数据质量获得进一步提高。主要包括:

- 制订数据质量现状评估计划和识别数据质量度量关键指标。
- 实施度量和提升数据质量的流程。
- 监控和度量根据业务预期定义的数据质量水平。
- 执行解决数据质量问题的行动方案,提升数据质量,从而更好地满足业务预期。

一个数据质量管理周期的开始包括识别数据问题,这些问题是达成业务目标的关键问题,包括定义数据质量的业务需求,识别数据质量关键维度,以及定义保障高水平数据质量的关键业务规则。对于数据质量的设计须考虑计划、实施、监控和行动 4 个方面。

- 在计划阶段,数据质量团队评估已知的数据问题,包括确定问题的代价和影响以及评估处理该问题的可选方案。
- 在实施阶段,剖析数据并执行检查和监控,识别出现的数据质量问题。在此阶段,数据质量团队可以修复导致数据错误的流程中存在的缺陷,或者作为一种应急办法对下游错误进行校正。如果不能在错误的源头进行校正,那么就在数据流中尽早校正该错误。
- 在监控阶段,根据已定义的业务规则对数据质量水平进行动态监控。只要数据质量满足可接受度阈值,流程就是受控的,数据质量水平就可满足业务需求。然而,如果数据质量下降到可接受度阈值之下,需要通知数据管理专员,以便在下一阶段采取行动。

- 在行动阶段,主要是处理并解决出现的数据质量问题。

当出现了新的数据集或对已有数据集提出新的数据质量需求时,一个新的数据质量管理周期便开始了。

5．数据分布设计

数据分布设计,一方面是分析数据的业务,即分析数据在业务各环节的创建、引用、修改或删除的关系;另一方面是分析数据在单一应用系统中的数据结构与应用系统各功能模块间的引用关系,分析数据在多个系统间的引用关系,数据业务分布是数据系统分布的基础。

对于一个拥有众多分支机构的大型企业,数据存放模式也是数据分布中的一项重要内容。从地域的角度看,数据分布设计有数据集中存放和数据分布存放两种模式。

数据集中存放是指数据集中存放于企业总部数据中心,其分支机构不放置和维护数据;数据分布存放是指数据分布存放于企业总部和分支机构,分支机构需要维护管理本分支机构的数据。这两种数据分布模式各有其优缺点,企业应综合考虑自身需求,确定自己的数据分布策略。

6．数据存储设计

根据数据被访问的频度和对检索速度的要求,需要对数据的存储进行分级存储管理。分级表示不同的存储媒介类型,如 RAID(独立磁盘冗余阵列)系统、光学存储或者磁带,每种类型都表示不同级别的成本和需要访问时的检索速度。

存储设计分级是根据数据的重要性、访问频率、保留时间、容量、性能等指标,将数据采取不同的存储方式分别存储在不同性能的存储设备上,通过分级存储管理,实现数据在存储设备之间的迁移。数据分级存储的工作原理是基于数据访问的局部性,通过将不经常访问的数据自动移到存储层次中较低的层次,释放出较高成本的存储空间给更频繁访问的数据,可以获得更好的性价比。这样,一方面可大大减少非重要性数据在一级本地磁盘所占用的空间,还可提升整个系统的存储性能。

在分级数据存储结构中,存储设备一般有磁带库、磁盘或磁盘阵列等。而磁盘又可以根据其性能分为 FC 磁盘、SCSI 磁盘、SATA 磁盘等多种,闪存存储介质(非易失随机访问存储器(NVRAM))也因其较高的性能可以作为分级数据存储结构中较高的一级。一般,磁盘或磁盘阵列等成本高、速度快的设备,用来存储经常访问的重要信息,而磁带库等成本较低的存储资源用来存放访问频率较低的信息。

9.2 数据模型

9.2.1 数据模型的定义

数据模型(data model)是为理解数据能被如何组织或结构化而创建的,它是对数据内容以及数据实体和属性之间关系的一个可视化表示。数据模型包括实体(理解为表)、属性(理解为包含所表示的实体的特征的列)、实体之间的关系和完整性规则,以及所有这些部件的定义。数据模型定义了数据结构和内容,它们能明确数据内容,是数据存储和访问的工具。它们包含大多数对于数据使用非常必要的元数据。

术语数据是指系统内存储的被概念化、结构化的信息。Codd 于 1970 年用抽象的数学术语描述的关系数据库的概念,有助于对数据结构和建模的理解,一个关系(或表)是由共享相同的属性(列)和元组(行)组成的。每行都表示一个实体的一个实例(由该数据所表示的概念)。

关系数据基于集合理论。该理论可以用于描述数据集和子集如何彼此交互的规则。这些规则的描述被包含在关系数据模型中。数据存储在表中,其中,列表示属性或实体的特征,提供了理解各种数据质量问题的方法。关系方法是现在定义数据的主要方法。数据库是由表组成的,这些被组织成包含相关内容的表的数据域(data domain)或主题领域(subject area)。一个表是由表示此表的实体的特征(列)组成的。每一行都是此表上表示的实体中的一个实例的详细特征。

这些术语可能因为它们在不同上下文中的用法而有点混乱。例如,在概念建模中,实体(entity)是被建模的概念,因为此用法,实体有时被用作表(table)的同义词。在实体解析过程中,实体是"现实世界的一个人、地方或事物,它有一个唯一的身份,从而能与相同类型的所有其他实体区分开来"(Talburt,2011)。属性(表示实体的某个特征)、数据元素(表示某个实体的数据的一个组件)、字段(显示或摄取数据的系统的一部分)和列(表中存储被表示的实体的某个已定义的特征的一个位置,即用来存储与数据元素相关联的值的位置)的含义有具体的区别。实体(组织用于采集信息的相关事物或概念)和表(由行和列组成的二维数据集合,其中各行中是被表示的实体的实例,而各列中是与数据相关联的这些实体的特征)之间也有区别。不太严格地说,属性、数据元素、字段和列往往被理解为同义词。

要创建一个概念模型,人们需要定义此概念的一个实例的形态,即为了把它当作一个整体来理解,它有什么样的特征需要进行关联。这些选择对数据库的技术实现,以及一个数据集的业务用途都有影响。定义实体的实例的属性集(列),构成表的主键(primary key),使表能够彼此关联的属性被称为外键(foreign key)。

9.2.2 数据模型的类型

不同类型的数据模型在不同的抽象层次描述数据。概念数据模型(conceptual data model)展示了在数据库中表示的实体(观念或逻辑概念),并且几乎没有任何属性的细节。逻辑数据模型(logical data model)包括表示概念所需要的属性的细节(在列中的特征),如键结构(定义实体的唯一实例所需的属性),并且它们定义关于数据实体内部和相互之间关系的细节。实体之间的关系既可以是可选的,也可以是强制的。它们的区别在于基数(一对一、一对多、多对多)。物理数据模型(physical data model)表示该数据在数据库中的物理存储方式。它们描述与设置和存储所表示的实体有关的实际数据所需的数据元素的物理特征。模型除了按抽象层次划分,还可以有面向数据消费者的视图的数据模型。从技术上讲,视图(view)是通过生成一个虚拟表的查询来生成的数据集。更通俗的定义是,视图是数据消费者看到的东西。最简单的视图可以和某个物理表具有完全相同的结构。视图还可以用于显示某个表中的数据的一个子集，聚合表内的数据，或从多个表聚合数据。与其他数据模型一样，视图模型使数据消费者了解数据是如何组织的。

数据建模的过程涉及一系列关于如何表示各个概念和它们之间的相互关系的决定。数据建模使用表示的工具和约定来以一致的方式传达含义，而不管被建模的数据内容如何。如同所有的表示形式一样，数据模型是有局限性的。对于不同的目的，它们可以以不同的详细程度来表达。它们的重点是对所表示的东西中的某些方面进行表示，而这些方面对于特定的表达目的十分重要。

为了了解数据建模的用途和表示所造成的影响，下面讨论一下这些选择是如何影响其他类型的建模的。所有模型都根据特定的目的而构建，必须根据这些目的来理解。在一个细分图中，房屋将由于模型或表示的用途不同而有不同的描述方式。在一个细分街道平面图中，它将表示为一块土地上的方框。这样一个平面图的目的是传达关于细分的大小和形状、房屋的位置，以及大量的相互关系信息。这样的平面图可能会由负责制定有关土地用途决策的城市规划委员会或想了解一个社区一般特征的潜在买家来共享。在建筑图纸中，房屋将以一组表示大小、形状及其结构的细节的视图来描述。建筑图纸的目的是让人们看出房屋的样子，并就如何建造它做出决定。房屋的另一种模型，是房屋平面图，有助于了解房子的大小和形状，也是建造房子必需的资料。它包含详细的信息，如房间大小、窗户和门的数量等，这将影响房屋的结构。所有这些模型都不是房屋本身，但它们都描绘了房屋。每个模型都表示了对表示用途很重要特征的一个子集。同样的思路也适用于数据模型。

当使用数据模型开展工作时，关键是要认识到，对于任意给定数据集，建模的方式并非有且仅有一种。这样说来，模型体现了一种先有鸡还是先有蛋的问题：是数据定义了模型，还是模型定义了数据呢？答案是两者都是。要使数据完全可理解，就要求它有上下文和结构。数据模型提供了理解这个上下文的一种手段。在这样做的时候，它们还创建了上下文。如果数据的利益相关者发现，某些模型是数据可理解的表示，那么它们就可以成为定义数据的主要手段。

对于大多数数据库，特别是数据仓库而言，模型对于数据管理十分关键。概念和逻辑模型允许数据管理员了解驻留在数据资产中的是哪些数据。物理模型则与数据如何在数据库内移动，以及它如何被访问有直接关系。

9.2.3 数据的物理特征

数据的物理特征包括数据类型、格式、字段长度和键约束。虽然数据本身是无形的，但数据被采集并以特定的形式存储（格式有意义的数据值，已定义大小的数据字段），与其他数据片段（数据模型，应用程序中的字段）联系，并且现在主要是指在执行特定功能的系统（数据库和应用程序）使用。数据被嵌入这些系统中，系统设置的方式将建立一组需求，包括如何格式化数据、如何定义键，以及如何维护数据集。当数据从一个系统移动到另一系统或从某种用途移动到另一用途时，其表述可能会改变，但数据总是有此形状，而这个形状可以联系到它所在的系统来理解。数据的质量在很大的程度上取决于它是如何在这些系统中表示的,以及人们对其表示的内容和约定的理解程度。要了解数据表示的意义,需要理解采集并存储它和用来访问它的系统,数据质量测量取决于上述内容。

9.2.4 元数据模型

元数据(Metadata)是描述其他数据的数据(data about other data),或者说是用于提供某种资源的有关信息的结构数据(structured data),也可以称为元属性。元数据描述了数据定义、数据约束、数据关系等。在物理模型中,元数据定义了表和属性字段的性质。例如,国家、性别、时间都是典型的元数据。元数据是描述信息资源或数据等对象的数据,其使用目的在于识别资源、评价资源、追踪资源在使用过程中的变化,实现简单高效地管理大量网络化数据,实现信息资源的有效发现、查找、一体化组织和对使用资源的有效管理。

元数据作为一个受控的数据环境中的目录卡,抽象地说,在一个受控的数据环境中,元数据是描述数据的标签或数据的上下文背景的。元数据为业务用户和技术用户展示了在哪里可以找到信息,还提供了有关数据从哪里来、如何到此处、相关数据转换规则和数据的质量要求等详细信息,有助于理解数据的真实含义和对数据进行解释说明。

由于元数据是其他数据依存的基础,元数据管理在企业主数据管理中起到关键性的作用。元数据描述了系统中表和属性字段的性质,所以应该在数据库设计阶段进行准确的定义,并在数据库的整个运行过程中保持不变。元数据的改变将从底层改变其他数据的结构,对整个系统带来广泛的影响。例如,如果将系统中客户信息的姓氏字段从 20 字节增长为 40 字节,则系统中对客户信息以及与客户信息相关的交易信息、财务信息的查询、显示以及报表等功能都将随之发生变化。

根据功能进行划分,元数据可以分为以下 5 种类型。

- 管理型元数据:在管理信息资源中利用的元数据。例如,采购信息是指该元数据描述的对象是由何人在何地何时采购等信息;位置信息是指该元数据描述的对象实体的物理位置;版本控制是指出该元数据的版本。

- 描述型元数据:用来描述或识别信息资源的元数据。例如,书目记录、查找帮助、资源间超链接的关系等。

- 保存型元数据:与信息资源的保存管理相关的信息。例如,资源实体状况、保存资源的物理和数字版本中所做的处理等。

- 技术型元数据:与系统如何行使职责或元数据如何发挥作用相关的元数据。例如,硬件和软件名称、数字化信息(如格式、压缩比例和缩放比例等)、系统反应次数的跟踪、安全性数据(如密码、口令)。

- 使用型元数据:与信息资源利用的等级和类型相关的元数据。例如,展示记录、使用和用户跟踪、内容再利用和多版本信息等。

从定义可以看出,元数据的主要作用就是通过准确地描述、评估信息资源来促进和提高信息检索。这就明确了元数据的基本功能:描述网络数据的内容;使网络中的数据便于搜索,有助于更准确地识别、定位和访问网络信息;帮助用户决定某些数据是否为其所需等。其具体功能如下。

(1)描述:根据元数据的定义,它最基本的功能就在于对信息对象的内容和位置进行描述,从而为信息对象的识别、存取与利用奠定必要的基础。

(2)定位:由于网络信息资源是虚拟的,因此明确它的位置十分重要。元数据中包含有关网络信息资源位置方面的信息部分可以确定资源的位置,促进了网络环境中信息对象的发现和检索。

(3)搜索:元数据为搜索提供基础。在描述过程中,信息对象中的重要信息被抽出和组织在一定的语义关系内,为用户提供多层次、多途径的检索体系,使检索更加方便,检索结果也更加准确,这有利于用户识别重要的信息,帮助用户认识信息的价值,发现其真正需要的资源。

(4)管理:支持信息资源的存储和使用管理,包括权限管理(版权、所有权、使用权)、数字信息管理、防伪措施(电子水印、电子签名)、使用管理等。

(5)评估:元数据提供有关信息对象的名称、内容、年代、格式、制作者等基本属性,使用户在无须浏览信息对象本身的情况下,就能够对信息对象具备基本的了解和认识,参照有关标准,即可对其价值进行必要的评估,作为存取与利用的参考。

(6)选择:根据元数据所提供的信息,参照相应的评估标准,结合使用环境,用户便能够做出对信息对象取舍的决定,选择适合用户使用的资源。

主数据模型管理支持对元数据的规则定义,包括取值范围、计量范围、同名词库、校验方式、域设定、页面显示控制、前后置符号、附表取值等多种属性组合,并设定变更和维护属性内容,如图 9-3 所示。

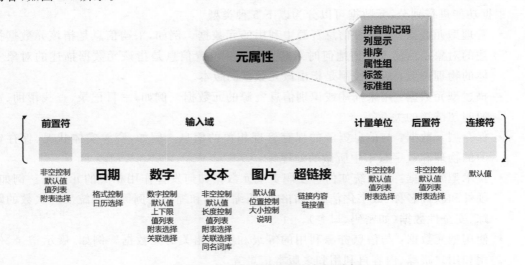

图 9-3　标准化元属性和业务规则库

9.2.5　主数据模型

主数据（Master Data）是指在整个信息实现中各个业务系统之间都需要共享的数据、业务规则和策略。常见的主数据主要包括与客户（customers）、供应商（suppliers）、账户（accounts）及组织单位（organizational units）相关的数据。MDM 描述了一组约束（规程）、方法和技术解决方案，用来保证整个信息供应链内主题域（subject domain）和跨主题域相关主数据的完整致性。主数据管理是应用流程的补充，为应用提供精确、完整的关键业务实体数据。

主数据模型管理实现从模块化、功能化角度考虑主数据模型和主数据结构，实现对元属性、数据约束条件、校验规则、编码规则等方面的定义与管理。主数据模型管理是主数据标准化应用的核心关键要素，主要包括对主数据模型的创建申请、审批和变更申请、审批过程管理，对平台功能架构的建立，对元属性的定义与管理，对多种主数据编码生成方式的定义与管理，以及建立各种主数据校验规则和约束条件等。

1. 数据编码管理

数据编码是指把需要加工处理的数据库信息，用特定的数字来表示的一种技术，是根据一定数据结构和目标的定性特征，将数据转换为代码或编码字符，在数据传输中表示数据组成，并作为传送、接收和处理的一组规则和约定。经过数据编码，人们可以方便地进行信息分类、校核、合计、检索等操作，节省存储空间，提高处理速度。

主数据编码是应用系统中重要的数据类型之一，通常用来描述业务操作的具体对象及其特征。主数据编码管理的范围除了直接参与业务交易的业务对象数据外，还应该包括主数据编码的特征信息，如国家代码、币种、计量单位、地区划分等，这些具体的特征信息需要在各个业务系统中保持一致以利于系统的协作和进行统一维度的分析。

编码规则和配置工具支持多种编码属性标识，如流水码、特征组合码、对照码等信息标识（见图 9-4），定义主数据编码生成方式，以符合多系统集成的要求。可支持可变码长、可变码段、步长、码位设定，支持等长码和不等长码的自动生成。当编码规则由多个编码段组成时，需要定义每个编码段生成规则，可配置每个编码段长度、步长、初始值、前置符号、后置符号、段间关联、编码列信息、编码描述、备注等。

手工码	ACD00001
顺序码 可变位	0003 10000008
特征组合码	[xx　xx　xx] [xxxxx　xxxx　xxx] 01　01　03　00001　0004　005

图 9-4　不同编码规则定义

2. 校验规则

校验规则是指创建主数据实体时的数据校验方法，如唯一性校验、相似性校验等。具体来说,数据校验是类似 Excel 公式返回一个布尔成功或失败的结果。校验可以引用字段和属性,执行算术运算,字符串和逻辑运算,调用内置函数,甚至引用其他先前定义的校验。完备的主数据管理需要支持多种校验规则(图 9-5),并可自定义校验规则。例如,属性值组合校验、属性值表达式校验、数据唯一性校验、多属性组合关联校验、取值范围校验、相关附属表校验、直接利用主数据管理系统定义的数据内容进行取值校验、同名库校验、重复性校验、正则表达式校验、关联性校验等,实现对数据之间的精确查重和模糊查重,在校验结束后自动提示错误输入,有效地保证主数据的唯一性和规范性,最大限度地降低和避免人为因素导致的信息错误。

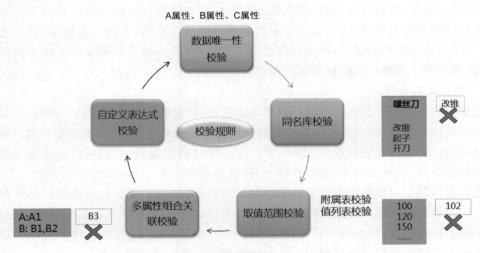

图 9-5　不同数据校验机制

在这一过程中,模糊匹配算法的引入将大大提升数据校验的能力。精确匹配只能发现数据中完全相同的记录,而模糊匹配可以帮助用户找出同义不同文的重复记录并进行合并,从而保证主数据的唯一性。模糊匹配的基础是字段,为了提高模糊匹配的可靠性与效率,首先需要对字段进行规范化。人工收集维护的数据,难免会有文本上的出入和瑕疵。例如,对于同一个地名"北京",在维护时,有时候会输入"北京",有时候则会输入"北京市";同样地,对于同一个公司,有时候会被维护成具体的"××有限责任公司",有时候则简单记作"××公司"。通过使用主数据管理系统中的匹配规则,可以规范不一致的表述。在完成字段的转换后,用户可以根据自己的需要针对每一个甄别字段建立一个匹配规则,如"相等"或"相似",即模糊匹配。对于每个匹配规则,可以设定三个维度的分值,即成功的分值、失败的分值和未定义的分值。在定义了匹配规则及其相应的分值后,便可以使用这些规则来进行匹配查重,对于匹配结束后的记录按照计分从高到低排序,便可以发现哪些记录可能是重复的。在找到重复数据后,便可以合并记录,以保证主数据的唯一性。

3. 显示规则

在主数据管理系统中,元属性的显示界面是灵活定义的,例如可以支持列显示顺序拖曳自定义,并保存个性化设置;对"元属性"进行分组标签,如基本数据,详细信息;提供界面多语言、模板显示多语言等。此外,为保证数据的安全和一致性,要实现对组织机构、用户角色、功能授权的配置管理,对角色用户进行分配,实现角色管理的分级、分组的权限管理,使得不同权限、角色的用户进入不同的界面,提供不同的视图,如图9-6所示。用户仅可以访问自己权限内的数据,从而很好地保证了不同业务流程的分离和数据的安全性。

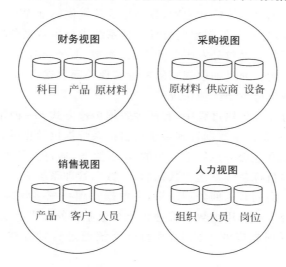

图9-6 不同用户角色的视图示例

通过多视图的展示方式,可以实现业务规则和业务流程的整合,并且同一条目主数据的不同属性分组隔离(图9-7),授权各组人员分别维护自己权限内的数据属性,降低了冗余度的同时也很好地保证了数据的完整性和一致性。

类别编码	物料编码	类别名称	长描述	物料类型	物料组	外部物料组
0901001	090100100020	聚氯乙烯绝缘电线	聚氯乙烯绝缘电线BVR-2300/500 1*0.5	ZSNG	0901001	01

采购视图   财务视图

图9-7 同一条目主数据的不同属性分组隔离

使用这种多视图的显示规则,将带来以下好处。

- 简单性。视图不仅可以简化用户对数据的理解,也可以简化他们的操作。那些被经常使用的查询可以被定义为视图,从而使用户不必为以后的操作每次都指定全部的条件。
- 安全性。通过视图用户只能查询和修改他们所能见到的数据,数据库中的其他数据则既看不见也取不到。数据库授权命令可以使每个用户对数据库的检索限制到特定的数据库对象上,但不能授权到数据库特定行和特定的列。通过视图,用户权限可以被限制在数据的不同子集上。

- 逻辑数据独立性。视图可以使应用程序和数据库表在一定程度上独立。如果没有视图,应用一定是建立在表上的。有了视图之后,程序可以建立在视图之上,从而程序与数据库表被视图分隔开来。

4. 分发策略

通过数据中间件生成符合规范的主数据并将其分发到各个业务信息系统中,可以同时定义对多异构系统的数据分发策略和规则,自动生成并提供标准 Web 服务。

根据预定义的分发规则、分发频率向目标业务系统进行主数据分发,同时自动创建数据分发同步日志及日志下载。通过分发服务的定义、参数、服务描述,在主数据配置中提供数据映射功能的定义和使用。通过抽取规则的配置实现外部数据进入主数据管理系统。通过分发规则的配置实现数据分发至其他系统。

在主数据的具体分发和传输过程中,有两种数据传输方式:一种是主动传输,一种是被动传输。其中,主动传输是指主数据管理系统向目标系统提供数据的过程中,主数据管理系统主动调用目标系统在企业服务总线上发布的 Web 服务,通过这种方式为目标系统提供数据。主数据管理系统向目标系统发送主数据后,主数据管理系统客户端处于等待状态,当目标系统接收数据成功后会同时返回处理结果,主数据管理系统接收端接收目标系统返回的处理结果。若目标系统主动调用主数据管理系统在企业服务总线上发布的 Web 服务,主数据管理系统根据请求返回相应的主数据,则目标系统通过这种方式获取数据称之为被动传输。

9.2.6 信息链和信息生命周期

信息链(information chain)指的是为了不同的用途将数据从组织内或组织间的一处移动到另处的流程和系统的集合。链的比喻是有益的,因为这意味着流程和系统被链接在一起。如果在链中有一环断了,那就对整个链有负面影响。这个比喻的缺点是,它意味着任何给定的数据集都是唯一一个数据链上的一个环节。如果用图示表示大多数组织的数据链,可能会类似于一个具有多重链接的网络。或许,数据网(data mesh)能更准确地描述这些关系。

数据链不同于数据或信息生命周期,后者提供了查看数据的管理方式的办法。信息生命周期的概念把数据描述为像其他资源那样分阶段管理的资源。这些阶段包括计划、采购、应用、维护、处置。当考虑数据时,如果能认识到存储和共享都是作为资源的数据应用的组成部分的附加阶段,这是有益的。这个阶段很关键。区分数据与其他资源(如金钱、时间、设备)的一个特征是,它可以在不失去价值的条件下被共享。因此,采用 Danette McGilvay 制定的信息生命周期,即计划、获取、存储和共享、维护、运用、处置,被称为 POSMAD(McGilvray,2008)。

9.2.7 数据谱系和影响分析

数据谱系(data lineage)同时涉及数据链和信息生命周期。谱系(lineage)这个词是指从一个祖先排下来的血统或种系。在生物学中,谱系被认为是从共同祖先进化而来的物种的序列。但也可认为谱系是从前任直接继承的。大多数关注数据谱系的人都想了解它的两个方面。首先,他们想知道数据的来源或出处——数据最早的实例;其次,人们想知道数据是如何(有时还想知道为什么)从最早的实例变化而来的。变化可以在某个系统上或在多个系统间发生。

要了解数据中的变化,就需要了解数据链、当数据沿数据链移动时它已经采用的规则,以及这些规则已经对数据造成了什么影响。数据谱系包括的概念有原点数据(其原始来源或出处)、数据在经过多个系统和用于不同用途时发生的移动和变化,以及数据流经数据链时所经过的步骤序列。按照这个比喻,可以想象,任何经过数据链移动时发生改变的数据都包括其前一个状态的一些特征但不是所有特征,并且在它的演变过程中还会加入其他特征。

数据谱系对于数据质量的管理十分重要,因为谱系会影响期望。

影响分析的起点是当前分析的对象,终点是受其影响的最末端子代,按照影响关系逐层扩展。影响分析反映了当前数据对象在现有的数据链中,参与了哪些数据的形成。用户可以借助影响分析观察该对象的影响能力,即对于当前数据修改,会对哪些后代数据造成影响。

综合而言,数据谱系和影响分析两个关键特性为用户重建了整个数据链的构建过程,刻画了家族成员彼此连接的脉络和途径。当某数据出现错误或者异常时,可通过数据谱系向上分析锁定问题产生的源头;当对某些数据进行修改时,可通过影响关系图向下分析,得到哪些数据实体中的数据会受到影响。

充分理解并运用谱系和影响分析,将帮助用户在对海量数据进行分析时,降低排查错误的难度,预测并控制即将造成的影响,最终达到提升数据质量的效果。

第 10 章

数 据 集 成

　　企业在实施数据共享的过程当中可能会遇到各式各样的问题。例如,不同应用产生的数据可能来自不同的途径,数据内容、数据格式和数据质量千差万别,有时数据格式不能转换或数据转换格式后丢失信息等,这些问题有时候相当棘手,如果没有正确方法论的指导,则会严重阻碍数据在各部门和各软件系统中的流动与共享。数据集成则是有效解决这些问题的一把金钥匙。

　　但是,数据集成是一个很大的课题,通常会包括诸如如何实施一个数据集成项目,数据集成项目的生命周期有哪些不同阶段,与传统的软件项目生命周期有什么迥异之处,数据集成常见的模式包括哪些,数据集成与主数据、数据仓库、商务智能有什么联系等问题。

- 数据集成:是把不同来源、格式、特点性质的数据在逻辑上或物理上有机地集中,从而为企业提供全面的数据共享。在企业数据集成领域,已经有了很多成熟的框架可以利用。通常采用联邦式、基于中间件模型等方法来构造集成架构,技术在不同的着重点和应用上解决数据共享,并为企业提供决策支持。
- 数据服务体系:通过实现数据采集、数据整合、数据存储和数据服务,实现底层数据对数据应用的无差别支撑。

10.1　企业应用集成

　　企业应用集成(Enterprise Application Integration,EAI)是完成在组织内外的各种异构系统,如应用与数据源之间共享、交换信息和协作的途径、方法学、标准和技术。企业的应用系统越来越多,如电子商务系统、办公系统、财务系统、人力资源系统、设备资产管理系统、生产管理系统,以及 ERP、CRM、SCM、物流供应链系统等。这些系统往往是不同时期开发的,随着企业业务和数据日趋复杂,在应用方面面临着众多问题。例如,多对多的数据交换,牵一发而动全身;商业逻辑多处重复,浪费开发资源;难以进行业务修改,无法快速推出新产品、新业务;开发质量难以控制等。一些公司开始意识到应用集成的价值和必要性,根据 Gartner 公司的专业调查,实施信息化项目中约 35% 的费用用于与已有的系统的集成工作。

10.1.1 企业应用集成的概念

企业应用集成所连接的应用包括各种电子商务系统、企业资源规划系统、客户关系管理系统、供应链管理系统、办公自动化系统、数据库系统和数据仓库等。图 10-1 展示了企业应用集成的总体框架。

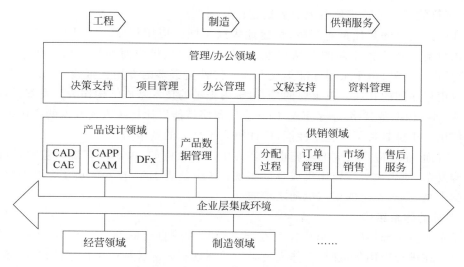

图 10-1 企业应用集成的总体框架

企业应用集成提供了业务流程,通过数据共享的方式连接软件包、定制和遗留应用。企业应用集成采用中间件技术作为桥梁来连接企业级应用,使异构应用系统之间能够相互"交流"。企业应用集成的真实价值在于对于未来业务的集成、维护和修改,实现时间和成本的节约。如果能够比较正确地实施企业应用集成,可以大幅提升企业的核心竞争力。基于中间件的 EAI 从以下几方面降低了应用软件集成的复杂程度。

- 封装应用程序功能的机制。应用软件的功能可以作为服务提供给其他应用程序。例如,账户应用程序既能进行开户服务,也能提供转账服务。
- 应用程序共享信息的机制。例如,一个企业里的许多应用程序需要共享客户信息,而独立开发的应用程序很少以相同的方式组织、安排这些共享信息,EAI 中间件能够在应用程序交换信息的过程中翻译和转换数据。
- 应用程序协调企业流程的机制。例如,EAI 中间件能够管理预定的企业工作流,也可以在业务流程环境中通过良好定义的方式由某一应用程序向其他应用声明事件。

进一步地,企业应用集成主要分为用户界面集成、流程集成、应用集成、数据(信息)集成 4 个层面。

- 用户界面集成,用户交互的集成。
- 流程集成,跨应用系统的业务流程的集成。
- 应用集成,多应用系统间的交互。

- 数据(信息)集成,保证多个系统中的信息保持一致。

由于 EAI 几乎不需要改变现有的遗留应用程序或封装式应用程序,而且很少需要扩展程序或定制接口,因此在开发新的应用程序时,EAI 相当引人注意。EAI 使用现有应用程序编程接口(API)和数据库。在没有 API 的特例中,EAI 使用屏幕截取技术,通过应用程序的用户接口模仿普通用户,从而实现对应用程序的访问,屏幕截取是将显示在终端用户机器上、基于字符的屏幕的特定位置上的数据进行复制。

EAI 的最终目的是让企业简单、快速地集成不同的应用程序。通过合理应用 EAI,企业能利用现有资源来提供新的产品和服务,增进与客户、供应商和其他相关利益集团的联系,更新操作。另外,由于采用标准集成方式取代种类繁多的专用集成设计,EAI 大大简化了企业应用程序间的互连。更重要的是,由于用先进的技术基础结构作为开发基础,所以只要 EAI 基础结构准备就绪,基于 EAI 的新应用程序就能以比传统方式开发的应用程序更快地投入使用。正是具备了这些新性能,EAI 提高了企业的竞争力。

另一方面,企业应用集成的实施也面临许多障碍。例如,由于没有规划蓝图,所以现有企业结构复杂,使用大规模应用集成难以实现;缺少熟悉 EAI 技术的员工;由于应用集成的规模越来越大,对安全的要求也随之增加。

1. 混乱的体系结构

由于企业各个部门的 IT 结构体系在建立时只考虑自己的部门,所以企业的整体结构并不一致。在进行应用集成时,工作人员必须掌握现有内部各种应用程序的技术,还要加上不断引进的封装式应用程序,适当把握工具性能与要求之间的平衡,协调不同应用程序中的数据,增强数据的一致性。

正是由于现有的混乱体系结构阻碍了 EAI 的发展,所以要引入 EAI 就必须统一体系结构。EAI 并不只包括技术,为了有效应用 EAI,企业必须在接口控制、信息标准以及系统管理方面采用新的方法。

2. 技能欠缺

缺少熟练的技术人员,大大地阻碍了 EAI 的成功实施。与过去的 IT 行业相比,EAI 的实施通常需要更多不同的技能。尤其是中间件技术能力的缺乏,包括面向消息的中间件技术(MOM)、通用对象请求代理结构(CORBA)及其相关产品、微软分布式组件对象模型(DCOM)、企业 JavaBeans(EJB)以及消息代理技术。

3. 安全问题

当 EAI 包含 Internet 应用程序时,尤其容易受到攻击,黑客甚至不需要有特别的技能就可以攻击企业网站。就是内部的应用程序也易受攻击,因为黑客并不仅仅来自网络,44%的攻击来自雇员未授权的访问。而 EAI 应用程序的本质使得信息更易获取,也更易将数据中心的重要数据和功能转移到公司网络。

因此,EAI 应用程序需要建立综合、一致、连贯的安全体系结构。这种体系结构必须保证单个用户身份的可靠鉴别,对信息和功能访问的一致安全策略,对安全相关活动进行准确地审计,以及加密机密信息以防止被截取。

10.1.2　企业应用集成的分类

传统的企业应用集成的层次主要有数据级集成、业务逻辑级集成、功能级集成等。数据级集成属于面向信息的集成方式。该方式可能会导致损坏数据、打开数据库的安全缺口等问题。业务逻辑级集成属于面向过程的集成方式。该集成方式不仅暴露了应用程序的业务逻辑,而且由于业务逻辑的交叉,导致了各个集成系统之间的紧耦合,降低了应用系统的灵活性,增加了整个系统维护的难度。功能级集成属于面向服务的集成方式。该方式能够保证原有系统的数据安全性和逻辑安全性,还能实现各个系统之间的松耦合,方便系统流程的重组和优化。

常用的集成模式有面向信息的集成,面向过程的集成和面向服务的集成三类。

1. 面向信息的集成

此种集成模式聚焦于接口层次的应用和系统间的数据转换及传输,主要优势是成本较低。该集成模式将集成视为一种数据流系统,数据可以在文件、数据库以及其他信息库存间流动,可以在应用间通过 API 流动,也可以在通信中介间流动。因此,实现对数据库、应用程序以及相关服务的接口就成为面向信息集成模式的关键问题。该方式又进一步划分为三种类型,即数据复制、数据聚合以及接口集成。

1）数据复制

数据复制的目的是保持数据在不同数据库间的一致性。数据库可以是同一厂商,也可以是不同厂商,甚至可以是采用了不同模型和管理模式的数据库。数据复制的基本要求是必须能够提供一种数据转换和传输的基础结构,以屏蔽不同数据库间数据模型的差异。其基本原理是:在两个或多个数据库之间设置一个软件中介层,在一边,数据从源数据库中被抽取,而在另一边,数据被导入到目标数据库。数据复制的优点在于操作简单和成本较低。但是,当有业务逻辑集成的需求时,就必须考虑其他的集成方式。

2）数据聚合

数据聚合是将多个数据库和数据库模型集成为一种统一的数据库视图的方法,也可以认为数据聚合体是一种虚拟的企业数据库,其中包括了多个实体的物理数据库。其基本原理是:在分布的数据库和应用之间放置一个中间件层。该层与每一个后台的数据库用自带的接口相连,并将分布的数据库映射为一种统一的虚拟数据库,而这种虚拟模型只在中间件中存在,可以应用该虚拟数据库去访问需要的信息。同时,这种方法也可以通过将相关数据映射和导入实体数据库,进行数据库的更新。数据聚合的优点在于将多种数据类型表示为统一的数据模型,支持信息交换,能够通过一个定义良好的接口访问企业中任何相连接的数据库,提供了一种利用统一接口解决面向数据的集成方法。

3）接口集成

接口集成方法利用应用接口实现对应用包和客户化应用的集成,是目前应用最广泛的集成方法。其基本原理是:通过提供用以连接应用包和客户自开发应用的适配器来实现集成,适配器通过其开放或私有接口将信息从应用中提取出来。其优势在于通过接口抽象的方法提供了集成不同类型应用的高效率,但是由于缺乏明晰的过程模型,缺少面向服务的框架接口,使得该方法并不适用于那种需要复杂的过程自动化或动态服务集成的问题。

2. 面向过程的集成

面向过程的集成方法是将一个抽象和集成的管理过程置于多个子过程之上,而这些子过程是由应用程序或者人工来执行的。面向过程的集成方法按照一定的顺序实现过程间的协调并实现数据在过程间的传输,其目标是通过实现企业相关业务过程的协调和协作实现业务活动的价值最大化。同时还可以通过自动化来处理以往由手工完成的业务过程,从而加速业务结果在过程中的传递。

面向过程的集成逻辑是一种过程流集成的思想,不需要处理用户界面开发、数据库逻辑、事务逻辑等。事实上,过程逻辑和核心业务逻辑相分离,正是面向过程集成方法的最重要优势所在,它可以通过改变应用程序和个人之间的信息流,而不改变应用程序本身,使应用更好地为业务服务。可以说,面向过程的集成方法是一种技术,更是一种策略,可以提升组织整合独立应用为更高层次的业务过程服务的能力。

在实施面向过程的集成时,由于其实施对象会采用不同的元数据、平台以及业务应用类型,因此面向过程的集成技术必须具有足够的柔性,能够和不同的相关技术实现集成,如面向消息的中间件、面向事务的中间件、面向接口的集成代理等。在结构上,面向过程的集成方法在面向接口的集成方法之上,定义了另外的过程逻辑层。二者的不同点包括以下几处。

- 一个过程集成的实例通常会跨越多个接口集成的实例应用。
- 面向接口的集成同时聚焦于多个系统间信息的交换,而不涉及其内部过程的可见性。
- 面向过程的集成以过程模型为引擎,驱动信息在应用间流动。
- 面向接口的集成更多地用于战术性问题或者事务集成问题。业务过程集成则更多地用于战略性问题,通过一个抽象的业务模型,利用业务规则决定系统如何交互以及如何实现业务价值。

3. 面向服务的集成

面向服务的集成模型可以实现动态的应用集成和大范围的业务逻辑共享,这种目标是通过整合业务层服务来实现的,具体体现为一种对共享对象上"方法"的调用。这种"方法"通过一些基础设施服务为多个系统所共享,并且可以位于集成式服务器、分布式服务器和互联网上,以标准的 Web 服务机制来提供。

Web 服务有几个重要的标准,如 UDDI(Universal Description Discovery and Integration)、WSDL(Web Services Description Language)和 SOAP(Standard Object Access Protocol)。Web 服务模型和标准提供了一种在 Internet 环境下使用远程应用服务的通用方法,为一种新的集成方法铺平了道路,这种方法可以称为"合成应用",它通过聚集多个简单的应用和服务来实现复杂的功能。在具体方法上,开发者可以通过将过程逻辑和对各种分离应用及服务的接口相结合,从而实现一种新的合成接口,最终创建出合成应用。

虽然这种面向服务的集成方法越来越受到企业的关注,但是和面向信息和过程的集成方法相比,成本过高是它的一大劣势。因为面向信息和过程的集成方法一般并不需要对目标应用进行修改,而面向服务的集成方法则除了要修改应用逻辑以外,还要对修改的应用进行测试、集成和重新配置,工作成本很大。

10.1.3　企业应用集成的方法

在实施企业应用集成时,需考虑到不同的技术架构(如.NET[①]或 J2EE[②]等)、具有不同接口的商业应用系统(如 ERP、CRM、SCM 等)、不同的操作系统(如 Windows、Linux 等)、各种数据格式(如二进制、纯文本、XML[③])及众多的工业标准(如 EDI[④]、ebXML[⑤]、RosettaNet[⑥])等方面,具体来说有以下几点。

- 应用耦合度:这一点也和软件工程中的基本设计思想是契合的,即要求系统之间的依赖达到最小化,这样当一个系统发生变化时会对另外一个系统产生尽可能小的影响,也就是所谓的松耦合。
- 侵入性:当进行集成的时候,希望集成的系统和集成功能的代码变动都尽可能的小。
- 技术选择:不同的集成方案需要不同的软硬件,这些牵涉到开发和学习的成本。
- 数据格式:既然系统要集成,从本质上来说就相当于在两个系统间通信,那么相互通信的系统就要确定交换数据信息的格式来保证通信的正常进行。
- 数据时间线:当一个系统需要传递数据给另外一个系统时,它们传送的时间要尽可能少,这样可以提升系统整体运行的效率,减少延迟。
- 数据或功能共享:有的应用集成还考虑功能的集成共享。这种功能的共享带来的好处是使得一个系统提供的功能在另外一个系统看来就好像是调用本地的功能一样方便。一些典型的应用集成(如远程过程调用)就符合这种特征。

---

① 　.NET 是 Microsoft XML Web Services 平台,是微软用来实现 XML、Web Services、SOA(面向服务的体系结构)和敏捷性的技术。

② 　J2EE 是 Java2 平台企业版。

③ 　XML,扩展标记语言,标准通用标记语言的子集,一种用于标记电子文件使其具有结构性的标记语言。它可以用来标记数据、定义数据类型,是一种允许用户对自己的标记语言进行定义的源语言。它非常适合互联网传输,提供统一的方法来描述和交换独立于应用程序或供应商的结构化数据。

④ 　EDI(Electronic Data Interchange),电子数据交换是由国际标准化组织推出使用的国际标准,它是指一种通过电子信息化的手段,在贸易伙伴之间传播标准化的商务贸易元素的方法和标准。例如,国际贸易中的采购订单、装箱单、提货单等数据的交换。

⑤ 　ebXML 是一组支持模块化电子商务框架的规范。ebXML 支持一个全球化的电子市场,它使得任意规模的企业通过交换基于 XML 的信息,不受地域限制地接洽和处理生意。ebXML 是联合国(UN/CEFACT,贸易促进和电子商务中心)和 OASIS(结构化信息标准发展组织)共同倡导、全球参与开发和使用的规范。

⑥ 　RosettaNet,一个电子商务过程标准,旨在提高电子商务的速度、效率和可靠性,允许在贸易合作伙伴间进行更大规模地协作和交流。RosettaNet 提供一个公共交流平台,也可以说是一种公共语言,它允许参与业务流程的不同贸易合作伙伴间建立自动化流程并在互联网上执行。

- 远程通信：通常系统调用采用同步的方式。但是在一些远程通信的情况下，采用异步的方式也有它的优点，比如说带来系统效率的提升。不过这也使得系统设计的复杂度变大。
- 可靠性：要考虑到系统的容错能力。

应用系统集成的方式有很多种，最常见的有文件共享传输、共享数据库、远程过程调用以及消息队列，它们在解决某些特定领域的问题时有自己的特长。下面分别介绍各种方式的特点。

1．文件共享传输

文件共享传输的优势在于简单直观。它的典型交互场景如图 10-2 所示。

图 10-2　文件共享传输

在这种场景下，一个应用产生包含需要提供信息的文件，然后再由另外一个应用通过访问文件获取信息。在这里，集成部分所做的事情主要是将文件根据应用的不同需要做格式的转换。这种集成方式下，需要考虑下面几个重要的问题。

- 文件的格式。这是因为不同应用系统传递消息的具体样式不一致。一些常见的方法是传递 XML 或者 JSON① 格式的文本。当然，在一些 UNIX 系统中也有通过纯 TXT 文本传递信息的情况。
- 文件的产生及处理。一般产生文件需要一定的时间，但我们不太希望文件产生得太频繁。而且，一个应用在产生文件的时候怎么保证另外一个应用这个时候不去修改它呢？如果文件产生完成怎么通知另外一个应用？怎么知道另外一个应用已经处理过自己处理的文件？产生的文件会不会有重名的冲突？文件被处理完之后该怎么办？删除它还是重复再应用？这些问题在信息传输比较频繁时是很容易发生的。这些问题的发生会导致两个应用系统之间信息的不同步或者信息的错误，这也是采用纯文件传输的弊端。

当然，在一些应用场景之下，文件传输还是有其优点的。在一些信息交换不是很频繁，对信息的及时性要求不太高的情况下，这种方式还是值得考虑的。也可以定时产生和使用文件，只要保证两者不产生冲突和它们的执行顺序正确，集成的效果还是可以达到的。另外，采用文件传输还有一个优点就是对于集成的系统来说，它比较完美地屏蔽了集成的细节。每个系统只要关注符合标准格式的文件内容，具体实现和数据交换都不需要关心。

2．共享数据库

共享数据库也是比较常见的一种应用集成方式。在很多应用开发的场景下，数据库是

---

① JSON(JavaScript Object Notation)是一种轻量级的数据交换格式，是基于 JavaScript 的一个子集。

相对独立地提供服务的一部分,所以与其他系统的对接也就比较容易。这种集成的方式如图 10-3 所示。

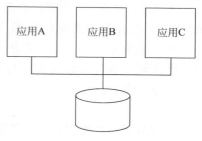

与前面文件共享传输的方案比起来,这种方案有一个相对的优势,就是可以保证数据的一致性。在原来的方案中,如果文件要传输给多个应用的话,是没办法保证所有应用的数据是同步而且一致的,可能有的快有的慢。而在这里,所有的数据都是统一存储在公共的数据库里,也就不存在这样的问题了。对于任何一个系统产生的数据或者变化,另外一个系统也可以马上看到。

图 10-3 共享数据库

当然,这种方案也有它不足的地方。首先,对于多个应用来说,共享数据库需要能够适应它们所有的场景。不同的应用考量的点是不一样的,要能适应所有的需求对于数据库这一部分就显得尤其困难。其次是性能方面的问题,不同的应用可能会同时访问相同的数据导致数据访问冲突,因此也会带来死锁等问题。

3. 远程过程调用

Java 的 RMI 就是一种典型的远程过程调用(RPC,Remote Procedure Call)的方法,其应用场景如图 10-4 所示。

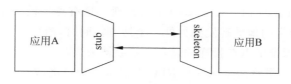

图 10-4 远程过程调用

以 Java RMI 为例,当需要访问远程方法的时候,先要定义访问的接口,然后通过相关工具生成 skeleton 和 stub,之后一端通过 stub 给另外一端发送消息。在应用 A 本地的代码中访问 stub 看起来还是和调用本地方法一样,这些细节都由 stub 给屏蔽了。其他的技术如 COM、CORBA、.NET Remoting 都采用了 RPC 的思路。

RPC 的这种思路能够很好地集成应用开发。当然,这种机制也会带来一定的问题,如 Java RMI 或者.NET Remoting 都只局限于一个平台。例如,应用 A 是用 Java 编写的,如果要和另外一个系统通过 RMI 集成,该系统也必须是 Java 编写的。另外,它们之间是一种紧耦合关系。RPC 使用的是一种类似于系统 API 的同步调用,当一端发出调用请求时会在那里等待返回的结果,如果此时另外一个系统出现故障,会对调用方产生很大影响。另外,在用 RPC 调用的时候默认期望消息是按照发送的顺序传递给接收方的,但是由于各种环境的影响,会使得接收的结果乱序,这样也可能导致系统执行出现问题。所以,从可靠性来说,RPC 还是存在着一定的不足。

4. 消息队列

和前面几种集成的方式相比,消息队列算是一种比较理想的解决方案。消息队列的集成方式如图 10-5 所示。

  所有应用之间,要通信的消息都通过消息队列
来传输,由消息队列来保证数据传输的异步性、稳
定性等。总的来说,这看起来有点像网络连接结
构。所有数据通过一条可靠的链路进行通信。消
息队列的集成方式有很多优点,具体来说有以下几
方面。

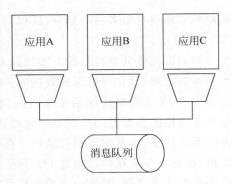

图 10-5 消息队列的集成方式

- 更好地应用解耦:采用文件传输或者共享数
  据库的方式需要知道文件或者数据库在哪
  里,对于 RPC 方式来说,甚至要知道对方的
  IP 地址才能进行方法调用。而消息队列则只要双方规定好通信的消息格式,各自
  将消息发给消息队列就可以了。这就好比是两个人通信,一个人只要把要写的内容
  写好再交给邮局,剩下的事情他就不用操心,全让邮局办就可以了。同样,不管对方
  是用什么语言开发的系统,只要它们采用统一的消息格式,Java 开发的系统也能够
  和 C++、.NET 等平台的系统通信。
- 消息的可靠性:我们发送消息的具体任务相当于交给了消息队列。所有提交的消
  息由消息队列里的 Message Router 来投递。这有点像网络系统里的路由器一样,
  根据发送方指定的地址转发到另外一个地方。同时,消息队列也根据不同的需要将
  消息持久化,保证消息在投递的过程中不会被丢失。
- 系统可靠性:如果将消息队列和 RPC 方式做一个对比,就如生活中打电话和发短信
  的区别一样。在打电话的时候,拨电话的一方期望接电话的一方在电话旁边并能够
  接收响应。如果接收人不在或者忙的话,拨电话的这一方就只能在这里干等。这就
  是系统不够健壮的地方,一旦系统中另外一方出故障,系统就没法正常运作。要保
  证能够正常通信,需要系统双方都同时就位。而发短信的这种方式则不然,消息可
  以准确地送达对方,如果对方暂时忙消息也会保存在那里,等有空的时候再响应,这
  样至少保证了信息的有效传递。这种保证系统异步执行的特性,从某种角度来说也
  提升了系统性能。

由上可以看出,消息队列是一种兼顾了性能、可靠性和松耦合的一种理想的集成方式。

10.1.4 企业服务总线

  企业服务总线(Enterprise Service Bus,ESB)是企业应用集成实现的基础,是传统中间
件技术与 XML、Web 服务等技术结合的产物。ESB 提供了网络中最基本的连接中枢,是构
筑企业神经系统的必要元素。ESB 的出现改变了传统的软件架构,可以提供比传统中间件
产品更为廉价的解决方案,同时它还可以消除不同应用之间的技术差异,让不同的应用服务
器协调运作,实现不同服务之间的通信和整合。从功能上看,ESB 提供了事件驱动和文档
导向的处理模式,以及分布式的运行管理机制,它支持基于内容的路由和过滤,具备了复杂

数据的传输能力,并可以提供一系列的标准接口。

ESB 中间件产品利用的是 Web 服务标准和与公认的可靠消息 MOM 协议接口(如 IBM 的 WebSphere MQ、TIBCO 的 Rendezvous 和 Sonic Software 的 SonicMQ)。ESB 产品的共有特性包括连接异构的 MOM、利用 Web 服务描述语言接口封装 MOM 协议,以及在 MOM 传输层上传送简单对象应用协议(SOAP)传输流的能力。大多数 ESB 产品支持在分布式应用之间通过中间层(如集成代理)实现直接对等沟通。

ESB 的概念是从 SOA 发展而来的,一个 ESB 是一个预先组装的 SOA 实现,它包含了实现 SOA 分层目标所必需的基础功能部件。具体来看,它通常具有以下特性。

- 是面向服务架构的实现。
- 通常是与操作系统和编程语言无关的,能在 Java 和 .NET 应用程序之间工作。
- 使用 XML(可扩展标识语言)作为标准通信语言。
- 支持 Web 服务标准。
- 支持消息传递(同步、异步、点对点、发布—订阅)。
- 包含基于标准的适配器(如 J2C/JCA),用于集成传统系统。
- 包含对服务编制(orchestration)和编排(choreography)的支持。
- 包含智能、基于内容的路由(itenerary)服务。
- 包含标准安全模型,用于 ESB 的认证、授权和审计。
- 包含转换服务(通常是使用 XSLT),在发送应用和接收应用之间转换格式,简化数据格式和值的转换。
- 包含基于模式(schema)的验证,用于发送和接收消息。
- 可以统一应用业务规则,充实其他来源的消息,分拆和组合多个消息,以及处理异常。
- 可以条件路由,或基于非集中策略的消息转换,即不需要集中规则引擎。
- 可监视不同 SLA(服务级别合约)的消息响应门限,以及在 SLA 中定义的其他特性。
- 简化"服务类别",向更高或更低优先级用户做出适当的响应。
- 支持队列,在应用临时不可用时用来保存消息。
- 由(地理)分布式环境中的选择性部署应用适配器组成。

从上述特性可以看出,ESB 提供了一种开放的、基于标准的消息机制,通过简单的标准适配器和接口,完成粗粒度应用(服务)和其他组件之间的互操作,能够满足大型异构企业环境的集成需求。ESB 可以在不改变现有基础结构的情况下让几代技术实现互操作。

通过使用 ESB,可以在几乎不更改代码的情况下,以一种无缝的非侵入方式使企业已有的系统具有全新的服务接口,并能够在部署环境中支持任何标准。更重要的是,充当"缓冲器"的 ESB(负责在诸多服务之间转换业务逻辑和数据格式)与服务逻辑相分离,从而使得不同的应用程序可以同时使用同一服务,在应用程序或者数据发生变化时,无须改动服务代码。

10.1.5　微服务架构

1．服务化

复杂的单体架构会有以下的挑战：

- 项目启动初期，需要寻找一个能尽量涵盖所有需求的开发语言，技术选型难度高。
- 工程庞大，组件、中间件繁多，编译时间长；开发环境复杂，需要安装大量的辅助软件，环境准备时间长。
- 团队无效沟通多，沟通成本高。
- 部署环境依赖大，某个组件的问题可能导致整个系统无法运行。
- 新功能添加或者 bug 修复的时候，会影响现有功能，引发新的（未知）问题，添加单元测试难度大。
- 版本回滚颗粒度大，灵活性差。

服务化解耦后：

- 微服务可以根据自身业务特征选择合适的开发语言或数据库。
- 微服务的开发者只需要安装该服务相关的辅助软件。
- 沟通多集中在微服务团队中，与周边（或公共）微服务有交集时才产生相应的沟通。
- 部署环境依赖小，某个微服务部署失败仅影响该微服务（或周边几个微服务）。
- 功能调整，如果接口没有调整，基本不会影响其他微服务，添加单元测试、接口测试难度低，自动化（回归）测试覆盖率高。
- 版本回归最小单位为某个微服务，颗粒度小，可更好地实现蓝绿部署、A/B 测试、灰度发布。

2．容器化

容器（docker）具有轻量、环境依赖低、启动速度快等特点；虚拟化技术（openstack）负责 IaaS 层（存储、计算、网络）资源的调度；容器治理平台（Kubernetes、docker swarm）配合资源监控对容器进行灵活调度。以上三种技术极大地提高了微服务的横向（弹性）伸缩以及高可用的能力，使微服务具备更好的高并发处理能力，配合 DevOps、CI/CD 等工具及技术可提升企业快速响应、持续交付的能力。

企业应该基于产品或项目实际情况选择合适的微服务程度。

3．微服务基础技术架构

图 10-6 所示为微服务基础技术架构，通过使用前后端分离的开发模式，以下是关于前后端分离的描述。

- Web A/B/C/... 是几个纯前端项目，可以根据实际情况在不同项目中使用 Angularjs、Vuejs 或 Reactjs 等框架进行开发。
- API X/Y/Z/... 是几个 API 项目，供 Web 或者 App 调用，可以根据实际情况使用 .Net Core、Java 或 python 等语言进行开发。也可以根据带宽或性能需要，让 Web 或 API 启动多份示例。

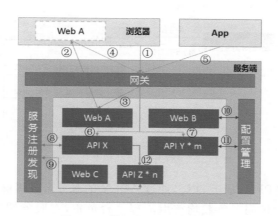

图 10-6 微服务基础技术架构

基本交互：

- 浏览器经过网关从服务端获取网站的 html 及 js(箭头①②③)。
- Web 通过 url 或 ajax,经过网关访问服务端 API；App 通过类 HttpClient 方式,经过网关访问服务端 API(箭头④⑤⑥⑦)。
- API X/Y/Z/...注册到服务中心(箭头⑧⑨)。
- Web A/B/C/...、API X/Y/Z/...从配置中心读取各自的配置(箭头⑩⑪)。
- API X 通过服务中心调用 API Z(箭头⑫)。

因此,微服务的三个基础组成部分分别是服务注册发现、配置管理以及网关。

4．服务注册发现

1) 简单的服务注册发现

简单的服务注册发现是直接通过 IP 端口进行访问,这种方式适用于单个实例的服务,但如果 API Y 是多个实例,那么需要借助类似虚拟 IP (VIP)等技术,如图 10-7 所示。

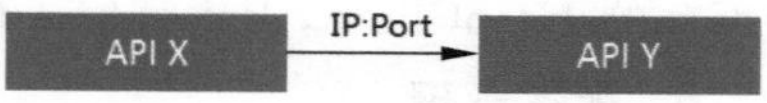

2) 基于中间件的服务注册发现

图 10-7 简单的服务注册发现

API Y 实例 $1/2/\cdots/n$ 启动时,会把自己的信息注册到服务中心(自上报),API X 需要调用 API Y,会先从服务中心获取 API Y 服务实例的 IP 端口列表；然后根据特定的策略(随机、网络情况、权重等)筛选出一个实例进行调用,负载均衡是在客户端(调用方)实现的,如图 10-8 所示。

这种方式的典型代表是 Spring Cloud Eureka,如果服务中心崩溃掉了,那么会影响整个系统,因此,要保证服务中心的高可用。

另外,需要有特定的 jdk/sdk 和服务中心进行交互,如 Java 的 FeignClient(集成了 ribbon 实现服务的负载均衡)、Steeltoe 的 DiscoveryHttpClientHandler(随机选择实现服务的负载均衡),有一定的语言侵入性。

3) 基于容器治理平台的服务注册发现

API Y 实例 $1/2/\cdots/n$ 部署启动时,治理平台会给它们分配 IP 端口,并记录在服务中

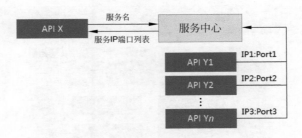

图 10-8　基于中间件的服务注册发现

心；API X 需要调用 API Y，基于 DNS，通过 API Y 的服务名或集群 IP(Cluster IP，类似于 Virtual IP)加端口进行访问。负载均衡由治理平台负责，在服务端(平台)实现，如图 10-9 所示。

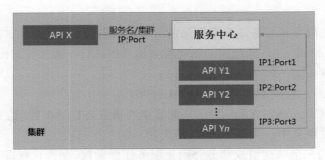

图 10-9　基于容器治理平台的服务注册发现

这种方式的典型代表是 docker swarm 以及 Kubernetes，服务注册发现的高可用由平台保证，因为基于 DNS，普通的 HTTP 客户端就可以进行 API 访问，如 Java 的 restTemplate 或 C♯的 HttpClient，无语言侵入性，但负载均衡的灵活性比中间件的方式稍微低一些。

5. 配置管理

1) 简单的配置管理

简单的配置管理就是平时常用的配置管理，如 Java 的 application. properties、. NET 的 web. config、. NET Core 的 appsettings. json 等，基本是和应用程序一起，能够兼容多个环境(开发、测试、生产)。

但当程序需要启用多份的时候，这种简单的配置管理方式遇到了挑战，配置的更新需要手动更新各个实例的配置文件，烦琐且容易出错(遗漏、修改错误或环境依赖)。

这也是微服务面临的一个主要挑战。

2) 基于中间件的配置管理

这种方式的典型代表是 Spring Cloud Config Server。

API X、Y...会通过 Url 访问配置中心，通过心跳(2s)来确认配置中心的健康以及检测配置内容的更新。

其中，application. yaml 用于保存各个微服务的公共配置，{服务名}. yaml 用于保存微服务的私有配置,如图 10-10 所示。

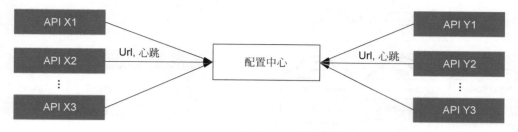

图 10-10　基于中间件的配置管理

和 Eureka 一样,使用者需要自己保证 Config Server 的高可用,否则,配置中心崩溃的话,整个系统的配置信息就会乱套。另外,也需要有特定的 jdk/sdk 和配置中心进行交互,配置文件的格式基本也限制于 yaml 格式。

3)基于容器治理平台的配置管理

这种方式的典型代表是 Kubernetes ConfigMap。

部署、升级、增加 API X、Y⋯实例时,Kubernetes 会按照设置,把对应的配置文件放置到容器(docker)指定的位置,也可以是环境变量,如图 10-11 所示。

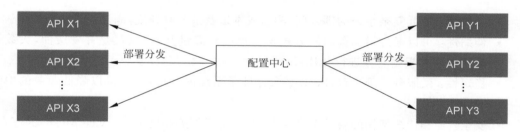

图 10-11　基于容器治理平台的配置管理

配置中心的高可用由治理平台保证,微服务不需要使用特定的 jdk/sdk 和配置中心交互,只需要解析本地路径的某些文件,文件格式(JSON、XML、YAML、PROPERTIES)可以根据需要选择。

微服务公共配置与私有配置也可以实现,但需要语言支持,如.NET Core。

6. 网关

网关作为微服务的统一出口,需要完成反向代理、跨域处理、负载均衡、流量控制、缓存、日志、公共功能(如认证)等,常用的网关中间件有 Nginx、Spring Cloud Zuul、Kong、Ocelot 等,如图 10-12 所示。

通过网关可以解决不同的微服务升级、不同的微服务采用不同的语言或在不同的环境系统需要有不同的认证机制,如对接第三方的认证系统,使用网关就能比较好地解决以上问题。

使用网关还可以更好地做到以下方面。

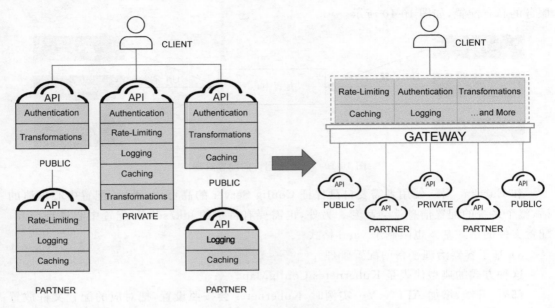

图 10-12　微服务 API 网关

- 扩展性：降低复杂系统的耦合度、沟通成本以及系统复杂度，满足需求快速响应。
- 伸缩性：可以通过增加资源的方式来快速应对海量并发（仅仅是并发层面，大数据量还是需要根据业务进行分片或分割）。
- 稳定性：微服务治理平台，PaaS 平台保证了系统的高可用性，可以降低业务的中断时间。
- 安全性：和传统架构的要求差别不大，但是由于网关和网格（Service Mesh）的存在，使得安全处理、APM 等的实现更加简单。

10.2　数据集成交换服务

10.2.1　制定数据集成交换规范和架构

主数据管理是一个全面的信息基础，用于决定和建立单一、准确、权威的事实来源，主数据管理最重要的就是数据的唯一性、完整性和相互的关系。因此，建立统一、集中的主数据管理系统是信息共享和集成的基础。良好的系统集成方式和效率是主数据管理系统应用的重要目标。

主数据系统需支持主动推送和数据共享的主数据发布方式，能够在主数据发生变化时将其推送至目标系统，也可建立主数据共享库，将发生变化的主数据以主题视图或其他方式存储于共享数据库中并实时更新，供业务系统采用，同时支持对有主数据需求的业务系统进行定义，通过标准接口或集成交互服务平台进行标准化的主数据分发。

主数据管理系统与外部业务系统之间应具有较好的集成性,以保证主数据管理的及时性,能够反映当前业务的基础数据状况,并满足当前业务运营对主数据管理的实际需求。

通过制定统一的集成交换规范和集成架构,实现在新建系统加入企业的信息化建设时,只需要建立系统和集成交换中间件之间的接口,就可以实现该系统与其他所有系统之间的集成,在很大程度上减少系统交互和接口的复杂度,将所需要维护的接口数量从指数级减少到线性级。

集成规范是采用统一集成架构的基础,如果需要以一个通用的格式来传输数据,那么只需要在数据进出每个系统的时候与通用格式之间进行转化即可。

数据集成交换规范主要包括数据格式规范、服务报文技术规范、服务安全技术规范、服务接入规范、服务交互模式规范。其中,服务报文技术规范定义了每个系统在接收或发送数据时所要遵循的请求报文规范、传输信息规范、相应报文规范、日志反馈规范;服务安全技术规范则定义了传输安全和访问安全;服务接入规范明确了超时时间设置、消息指令标识、重发机制、重复信息识别机制和异常处理机制;服务交互模式规范则定义了同步传输服务和异步传输服务。

10.2.2　搭建数据交换平台

在制定好数据集成交换规范后,就可以搭建数据交换平台。通过了解源系统和目标系统,根据数据交换需求创建一个规范化的数据集成模型。

通过数据集成模型在数据交换平台上的落地实现数据交换平台的建设。采用企业服务总线 ESB 作为统一的数据交换平台,以面向服务的方式实现异构、分布式系统之间集成共享、互联互通,作为 SOA 架构的信息传输龙骨,为 SOA 提供了一种连通性的基础架构,用以连接 SOA 中的服务。基于开放的标准消息总线,用于通过标准的适配器和接口,来提供各程序和组件之间的互操作功能。

通过搭建数据交换平台,实现服务注册及管理能力。

1. 服务发布管理功能

数据交换平台的服务发布与管理实现服务对接、服务建模、服务注册与管理、服务发布和服务适配功能。

数据交换平台在提供完整的企业服务总线能力的基础上,具备完善的功能对接能力。

数据交换平台的对接功能,基于协议、适配器以及 JMX 的协议,提供外部功能以及外部系统的接入。

数据交换平台可提供服务注册库(Service Registry and Repository,SRR),以一致的方式存储服务并对服务进行版本控制。服务注册库支持运行时的服务端点查找(service end point look-up),有助于防止服务新版本的部署对服务消费者的影响。

服务重用的关键是 SRR 具备服务注册与服务查找的能力。SRR 不仅支持服务发现和服务重用,同时还支持在各个领域彼此关联的服务,如元数据管理。在实时运行的服务之间进行动态、有效的交互,增强连通性。通过利用动态连接,SRR 能够使 ESB 在请求到达时找到最适合的端点,从而支持动态 SOA 与松耦合。

在整个 SOA 产品的生命周期中可以对 SRR 进行管理,从开发、测试、生产直到结束。SRR 要管理整个机构中的服务访问权限,确定哪些客户能够进行访问以及能够访问哪些服务。它在整个监管生命周期中通过用户、用户类型和服务发布地点来进行监管。

数据交换平台支持服务注册库 SRR,可以进行服务的注册、导入、导出、代理 Web 服务和服务的发现、查找、删除等功能,并将进一步加强服务的管理及监管功能。

服务注册库跟一些业务规则一起运用,来为特定的请求和特定的客户选择最合适服务端点。通过与监控设施结合运用,可以从负载平衡的角度或者根据特定业务需求,来确保服务级协定(SLA)不被破坏。

为了实现服务重用,需要对服务进行治理(Governance),以实现按照希望的重用方式来设计、建造和运作这些服务。

SRR 是存储已用、计划使用或想要了解的系统(或其他机构系统)中的服务信息的地方。它帮助实现服务语义的定义,及缩小 IT 与业务世界之间的差距,并提供服务的业务级视图。一个应用能够在其调用服务之前核查 SRR,确定满足功能和性能要求的最合适的服务。SRR 的首要作用就是促进业务服务的产生、访问、监管和重用。它使得业务、服务以及SOA 基础架构元素之间的交互可以集中化管理,并统一了监管服务供应商、用户和服务之间进行交互的标准和原则。总的说来,SRR 促进了业务对象之间的协调关系、IT 资产的重用和 SOA 的逐渐推广。

服务注册中心能够回答"什么是服务"以及"服务定位于何处"的问题。而只有服务仓库可以回答服务如何被使用、它们之间如何交互、谁在使用这些服务以及为什么使用。为了获得 SOA 收益,注册中心和存储库都必须同时具备这两种能力,才能实现所需的价值。

2. 服务目录功能

服务目录维护、服务注册库管理提供了发布服务、查询服务注册库和管理服务注册库的功能。发布服务提供注册服务、删除服务、代理注册和批量导入功能。查询服务注册库提供查询已注册的 WSDL Web 服务、业务列表、服务列表和技术模型列表等功能。管理服务注册库提供查看注册库信息和管理发布者信息等功能。

数据交换平台为保证服务使用的规范性,提供了服务申请功能,该功能规定了服务使用者在使用平台提供的服务时需要申请的流程规则。

数据交换服务使用者在使用平台提供的服务时,首先需要提交服务申请,当申请通过后才可以正常调用该服务。

服务的申请具有权限的保证,平台提供了服务申请的权限设置。平台管理员可对服务设置权限,只有具有申请权限的用户才可以申请特定的服务。

3. 服务监控功能

服务监控提供全生命周期的服务管理功能,包括服务开发、注册、审批、申请、监测、检查、注销等功能,通过 BS 架构监控平台可以对服务全生命周期的每一个环节进行监控管理。

平台基于 ESB 基础功能,支持对注册到总线的服务或者其他的标准服务进行动态调用。

数据交换平台在流程中提供服务调用组件来调用发布在 ESB 或者外部的服务。

搭建好的数据交换平台需要具备服务编排能力,对注册在 SRR 上的多个服务进行调度与协调,在基础服务上封装新的服务。服务编排的目的是为了提高服务的复用性和服务开发的效率,被编排的各个服务之间是松耦合的,可以独立地进行替换或修改,而不对另一方产生影响。

服务编排功能提供串行、条件、分支、循环等基本服务编排能力,可将多个服务返回结果按照具体的业务需求进行灵活的合并处理。

10.2.3　实现数据交换管理

搭建好的数据交换平台,提供对外的接入能力。数据交换平台基于 ESB 基础上支持将外部的服务适配,并通过数据交换平台进行发布,提供用户自定义的策略对服务消息进行处理,可增加或者剥离服务消息级的安全策略。

通过 WSDL 文件或者服务 URL 将企业应用发布的服务适配进入总线,在对带有服务消息级的安全策略的服务进行剥离后,根据实际场景需要来重新添加服务消息级的安全策略,并重新发布成服务。

同时,服务编排支持视图化拖拽功能,要求服务编排的过程通过可视化拖拽和配置方式即可实现,并且提供清晰的服务流程视图;支持服务组合组件化功能,要求能够将服务组合进行封装、组件化,使该组合可作为一个预置组件在其他服务组合中拖拽式使用。

服务路由能力。通过将服务提供者发布的服务注册到 SRR 上,当服务消费者请求服务时,总线根据内部维护的路由规则,将消费请求分发给相应的服务提供者。ESB 提供多种服务路由功能及对路由规则的配置管理功能,可实现内容路由、动态路由、穿透式路由、广播式路由等功能。基于路由规则实现数据的自动分配与消息的广播。ESB 通过流程化的方式,有机的组合和串联各个服务和数据处理组件,以流程化的方式,制定服务路由规则。

服务调用能力。数据交换平台支持对注册到总线的服务或者其他的标准服务进行动态调用,提供多种调用模式,包括同步调用、同步单向调用、请求回调等模式。在流程中提供服务调用组件来调用发布在 ESB 或者外部的服务。通过导入 WSDL 文件或 URL 的方式将 ESB 或者外部的服务导入流程中,将上游其他组件的输出作为服务的输入参数,在服务调用组件调用成功后,将外部服务的输出参数作为此调用组件的输出参数,以供后续其他组件使用。

消息处理能力。消息交换是数据交换平台进行信息交互的主要方式,因此,消息格式的支持程度直接关系着数据交换平台的消息处理能力。提供对消息的合法性验证功能,通过可视化配置实现对消息的验证,包括长度、类型、标签、结构等验证,将非法消息进行异常处理或拒绝请求应答。支持大多数通用的消息格式,如 XML、TXT、CSV、Excel、JSON 等。同时,也支持像 EDI 这样的具有行业特性的数据交换标准格式。

日志处理能力。作为一个完整的系统,日志是其中非常重要的功能组成部分。它可以记录下系统所产生的所有行为,并按照某种规范表达出来,主要审计用户执行的操作、执行操作者及相关角色等进行记录,可用于分析用户行为模式,并能在出现事故时,明确相关责任人,实现数据交换的审计。

通过数据交换平台的组件功能可以实现数据交换的全面管理。

10.3 构建数据服务体系

构建数据服务体系,必须做到数据管理与数据服务一体化,统一数据模型、统一数据服务、统一数据质量,制定数据采集整合、数据加工处理、数据服务提供各环节的数据处理标准,同时构建统一管理体系,实现管理标准有效和高效执行。

数据服务体系建设目标是实现数据资产向价值载体的转变,解决好"数据在哪里"和"数据如何使用"的问题,为经营管理提供决策支持。

数据采集整合:全面梳理各类数据模型、数据服务体系底层数据模型和数据应用现状,按照多数据域模式,统一规划底层数据模型。同时,制定数据清洗标准,实现标准化数据和模型管理统一。

数据加工处理:统一的指标体系和统一的数据标准是数据加工处理基础。首先按照指标体系和数据标准,创建、定义和维护指标和标准;其次,数据加工处理,根据指标和标签的业务定义和数据逻辑,以底层数据为基础,生成指标和标签的业务数据。

数据服务提供:数据服务是数据服务体系的最终目标。数据服务体系提供自助化数据提取工具和交互式数据探索工具,实现底层数据和指标标准数据需求服务支撑。同时,根据数据内容和用户角色,采用不同数据安全手段,包括数据加密、数据脱敏和数字水印,实现数据安全。

10.4 形成数据资产全局视图

数据资产视图是以信息资源的业务特征(服务功能)为核心,由数据资产归属、数据资产服务和数据资产内容三个维度组成。数据资产归属说明了数据资产的用户属性,数据资产服务说明了数据资产所属的信息系统,数据资产内容说明了数据资产的数据格式和具体内容。图10-13给出了数据资产的图谱。

根据数据资产模型,数据资产视图首先分成数据资产目录、服务资产目录和用户资产目录三大目录体系。其中:

- 数据资产目录是信息资源目录业务规范的主要内容。
- 服务资产目录是从服务功能的角度对资产目录进行分类定义。
- 用户资产目录是从用户属性的角度对数据资产进行分类。

通过数据交换平台将所有的数据交换管理后,可自动根据数据流向和数据交换内容形成数据资产分布和数据资产流动轨迹的全局视图,如图10-14所示。

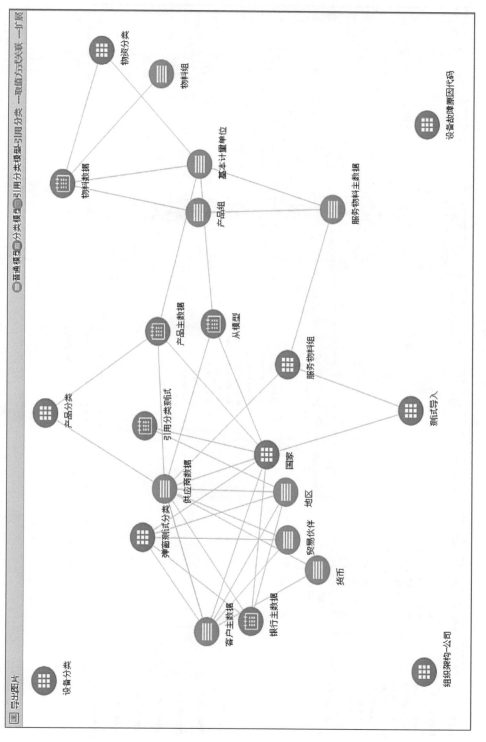

图 10-13 数据资产图谱

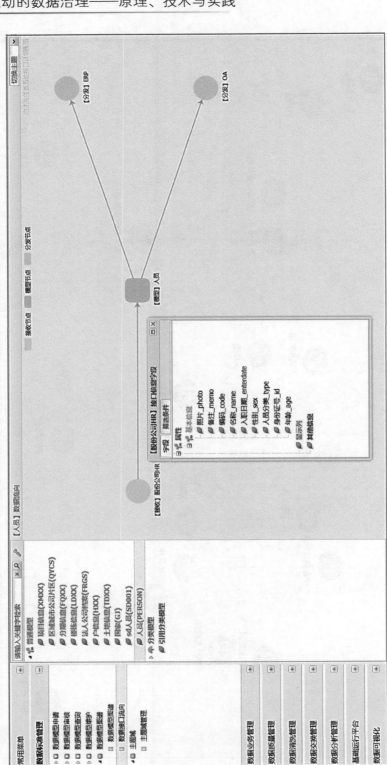

图 10-14 数据流向

　　通过对企业范围内数据资产的梳理,全面掌握企业数据资产的分布情况,构建全局数据视图,对企业的数据模型、数据实体属性关系、数据加工流程、数据职责关系有清晰化的认识,做到企业数据资产可定义、可获取。

　　通过数据资产全局视图管理,从数据资产管理的相关业务、技术部门日常工作流程入手,切实建立起企业数据资产管控能力,包括从业务角度梳理企业数据质量规则,检测数据标准实施情况,保证数据标准规范在企业信息系统生产环境中真正得到执行,为企业打造核心的管理数据资产的能力,同时为企业内数据管理部门形成数据管理的工作环境,保证企业数据资产可管理、可落地。

　　通过数据资产管理形成以用户为中心,为企业内外部不同层面用户提供数据服务的能力,为用户提供多样化、易获得的数据服务,使用户能够方便地获取和使用数据,提升业务创新能力,并且在用户的数据使用过程中再反过来进一步完善数据标准、提升数据质量,真正挖掘出潜藏在数据资产中的深层价值,保证企业数据资产可应用、可服务。

第 11 章

数据质量管理

数据是企业的重要战略资源,合理、有效地使用正确的数据能指导企业领导作出正确的决策,提高企业的竞争力。不合理地使用不正确的数据(即差的数据质量)可导致决策的失败,正可谓差之毫厘、谬以千里。

数据质量管理是指针对数据从计划、获取、存储、共享、维护、应用、消亡生命周期的每个阶段里可能引发的各类数据质量问题,进行识别、度量、监控、预警等一系列管理活动,并通过改善和提高组织的管理水平,使得数据质量获得进一步提高。

11.1 数据质量的定义

11.1.1 数据质量

数据质量在不同的时期有着不同的定义。在几十年前,数据质量就是意味着数据的准确性,确切地说是数据的一致性、正确性、完整性和最小性这 4 个指标在信息系统中得到满足的程度。国内学者陈远等认为数据质量可以用正确性、准确性、不矛盾性、一致性、完整性和集成性来描述。但是随着信息系统的发展,数据的来源越来越多样化,数据体量越来越大,数据涵盖的面也越来越广,对于数据质量的定义也从狭义走向了广义。准确性不再是衡量数据质量的唯一标准,当数据量增大,数据格式多样,数据适合使用的程度成为了数据质量中更加关键的因素。

数据质量是指数据使用的合适性。数据质量本身包括两个方面:数据本身的质量和数据的过程质量。数据本身的质量包括了数据的真实性、完整性和自治性。数据的过程质量包括数据使用质量、存储质量和传输质量。数据质量低下会导致不正确的信息和不良业务绩效。

数据是组织最具价值的资产之一,数据质量与业务绩效之间存在着直接联系,高质量的数据可以使企业保持竞争力并在经济动荡时期立于不败之地。有了高质量的数据,企业在任何时候都可以信任所需的数据。

所有的数据都有一定程度的质量,即使该程度是不可接受的。当人们说他们想要高质量的数据时,他们期望这个数据能符合某个优秀标准。符合某个标准意味着,数据具有满足该标准各方面具体要求的独特特征。

数据质量与数据消费者隐性或显性的期望密切相关。人们如何判断数据的质量取决于对该数据的期望。期望可能会很复杂。它们不仅基于数据应该表示什么,还基于为什么一个人需要这个数据并且打算如何使用它。

数据质量的高低代表了该数据满足数据消费者期望的程度,这种期望基于他们对数据的使用预期。所以数据质量直接关系到数据的认知或既定用途。高质量的数据比起低质量的数据在更大的程度上符合期望。然而,数据也是对象、事件和概念的表示。数据在多大程度上满足数据消费者的期望的一个因素是,这些消费者如何看待这些数据表示其目标对象的能力。

数据本身的质量:

- 数据的真实性,是指数据必须真实准确地反映实际发生的业务。
- 数据的完备性,是指数据是充分的,任何有关操作的数据都没有被遗漏。
- 数据的自洽性,是指数据并不是孤立存在的,数据之间往往存在着各种各样的约束,这种约束描述了数据的关联关系。数据必须能够满足这种数据之间的关联关系,而不能够相互矛盾。

数据的真实性、完备性、自洽性是数据本身应具有的属性,称为数据的绝对质量,是保证数据质量的基础。

数据的过程质量:

- 数据的使用质量,是指数据被正确的使用。再正确的数据,如果被错误地使用,就不可能得出正确的结论。
- 数据的存储质量,是指数据被安全的存储在适当的介质上。所谓安全是指采用了适当的方案和技术来抵制外来的因素,使数据免受破坏。备份是常使用的技术,包括异地备份和双机备份等。存储在适当的介质上是指当需要数据的时候能及时方便地取出。
- 数据的传输质量,是指数据在传输过程中的效率和正确性。在现代信息社会中,数据在异地之间的传输越来越多,保证传输过程中的高效率和正确性非常重要。

11.1.2　数据质量维度

数据和信息质量专家都采用维度来确定可以测量数据的哪些方面,并且通过什么来对它的质量进行量化。虽然不同的专家提出不同的数据质量维度集,但几乎所有的维度集都包括某个版本的准确性、有效性、完备性、一致性、现实或及时性。

如果质量是"由某人或某事所拥有与众不同的属性或特征",那么数据质量维度就是数据拥有的特征(质量)的通用、可测量的类别。数据质量维度发挥作用的方式与使用长度、宽度和高度来表示物理对象的大小的方式相同。质量维度可以理解为按照同一尺度来测量数据,或使用存在对照或换算关系的不同尺度来测量数据。依据测量标准,为关注的数据集的质量定义其期望值,首先应定义一组数据质量维度,然后测量该数据集状况。

要测量数据的质量,就需要理解对它的期望,并确定数据满足这些期望的程度。这通常采取的形式是了解数据的独有特征并评估它们存在于被测量数据的程度。

从这些方面看,测量似乎很简单。但也至少有两种复杂情况:首先,大多数组织都没有做好定义数据期望的工作,很少有组织做出了明确的、可衡量的数据期望;其次,如果没有明确的期望,那就不可能明确测量数据是否满足它们,但这并不意味着必须通过测量才知道数据质量。

先看第一种复杂情况。在定义需求时,许多信息技术项目都把重点放在需要提供什么数据、如何对数据处理、需要具备哪些访问功能等,因此,对数据的需求往往集中在数据源、建模、源到目标的映射以及商业智能工具的实现上,很少有项目定义了与数据的预期条件相关的需求。事实上,很多做信息工作的人认为他们所管理的数据的内容与构建的系统无关。由于仅具备有限的数据知识,导致他们没有依据了解数据是否符合期望。更具挑战性的是,数据可以有不同的用途,而每个用途都可以包括一组不同的期望,在某些情况下,期望之间可能是相互矛盾的。不去识别这些差别是有风险的,如果不去这样做,则意味着数据可能被滥用或误解。

第二种复杂情况是,期望可能是很难衡量的,但如果不能定义它们,那么它们是无法衡量的。数据不具有严格边界,但是会以可衡量的特征形式(记录、表、文件、消息)呈现出来。在这里,字段被指定用来包含特定的数据,文件应包含特定记录,可以把这些特征与数据消费者的期望需求保持一致,然后依据这个组合来建立这些特征的特定测量。

常用的数据质量评估包括以下 6 个维度。

1. 完整性

用来描述信息的完整程度。例如,某公司的人力资源系统中有 1000 名员工,其中有 400 个员工中没有记载联系电话,这说明该公司人力资源系统的员工联系电话信息存在完整性问题。

2. 准确性

用来描述数据是否具有与其对应的客观实体的特征相一致(需要一个确定的、可访问的、权威的参考源)。例如,某公司的人力资源系统中记录了员工 A 的联系方式为 13910012345,然而该员工真实的联系方式是 13910056789,这说明系统中记载的员工 A 的联系方式是不准确的,存在准确性问题。

3. 唯一性

用来描述数据是否存在重复记录,没有实体出现多于一次。例如,某公司的人力资源系统中,有两个员工的身份证号码完全一样,这就说明该系统的身份证号码信息存在唯一性问题。

4. 有效性

用来描述数据是否满足用户定义的条件。通常从命名、数据类型、长度、值域、取值范围、内容规范等方面及进行约束。例如,某公司的人力资源系统中,有个员工的年龄为-32 岁,违反常理,说明人力资源系统中存在数据有效性问题。

5. 一致性

用来描述同一信息主体在不同的数据集中的属性是否相同,各实体、属性是否符合一致性约束关系。例如,某公司的人力资源系统中,有个员工 A 的职务是"处长",而在 OA 系统中员工 A 职务是"主任",这说明这个公司的两个系统间存在数据一致性问题。

6. 及时性

用来描述从业务发生到对应数据正确存储并可以正常查看和使用的时间间隔,数据的及时性应尽可能贴合业务实际发生的时间点。例如,某公司的人力资源系统中,有个员工 A 在 T 日办理了入职,但是直到 T+7 日才在人力资源系统中看到员工 A 的信息,说明该公司的人力资源系统存在及时性问题。

11.1.3 数据质量评估

评估某物的性质、能力或质量,意味着为了了解一个事物,需要把它与另一个事物作比较。然而,不同于"使用仪器确定某物的大小、数量或程度"严格意义上的测量,评估的概念也意味着得出一个结论,即该评估的目的。

Arkady Maydanchik 把数据质量评估的目的定义为:找出数据错误和错误的数据元素,并测量各种数据驱动的业务流程的影响(Maydanchik,2007)。找出错误和理解它们的含义是至关重要的。数据质量评估可以用不同的方式完成,从简单的定性评估,到详细的定量测量。评估可以基于常识、指导原则或具体标准进行。数据可以在大致内容的宏观层面上,或在特定字段或值的微观层面上进行评估。数据质量评估的目的是了解数据相对于期望或特定目的的状况,并得出一个关于它是否符合预期或满足特定用途的需求的结论。这个过程总是意味着需要同时了解数据是如何有效地表示它旨在表示的对象、事件和概念的。

虽然术语数据质量评估(data quality assessment)往往与获得对数据的初始理解的过程相关联,但该术语在这里是针对评估组织内的数据的状况和值的一组流程。这些流程包括数据的初始一次性评估和数据环境(元数据、参考数据、系统和业务流程文档)、自动过程控制、联机数据质量测量,以及数据的定期重新评估和数据环境。过程控制和联机数据质量测量将在本章后面简要定义。

正如在对数据质量的讨论中所指出的,用维度(dimension)这个词来确定数据的哪些方面可以被测量,并通过它们来描述和量化数据的质量。作为高层次的类别,数据质量维度比较抽象。在 DQAF[①] 中探讨的维度包括完备性、有效性、及时性、一致性和完整性。数据质量维度非常重要,因为它们能够让人们明白为什么要对数据进行测量。

特定的数据质量指标(specific data quality metric)是有点不言自明的。它们定义了被测量的特定数据,以及正在测量的是关于它的什么特征。例如,在医疗保健数据中,人们可能有特定的指标来测量在一组医疗索赔数据的主要过程代码字段中,无效过程代码的百分

---

① DQAF(Data Quality Assessment Framework,DQAF)是国际货币基金组织(IMF)以联合国政府统计基本原则为根本构建的数据质量评估框架体系。

比，具体的测量描述了在特定时间的特定数据的情况。使用的术语指标（metric）不包括阈值本身，它仅说明正在测量的是什么。

DQAF引入了一个附加的概念来使数据质量测量能够执行，这个概念就是测量类型。测量类型是数据质量维度内的一个类别，它允许针对适合该类型所要求的标准的任何数据，执行一种可重复的测量模式，而不管具体的数据内容如何。测量类型弥合了维度和特定测量之间的空白（图11-1），并且这些测量可以用基本相同的方式进行。每个值集都在一个表中的一个列或多个列中表示。对于每个值集的有效值都包含在另一个表中，可以将值与这些集合进行比较，以确定有效值和无效值，用记录计数并计算百分比来得出无效值的频繁程度。

维度 测量的原因 （WHY）	完备性	及时性	有效性	一致性	完整性
测量类型 测量的方法 （HOW）	对数额字段的汇总数据与控制记录提供的汇总数量进行比较	对数据传输的实际时间与计划的数据传输时间进行比较	对输入数据的值与某个已定义的域中的有效值（参照表、范围或数学规则）进行比较	对值的记录数分布（柱状图概要）与过去填充同一字段的数据实例的分布进行比较	确认表之间记录层次（父/子）的引用完整性，以找出那些没有父记录的子记录（即"孤儿"记录）
特定的数据质量指标测量的内容（WHAT）	索赔记录的总金额相对控制报表的总额的结余	记录在某个服务水平协议中的索赔文件传递时间的范围	收入代码针对收入码表的有效性	索赔表中与该字段以往的总体一致的调整代码的百分比分布	所有的有效过程代码都在过程代码表中

降低抽象，增加特定性，具体性，更接近数据

提高理解和解释测量结果的能力

图 11-1 测量类型和特定指标

测量类型是具体指标归属的一个通用形式。测量类型为有效性测量，它展示一个数据库表的特定列中无效代码的频繁程度（以百分比表示）。任何一个定义了值域范围的列都可以采用基本相同的方法进行测量，类似测量的结果都可以用相同的形式来表示，它使人们能够通过相同的测量类型取得的特定指标为其他任何实例服务。一旦人们了解了如何对有效性进行测量，就可以制定任何给定的有效性测值。例如，人们理解了1米的概念，就可以理解一个1米长的对象和一个2米长的对象之间的关系。

测量类型也允许跨数据集进行比较。例如，如果测量两组类似的不同历史数据中的无效员工代码的频繁程度，则在它们之间就有进行比较的基础。如果发现一组无效员工代码的发生率显著较高，而我们期望它们是相似的，就测量出了这两个数据集之间的相对质量。

11.1.4 数据剖析

数据剖析是一种用于发现和描述数据集重要特征的特定数据分析。剖析概括了数据结构、内容、规则和关系，它通过施加统计方法来返回一组有关数据的标准特征，这些特征包括

数据类型、字段长度、列的基数、粒度、值集、格式模式、内容模式、隐含规则、跨列和跨文件的数据关系，以及这些关系的基数。

剖析还包括通过一个列配置文件或值的百分比分布来检查数据的内容。分布分析包含清点与每个值关联的所有记录数，并把这些除以记录的总数以观察与任何特定的值关联的数据百分比，以及这些百分比互相比较的结果。理解百分比非常有用，特别适用于高基数的值集和包含大量记录的数据集。除非用总数的百分数来计算比例，否则可能很难理解各个测量结果之间的差异。

剖析结果可以与已记录的期望值进行比较，或者它们可以为建立有关数据的知识提供基础。虽然它最经常与数据集成项目的开始阶段相关联，这种项目的用途是发现和制备数据、储存和使用数据，但数据剖析可以在每个数据资产的生命周期中的任何时点发生。大多数数据资产都会受益于周期性的再剖析，它提供一定程度的保证，保证质量并没有发生变化或在业务流程发生变化的背景下，这种变化是合理的。

11.1.5　数据质量问题和数据管理问题

剖析和其他形式的评估将确定数据中的意外情况。数据质量问题（data quality issue）是阻碍数据消费者使用该数据的一个状况，不管是谁发现的问题，它在何处何时被发现，被确定的根本原因是什么，或者有哪些选项用于纠正。数据问题管理（data issue management）将消除或减轻数据障碍物的影响过程。问题管理包括识别、定义、量化、设定优先级、跟踪、报告和解决问题。优先级和解决取决于数据治理。解决一个问题意味着找到一个解决方案并去实现这个方案，它是一个解决问题的方法。问题解决方法是针对问题引发的障碍和场景，运用一定的知识和认知策略去解决疑难的过程。任何一个个性化问题都将有一个特定的"解决方案"对其定义。

11.1.6　合理性检查

合理性检查取决于被剖析的数据的性质，某些结果可能提供合理性检查来确定数据是否适合特定数据资产，以及它满足要求和期望的能力。合理性检查（reasonability check）提供了一种手段来得出有关数据的结论，该结论基于数据内容的知识，而不是完全依据数字的测量。合理性检查可以采取许多形式，其中许多都使用数字测量作为输入。所有这些检查都回答了一个简单的问题：基于我们对它的了解，这个数据是否有意义？判断"合理性"的依据包括从简单的常识到对数据表示什么的深刻理解。

在初始数据评估期间，当对数据所知很少时，合理性检查是十分必要的。数据是否有意义，这个问题的答案决定了任何后续的评估步骤。如果数据确实有意义，应该说明为什么，并继续进行评审。如果它没有意义，那么应该对它为什么没有意义进行定义，并确定需要做出什么回应。

由于测量增加了有关被测量对象的知识，所以当测量产生了对数据更深入的了解时，对于什么是"合理的"，可能会发生变化。对于许多测量数据集之间的相似程度的一致性测量，初始的合理性检查可演变为数字的阈值。例如,如果默认数据的历史水平是 1%～2%,而且被分配默认设置的原因已被记录和理解了,那么 2% 的默认值可能被认为是合理的水平,而 2.5% 可能表明需要进行调查。即使这样的数字存在,数据质量分析师也始终有责任提出这样一个问题:"这个数据是否有意义?"

许多 DQAF 测量类型都被描述为合理性测量。它们把来自某个数据集的测量结果的一个实例与同个数据集的历史测量结果作比较,以检测发生的变化。变化并不一定意味着数据是错误的,它们仅表示数据已经与过去不同。在此框架中,合理性检查不同于可以产生确认数据不完整或不正确的测量结果的控制,控制可以用于停止数据处理。

11.1.7 数据质量阈值

数据质量阈值(data quality threshold)是测量可接受的限度的一个数字表示。阈值可以用几种不同的方式来建立。例如,可以基于合理的水平手动设置它们,也可以基于对历史数据的计算(如平均值或中位数)自动设置它们。

在大型数据库中,很难通过直接比较来检测数据质量问题,但可以通过首先定义期望的数据模式,然后确定这些模式变化的测量措施来间接检测问题。趋势变化是数据变化的指示器(就像人的体温的变化是一个指示器一样,它表明在一个人的身体中有某样东西发生了变化——他被感染了或他正在运动等)。

阈值通常不是原始数据。在与过去的测量实例进行比较之前,大多数阈值都要依据用某个数学公式来"展平"的数据,这种公式包括占总行数的百分比、每个客户的平均金额等。为了确保比较是在相似实体之间进行的并且是便于理解的,需要这样的展平操作。例如,对于一百万条医疗索赔记录中的一组不同的过程代码与一千万条记录中的一组不同的过程代码,如果不先把二者都表示为百分比分布,那么对它们进行比较将是困难的。

阈值发挥了控制的作用,它们提供了来自可以对其采取行动的系统的反馈。依据稳定的流程与稳定的数据建立的阈值是有效的。如果数据和流程都不是稳定的,那么阈值不会有太大的好处,而且甚至可以产生一定的危害,因为它可能被解释为"实际情况",并导致分析师忘记他们必须经常问的问题,"这个数据是否有意义?"。

通过控制图(一种统计过程控制措施的主要工具)来说明阈值的用法。控制图是个时间序列图,带有标识出超出预期限制的数据的补充功能。在一个典型的个别动态范围统计过程的控制图中,控制上限和下限(UCL 和 LCL)是该组读数的历史平均值加减三个标准差。如果测量结果保持在控制上下限内,则该过程是受控制的。受控(in control)表示读数之间的任何差异仅受正常(normal)或常见原因(common cause)的变化(被测量的过程中固有的变化)的影响。当测量点落在控制上下限内时,过程是受控制的,并且绘制在控制图上的点不显示任何非随机模式。

许多 DQAF 测量结果表都包括一个名为超出阈值指示器(Threshold Exceeded Indicator)的字段。这个字段用于记录特定的测量结果是否大于已建立的数据质量阈值。DQAF 测量结果以两种方式来描述问题:以数据不希望的特征方式,如默认记录的频繁程度；或以针对过去历史的显著变化方式，如与历史平均值的差异。测量结果大于阈值表示存在一个问题或一个需要调查的足够大的变化。

11.1.8　过程控制

控制（control）这个词有一系列的含义，主要是指"影响或指导人们的行为或活动的权力"，或指对一个物体的物理控制："管理一台机器或其他移动物体的能力"。从这个定义中，可以得出一个东西可以受控或失控的观念。控制还可以通过设置限制而具有管理的内涵，对一个活动、倾向或现象的限制，制约某个东西的权力，限制或调节某个东西的手段。作为动词，控制（to control）一个事物是指决定或监督其行为或对其保持影响力或权威。控制的这些方面指向它降低风险的功能。正如前面所指出的，在统计过程控制中，如果在某个过程中的唯一变化是常见的原因造成的，则这个过程被认为是受控的。在信息技术中，控制的概念与下面两种控制都有关：适用于如何改变某个系统的一般控制，以及指出应用程序或系统（输入/流程/输出控制）内的流程如何工作的应用控制。这些控制包括对数据如何通过系统来移动的控制。

美国质量学会（American Society for Quality，ASQ）把过程控制（process control）定义为"用来把流程保持在边界内的方法，使过程的变化最小化的行为"。Josph Juran 把控制定义为"将实际性能与标准作比较并对差异采取措施的管理行为"。控制在工业中的发展具有复杂的历史（Andrei，2005），但基本概念是简单的。控制是内置到系统中用以保持稳定的一种形式的反馈。控制具有对表明缺乏稳定性的（最经常以测量的形式）状况进行检测，并基于这种观察来采取措施的能力，使用自动化的控制，包括停止系统或采取措施减轻这个状况（如调节系统内的另一变量）。控制的典型例子是一个恒温器，当它检测到温度已经落在可以接受的范围以外时，将启动或关闭加热装置。

对于数据质量，控制可以在信息的生命周期内的不同时点被应用，来测试数据的质量和其是否适合于其所在的系统。例如，可以在数据录入阶段放置编辑程序，以从一开始就避免不可接受的数据进入系统。当数据在一个系统内或在多个系统之间移动时，可以建立类似的检查。常见的数据仓库中，有被称为 ABC（即审计、平衡、控制）的控制系统，该系统通过对文件大小检查、对到达时间的比较等来监控数据流，并检测数据何时失衡。在这种情况下，控制将停止数据处理。DQAF 测量措施的一个子集是旨在检测数据中无法控制的状况。

11.1.9　联机数据质量的检测和监控

联机数据质量测量（in-line data quality measurement）是对数据的持续测量，可以被集成到要加载的数据制备处理过程中，如集成到 ETL（提取、转换、加载）处理中。联机测量使用了许多与数据剖析相同的技术，如有效性测试和基于值分布的合理性测试，但在联机测量中采用不同的方式来应用它们。数据剖析通常在准备把数据存入数据库时做一次，它是全面和跨数据集的，注重发现或确认数据的物理和内容特点。根据所管理的数据的大小和复杂性,以及它被更新的频率,联机测量将最有可能针对关键数据和关系的一个子集执行。如果不是这样,则管理和使用测量的结果就会面临挑战。剖析结果,以及初步评估的其他成果,包括业务和技术流程分析以及对数据关键性的评估,为决定哪些测量采取联机测量提供依据。

对于一个稳定的过程,联机测量的目的是监控。监控(monitor)某个东西是指"观察或检查其在一段时间内的进度或质量,不断进行系统性的审查"。常规数据监控的目标是确定数据模式中的任何显著变化,这个变化可能是一个数据质量问题引起的。在这种情况下,监控应该有一个内置的控制,它可以检测出一个过程在何时失控,并有影响该过程的能力。

数据监控的结果,也可以用于检测由业务流程演变引起的模式变化,否则运行数据库的人员可能对此不知情。收集到的有关这些变化的信息应该被用来更新元数据,并确保它清楚地表示了影响数据的使用方法的业务流程的各方面。对于不稳定的过程,监控将提供可能有助于确定造成不稳定的原因的输入数据。

11.2 数据质量评估框架

高质量的统计数据对于数据分析以及后续研究和政策制定具有非常重要的作用,不理想的统计数据极有可能导致数据分析结果与实际情况大相径庭,从而影响后续的政策决定和调控结果,20世纪末至今频繁爆发的全球经济危机便是最好的说明。低质量的宏观经济数据造成各经济体货币、资金和财政政策措施向破坏经济的方向发展,因此对数据进行评估是保证数据质量的重要工作。尤其是对于宏观经济数据,因其无法重复试验进行验证,最终数据的使用者往往缺乏评价数据质量的原数据或者信息,为此,IMF[①] 开发了一套专门用于评估数据质量的框架体系——DQAF。

11.2.1 数据质量评估框架的背景

20世纪90年代以来,世界一些地区金融危机频繁爆发。1994年末和1997年的两次金融危机给 IMF 一个深刻教训,也对其职能提出了挑战。在总结经验教训的基础上,IMF 认为,在新的国际经济、金融形势下,必须制定统一的数据发布标准。为了使各成员国按照统一程序提供全面、准确的经济金融信息,IMF 着手制定数据发布标准,并针对成员国的实际状况将标准分为两个层次:第一层是为那些已经参与或正在谋求参与国际金融市场的国家(包括多数工业化国家和一些新兴市场国家)制定的标准,称之为"数据公布特殊标准",即SDDS;第二层是为所有尚未达到 SDDS 要求的成员国制定的另外一套标准,称之为"数据公布通用系统",即 GDDS。1996年4月和1997年12月,SDDS 和 GDDS 分别制定完成。

①　IMF(International Monetary Fund,国际货币基金组织)是根据1944年7月在布雷顿森林会议签订的《国际货币基金协定》,于1945年12月27日在华盛顿成立的。与世界银行同时成立、并列为世界两大金融机构之一,其职责是监察货币汇率和各国贸易情况,提供技术和资金协助,确保全球金融制度运作正常。

在 GDDS 制定完成同时,一份向 IMF 监督组织递交的数据信息有关规定进度报告中初步形成数据质量评估框架的雏形,数据质量的重要性在 2000 年 3 月数据标准倡议第三次报告和同年 6 月开展的数据监督目标讨论中得到再次强调。2001 年 7 月,一份关于 DQAF 的结构提纲提交至 IMF 执行委员会,执行委员会非常认可 DQAF,支持对它进一步综合,构成用于标准和代码执行情况报告(ROSC)的数据模块。2003 年 7 月,国际货币基金组织正式公布出台 DQAF。

根据联合国政府统计的基本原则,该评估框架在一组前提条件下,核心部分由数据质量的五个维度共同构成,分别是保证诚信、方法健全性、准确性和可靠性、适用性和可获得性,对统计数据质量的机构环境、统计过程和统计产品特征等都列出了相应的考察方面和标准要求。该框架具有层级结构,一般框架的维度设置适合于所有数据表集,考察对象比较多元,包括国民账户统计数据、消费者价格指数数据、生产者价格指数数据、政府财政统计数据、货币金融统计数据、国际收支平衡统计数据。DQAF 评估框架体系的诞生使得国际货币基金组织成员国对本国宏观经济统计等数据账户质量的评价提供了可能,操作思路是将各国(经济体)的统计实践情况与国际普遍认同的理想标准框架(DQAF)进行比较。DQAF 对数据质量内涵的界定比较完整、归纳性也比较强,同时提供了具体的评估元素和评估指标并给出了相应的详细解释,这些因素使该框架相对的可操作性较强。

自该框架诞生以来,关于 DQAF 的研究工作多在 IMF 内部负责数据质量的部门开展,研究内容主要包括基于定性层次将其与其他组织的数据质量评估标准相比较、该框架在各成员国的应用情况等。具有代表性的是 Lucie Lalibert、Werner Grinewald 和 Laurent Probst(2004)将数据质量评估框架与欧盟的数据质量执行标准进行比对,从框架整体及概念定义、制度组织、统计核心程序和统计产品几个方面定性阐述了 DQAF 与欧盟数据质量执行标准的异同点。随着我国统计工作的国际化,该框架逐渐为我国学者所关注。高艳云(2008,2009)主要运用数据质量评估框架,将我国 CPI 数据质量与美国、加拿大、英国等国家进行对比,基于该框架的维度从数据编制、发布等工作中找出我国统计数据质量工作上存在的问题。

DQAF 定义的维度包括完备性、及时性、有效性、一致性和元整性。相关的概念包括测量的对象、评估类别和测量功能(采集、计算、比较)。DQAF 的目的是建立一种测量数据质量的方法,同时跨多个数据存储系统工作,为数据消费者提供有意义的测量结果,并帮助提高数据质量。

11.2.2　数据质量评估框架的范围

由于定义数据质量测量的工作范围比较宽,所以我们从几个方面缩小了它的范围。首先,要定义客观测量(objective measure),即与测量任务无关的那些数据特征。不需要具备数据现在或将来如何被应用的知识(即不需要其使用的上下文信息),客观测量就可以执行。主观维度(可信度、相关度等)的测量则需要从头脑里有数据的具体用途的数据消费者那里得到输入(通过调查或其他工具)。主观的数据评估"反映数据消费者的需要和体验"(Wang

等,2002)。

在专注于客观测量的时候,我们也没有拒绝数据质量由数据消费者定义的观念。相反,我们认识到,为了适用于任何用途,大多数数据都必须符合此基本条件。例如,它必须首先存在,它也必须用理所应当的方式来有效地表示它旨在表示的东西(例如,一旦某个域被定义,就应当用有效值来填充记录)。下面寻找方法来测量这些条件。

客观的数据质量测量至少涉及如下两种基本比较中的一种:数据要么可以与明确定义的标准(在其他数据中实例化的标准,或用阈值来表达的标准)相比来测量,要么随着时间的推移与自身相比(当期望在数据内容或数据处理方面有一致性的时候)来测量。大部分客观数据质量指标都必须包含这两种比较中的一种。更复杂的测量还可以结合这两种类型。特定指标可以从其相对复杂性方面来理解:它们考虑到了多少种数据关系的测量、执行测量所需的计算的性质以及所进行的比较的类型。

如果数据的质量是相对于某个标准或作为随着时间推移的一致性来客观地定义的,而数据消费者不满意其质量,则表明存在数据质量问题,如数据和对它们的期望之间的真正的差距。要解决这样的问题,需要努力改善数据或产生它的流程。测量流程本身可以通过对更严格的标准、不一致水平的降低,或在数据输入中施加更高水平的一致性的需求的确定,有助于期望的定义。测量可帮助数据消费者阐明假设和风险,也可以在制定期望本身时提供指导。举一个简单的例子,考虑在美国,邮政编码被定义为 6 位数字代码。为了有可能有效,填充在一个邮政编码字段中的任何值都需要有 6 位数字。不符合此基本条件的任何值,在客观标准上都不可能正确。一个更复杂的示例涉及对特定数据进行聚合的规则。在每一种情况下,为了使调查结果是可用的,数据都必须满足规定的条件。我们的第一个范围限制是把重点放在数据的客观特征上。为了测量客观特征,我们确定可以主要通过参考数据本身来执行的测量方法。例如,有效性的测量需要在数据库(如在参照表中)或元数据(可在其中定义值的有效范围)中定义数据域。我们扩展了概念,把数据质量测量结果本身也作为可以用作比较的参照物。例如,许多一致性测量类型都取决于与过去对同样的数据集的测量结果的比较。在某些情况下,历史数据质量测结果可以为同一测量的任何实例提供基准。

接下来,我们定义了可以用于整体数据管理目的的评估。这些评估包括确认收到数据的基本控制、对数据链中的技术过程的效率的测量,以及对数据内容的质量的测量。这样的测量表达是对数据的 IT 管理工作的一个合理预期。通过对过程的测量和控制,IT 就应该知道系统在处理多少数据、花了多长时间来处理数据,以及处理的成功程度如何。通过对内容测量,IT 就应该对数据的完备性、一致性和有效性有一个合理的认识。因为 IT 有数据建模的责任,也有能力来衡量数据关系的完整性。如在客观测量类型的要求中所做的,这个目标缩小了对可以用来建立测量的数据质量维度的选择范围。

最后,也是最重要的是,建立联机测量,那些在数据存储系统或其他应用程序中与数据处理相结合的测量。例如,作为提取、转换和加载(ETL)过程的一部分的衡量,出于监测和提供连续的质量保证的目的,要对大量复杂数据的质量以自动方式进行测量。通过在每次数据被加载时,以相同的方式来测量规定的特征,测量结果将使我们能够了解数据的趋势。

联机测量也需要被设计成能够检测意外情况或数据的意外改变。

11.2.3 数据质量评估框架的质量维度

数据质量评估框架的重点是完整性、准确性、有效性、一致性和及时性。

1. 完整性

完整性指的是未分割的整个状态或统一的状况。完整性是数据对（由数据模型定义的）数据关系规则的符合程度，这些规则的目的是确保数据表示相同的概念时有一致和有效的表示。

2. 准确性

准确性定义为数据表示方面的正确性和真实性。准确的数据是真实并且正确的。要做到这一点，需要把数据与它所表示的现实世界的实体进行比较，或与一个其本身已被验证为准确的替代表示进行比较。可以设置标准来确定数据是不准确的或不正确的，但不可能确定正确或准确的数据是什么（除非它可以与另一个有 100% 正确性信心的数据进行比较，即对其进行验证）。在表示现实世界的同一个事实的记录中包含不同的数据的情况下（例如，当个人的不同记录显示出两个不同的出生日期时），可以得出结论：在逻辑上，它们中至少有一个肯定是不正确的。但如果不参考建立那个事实的一个外部来源或标准，就不可能确定正确的现实世界的事实。

3. 有效性

有效性是数据对一组业务规则的符合程度，有时被表达为一个标准，或在已定义的数据域中表示。有效性既不同于准确性也不同于正确性，后二者中的每个都需要与现实世界的对象比较才能确认。有效性仅限于对现实对象的替代品或替代物来测量。这些替代品可被实例化为数据，有效性允许以准确性和正确性所不能的方式，直接在一个数据集内测量。

4. 一致性

一致性可以被视为不存在变异或变更。与任何测量一样，评估一致性也要求作比较，可以用几种方法来考虑与数据及数据管理相关的一致性。它可以相对于标准或规则（在此情况下，类似于有效性）、相对于数据库中的其他数据（数据的内部一致性是数据完整性的同义词）、相对于其他系统中的数据，或者相对于来自同一数据生成过程的不同实例的结果来理解。

要建立联机测量类型，重点关注数据随时间变化的一致性。一致性是数据对等效数据集的符合程度，等效数据集通常是在类似条件下产生的集合或由相同的过程随时间变化而产生的集合。一致性的测量可能涉及内置的业务规则（如果逻辑可以清楚地表达，则可以在技术上建立的依赖关系）的符合性，或者它们可以揭示在数据内部创建的逻辑模式，这些模式反映该数据表示的真实世界的情况之间的联系。

5. 及时性

在其最一般的定义中，及时性是针对事件发生时间的适合度。在涉及数据质量的内容时，及时性已被定义为数据从所需时点表示现实的及时程度。对于数据处理，及时性与数据的可用性相关,可用性表示用户在何种程度上在正确的时间有他们需要的数据。及时性可相对于某个设定的计划,或某个事件的发生来测量。例如,及时性是数据从源系统交付时对交付计划的符合程度。在大型数据资产中,数据一旦被处理完成就被提供。不成功的处理可能导致数据的可用性延迟,数据处理本身事件的及时性可以当作数据传递机制运行状况的一种度量。

数据滞后(数据在其源头被更新和它被提供给数据消费者之间的时间差)、信息浮动(一个事实变得已知和它可供使用之间的时间差)和波动(据随着时间而改变的可能程度)都会影响数据的现实性和及时性的理解。考虑到这些因素,对于大多数人来说,数据根据某个计划可能明显是"及时"的,但仍不能满足数据消费者的需求,在这种情况下,需要改变的东西是计划本身。

11.2.4 数据质量期望

针对数据质量的大多数讨论都会得出一个结论,负责推动数据质量工作的应该是业务人员,而不是 IT 人员。基本原则就是数据消费者是数据质量的评判者,即对大多数(业务或技术)人员来说,定义对数据质量的需求和相关的期望是不容易的,而没有这些,就不可能对质量进行测量。这项工作的挑战源于数据本身的性质。虽然数据可以(并且已经)被视为创建它的流程的一个"产品",但数据也是对其他事物(我们所认为是"现实"的事物)的表示。正因为如此,一些知识已经嵌入它内部,这些知识与它表示那些事物的方法,以及它的创建、收集和储存有关(Chisholm,2009;Loshin,2001)。如果已经知道特定的数据块的工作原理(它们表示什么事物以及它们如何表示该事物),就可能把这个知识认为是理所当然的,而不能认识到其他人会不理解这个数据;或者可能无法表达出对数据的期望,只知道它什么时候是错误的。在试图测量数据质量时,还会出现另外两个挑战:质量的概念,以及在许多组织中 IT 和业务职能之间的关系。

质量(quality)既是"在将一个事物与类似类型的其他事物进行衡量时的标准",又是"某个东西的优秀程度,优秀的一般标准或水平"。人们期待高质量的数据满足某个优秀标准,除了"标准"的概念,质量也被理解为主观的东西。某个人认为似乎很优秀的东西,对另一个人可能并不那么优秀。数据具有特定质量的理念有助于更好地理解其整体质量的测量。

业务和 IT 的职能经常被迫分离,这也对数据质量的测量造成了挑战。有关数据的现代思想鼓励将数据视为独立于存储它的系统(Codd,1970)。这种思想往往隐含着类似于"业务拥有数据、IT 拥有系统"的说法。而对系统本身(它们的架构、硬件和软件)的管理与对这些系统中的数据的管理确实不同。但是服务组织的目标要求对两者都进行管理。数据通过技术系统被收集、储存和访问。这些系统的构造影响对数据的理解和使用,而这两者都会直接影响其质量以及如何管理(Ivanov,1972)。

为了将数据独立于容纳它的系统来了解,我们拥有的主要工具是在某个数据模型中表示的数据结构,这是数据内容及数据库中数据之间关系的可视化表示,创建它是为了便于理解数据是如何组织的,并确保它对于组织的可理解性和易用性。因为数据模型使人们看到数据业务实体和属性之间的关系,它们也使人们能够确定与质量的某些维度,如完备性、一致性和有效性相关的期望。一般来说,在信息技术岗位工作的人会比业务人员更好地了解数据结构。同时,他们还了解数据处理、存储的输入和输出。这种流畅性使他们能够提出可能的测量规则和方法。因为他们与存储数据的系统的关系,以技术为导向的业务分析师、程序员、建模人员和数据库管理员为数据质量的测量带来了知识和技术的角度,这可以帮助业务人员了解确保质量的选项。

IT人员也有基本的责任来管理他们系统中的数据。正如一般而言的管理,管理数据也需要了解它的生命周期,知道在其生命周期的任何时点有多少数据,降低与生命周期相关的风险,并在生命周期中的适当时点获得价值。但是很少有IT人员把工作重点放在管理信息生命周期上。大多数人都把重心专门放在管理单个系统中的数据上,甚至对数据在系统之间的移动(在数据链中的环节)往往都很少注意。这种工作重点是令信息无法有效共享的主要原因,因为在概念上,组织的信息应高度互联,但在技术上,它往往是断开的。

尽管使用数据为组织带来价值的是业务人员,但这些使用在很大程度上依赖于提供数据的技术系统。为使组织能从其数据中获得价值,技术团队要支持这些应用程序,并需要直接参与信息生命周期的其他阶段(规划、获取、存储、共享、维护和处理数据)。为了取得成功,技术管理和业务管理二者都必不可少。如果IT人员提前拥有对这些数据(而不仅仅是系统)的责任,就可能会实现更高质量的数据。

这种所有权有助于测量,因为除了一个共同的语言,技术方案还需要缩短数据质量的概念维度和特定数据测量之间的距离。

11.3 数据质量评估测量类型

11.3.1 数据模型的一致性

一致的应用数据模型标准有助于保持数据的整体一致性。数据标准和命名约定有助于确保概念的一致表示。作为了解某个数据库中的数据质量的起点,有必要评估数据模型的状况。特别关键的是要知道存在哪些数据表示的标准,以及它们在数据模型内部执行的有效程度。以下条件可以看作测量数据质量的整体能力的先决条件,可以在模型中显示的执行数据标准的方式包括以下内容。

- 字段内的数据格式一致,包括字段内的精度一致。
- 整个数据库的相同类型字段的数据格式一致,其中包括整个数据库的相同类型字段的精度一致。
- 同一数据类型的字段的默认值一致。

如果所有属性都以一致的方式来建模,那么所有后续的评估就更容易。如果建模方式不一致,比较就会更加困难。举一个简单的例子,假设有包含地址数据的数据,它不存在用于邮政编码的标准默认值。对于一类表,未知或缺失的邮政编码留空;对于另一类表,这些情况却填充了 000000;而对于第三类表,这些情况填充的是 999999 或只是简单的 0。要理解任何一个表的无效邮政编码的水平,都需要了解或确定它用哪些方式来表示无效值。要了解任意两个表的无效值之间的关系,需要相近水平的知识和消除分歧的能力。采用一个标准的默认值将同时简化评估和日常维护工作。

11.3.2 数据内容的有效性

虽然完备性和及时性测量都与数据处理交织在起,但有效性测量,依据的是对定义了有效值域的一个标准或规则的比较。大多数可以测量有效性的字段都填充了有意义的代码或其他速记符号。代码可在参考表中,或作为值的范围的部分基于一种算法来进行定义。从概念上讲,有效性的测量只是在测试值域的范围。从技术角度来看,测量有效性的途径取决于定义了域的数据如何被存储。有效性检验也可以根据数据的域的定义方式来理解。

- 基本的有效性检查:传入的值与码表或清单上定义的有效值之间的比较。
- 基本的值的范围检查:将传入的数据值与规定范围内(含潜在的动态范围)中定义的值,包括日期范围进行比较。
- 基于校验或其他算法的有效性检查:例如,要测试身份证号码、统一社会信用代码,或通过算法产生的其他数字的有效性。

关于有效性,大多数人都希望解答的问题是:在此数据中有多少是无效的?在某些情况下,域含有小规模的值集,并且在个别值的级别上的有效性测量是可以理解的。例如,在大多数系统中,性别代码都由表示"男""女"和"未知"的代码组成。虽然性别的概念在我们的文化中正在发生变化(这样一些系统将有值来表示变性或性别改变),但用来表示性别的代码值集仍然较小。

在最初定义 DQAF 时,其中包括了一对有效性测量(值集的详细测量)以及有效和无效代码的卷积计数和百分比的汇总测量。不过,事情很快变得明确,有效性汇总的测量看上去几乎总是相同的(因此可以用同样的方式来表示),而不管它基于的详细有效性测量如何。所以,后续创建了一个类型来描述所有的有效性卷积汇总。

- 从详细的有效性测量得出有效/无效的卷积计数和百分比。
- 针对码表或值的范围的有效性检查,每次专门针对一个字段。有效性更复杂的形式涉及跨字段或跨表的关系。这些测量会更具挑战性,因为它们通常需要一个文档,其中以可用于执行比较的形式记录了复杂的规则。
- 在同一个表中相关的列之间值的有效性,如邮政编码与省份名称。基于业务规则的值的有效性。例如,只有当记录状态等于"归档"时,才应该填写归档时间。
- 跨表的值的有效性,如两个不同的表中的邮政编码和省份名称。

有效性测量类型包括有效与无效值的对比结果的卷积汇总,如图 11-2 所示。在许多情况下,由于数据传送时间和数据内容本质上的差异,跨表关系不能有效地通过联机测量得知,最好考虑把这些跨表关系视为完整性测量,作为数据定期测量的一部分来执行。

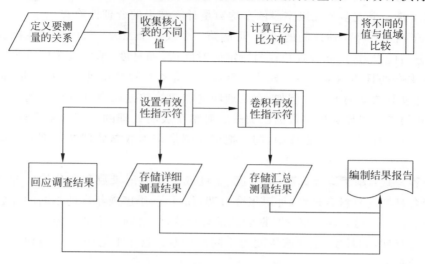

图 11-2　评估数据内容的基本有效性

11.3.3　评估数据内容的一致性

类似于有效性测量,一致性测量也关注数据的内容。以任何方式评估一致性,都会期望数据元素或数据集以可定义的方式彼此相似。根据数据内容与相关的收集和存储它的活动,一致性可以用多种方法来理解。

第一组一致性测量把数据剖析之类的活动应用于单个字段或以越来越复杂的方式应用到相关的多个字段。

- 单个字段的内容一致:通过值的记录数分布(或列剖析)来测量。例如,反复运行或每次加载时运行的列分布分析,包括行数和行数百分比(最好与有效性检查配合使用)。
- 数据集级别的内容一致:基于重要字段的不同值的计数和这些被比较的字段所表示的实体的合理性检查。例如,在销售数据中表示客户的不同编号的计数,或在医疗索赔数据中表示被保险人(成员)的不同编号的计数。
- 数据集级别的关联内容一致:基于重要字段/实体(如客户/销售办事处、理赔/被保险人)的不同值计数之间比例的合理性。
- 跨字段的内容一致:对一个表/数据集(多列关系)内的两个或更多数据元素的值之间的关系进行剖析,最好与能够精确定义预期和规则的限定符配合使用。

在每种情况下,数据的一致性都是通过与相同的特定测量的先前实例的比较来确定的。

一致性还可以采用记录计数以外的方法来测量。如果业务条件和流程是稳定的,那么数额字段中的数据也可能预期会继续保持相当稳定的模式。例如,与数额字段相关的一致性测量包括：

- 基于跨一个或多个二级字段的总数量计算结果（总和/总量）的合理性检查。
- 基于跨一个或多个二级字段的平均数量计算结果的合理性检查。
- 基于两个数额字段之间的比率，可能跨一个或多个二级字段的合理性检查。

从业务角度看，费用和收入往往与特定的时间段，如月度、季度或年度有关。出于这个原因，基于聚合的日期测量一致的模式是有益的。是否可以联机进行这些测量，取决于特定的数据库处理其数据的方法。例如，在处理增量加载的数据库中进行聚合测量就没有什么意义。这种检查可以作为增量数据已加载后对整个表的处理的一部分来运行。然而，在一个重新处理整个数据集的数据库中，则可把聚合测量作为数据处理的一部分。这种测量类型包括：

- 内容一致：基于聚合日期，如月度、季度或年度的记录数和百分比的合理性。基于聚合日期的总量合理性，针对聚合日期，如月度、季度或年度的不同的计数。
- 跨表内容一致：基于聚合日期的总量合理性，针对同一个数据库中的两个表之间的聚合日期，如月度、季度或年度的不同的计数。这个概念可以扩展到来自两个系统的数据。

在业务规则和关系中，日期字段也经常发挥重要作用。大多数业务流程都有一个逻辑顺序，它应该体现在表示流程步骤的数据中。例如，客户必须先订购产品才能发货。这些关系有些可以通过对数据一致性的测量来理解，例如：

- 重要日期字段间的一致关系，它基于在一个表中按时间顺序排列的业务规则。例如，在医疗索赔中，服务日期必须早于裁决日期。
- 重要日期字段间的一致关系，它作为日期之间的差距来计算，表示经过的天数。例如，在订单处理和产品发货之间经过的天数预计是一致的。这也可以应用到与数据交付和处理相关联的日期上。
- 重要日期字段之间一致关系的卷积（卷积是分析数学中一种重要的运算，是两个变量在某范围内相乘后求和的结果），它作为日期之间的差距来计算，表示经过的天数。
- 及时性：业务流程之间的滞后时间，通过代表流程要点的日期字段来测量。

从数据管理的观点来看，可用数据集交付和处理的时期来测量系统提供数据的有效性，以及遵守服务水平协议的情况。

与遵循统一模式的相同数据集的过去实例相比的一致性测量流程。首先，必须确定要测量的数据；接着，必须从核心数据收集不同的值的统计数，从而使每个值域或每个集合相关联的记录数的百分比都可以计算出来；然后，每个不同值的集合的百分比都可以与过去的数据集的实例的百分比相比较，并可以计算出一个差值。如果差值巨大则发送通知，以便分析人员可以查看数据并确定差值是否表示数据存在问题。通过比较结果，构成详细的评估结果，如图 11-3 所示。

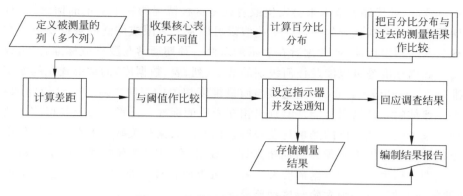

图 11-3   评估数据内容的基本一致性

11.4   数据评估方案

11.4.1   数据初步评估

1. 数据初步评估输入

进行初步评估的目的是了解我们通常知之甚少的数据结构和内容,这样的评估可以用于制定或确认对该数据的质量期望。初步评估可以针对项目中现有的数据存储系统或候选数据进行,它的重点可以是多个来源以及它们之间的关系,也可以是单独数据源,甚至是单独的数据集。

需要在对数据进行详细分析之前做好规划和准备,才能从评估中得到更多的收获。规划工作包括确定和审查与需要评估的数据有关的已在文档中记录的任何知识,确保有工具来记录调查结果,以及确定能够回答问题的资源。评估准备工作包括获得以下方面的理解。

- 由数据表示的业务流程。
- 数据模型(如果有一个可用)的完备性、一致性和完整性。
- 在源和目标系统中的数据处理。
- 数据标准(达到它们所存在的程度)。
- 数据生产者的期望和假设。
- 数据消费者的期望和假设。

作为分析的一部分,应该确定哪些数据元素和规则可能是最关键的和最危险的。当调查评估引发的问题时,应该积极向业务用户寻求关于数据关键性的输入资料。在排定任何改进项目的优先级和制定联机测量的计划时,这种输入资料是必需的。初步评估提供的元数据是其他评估的基础。为了确保这个基础是坚实的,应该从一开始就系统性地规划并持续地采集调查结果。

2. 数据预期

评估本身将重点关注与数据生产者和数据消费者二者的期望相关的数据条件。期望

(expectation)是"对某件事情未来会发生或者就是这种情况的一个坚定的信念"。有关数据质量的期望包括对数据状态的假设。这些假设可以基于有限或广泛的数据知识。它们可以直接承载数据的预定用途,或数据旨在表示的东西。预期通常与要求或标准有关,或者与两者都有关。数据标准是可以涉及任何级别的数据(列、表、数据库)的被形式化的期望。数据质量标准(data quality standard)是直接与质量维度相关的声明。对于一个给定的系统,标准应一致。评估的一种结果可能是鉴别出相互矛盾的标准。标准也应该是可测量的。评估的另一种结果可能是把具体的测量与期望符合标准的数据相关联。但期望在评估中发挥一个更简单的作用:它指出必须针对期望来评估数据,我们需要有能够开始了解数据的一些出发点。识别数据生产者和数据消费者二者的期望是非常重要的,因为这些期望可能有所不同,而要解决它们,就必须先确定这种差异。

3. 数据剖析

初步评估在很大程度上是通过对特定类型数据分析完成的。数据剖析提供了数据结构、内容、规则和关系的概况,它通过应用统计方法返回一组关于数据的标准特征,包括数据类型、字段长度、列基数、粒度、值集、格式模式、隐含的规则、跨列和跨文件的数据关系,以及这些关系的基数。

分析结果可直接作为元数据使用,并作为数据建模和处理的输入。它们可以与源元数据作比较,以评估数据对文档中规范的符合程度。它们也可以与已知的数据需求作比较,以评估该数据对于特定目的的适用性。在剖析是针对完全陌生的数据执行的情况下,剖析结果可能对定义合理的初始(基线)期望确实是必需的。剖析结果可以帮助识别要进行数据质量改进或持续监控的候选数据。

数据剖析通常使用旨在产生数据集的统计分析结果的数据剖析工具来执行。自21世纪初以来,数据剖析工具已经明显成熟了。剖析工具具有识别模式和数据关系的强大功能,而且它们可以发现分析师可能无法找出的特征。工具简化了理解数据的过程。但是,不要把工具与评估数据的过程相混淆。一个工具可以告诉我们数据的模样,并提示我们应该关注的数据的某些方面,但它不能得出数据是否符合预期的相关结论。

4. 列属性剖析

列属性剖析包括识别与一列中的数据相关的数据类型、长度和格式,也包括不重复的值的百分比分布的计算。分布分析包含计算与每个值相关的记录数(所有计算的分子),并将这些除以总记录数(所有计算的分母),这样就可以发现与任何特定值相关的数据比例,以及对不同值的比例互相比较的结果。百分比计算使我们能够理解个别值的相对比例,尤其是在检查大量的记录或不重复值的时候,它很有帮助。百分比计算还有助于确定数据中的其他关系。例如,具有相似分布的列可能彼此有依赖关系。

分布分析提供了一组可以验证有效性的不重复的值。每列都应该有一个既定的值域,这些值域可以是一组不重复的值、一个既定的范围或通过规则所确立的一个范围。剖析有助于鉴别不符合域限制的任何值。同样重要的是,要对每列的剖析结果进行审查,以确保其内容对于列的定义及表或文件的整体内容是有意义的。要回答结果是否有意义的问题,在确认域之后,首先要查看那些具有最高频度和最低频度的值。

5. 高频值

如果高频值符合预期的模式,那么它们可以在一定程度上保证业务运营符合预期,也可以指出在数据中意外的情况。以医疗报销的数据为例,预期报销记录的较大部分都将与门诊而不是住院医疗相关联。因为去看门诊医生的人比去住院的更多。一个住院报销比例相当大的数据集是不寻常的,并且是需要调查的一个原因,除非能在数据采集或处理中找出导致此不同一般预期的分布的情况。高频值也可以帮助我们关注意外的情况。

6. 低频值

低频值经常作为百分比分布中的异常值出现,很容易得出这种记录表示错误的结论。然而,有时在一些现实的情况下,只有少量记录与某个值相关的情况是符合预期的。例如,与患者住院相关的医疗报销数据往往是按照诊断相关组(DRG)来组织的。在大型医疗报销记录集中,只有极少数记录将具有表示器官移植的诊断相关组,而很多记录都具有表示产科住院的诊断相关组。零售销售的例子也有类似的情况。实体企业的大多数顾客都居住在与企业同样的地理区域。在客户记录中发现有来自遥远的省份的邮政编码是意外的,但未必不正确。这需要调查,以确定这种异常值究竟是错误,还是可解释的异常现象。

7. 日期数据

日期数据的分布可以为数据合理性提供有用的帮助,即使基于最低限度的数据知识,做出关于日期内容的常识性假设也往往是可能的。例如,可以合理猜测与大学生相关的出生日期数据的分布区间,一家大公司的员工的出生日期数据又会是什么样的分布区间。有关合理性的期望,也可以通过考虑事件之间的时间量来确定。预计发货日期一定会是在订购日期之后或与订购日期相同,而且其产品依赖运输的大多数公司都试图在确定的时限,如一天、一周或者一个月内发货。通过识别出日期之间的持续时间格外长或短的记录,可以指出数据中的问题或由数据表示的业务流程中的异常。

8. 列的填充情况

分布分析提供的信息与下面几方面相关:所有数据列的填充密度(某列填充了默认值的比例)、列的基数(不同值的数量)、默认记录的特定百分比,以及每个列的数据格式模式的数量。正如剖析的其他方面,如果有可靠的元数据来支持这过程,就会更好地理解列属性分析的结果。理想情况下,元数据应该被用作建立基线期望的剖析过程的部分(Olson,2003)。元数据应该包括有效值清单、有效范围,或规定了任何列用什么来构成域的其他规则。如果没有这个元数据,则评估将很难开始。实际的调查结果和对其影响的评估,都将需要我们反复依靠常识和意愿来确认。

下列情况表明有必要对某个列作进一步的调查,因为它们意味着有效性、完整性和一致性问题。

- 存在未认定为有效值的值。
- 基数与预期不同(预期低基数的地方具有高基数,或预期高基数的地方具有低基数)。
- 希望完全填充的某个列填充得不完全。

- 在一个列中存在多种数据模式。

1）存在无效值

有效性和域规则是数据期望的一种形式。如果对一个列除了其有效值外一无所知，我们仍然可以基于这些值的分布，分析得出一些有关数据质量的结论。例如，如果数据中存在不在有效值清单中的值，那么此数据就不满足有效性的简单期望。这种差异可能很容易解释。实际上，可能这个值是有效的，而清单可能只是遗漏了它们；或者带有无效值的数据本身可能是陈旧的或过时的。不管是什么原因，初步评估都可以标识出此数据不符合期望。如果在数据中的值全都不与有效性测试相对应，那么面临的是不同的情况，数据域或清单可能贴错标签，它们的格式可能不正确，或数据可能已被不正确地填充。

2）缺失有效值

比存在无效值更难评估的情况是，缺少一些有效值。在某些情况下，没有与特定值相关联的记录可能是件好事。例如，如果性别的概念由三个值 M、F、U 来表示男性、女性、未知，而数据只包含 M 和 F，没有 U 可能表明性别字段具有高质量的数据。而在其他情况下，没有特定的值可能表明存在一个问题。还有一种情况，我们可以从中得出没有与特定值相关的记录不是问题的结论。例如，如果在中国各地都有客户，数据将包含大量有效的邮政编码，但很少有企业会希望中国的每个邮政编码都至少有一个相关的记录。

3）列的基数为一

基数是从数学来的术语，是指"在一个集合或其他分组中作为分组属性的元素个数"。根据定义，基数为一的列填充的都是同一个值。如果表中的所有记录都包含相同的值，那么收集这种数据的目的将是完全难以理解的。常识会告诉我们，有时候这没有问题。例如，如果此列表示数据的处理日期，并且正在剖析的样本都是在同一个日期处理的，那么对于像系统处理日期的字段，可以预期它的基数为一。常识还告诉我们，何时确实会遇到问题。例如，如果剖析的是来自 HR 系统的员工数据，而员工出生日期列的基数为一，就可能遇到了问题。我们不会希望所有员工都具有相同的出生日期。

基数为一的列的特例是根本没有填充的列。例如，填充的都是空值（NULL）或其他默认值。根本没有填充是一种意外情况。如果某列存在，通常希望它的存在是有原因的。其次，它没有被填充可能是有原因的。此列可能是新列，因此，还没有填充；或者，它可能是旧列，所以不再被填充；或者它可能已经被包括在内，但不使用，因此从未填充。无论是哪种原因，都应该调查其状态来了解为什么它不包含任何数据。

4）预期低基数的列具有高基数

高基数意味着有一个字段有大量不同的值。高基数本身不是问题，除非期望只有少数不同的值。当然，高和低都是相对的。例如，表示某个概念，如性别的列，其中只有三种值是有效的，如果发现它被填充了几十种不同的值，这将是有问题的。如果希望有些列只有少数不同的值，但实际上它们有很多不同值，那么它们有可能在被放到一个数据存储系统时，写错了标签或填充错误，或者它们也可能会在源头被错误地填充。这个列也许是多用途的，或者它的用途不是其名称所反映的。它可能是填充来自两个不同的来源，其中每个来源都用一组不同的值来表示相同的概念。作为初步评估的一部分,首先要确定在预期和实际数据之间存在差异,然后调查此差异造成的原因。

5) 预期高基数的列具有低基数

期望高基数的地方具有低基数意味着有比我们的预期更少的值。以员工出生日期为例,在一家大公司,预期员工出生日期字段有大量不同的值存在,这将是合理的。即使在一家员工不到100人的公司,许多人正好共享相同的出生日期(日、月、年)也是难得的。如果发现有个我们期望有大量不同值的列,实际上只有少数不同的值,那么同样,列可能被写错标签,数据有可能输入错误,或值可能会在源头被错误地填充。当两个字段具有完全相同的基数时,也应该进行比较,它们可能包含冗余数据。

6) 列的填充不完备

当观察某列被填充的程度时,我们会想了解数据是否如预期的那么完备。所有列都应进行审查,以确定表示默认记录的具体值。某些字段是可选的,预计将被稀疏地填充,了解并记录这些条件还可以协助相关规则和其他数据关系的调查。

在审查列的填充情况时,不但要认识列的填充程度,而且要认识填充的性质,再找定义的默认值(即源元数据标识为默认值的值)和功能性的默认值(看上去被用作替代一个有意义的值的一个值或多个值)。例如,有些记录可能用SPACE(空白)值填充,而另一些含有UNKOWN(未知)值。这两个值都起了告诉我们该数据不可用的相同作用。即使它们是有效的(存在并被定义在一组有效值中),也应该对有两个值都表示基本相同的概念的事实进行调查。

7) 一个列有多种数据格式模式

关系型数据的中心原则之一是,每个不同的数据元素都应当被存储为单独的属性,并应以一致的方式存储。在大多数情况下,这原则意味着,在给定字段中的所有数据都适合一种特定模式,并且它们可以以相同的方式进行格式化。不过,也有字段被用(或误用)来采集与多个概念相关的数据的情况。在一个字段中存在不同格式的模式可能表明此字段是以意外的方式被填充的。最起码,这意味着此格式约束在数据链的某处并未被一致地执行。这可能意味着,用来当作数据源的系统本身接收来自多个数据源的数据,或者根据事务类型或其他因素,规则的执行会有所不同。

格式差异对于数据使用有不同的含义。根据用于访问数据的工具,差异可能会妨碍表之间的连接,使数据消费者存在拥有不完备的数据的风险。格式的差异也会造成数据看起来有错误。例如,当一些数据值全部大写而其他值是大小写混合的时候。

9. 结构剖析

数据剖析可用于识别数据建模和处理所需的数据结构的特征。例如,剖析可以识别某个表内的候选主键或列之间或表之间的关系,以及支配这些关系的规则。这些关系将意味着参照(父/子或外键)的规则,以及依赖的规则。结构剖析通过显示数据是否以预期的方式保持一致,将使我们能够了解数据完整性的各方面,这样的关系暗示了可被断言为数据质量规则的关于数据质量的期望。

数据的初步评估,可以在建模过程中为收集信息而进行,也可以配合已经存在的概念数据模型。因此,结构剖析可以帮助制定或完善数据模型。具有数据模型的目的之一是说明实体之间的关系。模型是数据内容和关系的可视化表示,剖析可以测试关于这些关系的假设,并揭示那些还没有假定或确定为建模的部分的关系。

结构剖析的一些特征需要进一步调查,包括不全面的完整性关系、丢失或意外的依赖规则、相同的概念在不同的数据集中的表示差异,以及与关系的期望和技术的差异。

10. 粒度和精度

数据的初步评估,将提供数据构造成对象不同方法的见解。集成项目,如建立数据仓库项目的目的,是将来自不同用途的源系统的数据相结合。在这样的系统之间,表示同一概念的数据以不同级别的粒度或不同级别的精度出现的情况并不少见。

粒度是指信息由构成部件表示的程度。可以用电话号码来举个简单的例子。在中国,电话号码包括三部分:国家号、区号、个别电话的号码。一个电话号码可被存储在一个字段,或者可以把它的每一个部分分别存储在不同的字段。分开存放字段的系统,将比把电话号码作为一个整体来存储的系统具有更细粒度的数据。如果对两个这样的系统进行整合,则整合的过程将需要把更细粒度的数据结合成对应的粗粒度的数据,或者把更粗粒度的数据分离成其各个基本部分。电话号码的例子很简单,因为如何表示电话号码以及每个部分的意思的规则是明确的。我们可以把电话号码拆开,再把它们合并回来,并仍然把它们理解为电话号码。

数据粒度的挑战在于如何用来表示更复杂的概念。例如,某个系统,其设计用来确定与个人相关的记录可能需要一组共 4 个属性:姓、名、出生日期和邮政编码。在另一个系统中,确定与个人相关的记录可能需要 6 个属性:姓、名、身份证号码、出生地、最高教育程度和血型。同一个人(真实世界中的对象)可能同时在这两个系统中表示,但对于任何给定的个人,其可获得的相关详细资料,以及每个系统区分一个人的唯一记录的方式在粒度上彼此不同。

精度的概念有时会与粒度相混淆,但两者并不相同。精度是指在某字段中的数据有多精细。例如,婚姻状况的概念在一个系统中可能被表示为一个简单的元组:已婚/未婚。在另一个系统中的婚姻状况可能包括一组值,如未婚、已婚、丧偶、离异、再婚。两个系统将有相同的数据粒度(用一个属性来表示婚姻状况),但是在此属性内,有效值的集合提供不同程度的精度。精度更容易按测量精细度的方面来理解。例如,用最接近的毫米数表示的测量结果会比最接近的厘米数表示的测量结果更精确。

可用剖析来了解数据粒度和精度。在系统之间,这些可以有不同的方式,这可作为构造数据时的提醒。如果不想犯假设相同的概念表示在不同的系统中都按照相同级别的粒度或精度来构造的错误。相反,作为数据初步评估的部分,应该确定数据表示方式不同的事实,然后对它们各不相同的具体方式加以定义。这些差异代表了风险,因为它们破坏了表示同一概念的数据之间具有相似性的期望,还因为整合不同粒度的数据需要开发一个可以恰当地适应此差异的数据模型。在许多情况下,有可能把数据卷积到较粗的粒度。创建粒度更细的级别显然会更加困难，并且在一些数据集之间，它可能无法实现。

11. 不同于期望的关系基数

关系基数描述了实体彼此相关的可能方式。对数据的一个简单期望是，数据将反映现实世界实体间相关联的方式，共有三种基本的基数关系。

- 一对一：一个实体与另一实体且仅与一个实体相关。一对一的关系必然是双向的。例如，妻子在一个时间只能有一个丈夫，丈夫在一个时间只能有一个妻子。
- 一对多：一个实体与第二个实体的多个实例相关，但第二个实体的任何实例都只能与第一个实体中的一个相关。例如，一个女人可以有很多孩子，但每个孩子都只有一个母亲。
- 多对多：一个实体可以在两个方向上与另一实体多次相关。例如，姨妈可以有很多侄子和侄女，侄子和侄女也可以有很多姨妈。

基数也可以从可选性的方面来理解。两个实体可能具有强制性的关系（它们必须至少被关联一次），也可能具有可选的关系（它们根本不必相关），共有三种可选性关系。

- 一对一：每个实体都具有与另一个实体的强制关系，如果一个实体在，它必须与第二个实体有关系。例如，如果某个人是父亲或母亲，那么他或她就必定有一个孩子。
- 一对零：第一个实体具有与第二个实体强制的关系，但第二个实体有与第一个实体的可选关系。例如，一个车主必须拥有一辆汽车，但一辆汽车并不定有一个车主。
- 零对零：两个实体具有完全可选的关系。零对零，是相当于两个走在街上的，互不认识，甚至都不看对方的人。

在关系数据库中，可选性的概念也适用于参照关系。另外，如果在另一个实体中引用的实体的每个实例（外键）都必须在其他实体中存在（在那里它是主键），就存在强制性关系。如果外键可以为空，则存在一个可选的关系。

有关关系基数的断言是有关数据期望的一种形式。如果期望的基数与实际存在于数据的基数之间存在差异（例如，期望两个实体之间存在一对多的关系，但实际上发现了一对一的关系，或者如果期望找到一个强制的关系，但实际上发现了一个可选的关系），那么应该确定造成差异的原因及其对数据使用的影响。

12. 剖析和评估现有数据资产

初步评估的讨论都集中在对尚未放入数据仓库的数据的发现工作上。在这种情况下，评估的重点是影响数据模型建立的数据结构的各方面。

对于质量未知的数据资产，有时也需要进行全面评估，这要么是因为从未收集关于数据质量的信息，要么是因为数据没有在合理的时间段内评估，因此数据消费者没有理由对数据有信心。剖析现有数据资产中的数据要遵循的流程大部分与数据发现相同。它包括对列和结构属性的评估，以及对关系完整性的评估。然而，通常初始输入更好。如果我们正在使用现有的资产，很可能有一个已在文档中记录的数据模型和附带的数据字典。对现有资产进行剖析的最好情况是它证实了文档中记录的内容。正如大多数从事数据管理工作的人所知道的，数据存储系统很少会具有完美体现数据状况的元数据。更可能的情况是，剖析会导致需要对数据意外情况和元数据缺口或不准确性进行检测,或者对两者都进行检测。

剖析会产生一组关于数据的事实,但其本身并不构成评估。评估需要比较才有意义。要描述数据的质量,需要把已经发现的事实与有关数据的期望作比较,并得出关于此数据在多大程度上符合这些期望的结论。如果我们发现一个填充了 50% 的记录的列,就需要基于数据内容确定这个比例是否有业务上的意义。如果我们发现一个意味着两列之间的规则的数据关系,那么可以找出规则的遵守程度,甚至会发现额外的子规则,它解释什么情况下此关系可能会与预期有所不同;然后,需要再一次确定此遵守的程度是否有意义。为了做到这点,需要询问生产或使用数据的人员,他们对特定的列或规则的期望是什么。如果他们不知道,即如果他们没有期望,这本身就是一个被发现的问题,并应该被记录在文档中。

13. 初步评估的可交付成果

初步评估的主要目标是描述正在评估数据的状况。根据在此过程中收集的输入资料,应该明确地认识到组织中哪些数据是最关键的。通常,评估直接与一个项目联系。这类项目包括建设一个数据存储系统,把新的数据整合到现有的存储系统,或者是为了识别改进机会而对现有数据状况的分析,应该有些质量标准与项目目标相关联。

初步评估的主要成果是评估结果的总结:针对数据和数据符合期望(无论这些期望是一般的还是以需求或标准的形式表示的)的程度的测量结果。评估结果的总结还应确定改进的机会、数据标准化的建议,以及进行持续测量和控制的建议,可以为各个数据元素、数据规则、数据模型,或元数据和参照数据识别改进和标准化的机会,如图 11-4 所示。对于持续测量的建议应该不只描述应该如何来测量数据,它们也应包括对待测量的任何数据元素或规则的重要性的评估。对于控制方法的建议应说明如何降低与源数据或数据处理相关的风险。

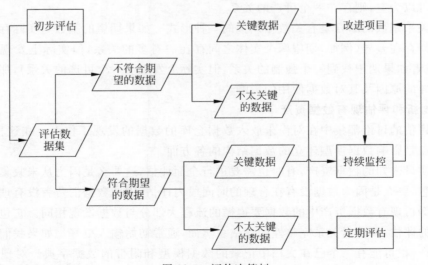

图 11-4　评估决策树

初步评估的结果还将包括有价值的元数据。例如,改进后的数据元素定义、在文档中记录的业务流程,以及在文档中记录的对技术流程的理解。此外,此元数据也需要作为持续测量和控制的输入。

初步数据评估应该提供一个数据集的全貌。这种评估被称为"一次性的、最初的"评估,因为它不太可能被多次全面地执行。此过程的可交付成果为持续测量提供了基础,无论这个持续测量是联机测量还是定期测量。

11.4.2 数据质量改进评估

初步评估的过程,可以识别哪些数据是至关重要的,并描述其状况。它在这样做的时候,指出了数据质量改进的机会。该过程提供了据以观察后续数据变化的基准测量结果。变化可能是正面的(数据的状况改善)、负面的(数据的状况恶化),也可能是中性的(业务流程变化所引起的数据变化)。当数据的内容随着实际业务发展而演变时,与质量期望相关的元数据应该被更新。变化也可以通过数据质量改进项目而特意产生。本节的目的是描述测量与数据质量改进项目的关系。

数据质量改进工作的含义是为了使数据更适合服务于组织用途的工作。改进项目可能使数据更贴近地符合预期,或者可能使数据消费者能够做出关于是否将数据用于特定用途的决定,或两者皆是。项目的规模可大可小,可以包括许多数据元素或者只包含一个。它们可以专注于过程改进、系统完善,或两者的结合。其他时候,这样的工作是一个更大的项目的一部分或正在进行的业务改进工作的一部分。无论要改进的方法是什么,具有特定的、可测量的改进目标都是非常重要的。

测量是数据质量改进工作的关键,一个简单的原因是:如果无法测量数据的质量,就不能描述试图解决的问题。为认识到需要改善的地方,必须有某种形式的测量,至少是对基本假设或期望的比较。如果我们做出改变,而不在改变之前和之后进行测量,就不会知道是否改善了数据。测量还有另一个重要原因。虽然经常可以认识到数据有问题并且可以笼统地描述,但需要进行测量才能评估其影响,并提供所需的事实来做出何时以及如何修正此问题的有关决定。

在数据质量改进工作中的测量方法与初步评估中的方法是相似的。事实上,在许多组织中,用初步评估来确定改进的机会,而用重复执行与确定候选数据相同的测量来表明确实发生了改善。这两种测量都需要建立期望并测量数据符合或不符合期望的程度。作为初始评估的一部分,这些期望可能很笼统或制定得不够完善,需要用测量来固化期望。作为改进工作的一部分,期望是在改进目标方面制定的。

不是所有的改进项目都是从正式的数据初步评估中产生的。有些项目是在现有数据资产中的问题被发现后发起的。为了解决这些问题,它们需要进行定义和定量。这些过程遵循与初步评估同样的路径。每个问题都表明,有某个期望没有得到满足。为推进整治工作,无论是期望,还是与期望的差距都必须进行定义,而且必须对其影响进行评估。

质量改进评估的目标及其分析的深度比初步评估更进一步。初步评估仅仅表明了数据不符合期望。质量改进评估包括根本原因分析，以确定为什么数据不符合预期，并对根本原因进行整治以产生所期望的变化。例如，如果评估显示，来自不同系统的数据之所以不能被集成，是因为它们是在不同层次的粒度上收集的，那么改进可能包括对一个或所有源系统的改变，以及对目标系统中数据模型的改变。一旦根本原因已经被修复，就需要对结果进行测量，看更改是否取得了预期的效果。对已改善的数据采取的特定测量将与首次用于识别问题的出发点测量相同。例如，如果通过分布分析发现，字段填充得不如预期的那么充分，那么作为质量改进评估的一部分，会希望重新测量值的完整分布，以测试它是否符合填充的要求。但是，当做出持续监控的决策时，测量常常可以得到验证和完善。可以把测量仅集中在默认值、一组很关键的值，或具有最高或最低频度的值，选择取决于所测量的数据的总体环境，即它表示的对象或事件、将它从某个系统移动到另一个系统的流程，它的使用和与上述任何一点相关联的风险。

11.4.3　数据质量持续改进

持续测量有联机数据质量测量、控制和定期测量三种形式。要做到这一点，先来了解设立持续测量的原因，并更深入地探讨它的每一种形式，讨论持续测量所需要的输入（对数据的关键性和风险的了解），对这种测量进行自动化的需要，以及与持续测量过程相关的可交付成果。

初步数据评估是范围广泛的，它包括剖析一个数据集中每个属性的状况和它们之间的关系，需要并生产出有关创建和使用数据的业务和技术流程的知识。数据质量改进项目狭隘地重点关注数据需要改进的一个子集。但这样的项目也对产生数据的业务和技术流程进行了深入分析。联机测量和控制的重点既不像初步评估那样广泛和全面，也不像质量改进评估那样狭隘和深入。它的重点是关键的或有风险的数据，即便评估结果表明此数据符合预期。联机测量和控制有三个紧密联系的目标：一是监控数据的状况，并为数据在何种程度上符合预期提供保障；二是对可能表明有一个数据质量问题的数据变化，或在数据产生过程中的其他变化进行检测；三是确定改进的机会。这些功能的结合，有助于支持和维持数据质量。定期测量有类似的目标，它针对那些不太重要的数据或不能进行联机测量的数据执行。

1. 适用于持续测量的情况

很多企业对投资于持续测量可能会犹豫不决，尤其是当数据符合预期的时候。但也有两个有力的论据支持这种投资。第一个论据是基于质量控制的最佳实践；第二个论据则认识到测量减轻复杂和快速变化的数据环境相关的风险。

支持持续测量的第一个论据基于质量控制的最佳实践。大多数数据和信息的质量专家都认可某种形式的持续数据质量监控。通过检测来控制质量的做法牢固扎根于制造业，它为大量数据质量的实践提供了基础。联机数据监控的思路是制造业模式维持数据质量的逻辑延伸。尽管如此，只有相对较少的企业实际上自动进行联机数据质量测量。这种态势是两件事情的结果：第一，大多数 IT 组织及其数据质量管理团队以项目为导向的特征（IT 往往以开发项目的方式思考问题,尽管大多数 IT 组织也负责大量的操作流程);第二,项目模式与业务流程改进项目有关,而不是与制造业的那种持续的质量控制有关。

此模式是这样的:确定数据质量的痛点,评估数据和数据链,以找出问题的根本原因,成立一个项目来解决根本原因,确保该项目已成功修复根本原因,然后测量数据,以保持受控;或者不做最后一部分,因为根本原因已经解决,数据应该没问题,而如果数据有问题,就没有足够的人手来监控它,继续下一个项目。

平心而论,数据问题必须得到解决,而这样做的最好的办法就是修复根本原因。在少数情况下,存在可识别的、可修复的根本原因,而原因被有效修复,并且不存在问题再次出现的风险,这种方法是行得通的。但问题往往有多种原因,而新的和不同的问题也可能会现。对于还不知道的问题,有什么准备工作可以做? 在被有效地部署时,联机测量可减轻这些风险。

建立有效的联机测量的第一个挑战是确定要测量哪些数据,以及如何测量。应采用初步评估来确定哪些数据是最关键和最危险的,DQAF 测量类型可用于确定如何进行测量。

支持持续测量的第二个论据基于数据和信息在当今世界的作用和管理这些事情方式的复杂性。21 世纪初,Redman 发表的文章开始提到一个叫作数据生态系统的概念。这个概念认为,数据看上去具有"有机"的特征。它们似乎自己在成长和演变。数据发生"变"是因为我们有存储大量数据的能力,使我们也能够操作、共享、移动数据,并几乎可以随意改变数据用途。在不断演变的数据生态系统中,数据受到两个基本因素的影响:影响含义或用法的业务流程的变化,以及可能影响它的格式、可访问性或可移植性的技术流变化。这两股力量都可能有意或无意地更改数据,即使是有意的变化也可能产生意想不到的后果。

数据有机地演变,数据和系统在加快而且似乎已显现自己的生命。几乎任何企业的数据存储系统都可被认为是一个数据生态系统,它从大量接触并改变数据的业务流程获得输入或向它们提供输入。即使它们是机械地而不是有机地这样做的,有这么多的规则和这么多数据似乎越变越大的活动。被改变的风险最大的数据是最经常使用的数据。换句话说,最关键的数据也将是最危险的数据。虽然隔离的系统可以免于一些变化,但不是它所有的输入都能这样。不管引起这个变化的原因是上游的业务流程还是技术流程,通过质量测量来监控数据,都是检测系统接收到的数据的意外化的一种方式。

一些数据的期望与数据在特定的系统内实例化的方式直接相关。因此,随着系统为满足不断变化的业务需求而被改变,它们生产符合期望的数据的能力也会改变,很少有系统能免于变化。随着组织的发展,需要升级并开发自己的系统,以满足新的组织需求。但数据存储系统本身就很复杂,在数据存储中的一部分数据的变化可能会导致另一区域的数据发生意想不到的改变。监控数据能够检测数据存储内所造成的技术过程的变化。

测量使我们能够掌握质量水平,并确定降低质量的因素。理想的情况下,它也允许实现改进,而其影响必须通过测量进行评估。为了维持或不断提高质量,人们需要监控和评估过程改进的效果,也能够检测其他变化的影响,其中一些变化是数据消费者不可能以其他方式知道的。总之,为了提高数据质量并维持这种改善,人们必须对数据采取质量改进的基本原则,而所有这些的中心都是测量。

2. 联机测量的重要性和风险

联机测量应该是有目的的和可操作的,应针对业务重要性和潜在的风险来评估建议的测量。如果有一个可以测量几乎任何我们想要的东西的系统,并且没有做这些评估,那么很可能会设立很多特定指标,而没有考虑它们的目的和意义,也没有建立应对结果的方案。执行大量不为人所知的测量,这不是一件好事:这些测量的结果将不会被人使用,因此将不会带来任何价值。

关键数据包括以下方面:运营一个企业所必需的、报告的主题,或其他业务流程必不可少的输入。重要程度是相对的,必须在特定的用途中加以定义。对于某个流程非常关键的数据可能对另一个流程并不那么关键。尽管如此,许多企业可以确定对多个流程都关键的数据(Loshin,2011)。有风险的数据包括在过去遇到过问题的数据(已知风险),与那些在过去遇到过问题的数据或流程类似的数据或流程(潜在风险),以及其行为不可知的新关键数据。

风险可能与任何业务或技术流程相关联。任何创建、采集、转换、存储或使用数据的流程都会有风险点(可能会出错的地方)。把基于业务流程的内容期望和数据通过技术处理移动的知识相结合,有助于识别风险点。一些风险点,即那些与已知问题相关的风险点是明显的。评估这些风险点,并确定它们的特征也可以帮助预测可能会在未来遇到的问题。确定这些种类的测量取决于能够看到已知问题的模式,用它来识别潜在的问题。

3. 自动化测量

在复杂的环境中需要自动化地测量和监控数据。如果没有自动化,数据的增长速度和数量将迅速压垮即使是最敬业的测量工作者。需要自动化的另一个原因是,持续测量关注的重点应该是关键和高风险的数据。对每一块数据的质量都进行测量,这既不可能,也不符合成本效益。测量和异常检测二者都可以在很大程度上实现自动化,结果的分析是资源密集型的。

自动化不仅包括收集测量结果,而且包括对这些结果执行初级的分析。初级的分析包括与指示数据质量是否在可接受限度内的数据质量阈值作比较。在数据加载之前检测出意外情况的能力,可以减轻把坏数据加载到数据存储系统的风险。收集测量结果的能力体现改进的机会。测量数据可用于确定随着时间推移而发生的变化的趋势分析。

联机测量应以一种可扩展的方式自动化(可扩展性是 DQAF 的优势之一,它用通用术语描述了测量)。如果建立一套与已知风险相关的测量,那么还可以确定可能存在风险的数据和过程。确定这些数据,并积极主动地测量它们,如果数据的质量已经恶化,就能够快速地检测出来。

许多 DQAF 测量类型都取决于一个假设,即给定系统内的数据在数量或内容方面将是一致的。这种一致性的假设可能不总是有效的,特别是当数据的生产和使用发生变化的时候。然而,数据应始终反映与组织流程的关系,因此,即使是不一致性的知识也是有价值的。关键数据具备到位的测量提供了一种手段来获取有关数据状态的持续性知识,无论此状态是一致的还是不一致的。测量提供了了解数据状况的方法。

4．定期测量

虽然对所有数据都采取联机测量是不符合成本效益的，但是非关键数据不应该被完全忽略。类似于联机测量，定期重新评估为数据所处状态符合预期提供一定程度的保证。对数据的定期重新评估可以确保参照数据保持最新，关系依然稳定，并且业务和技术演进不会导致意外的数据更改。定期评估通常不具有初始评估那么宽泛的范围，是因为联机测量已经传递了作为初步评估一部分的一组列和关系的有关信息，部分是因为某些数据将具有非常低的优先级和非常低的风险。

重新评估可以使用初始剖析数据作为比较的起点，这一数据是必要的，因为这种评估的任务之一就是确定初步评估之后是否有任何东西发生改变。如果初步评估中确定的数据符合期望，并且数据值保持稳定，那么再评估可以是这种情况的简单确认。当然，由于系统的发展，重新评估也应询问是否期望此数据保持稳定。

进行定期评估的另一个原因是，某些数据关系（某些类型的引用完整性）本身不适合联机测量。例如，在医疗索赔的数据中，每个索赔都要求预期将与医疗保健提供商相关联。但有时，可能要在提供商的合同数据在数据仓库中可用之前，对索赔进行处理。在索赔和成员数据之间也可能发生类似的情况。甚至当成员数据可用的时候，与特定成员相关的记录也可能不与索赔记录属于同一处理周期。在这种情况下，测量参照完整性最好是通过与核心表作全面比较来完成，而不是将记录的一个子集与记录的另一子集进行比较来完成。

定期评估也可以发生在宏观层面。它可以询问数据存储系统是否继续满足需求，并可以用来识别数据内容的空缺。重要的是，定期评估还应包括对一组联机数据质量测量结果的评估，以确定它们是否为数据消费者提供了有效的反馈。

5．数据质量持续改进交付成果

持续测量的目的是维持数据质量。测量和监控数据的状况提供了有关数据符合期望的程度的保证。联机测量也可以检测可能表明一个数据质量问题的数据变化。而对数据的观测结果，无论是通过联机测量还是通过定期测量取得的，都揭示了改进的机会。

持续测量的交付成果包括对数据质量（完备性、一致性、有效性）和流程有效性的总结报告、对通过测量发现的任何数据质量问题的回应，以及对改进机会的确定结果。定期评估还应包括对测量本身有效性的评估、对特定测量的改进建议，以及将测量结果向数据消费者和生产者通报数据的状况。

11.5　数据质量战略

11.5.1　数据质量战略的概念

数据质量的战略可以与一个组织的整体战略和其他功能（数据管理、系统战略）联系起来理解，并有助于产生更好的数据的工作。这些工作在不同的组织有不同的名字。在任何给定的组织内,这些名字应该尽量统一,因为它们服务于同一个目的,即使组织能够对其数据做出更好的决策,以便可以实现长期的成功。

战略最早是用来形容军事行动和运动的。战略是行动的规划或策略,它被用于实现重大或总体的目标。战略和战略规划概念的军事起源是值得探讨的,因为这些术语的其他用法都与这些起源有关。战略既是在战争或战斗中规划和指挥整个军事行动和运动的艺术,又是规划本身。战略常常被用来与战术对比,如"战略侧重于长期目标,战术侧重于短期利益"的说法。但在军事上,战略和战术并不对立。它们针对的是不同级别的战斗。战略规划的是一组战斗(战斗和军事干预),这些战斗将实现战争的总体目标。战术描述这些战斗将如何进行。那种不利于战略的"我们赢得了战斗,却输掉了战争"的战术成功,可能对于一个组织是不利的。这两个层次之间的概念是行动,它涉及大小、规模和范围,以及军队和装备的安置。

战略有两个对比鲜明的特点:它不但需要把重点放在总体目标上(赢得战争),而且需要灵活的规划来满足这一目标,适应新的战场条件,适应影响战争的要素的演变,并适应对方的战略和战术。总体战略目标为做出有关战术和行动的决策提供了标准,尤其是在战术努力的结果与预期不同的情况下。战略着眼于未来,战略决策有助于终局的成功。

一个业务或组织的战略目的是为实现长期目标而努力工作,并规划实现整体利益。组织的战略始于一个愿景、使命和企业的目标。愿景表示组织渴望成为什么,使命表示组织将如何实现其愿景,而目标表示有助于组织使命的步骤。战略确定实现目标所需的战术,并建立团队来执行战术。另外,战略还必须评估当前状态与达到目标之间的差距和障碍。战术必须正视差距并克服障碍,否则将阻碍组织实现其使命。战略提供了必要的标准来设置优先级,并在团队之间或内部的需求发生冲突的时候做出处理决定。

11.5.2　数据战略和数据质量战略

大多数时候,我们都在企业层面考虑愿景、使命和战略。事实上,大多数成功的组织都具有清晰的达成其企业目标的愿景和使命的描述。然而,战略思维可以在组织的各个层级应用。而且它应该这么做,因为实现长期目标而调整工作是一个不断奋斗的过程(还因为战略思维是一种专注于推动组织前行的问题解决形式)。因此,可以在同一时间具有系统战略、数据战略、数据管理战略和数据质量战略,而这些战略应该是高度互相依赖的。一个组织可以单独定义这些战略,因为不同的团队负责执行它们,或者是为了了解它们之间的关系,或者是为了确定推进组织整体战略的这些方面所需的工作。关键的是,要确保组织的任何部分的战略目标都支持组织的整体愿景和使命,它们不互相抵触或抑制。在一致时,它们导致彼此的成功。

数据战略和数据质量战略之间的差异也可以是纯语义上的。Adelman、Abai 和 Mos (2005)在开始他们对数据战略的讨论时指出了缺乏数据战略的影响:"很少有组织从大局出发开展工作,因此他们不够优化的解决方案,引入了可能对整个企业产生有害影响的程序,会导致造成大量工作的不一致的接口,或开发出不能方便地集成的系统"。他们进一步指出,大多数企业都没有一个数据战略,因为他们不理解其数据的价值,并且他们不认为数据是一个组织的资产,而把数据看作创建它的部门领域内的东西。按照数据战略问题得到解决的程度,它们属于零碎的解决。Adelman 和他的同事把没有数据战略的工作比作让公司的每个部门都建立自己的会计科目表。缺乏数据战略导致"脏数据,冗余数据,数据不一致,无法整合,性能低下,糟糕的可用性,责任缺失,用户日益不满意 IT 的性能,以及事情失控的总体感觉"。在给出其确定的缺乏战略所造成的问题时,他们把数据战略定义为包括一系列相关的数据管理的功能,如数据集成、数据质量、元数据、主数据、数据建模、安全性、保密性、性能和测量、工具选择、商业智能。

数据战略(data strategy)也可以被称为数据管理战略(data management strategy)或数据质量战略(data quality strategy)。信息和数据质量国际联合会(The International Association for Information and Data Quality,IAIDQ)的认证项目确定了 6 个效能域、29 项任务,以及一个信息质量专家所需的数以百计的专业技能。这些效能域包括信息质量战略和治理、信息质量环境和文化、信息质量价值和业务影响、信息架构质量、信息质量测量和改进、维持信息质量。

为履行职能,所需的技能包括从技术上理解数据质量测量和信息管理、战略规划(IAIDQ,2011)。

组织的数据或数据管理战略也必须同时是数据质量战略,因为数据管理整体的目的应该是保证组织中高质量数据的存在和可用性。下面的讨论特指数据质量战略,以突出与评估测量和改进数据相关的活动。

系统战略(IT 战略或技术战略)往往被视为是独立于数据战略的,因为它的主要重点是硬件、软件和技术环境,而不是数据。硬件、软件和技术环境与硬性预算数字有关,而系统战略对数据质量有直接影响。在关于一个降低系统复杂性的战略的讨论中,NancCouture(2012)提出了呼应 Adelman、Abai 和 Moss 的数据战略观点的有关系统战略的意见。她说:"大多数公司都没有有关系统开发的战略。他们缺乏系统领域的路线图战略及适当的治理。最终结果是形成一张包括系统、系统的依赖性、数据源等的蜘蛛网。这种情况持续的时间越长,系统的依赖性就越复杂,并且解决它们就变得越困难"(Couture,2012)。造成这种复杂性的因素包括缺乏总体规划、连续的系统开发压力、负责系统开发的 IT 团队之间缺乏协调,以及未能淘汰遗留的数据资产。

Couture 解决系统复杂性问题的战略方法是:建立系统开发的总体路线图,通过消除冗余和减少所使用的企业技术的数量来简化技术环境,淘汰旧的资产,并建立企业系统的来源战略(Enterprise System Sources Strategic,ESSS)来确定作为中央数据仓库的数据源的企业记录系统,并使这些系统为它们所生产的数据负责(Couture,2012)。数据质量从业人员都非常熟悉这样的概念,ESSS 使得源系统了解它们的数据如何被下游使用,并使它们对所提供的数据的质量负责,这个概念称为管理数据供应链。通过将数据质量的问题放到系统战略的角度来看,Couture 不仅指出了系统战略对数据质量的好处,而且(再次)提醒我们,改善数据质量需要一个多方面的办法,除了直接改善数据本身,还包括流程改进、系统改进和战略思维。

IAIDQ 数据质量知识域认为数据治理是数据质量管理整体方法的一个方面。但有些人会说,数据质量战略必须是数据治理战略的一部分。数据管理协会(DAMA)认为数据治理是数据管理的一项重要功能,它位于一组 10 个数据管理活动的中心,包括数据质量管理、安全、运营、商务智能和元数据管理。DAMA 把数据治理定义为"对数据资产的管理行使权力和控制(规划、监控和执行)。数据治理是针对数据管理的高层次规划和控制"(MoselyEarly 和 Henderson,2009)。DAMA 的定义利用了数据治理研究所 GwerThomas 的表述:"数据治理是与信息相关的流程的决策权和责任制度,它根据商定的描述谁可以在何时、什么情况下、用什么方法、对什么样的信息采取什么样的行动的模型来执行。"Thomas 指出,仅仅根据其定义,数据治理就有着广泛的影响力。它涉及组织关系、规则、策略、标准、指导原则、问责制和执行方法,这些不仅针对人,而且针对信息系统。她声称,根据其重点,数据治理方案将会有所不同,但它们在支持数据的利益相关者时,都做以下三件事情:制定、收集和调整规则,解决问题,以及执行合规性。

显然,数据质量战略和数据治理是相互关联的。与数据质量工作、数据管理和系统规划一样,数据治理工作最终是为了保证在一个组织内生产、供应和使用高质量的数据。这些目标无法由一个团队单独实现。它们需要一个组织的整体投入,以一种战略性的方式执行关键功能。关键功能包括那些经常与治理相关的功能(如决策、建立共识、执行政策),以及那些与数据质量直接相关联的功能(如质量检测、流程改进项目)。这些概念互相交织得如此紧密,因此把它们整理出来在很大程度上成为一个语义的锻炼。而做这样的整理不是本书的目标。组织必须基于自己的战略需要全面考虑这些术语的使用。这种思路是学习和掌握概念的一种方式。下面将使用术语数据质量战略来讨论一组概念和实践,它们涉及组织如何摆正自己的位置,从其数据中获得最大的长远价值。

11.5.3　把数据作为资产

资产被定义为"一个有用或有价值的东西、人或质量"或"被视为具有价值,可满足债务、承诺或遗产的财产"。数据是资产的说法已经变得司空见惯。今天,在大多数企业中,人们都认识到数据可以成为一种战略性的分水岭,但很少有企业真正用这种方式看待它。为了从数据中获得长期价值,一个组织必须把它作为一种能够帮助组织实现其使命的战略资产来认识和管理。管理资产所需要的知识包括资产如何使用、如何测量其价值、它是如何保留或创造价值的,以及它可能会如何失去价值。管理数据的价值也需要同时了解高质量数据的好处和劣质数据的成本。

企业数据质量战略应通过明确将其联系到企业的使命,并通过识别数据在战略性业务规划中的作用,提出如何把数据作为战略资产来理解的方法。数据质量战略必须评估并测量高质量数据的价值。

在当今如此多的工作都由数据驱动的组织中,把数据直接联系到企业的战略目标并不是很难。例如,一个工人赔偿公司的使命是"我们挽救生命和肢体"。该公司的索赔数据被用来确定提高安全性的方法,以避免在工作场所受伤。使命和数据之间有直接的关系。联合健康集团的使命是"帮助人们过更健康的生活",其索赔数据用于对患慢性疾病的会员作推广,分析数据用来评估治疗方案的疗效,并且该公司的许多其他数据的使用都直接支持这一使命。在这两个例子中,数据都是一项知识资产。组织收集的数据能够揭示客户行为、人口健康,以及组织为满足需求做出的响应的效果,而这些信息在其他地方都是没有的。

要将数据作为一种资产来理解,需要将数据联系到组织的使命和经营目标的能力。它还要求分析质量差的成本。

- 组织的使命是什么?
- 数据如何有助于实现这一使命?
- 劣质数据会如何削弱组织的使命?
- 理想的数据会为组织做什么?
- 组织目前投资了多少经费到管理数据上?
- 与数据问题相关的成本是什么?

问这些问题的目的有两个:第一,将数据的价值与组织做的事情和想要完成的事情联系起来理解;第二,理解为了从数据的现有投资上获得尽可能多的价值,目前是如何管理数据的。数据存在于所有组织中,维护及使用它都需要花钱。不同组织的区别在于,它们用自己的数据来实现其目标的能力不同。

这种能力需要的知识和重点在战术层面包括:

- 确定数据的业务用途,并把这些用途直接与组织的使命和战略目标相联系。
- 对管理人员和员工就数据对于特定功能的价值展开调研。
- 审查经营和项目预算,以获得对数据管理目前投资的理解。
- 确定潜在的改进和它们的好处。

11.5.4　监控数据质量

测量使得数据质量能够一致地描述。测量也有必要确定提高数据质量的努力在何种程度上取得了成功。维持数据的长期质量依赖于对关键数据质量的持续评估。过程改进的内容包括实行监控和控制的水平,以确保流程继续按预期运转。监控某事就是"观察或检查其在一段时间内的进度或质量保持进行系统性的审查"。控制意味着"某个物品可以被验证的地方"和"限制或规范某个东西的一种手段"。针对数据的控制将按照一个标准对实际数据进行测量,并规定基于测量结果的操作。例如,可以放置一个控制来检测一个特定的数据条件,如果满足该条件,数据处理可能停止。

持续的数据质量测量、监控和控制都是为了管理风险。虽然不是所有的问题都值得修复,但有些问题绝对值得预防。大多数组织都了解或可以确定哪些数据是其流程的关键,这个数据应该持续进行监督。没有监督,数据可能会出错,并且给一个组织带来代价高昂的问题。

像物理产品的制造一样,数据生产也包括输入、处理和输出。输入和输出的状况会受到用于创建、存储和使用数据的业务和技术流程的影响。输入可能因为业务流程的演进，或者因为它们以一个意想不到的方式执行而发生改变。技术性的数据处理可能通过使用新的工具而改变。当流程以未预料的方式相互影响时，可能会意外地引入变化，而为了提高数据的质量，也可能会有目的地引入变化。当意外的变化发生时，最好能够探测到它们，了解（即测量）其影响，并在引起数据的消费者吃惊前传达它们的存在。

监控可能涉及重复测量（如为联机 DQAF 测量描述的）或建立一个如果满足则作为流程控制的条件，或两者兼而有之。虽然数据监控可以实现自动化，但在很大程度上，它仍然需要可以对调查结果做出应对的资源和人员。大多数大型企业都有几十个包含成千上万的数据元素和几百万或数十亿条记录的官方数据库。监控所有数据是不符合成本效率的。因此，必须了解哪些数据是最关键的，定义这个数据的高质量意味着什么，了解与之相关的风险，并使控制和测量到位，以减轻这些风险。监控应着眼于关键数据和关键流程。监控的结果应该是可操作的，它们应该有助于防止错误或揭示改进的机会。

数据质量战略应该为持续监控确定标准来识别关键和高风险的数据，也应该包括一种方法来进行这种测量。在 DQAF 中所述的联机测量类型就是为了在此过程中提供帮助，评估组织对持续测量和监控的准备。

为持续测量评估准备需要组织的文化和数据知识，包括其对持续的质量承诺的倾向。它需要就哪些数据是最关键的内容达成共识。

- 哪些数据对组织是最重要的？
- 数据具有高质量是什么意思？
- 这一数据在数据链或信息生命周期内遭受到多少风险？（即业务和与之相关的技术流程有多么复杂？它可能会发生什么对其质量产生不利影响的情况？）
- 组织拥有多少与质量业务活动相关的纪律？
- 是否已经有从事监控的资源？
- 它们在检测问题方面有多成功？
- 有哪些目前的业务实践可应用于数据质量监控？

这些问题的目的是确定组织最重要的数据并理解监控它的好处，以及确定谁可能为执行监控做准备。在战术方面的内容包括：

- 调研关键的数据消费者，了解哪些数据对他们至关重要。
- 审查问题报告，了解过去发生过什么问题。
- 审查关键数据的数据链，以确定潜在的风险。
- 确定在监控试点使用的关键数据。

从这些内容中，可以使用 DQAF 测试类型来提出监控数据的方法。

第 12 章　主数据全生命周期管理

主数据全生命周期管理，就是指从主数据的申请、校验、审核、生成、发布、分发、变更到最终核销的整个生命历程，它为企业提供了一套标准化管理体系，确保了主数据在各个应用系统的交互过程中的一致性和数据使用的安全性，其最终目标是推动企业信息向资产的转化，从而提升洞察力，进而提高业务决策能力。为全面了解主数据的全生命周期管理，本章首先从总体上介绍主数据全生命周期管理的概念、架构和模型，然后再具体展开，分别从各种校验规则、分发策略入手，展示主数据模型的创建过程，并阐述从元数据管理、数据申请、初始校验、数据审核、数据生成、数据分发到数据核销的一系列业务管理过程，最后从数据清洗、全生命周期管理等方面给出主数据管理和使用的有力保障。

- 企业的数据是有生命力的，正如一个人从少年到老年一样，一个数据将经历从申请和审批，然后变更、查询和分析等步骤，经过集成和分发，最终到归档这样一个生命周期。数据在生命周期的每个环节都需要进行科学管理，以提升数据的价值。
- 主数据全生命周期管理的基础是主数据模型管理，即从模块化、功能化角度考虑主数据模型和主数据架构。在主数据模型实体创建后，业务管理流程生成相应的实例化业务功能，提供数据申请、初始校验、审核、规则校验、数据生成、数据分发等六大功能主线，实现主数据管理系统的核心功能。
- 在实现主数据业务功能的基础上，对主数据生命周期每个阶段可能引发的各类数据问题，通过改善和提高组织的管理水平形成保障数据生命周期的长效机制。

12.1　主数据全生命周期管理及意义

主数据是具有高度业务价值、存在于多个异构的应用系统中、可以在企业内跨越各个业务部门被重复使用的数据。通过主数据管理可以从这些系统中抽取有价值的信息，并进行自动、准确、及时地分发和分析，同时确保数据的唯一性、完整性和相互的关系。

一个好的主数据管理解决方案不仅能在企业层面上整合现有纵向结构中的客户信息以及其他知识和深层次信息，使之成为一系列以客户为中心的业务流程和服务，为实现所有系统中数据共享提供便利的工具。同时，还可以实现对客户、产品和供应商都通用的主数据展现方式,加速数据输入、检索和分析,支持数据的多用户管理,包括限制某些用户添加、更新或查看和维护主数据的流程的能力。由于和主数据管理关联的方法和流程的运行与企业的业务系统及其他系统彼此独立,因此这些方法和流程不仅能检索、更新和分发数据,还能满足主数据的各种用途。

在企业信息化建设过程中,主数据管理体系的建设已经受到管理者越来越高的重视。主数据的集中管理为在企业层面上整合及共享系统中的数据提供了关键的基础支持,因此,构建主数据标准化体系、建立主数据交互和共享基础标准、实现主数据全生命周期管理的业务运作,已经成为提高信息化建设效益、改善业务数据质量、在高端决策上为企业提供强有力支持的重要途径。主数据全生命周期管理理念的应用全面改变了原有主数据管理流程不规范、平台不统一、依靠人工校验的问题,实现了从分散到集成、从局部到全面、从手工非专业到专业自动化流程管理的转变,大幅度提高了数据处理的效率,提高了主数据应用的唯一性、准确性和规范性,为业务流程集成、数据挖掘和决策分析提供强大的基础支撑。

主数据全生命周期管理的应用层次主要包括三个方面:首先,通过将数据与操作的应用程序实时集成来支持操作用途;其次,通过使用经过授权的流程来创建、定义和同步主数据以支持协作用途;最后,主数据管理通过事件管理工具事先将主数据推送至分析应用程序来支持分析用途。

通过主数据的全生命周期管理(图 12-1)实现数据标准化、数据模型、工作流管理、数据申请/转入、数据清洗、数据校验、数据审核、数据发布、数据维护、接口管理、数据分发、日志管理、系统管理等功能,更好地实现企业主数据管理,最大限度地体现数据的价值,实现对数据的高端决策分析。

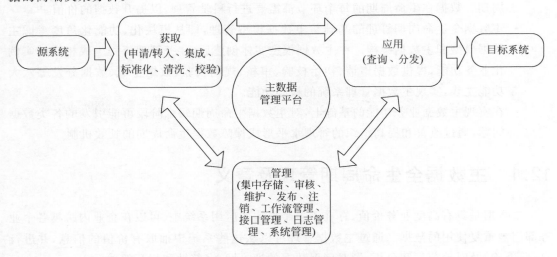

图 12-1　主数据全生命周期管理

主数据的全生命周期管理总体框架,按照业务流程,包括数据模型、数据清洗、数据申请、数据校验、编码审核、数据生成/分发、编码变更、数据归档等方面;按照技术服务体系,可分为数据模型层、数据业务管理层、数据集成服务层和基础支撑服务层(版本管理、工作流引擎、日志和安全管理)等方面,如图 12-2 所示。

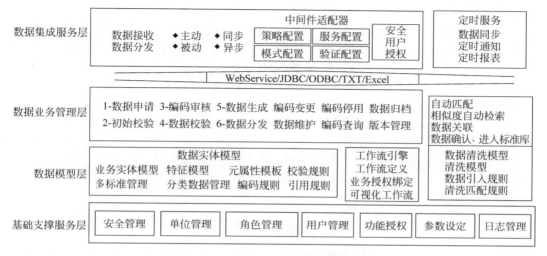

图 12-2　主数据管理的技术服务体系

- 数据模型层是主数据管理体系的核心,完成元数据定义、校验规则、编码规则、数据标准定义和模型实例化工具等方面的定义和管理。
- 数据业务管理层实现主数据平台的业务功能定义和部署,包括数据申请、转入、校验、生成、变更、维护、分发、归档、查询、分析等全面的业务内容。
- 数据集成服务层实现数据接收和数据分发中间件的管理,实现数据接收和数据分发逻辑、分发策略、分发频次、数据同步服务配置等业务内容。
- 基础支撑服务层实现工作流引擎、日志和安全管理,数据和模型版本管理,消息定义和预警,系统用户和权限管理等,是运行管理中心。

12.2　主数据全生命周期管理内容

　　主数据全生命周期的业务管理是主数据管理系统(图 12-3)的核心功能。在"主数据模型"的实体创建后,业务管理流程生成相应的实例化业务功能,提供数据申请、初始校验、审核、规则校验、数据生成、数据分发等六大功能主线,并提供数据清洗、变更、维护、停用、归档、注销、统计分析等服务内容,能够支持各类主数据的定义和使用。例如,物料、供应商、客户、账务、财务科目等主数据类型的管理,并可自行扩展所管理的主数据范围,实现业务配置的自动化。

12.2.1　数据申请

　　在创建了主数据模型后,各业务系统可以根据需要向主数据管理系统提交主数据在线

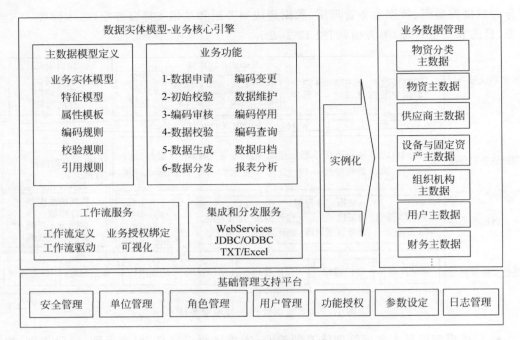

图 12-3　主数据管理系统

申请。在申请过程中，提前定义的数据约束规则能够自动进行初始的数据校验，提供相似主数据供用户参考，并提供申请进度的消息提示功能。图 12-4 展示了供应商主数据的创建申请过程。

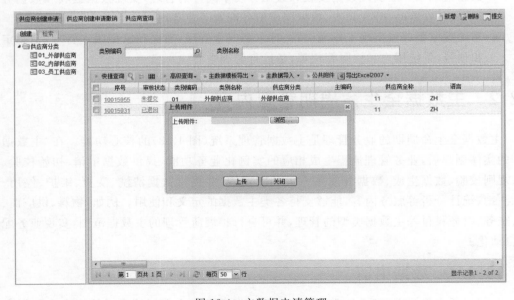

图 12-4　主数据申请管理

用户可以根据已定义的模板完成主数据申请编码录入,根据元属性定义规则,在线上实时创建主数据时,可以在线查重、检查、搜索,同时支持相关日志自动创建和下载。此外,用户还可以上传多种类型的附件,如 PDF、JPG 等,系统对上传的多种格式的数据文件进行自动校验,导入后的数据应能自动校验合法性和逻辑性,并对导入不成功的数据给予提示,包括必输项自动提示、同名词库在线提示等。

数据申请要能够实现以下业务要求。

- 支持线上实时创建。
- 支持通用数据文件格式上传。
- 支持外部系统通过接口服务方式提报申请。
- 提报申请时,根据元数据定义规则,支持在线查重、检查、搜索功能。
- 提供在创建数据申请过程中的系统自动提示功能。
- 提供附件上传功能,如 PDF、JPG、DWF[①] 等格式文件的上传。
- 支持按照模板批量导入编码初始文件,按小类描述规则自动生成特征描述。
- 支持现有编码条目的复制添加功能。
- 支持必输项自动提示。
- 支持同名词库在线提示。

12.2.2　数据审核

数据审核主要包括自动校验和人工审批两个方面。主数据创建申请提交后,系统将首先进行自动校验。自动校验实现对数据之间的精确查重和模糊查重,并通过提前配置的校验规则对数据进行检查,保证主数据的唯一性和规范性。

数据校验规则包括唯一性校验、关联性校验、取值范围校验、相关附属表校验、正则表达式校验等,可以实现自定义附属值表、同名库校验查重、值列表模板选择以及自定义规则等功能。图 12-5 展示了主数据的关联性校验。

经过系统自动校验之后的主数据申请需要按工作流在线审批。审批过程中需要记录审批意见,生成审批日志。审核的内容及功能如下。

- 审批流程自定义功能,利用图形化工作流引擎实现数据审核过程,并支持工作流的版本控制。
- 根据元属性定义规则,支持在线查重、检查与搜索功能,提供相关日志自动创建和下载功能。
- 支持待审数据的自定义下载功能。
- 提供录入审批意见功能。
- 支持单人和多人配置审批功能。

---

① DWF 是一种开放、安全的图形格式,是专为高效分发丰富的设计数据而开发的。DWF 文件比实际的设计文件(如 CAD 格式)更小,传递起来更加快速,但不能编辑,只能浏览。

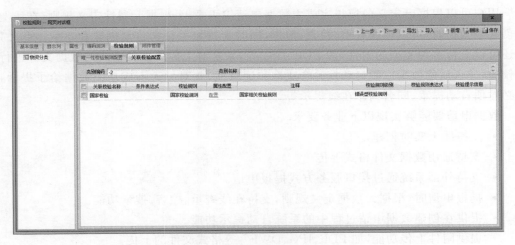

图 12-5　主数据关联性校验管理

- 支持待审定时提醒功能。
- 支持审批意见及附件共享功能。
- 支持根据提供审批任务列表,实时对审批任务列表中的申请进行数据合法性、业务合规性的快速审批。
- 支持对审批流程中的各个环节进行有效管理,跟踪监控各个审批环节的信息。
- 审批通过的数据信息、审批信息都能查询。
- 工作流支持会签、互斥、汇总、分支等多种审批方式,支持按条件跳转审批,支持文字和图形显示审批进程和审批状态的功能,支持电子邮件、手机短信或者内部消息等通知提示功能。
- 主数据审核人员发现数据错误时可以对错误主数据进行审核退回操作,并可填写审核意见,供数据申请人查看。

12.2.3　数据变更

对于已审核的主数据、模板、值库、别名库等主数据内容,仍然可以进行调整、维护和变更。例如,对物资编码的设置信息进行调整,首先需要提交变更申请,系统会根据已定义的数据约束规则自动进行数据校验,并对维护内容进行工作流程的审核,审核通过后变更内容才能生效,同时保留数据的历史版本,实现可追溯的版本管理。

主数据管理系统可以支持线上实时单条以及批量变更申请的处理,并生成数据变更日志。和数据申请过程类似,系统也可以提供自动提示功能,辅助用户完成数据的变更申请。变更生效后,系统会以邮件或其他消息方式通知数据申请者和所有使用该数据的最终用户。

当主数据记录失效时,系统不允许将其直接删除,只能进行核销,以便历史数据对该条数据的调用。数据核销的过程也是一种数据变更,即将一条可用数据的状态更改为"已核销",过程与其他数据变更的过程相同。

12.2.4　数据集成和数据分发

主数据管理系统能够将各级应用系统提供的基础数据进行集成,实现高效的数据整合。通过建立主数据的模板和标准,实现对现有主数据的清洗和标准化,集中管理多个业务系统中核心的、最需要共享的主数据,最后以标准集成服务的方式把统一的、完整的、准确的、具有权威性的主数据分发给需要使用这些主数据的各个应用系统。

应用系统与主数据管理系统间的交互包括两个方面,一是数据接收,即其他业务系统作为数据源,主数据管理系统接收业务系统发送的数据;二是数据分发,即主数据管理系统作为数据源,业务系统接收主数据管理系统发送的数据。

数据分发是实现主数据同步和主数据一致性应用集成的关键过程。数据分发可以支持分发目标系统、分发频率、分发数据范围、数据同步规则等的全面自定义功能;能够实现分发日志的自动跟踪和记录;能够支持多种分发模式和分发数据协议,并支持异常处理,如设定分发失败后的数据重发处理机制;实现全面的数据监控管理,保证主数据在多异构系统之间的完整性和一致性。

1. 数据传输方式

从数据传输方式来分,数据集成有同步传输和异步传输两种方式。

1)同步传输

源系统向目标系统发送一条或者一批主数据后,源系统客户端处于等待状态,当目标系统接收数据成功后会同时返回处理结果,源系统接收目标系统返回的处理结果后,再开始下一条或下一批数据的发送,数据处理信息的交互是实时的。图 12-6 展示了同步传输的过程。

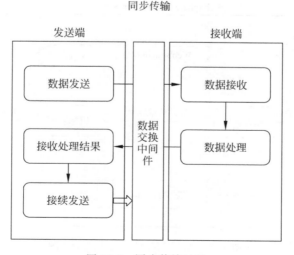

图 12-6　同步传输过程

2）异步传输

源系统向目标系统顺序发送所有待处理的主数据，不需要等待目标系统返回处理结果，目标系统对接收的主数据处理后另行调用服务返回处理结果，源系统接收目标系统返回的处理结果，数据的交互不是实时的。图 12-7 展示了异步传输的过程。

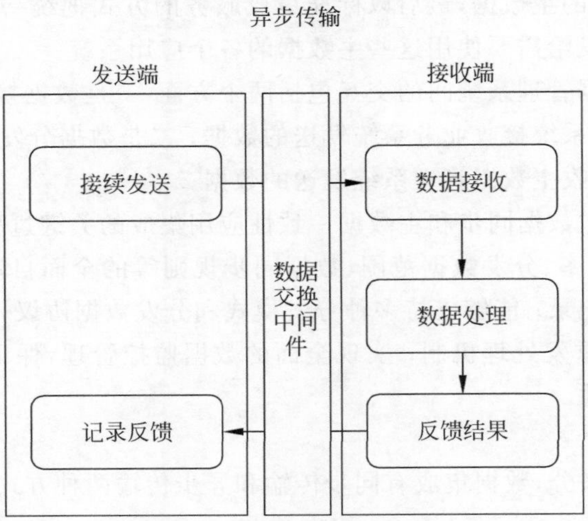

异步传输

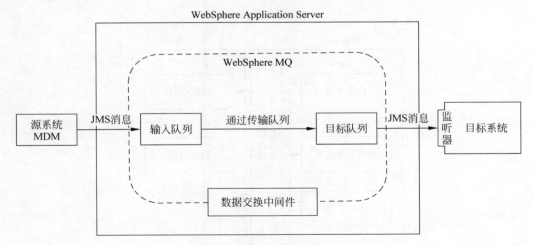

图 12-7 异步传输过程

以采用 IBM WebSphere MQ① 进行数据异步传输为例，MDM 作为数据源，业务系统接收 MDM 发送的数据，首先 MDM 将发送的数据通过 JMS 消息发送给 MQ，MQ 队列（输入队列）接收 JMS 消息，然后另一个队列（目标队列）接收响应，从而调用 Web 服务（图 12-8）。

图 12-8 采用 MQ 的分发模式示意图

---

① IBM WebSphere MQ 是 IBM 公司提供的基于消息队列的消息中间件。

WebSphere MQ 队列包括输入队列、传输队列和目标队列三种类型。输入队列负责接收源系统(MDM)发送过来的消息,传输队列负责将输入队列接收的消息传送给目标队列(目标队列由目标系统队列管理器进行管理),目标队列被目标系统(其他业务系统)监听器实时监听,如果发现目标队列接收到传输队列传过来的消息,则立刻获取目标队列中的消息。

2. 数据获取方式

从数据获取方式来分,数据集成有主动和被动两种方式。

1) 主动方式

主动分发的方式由主数据管理系统制定分发策略,包括分发目标系统、分发数据对象范围、分发频次和时间,提供有针对的主数据内容。在主动分发模式下,目标系统需要系统数据接收的标准 Web 服务,并具备日志管理、版本管理等功能。

2) 被动方式

被动分发的方式由目标系统制定数据获取策略,在被动分发模式下,目标系统按照需要调用主数据管理系统提供的标准数据 Web 服务。在被动分发模式下,服务的调用时间、调用频次均由目标系统自行设定。

3. 数据集成协议

要实现数据集成和分发策略的标准化,在分散的业务信息系统间最大限度地保证主数据的完整性、一致性,就需要保证业务系统与主数据管理系统集成接口的统一和规范。现在通用的集成方式是以 SOA 架构为基础,以 Web 服务为传输协议,采用松耦合的方式进行集成。

数据集成和分发中使用的 Web 服务主要包括两种:第一种是接收模式采用基于 HTTP 的 SOAP 的 Web 服务;第二种是基于 JMS 协议的 SOAP 的异步 Web 服务。

简单对象访问协议(Simple Object Access Protocol,SOAP)是一种轻量的、简单的、基于 XML 的协议,它被设计成在 Web 上交换结构化的和固化的信息。SOAP 以 XML 为基础,提供一种将数据打包和编码的方法,以用于网络的数据传输。SOAP 可以与现存的许多因特网协议和格式结合使用,包括超文本传输协议(HTTP)、简单邮件传输协议(SMTP)、多用途网际邮件扩充协议(MIME),它还支持从消息系统到远程过程调用(RPC)等大量的应用程序。SOAP 仅仅是消息的封装,HTTP 和 Java 消息服务(JMS)是两种最常用的标准 SOAP 消息传输协议。

1) 基于 HTTP 的 SOAP 的同步 Web 服务

HTTP 是 SOAP 消息中最常用的传输协议。SOAP 很自然地遵循了 HTTP 的请求/应答模型,在 HTTP 请求中提供 SOAP 请求参数,在 HTTP 应答中提供 SOAP 应答参数。因为 HTTP 是点对点协议,它不提供对多个接收方的并发请求能力。当使用 HTTP 时,服务必须明确地识别每一个接收者并向其发送消息。另一方面,HTTP 只支持同步通信,为了使消息能够成功发送,HTTP 需要发送方和接收方同时被连接。如果网络或者接收程序没有连接,HTTP 就不能发送消息。

2）基于 JMS 协议的异步 Web 服务

JMS 是 Java 通信程序制定的规范。它提供了标准的编程接口来发送和接收消息。JMS 的客户端之间可以通过 JMS 服务进行异步的消息传输。JMS 相比 HTTP 能进行更灵活的消息发布。使用 JMS 时，消息在发送后不必等待应答，并且可以存放在持久存储或者消息队列（Queue）中。基于消息队列的方式可以进行异步通信，消息发送时，消息的最终消费者不需要连接到服务器上。当消息的消费者连接到 JMS 服务器上时，消息就可以被发送到消息的消费者处。当应用程序或者网络出现间歇性的失效甚至停止运行，JMS 能确保消息从发送者传送到接收者，而 HTTP 则不能。JMS 通过将消息存放在中间服务器上来实现这种可靠的传输。例如，在保证消息传送的情况下，消息会被重发或者重复解析来保证消息确实被传送了。

JMS 支持两种消息模型：Point-to-Point（P2P）和 Publish/Subscribe（Pub/Sub），即点对点和发布/订阅模型。使用发布/订阅方式，一个消息发送方可以与多个消息接收方同时进行通信。显然，JMS 在作为消息传送机制时比 HTTP 更加灵活，如表 12-1 所示。

表 12-1　HTTP 与 JMS 对比

消　息　模　型	点　对　点	发布/订阅
同步	HTTP、JMS	JMS
异步	JMS	JMS

12.2.5　数据查询

主数据管理系统能够实现标准查询功能和模糊查询功能。用户可以实时查询主数据的所有信息，包括申请、审批、明细属性、变更历史、分发历史、数据分发接口日志等，并按照不同的需求进行查询结果的下载和打印。同时，系统还提供便捷查询和高级查询，支持保存查询条件作为共用检索，实现个性化查询定义。

除了简单的查询功能外，用户也可以按照申请单列表项进行过滤、排序、查询和统计，根据用户需求，实现各种统计报表的开发，供用户查询分析。同时，提供开放功能供用户自定义报表，用于个性化的查询分析。根据统计方式可以将报表分为主数据信息统计报表、主数据提报审核统计报表和主数据分发情况统计报表。

1. 主数据信息统计报表

主数据信息统计报表主要统计系统中维护的主数据情况，其统计内容包括主数据的类型、每种类型的数量以及每种类型对应的明细信息，如图 12-9 和图 12-10 所示。

员工类型统计			
单位编码	单位名称	员工类型	人数
100001	XX公司	合同工	23
100001	XX公司	劳务人员	267
100002	XX公司下属单位	合同工	30000
100002	XX公司下属单位	劳务人员	673200
	合计		703490

图 12-9　员工类型统计

员工明细信息统计

单位/部门编码	单位/部门名称	员工信息	员工编码	员工姓名
100001	XX公司	合同工	00001	张三
			00002	李四
			00003	王鹏
			00004	张强
			00005	雪花
			00006	王鹏
			00007	张三
			00008	李四
			00009	王鹏
			00010	张翔
			00011	李羽
100002	XX公司下属单位	劳务人员	00012	邹平
			00013	李杨
			00014	王鹏
			00015	张强
			00016	薛利
			00017	王燕
			00018	张三
			00019	李四
			00020	王鹏
			00021	张翔
			00022	李山

图 12-10　员工明细信息统计

2. 主数据提报审核统计报表

主数据提报审核统计报表主要统计系统中主数据的提报审核情况，其统计内容包括根据时间段查询数据的提报数量、审核完成数量、待审核数量、回退数量，以及每种类型对应的明细，如图 12-11 和图 12-12 所示。

主数据提报审核统计

提报主数据类型	提报数量	审核完成数量	待审核数量	回退数量
人员	100	90	10	0
组织机构	10	8	2	0
供应商	25	15	10	0
客户	40	28	12	0
材料	50	30	20	0
合计	225	171	54	0

图 12-11　主数据提报审核统计

人员主数据提报审核明细统计

员工编码	员工名称	提报单位	提报时间	审核状态
00001	张三	XX公司	2013-10-16	审核完成
00002	李四	XX公司	2013-10-16	审核完成
00003	王鹏	XX公司	2013-10-16	审核完成
00004	张强	XX公司第三分公司	2013-10-16	审核完成
00005	薛华	XX公司第三分公司	2013-10-16	审核完成
00006	王鹏	XX公司第三分公司	2013-10-16	审核完成
00007	张三	XX公司第一分公司	2013-10-16	审核完成
00008	李四	XX公司第一分公司	2013-10-17	审核完成
00009	王鹏	XX公司第一分公司	2013-10-17	审核完成

图 12-12　人员主数据提报审核明细统计

3. 主数据分发情况统计报表

主数据信息统计报表主要统计系统中的主数据分发其他应用系统的情况，其统计内容包括分发的主数据类型、每种类型分发的数量、分发成功的数量、分发失败的数量，如图 12-13 所示。

主数据分发统计			
分发主数据类型	分发数量	成功分发数量	失败数量
人员	1000	1000	0
组织机构	2000	2000	0
供应商	2400	2400	0
客户	3000	3000	0
材料	50000	50000	0
合计	58400	58400	0

图 12-13　主数据分发统计

12.2.6　数据归档

数据归档指以物理方式将主系统中具有较低业务价值的主数据迁移到更适合、更经济高效的历史库中。因此,在主数据管理系统中,对于不再使用或无法满足业务需求的主数据可以实现归档及核销处理,根据业务制定的归档规则对主数据进行归档。归档后的主数据不能被更改,但能被查询调用。同时,主数据管理系统也可以实现定期对日志信息进行归档以及多种归档查询功能。

12.3　数据清洗管理

数据清洗是指发现并改正不完整、不正确和不一致的主数据,从而提高数据质量的过程。数据清洗从名字上也可以看出,就是把"脏"的数据"洗掉",是发现并纠正数据文件中可识别的错误的最后一道程序,包括检查数据一致性、处理无效值和缺失值等。由于这些数据从多个业务系统中抽取且包含历史数据,就避免不了有的数据是错误数据、有的数据相互冲突,这些错误的或有冲突的数据显然是用户不想要的,称为"脏数据"。按照一定的规则把零散、重复、不完整的数据清洗干净,得到精确、完整、一致、有效、唯一的新的数据,这就是数据清洗,如图 12-14 所示。

数据清洗的方法有很多,如针对不同学科的方法(生物数据的清洗方法、地理数据的清洗方法);针对不同类型数据的方法(时序数据的清洗方法、非时序数据的清洗方法)等。一般来说,通过数据清洗来保证主数据的唯一性、精确性、完整性、一致性和有效性。

- 唯一性:描述数据是否存在重复记录。
- 精确性:描述数据是否与其对应的客观实体的特征相一致。
- 完整性:描述数据是否存在缺失记录或缺失字段。
- 一致性:描述同一实体同一属性的值在不同的系统中是否一致。
- 有效性:描述数据是否满足用户定义的条件或在一定的值域范围内。

如果不能保证主数据的以上特征,则会影响到各个应用系统的数据质量以及后续的分析和决策,对企业造成重大损失。例如,主数据的不一致会带来业务交易数据的不一致,如

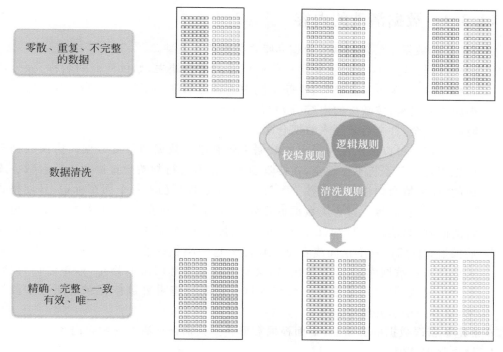

图 12-14　数据清洗图例

图 12-15 所示,在不同业务系统中的数据编码不一致使得系统之间的数据共享变得困难,阻碍对企业的整体运营情况进行统一的分析和规划。

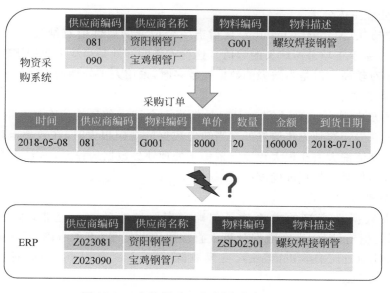

图 12-15　主数据不一致(图片来自互联网)

12.3.1　数据清洗的内容

需要清洗的数据主要包括缺失数据和噪声数据两种类型。

- 缺失数据。这一类数据主要是一些应该有的信息缺失,如供应商的名称、分公司的名称、客户的区域信息缺失、业务系统中主表与明细表不能匹配等。对于这一类数据应过滤出来,按缺失的内容分别写入不同 Excel 文件向客户提交,要求在规定的时间内补全,补全后才写入数据仓库。

- 噪声数据。可以被认定为噪声的数据主要有错误数据和重复数据。错误数据产生的原因是业务系统不够健全,在接收输入后没有进行判断便直接写入后台数据库造成的,如数值数据输成全角数字字符、字符串数据后面有一个回车标记、日期格式不正确、日期越界等。这一类数据也要分类,对于类似全角字符、数据前后有不可见字符的问题,只能通过写 SQL 语句[①]的方式找出来,然后要求客户在业务系统修正之后抽取;日期格式不正确或者是日期越界这一类错误会导致 ETL 运行失败,需要去业务系统数据库用 SQL 挑出来,交给业务主管部门限期修正,修正之后再抽取;对于重复数据(特别是维表中会出现这种情况)、将重复数据记录的所有字段导出来,让客户确认并整理。

在确定了错误数据的类型后,下面根据数据类型分别介绍清洗的主要内容。

1. 缺失数据处理

数据缺失是实际数据库中经常出现的情况。对于处理缺失数据的方法,按照处理的主体不同,可以分为人工处理方法和自动处理方法;按照处理的方法不同,可以分为直接忽略的方法、填补缺省值的方法和依据其他数据填补缺失值的方法。

1) 根据处理主体分类

人工清洗方法(Manual Cleaning)是指当一个记录的属性值有缺失时,查找原始的记录,或者请教专家手工填补所缺失的数值。这种方法的好处是当缺失数据比较少时,填补数值的准确度相对较高。但是当缺失的数据比较多时,采用人工处理的方法效率太低,而且更容易出错,可行性差。

自动清洗方法(Automated Cleaning)是指当一个记录的属性值有缺失时,通过已有的程序自动处理缺失。这种方法的好处是当缺失数据的规模很大时,在效率上优于手工处理方法。但是自动清洗方法在很大程度上依赖于处理缺失数据的程序,不太灵活,处理少量缺失数据的时候不如手工处理准确度高。

2) 根据处理方法分类

对于缺失数据最直接的方法就是忽略。直接忽略的方法是指,如果有一个记录(Tuple)的属性值有缺失,则在数据分析中直接删除此记录,不予考虑,具体删除的操作可以分为整例删除(casewise deletion)、变量删除(variable deletion)和成对删除(pairwise

---

① SQL 语句是对数据库进行操作的一种结构化查询语言。

deletion)。这种方法的好处是操作简便,但是当数据中遗漏的属性值比较多,而且分散在不同的记录中时,该方法的有效性就会大打折扣。一方面,它可能会造成现有数据的大量浪费;另一方面,由于数据缺失在以后的补充数据中也会出现,因此对数据收集的规模缺乏控制。

填补缺省值的方法是对直接忽略方法的改进,对那些对数据分析影响不大的缺失数据统一填补一个确定的缺省值(Default Value),以避免浪费大量数据。例如,对于量化的属性可以采用一个极大的负值或正值作为缺省值,对于非量化的属性可以采用"无"作为缺省值。这种方法的好处是避免了数据的浪费而且操作相对简单。但是当数据中缺失的属性值比较多时,容易使整个数据向缺省值的方向倾斜,给之后的数据处理造成麻烦。例如,数据挖掘程序可能会将这些缺省值作为一个新的属性值进行计算,挖掘出大量无用的规律。

把填补缺省值的方法做进一步改进,根据已有数据科学合理地推算缺失的数据,就得到了依据其他数据填补缺省值的方法。这种方法通过对于缺失的数值进行纵向(缺失数值所在的属性)和横向(缺失数值所在记录的其他属性值)的数据分析,求出所缺失的数值的可能值。数据分析的方法有很多。例如,通过同属性平均值来填补缺失的数值,在信用评级的数据库中,对于工资情况没有记录的客户,可以采用有类别的平均值来填补此属性、此类别的所有缺失值。当然,用平均值代替空缺值不一定就是最好的方法,也可以利用回归分析、贝叶斯计算、决策树、人工神经网络等方法,用缺失数据的纵向、横向信息计算出所缺失数值的最大可能值并进行填补。

2. 噪声数据处理

与数据缺失一样,错误数据也是真实数据中经常出现的问题。错误数据分为内错误数据(inlier)和外错误数据(outlier)。其中内错误数据是指在整体数据的统计分布之内,但是数值错误的数据;外错误数据是指在整体数据的统计分布之外的错误数据。例如,在数据中,有两个属性:一个是"姓名",另一个是"年龄"。一个人的实际年龄是 20 岁,而数据库的错误记录为 25 岁,25 岁属于人的正常年龄范围,这样的错误就是内部数据错误;而如果一个人实际年龄是 20 岁,但数据库存储的记录为 200 岁,200 岁已经超出了人的正常年龄范围,这样的错误即为外部数据错误。

一般来讲,内错误数据很难辨识,更不容易被改正。对于外错误数据,一般情况下只能根据整体数据的数据分布来辨识,并进行适当的处理。外错误数据最主要的是噪声数据,指被测量变量的随机错误和偏差。对于噪声的处理主要有两种方法:一种方法是直接平滑噪声,这种方法假设数据中有噪声,但是不去专门识别噪声,只是通过将含有平滑的数据整体平滑,减小数据的方差;另一种方法是先辨别噪声,然后再根据具体情况处理。这种方法根据噪声和正常数据在数据分布上不同的特点,找出可能的噪声数据,再进行进一步处理。前一种主要是分箱方法,后一种主要包括人工智能和人机结合的方法。

1) 分箱方法

分箱方法利用噪声周围的数值来平滑噪声,达到减少噪声干扰的目的。第一步,对已有的数值进行排序,通过等深或等宽的规则分配到若干容器(即"箱")中;第二步,对每一个容器中的数值通过均值法、边界法等方法进行平滑处理。经过处理后的数据与原数据相比更加平滑、波动更小，达到了减弱或消除噪声影响的目的。

2）人工智能法

人工智能的方法是指利用聚类、回归分析、贝叶斯计算、决策树、人工神经网络等人工智能方法对数据进行自动平滑处理。例如，通过多变量线性回归法获得多个变量相互间的关系，从而达到变量之间相互预测修正的目的，从而平滑数据，去除其中的噪声。

3）人机结合法

人机结合法是对人工智能法进行的改进。它通过计算机检查和人工检查结合的方法来帮助发现异常数据。例如，利用人工智能的各种方法帮助识别销售记录中的异常情况，如销售量的突变等，将识别出的异常情况自动输出到列表中，由人工检查各个异常情况，并最终确定是否为噪声。这种检查方式与单纯的计算机检查相比准确率高，与单纯的人工方式相比效率较高。

12.3.2　数据清洗的一般过程

数据清洗的一般过程包括以下四个步骤。

1．定义和确定错误的类型

数据分析是数据清洗的前提与基础。在进行数据清洗前，首先需要确定错误的类型，通过详尽的数据分析来检测出数据中的错误或不一致情况。除了手动检查数据或者数据样本之外，还可以使用分析程序来获得关于数据属性的元数据，从而发现数据集中存在的质量问题。之后，根据数据分析得到的结果来定义清洗转换规则与工作流。根据数据源的个数、数据源中不一致数据和"脏数据"多少的程度，需要执行大量的数据转换和清洗步骤。要尽可能地为模式相关的数据清洗和转换指定一种查询和匹配语言，从而使转换代码的自动生成变为可能。

2．搜寻并识别错误的实例

1）自动检测属性错误

检测数据集中的属性错误，需要花费大量的人力、物力和时间，而这个过程本身又很容易出错，所以需要利用高效的方法自动检测数据集中的属性错误。方法主要有基于统计的方法、聚类方法和关联规则的方法等。

2）检测重复记录的算法

消除重复记录可针对两个数据集或者一个合并后的数据集，检测出标识同一个现实实体的重复记录，即匹配过程。检测重复记录的算法主要有基本的字段匹配算法、递归的字段匹配算法、Smith-Waterman 算法和 Cosine 相似度函数等。

3．纠正所发现的错误

在数据源上执行预先定义好的并且已经得到验证的清洗转换规则和工作流。当直接在源数据上进行清洗时，需要备份源数据，以防需要撤销上一次或几次的清洗操作。清洗时，根据"脏数据"存在形式的不同，执行一系列的转换步骤来解决模式层和实例层的数据质量问题,为处理单数据源问题及与其他数据源的合并做好准备。一般在各个数据源上应该分别进行几种类型的转换,主要包括属性分离,即从自由格式的属性字段中抽取值,自由格式的属性一般包含着很多的信息,而这些信息有时候需要细化成多个属性,从而进一步支持后面重复记录的清洗;处理输入和拼写错误,并尽可能地使其自动化;标准化,即把属性值转换成统一的格式,为后面的记录实例匹配和合并做好准备。

4. 干净数据回流

当数据被清洗后,干净的数据应该替换数据源中原来的"脏数据"。这样可以提高原系统的数据质量,还可避免将来再次抽取数据后进行重复的清洗工作。

12.3.3　数据清洗的工具

下面分别从特定功能的清洗工具、ETL 工具以及其他工具三方面对数据清洗工具进行介绍。

1. 特定功能的清洗工具

特定的清洗主要处理特殊领域的问题,基本上是姓名和地址数据的清洗,或者消除重复,并且转换是由预先定义的规则库或者和用户交互来完成的。在特殊领域的清洗中,姓名和地址在很多数据库中都有记录且有很大的基数,清洗工具要提供抽取和转换姓名及地址信息到标准元素的功能,与基于清洗过的数据工具相结合来确认街道名称、城市和邮政编码。主流的特殊领域清洗工具现有 IDCentric、PureIntegrate、QuickAddress、ReUnion 和 Trillium 等。

消除重复类工具,根据匹配的要求探测和去除数据集中相似重复记录,有些工具还允许用户指定匹配的规则。目前已有的用于消除重复记录的清洗工具有 DataCleanser、Merge/Purge Library、Matchit 和 AsterMerge 等。

2. ETL(数据抽取、转换和加载)工具

现在有大量的工具支持数据仓库的 ETL 处理,如 CopyManager 和 DataStage 等。它们使用建立在数据库管理系统(Database Management System,DBMS)上的知识库以统一的方式来管理所有关于数据源、目标模式、映射、脚本程序等的元数据。模式和数据通过本地文件和 DBMS 网关、ODBC 等标准接口,从操作型数据源收取数据。这些工具提供规则语言和预定义的转换函数库来制定映射步骤。

ETL 工具很少内置数据清洗功能,但允许用户通过 API 指定清洗功能。通常这些工具没有用数据分析来支持自动探测错误数据和数据的不一致,然而用户可以通过维护原数据和运用集合函数(Sum、Count、Min、Max 等)决定内容的特征等办法来完成这些工作。这些工具提供的转换工具库中包含了许多数据转换和清洗所需的函数,如数据类转变,字符串函数,数据、科学和统计的函数等。规则语言包含 If-then 和 Case 结构来处理例外情况,如错误拼写、缩写、丢失或者含糊的值和超出范围的值。

3. 其他工具

其他与数据清洗相关的工具包括基于引擎的工具(DecisionBase、PowerMart、

Warehouse Administrator)、数据分析工具(Migration Architect、WizRule、Data Mining Suite)和业务流程再设计工具(Integrity)、数据轮廓分析工具(MigrationArchitectCevoke Software 等)、数据挖掘工具(如 WizRule 等)。

12.4 建立主数据全生命周期管理体系

12.4.1 概述

主数据全生命周期管理体系指的是一种系统化、基于策略的信息架构,实现对主数据的分类、收集、使用、存档、保留和删除方法。

通过主数据全生命周期管理体系的建设,使组织能够控制和管理其数据的寿命。从数据治理的角度讲,可帮助组织解决以下挑战。

- 内容评估:解决未进行管理的"野外的数据",有助于评估和决定管理、信任和利用哪些信息。
- 内容收集和归档:管理激增的信息量和数据类型。
- 高级分类:减少最终用户的负担并提高分类信息的能力。
- 记录管理:执行保留和处理策略,自信地公开信息。

12.4.2 建立信息架构

数据治理团队需要确保组织为信息架构设定了标准。更重要地,数据治理委员会需要拥有实施架构标准的权利。信息架构在提高整体 IT 效率上发挥着重要作用。例如,在组织寻求减少许可证、软件维护和支持成本时,工具的标准化和遗留应用程序的退役至关重要。对于像一个县级医疗系统内跨医院和诊所的实验室测试代码这样的实体,标准的命名约定也很重要。

12.4.3 发现数据对象

如果不理解数据,就无法治理它,所以首先使用数据发现备案现有数据范围很重要。数据发现可分析数据值和模式,识别将不同数据元素链接到逻辑信息单元或业务对象(如客户、产品或发票)中的关系。

这些业务对象为归档提供了重要输入。没有识别数据关系和定义业务对象的自动化流程,组织可能要花几个月时间来执行手动分析,无法保证完备性或准确性。

12.4.4 分类数据对象和定义服务水平

典型企业中的数据内容每年都在以令人惊讶的速度增长。从数据治理的角度讲,将这些海量信息进行编目,以便通过内容管理系统有效管理它,这非常重要。

数据管理团队首先要得到业务团队提供的关键词,随后不断细化这些关键词,以确保数据分类功能高效地进行,并对各类数据能提供的服务水平进行定义。

12.4.5　建立测试数据管理策略

针对测试数据管理的策略如下。

- 创建逼真的数据。创建更小、逼真且准确反映应用生产数据的数据子集很重要。
- 保留测试数据的参照完整性。数据子集需要考虑在数据库和应用程序中实施的参照完整性。通常,应用程序执行的参照完整性更加复杂。例如,应用程序可能包含使用兼容但不同的数据类型、组合和部分列的关系,以及数据驱动的关系。
- 执行错误和边界条件。从生产数据库创建逼真的相关测试数据子集是一个不错的开始。但是,有时必须编辑数据以执行特定的错误条件,或验证特定的处理功能。

12.4.6　归档数据

依据业务价值来存储归档的数据,是整合的数据管理战略的一个逻辑组成部分。一种三层分类战略是解决该问题的一种有用方式,即当前的事务在高速的主要存储中进行维护;报告数据转移到中层存储;参考数据保留在一个安全的设备中,使它在应该提出审计请求时可用。这种分层存储方法和归档战略是减少成本和最大化业务价值的方式。主数据全生命周期管理需要考虑数据归档功能,支持组织将历史数据与当前数据分开,安全且经济高效地存储它,同时维持统一的访问。

第 13 章   数据安全管理

数据对国家、企业、个人具有重要的作用，并具有很高的研究价值，所以数据安全现在成为学术与工业界的研究热点，是人们公认的数据相关问题中关键的问题之一。没有安全，发展就是空谈，数据安全是发挥数据价值的前提，必须将它摆在更加重要的位置。

数据安全管理包括：一是数据本身的安全，主要是指采用现代密码算法对数据进行主动保护，如数据保密、数据完整性、双向强身份认证等；二是数据防护的安全，主要是采用现代信息存储手段对数据进行主动防护，如通过磁盘阵列、数据备份、异地容灾等手段保证数据的安全。数据安全是一种主动的保护措施，数据本身的安全必须基于可靠的加密算法与安全体系，主要有对称算法与公开密钥密码体系两种。

- 数据存储安全：是指数据库在系统运行之外的可读性。
- 数据传输安全：是指数据安全保密传输。例如，防止明文数据传输时被黑客截获所带来的安全隐患。
- 数据隐私保护：是指对企业敏感的数据进行保护的措施。例如，企业敏感的员工、客户和业务数据等加以保护的需求正在不断上升，无论此类数据位于何处，均是如此。

13.1   数据安全的意义和作用

13.1.1   数据安全的概念

数据安全存在着多个层次，如制度安全、技术安全、运算安全、存储安全、传输安全、产品和服务安全等。对于计算机数据安全来说，制度安全治标，技术安全治本，其他安全也是必不可少的环节。数据安全是计算机以及网络等学科的重要研究课题之一。它不仅关系到个人隐私、企业商业隐私，而且数据安全技术直接影响国家安全。目前，网络信息安全已经是一个国家国防的重要研究项目之一。

13.1.2   数据安全的意义和作用

企业迈进数据技术时代，信息安全面临多重挑战。企业在获得"数据技术时代"信息价值增益的同时,也在不断地累积风险,数据安全方面的挑战日益增大。通常,那些对数据分析有较高要求的企业会面临更多的挑战,如电子商务、金融的分析预测、复杂网络计算和广域网感知等。任何一个会误导目标信息提取和检索的攻击都是有效攻击。这些攻击需要集合大量数据,进行关联分析才能够知道其攻击意图。无论是从防范黑客对数据的恶意攻击,还是从对内部数据的安全管控角度,为了保障企业信息安全,迫切需要有效的方法对企业数据安全进行有效管理。

13.2　数据安全的关键内容

13.2.1　数据存储安全

在主数据的业务管理中,"数据审核"是保证数据内容安全的重要步骤,即系统数据信息修改或更新必须按照相关工作流程,经过审批后方可更改或更新,并保存审批过程及意见。

在业务系统与主数据管理系统的传输过程中,为保证数据内容安全,主数据管理系统为每个接口传输数据采用 3DES[①](对称算法)进行加密,针对每一个接口生成密码。传输的业务数据采用 3DES 进行加密;对称算法的密钥采用非对称算法进行加密传输;非对称算法密钥集团持有,公钥由集团下发给下属各单位。

此外,通过建立主数据监督和数据质量的 KPI 评价体系和指标体系,实现量化数据考核,也可对主数据的创建、变更、销毁过程实行质量管控。通过主数据管控流程体系设计来固化流程,建立主数据管理的长效机制。主数据管控体系是为了规范主数据标准、主数据质量、主数据安全中的各类管理任务和活动而建立的组织、流程与工具,并实现组织、流程与工具的常态化运转。主数据管控体系建立的目标是制定提升主数据质量、促进主数据标准一致、保障主数据共享与使用安全。

主数据全生命周期管理过程中,流程的梳理是提升主数据质量的重要保证因素。主数据的流程控制包括主数据业务控制、主数据技术控制和主数据逻辑控制。流程规划设计包括业务流程管控、风险管控和安全管控等方面。通过流程设计建立主数据质量控制体系,确认质量控制流程,确立主数据的长期运维模式,实现主数据的持续性治理,保障主数据管理机制的可靠运行。

13.2.2　数据传输安全

为了保证数据在网络上传输的安全性,可启用 SSL 协议,SSL 协议位于 TCP/IP 协议与各种应用层协议之间,为数据通信提供安全支持。SSL 协议可分为两层:SSL 记录协议(SSL Record Protocol),建立在可靠的传输协议(如 TCP)之上,为高层协议提供数据封装、

---

① 3DES(或称为 Triple DES)是三重数据加密算法块密码的通称。它相当于对每个数据块应用三次 DES 加密算法。数据加密标准(DES)是美国的一种由来已久的加密标准,它使用对称密钥加密法进行加密。

压缩、加密等基本功能的支持；SSL 握手协议（SSL Handshake Protocol），建立在 SSL 记录协议之上，用于在实际的数据传输开始前，通信双方进行身份认证、协商加密算法、交换加密密钥等。

服务器认证阶段主要进行以下工作。

（1）客户端向服务器发送一个开始信息 Hello，以便开始一个新的会话连接；

（2）服务器根据客户端的信息确定是否需要生成新的主密钥，如需要，则服务器在响应客户端的 Hello 信息时将包含生成主密钥所需的信息；

（3）客户端根据收到的服务器响应信息，产生一个主密钥，并用服务器的公开密钥加密后传给服务器；

（4）服务器回复该主密钥，并返回给客户端一个用主密钥认证的信息，以此让客户端认证服务器。

用户认证阶段，服务器已经通过了客户端认证，这一阶段主要完成对客户端的认证。经认证的服务器发送一个提问给客户端，客户端则返回签名后的提问和其公开密钥，从而向服务器提供认证。

SSL 协议提供的安全通道有以下三个特性。

• 机密性：SSL 协议使用密钥加密通信数据。
• 可靠性：服务器和客户端都会被认证，客户端的认证是可选的。
• 完整性：SSL 协议对传送的数据进行完整性检查。

SSL 协议可提供以下服务，从而保证数据在网络上传输的安全性。

• 认证用户和服务器，确保数据发送到正确的客户机和服务器。
• 加密数据，以防止数据中途被窃取。
• 维护数据的完整性，确保数据在传输过程中不被改变。

13.2.3 数据使用安全

主数据管理系统的安全应当从系统研发、身份鉴别、访问控制、流程安全、异常处理、备份与故障恢复、密码安全、输入输出合法性、安全审计、数据安全性等多个方面评价，发现应用程序在设计、运营和管理方面存在的安全风险，确保应用系统自身的安全。在主数据录入、数据处理、数据集成和交互的各阶段，严格遵循主数据安全控制策略，实现全面的主数据防护。安全技术主要包括身份认证、内容安全、访问控制、集成安全、日志管理、安全恢复等方面。为保证系统应用的安全以及数据的完整性，安全技术需要提供以下功能。

• 只有授权的用户才能执行合法操作，访问合法数据。
• 对用户的重要操作提供审计和跟踪功能，并显示操作用户信息。
• 系统所有功能信息都要按照岗位、角色的分工进行授权使用。
• 系统的各类信息应按照用户的工作分工进行授权查看或编辑。
• 系统对所有重要的操作必须提供完备的日志记录，可以根据需要灵活调整系统日志记录级别；系统日志支持 syslog 协议[①]和 FTP 协议[②]，以远程保存系统日志。

- 系统需对所有功能和数据权限进行控制，系统管理员可以根据单位的实际情况设置和分配角色，杜绝越权操作，同时系统支持分级的权限控制。
- 主数据管理系统用户认证支持第三方 LDAP[③]，用户账号认证支持 CA 证书[④]方式，并根据需要完成用户认证方式的定制。
- 在系统登录与用户安全方面提供双因素认证令牌、USB Key 集成、CA 数字证书、Windows AD 域认证、密码加密设定等多种可选择的增强安全策略，实现系统高安全性与高可靠性。
- 平台提供了稳定可靠的安全框架管理访问和网络通信，实现企业数据的安全性和完整性，提供高度的安全保障和高效的网络性能。

为了便于系统的维护、优化和调整，可以通过调整系统运行中的参数，如最大统计记录条数等，在系统集成、业务处理等方面灵活地对系统中各项运行参数、控制参数、操作方式进行设定（见图 13-1），保障系统可靠运行。

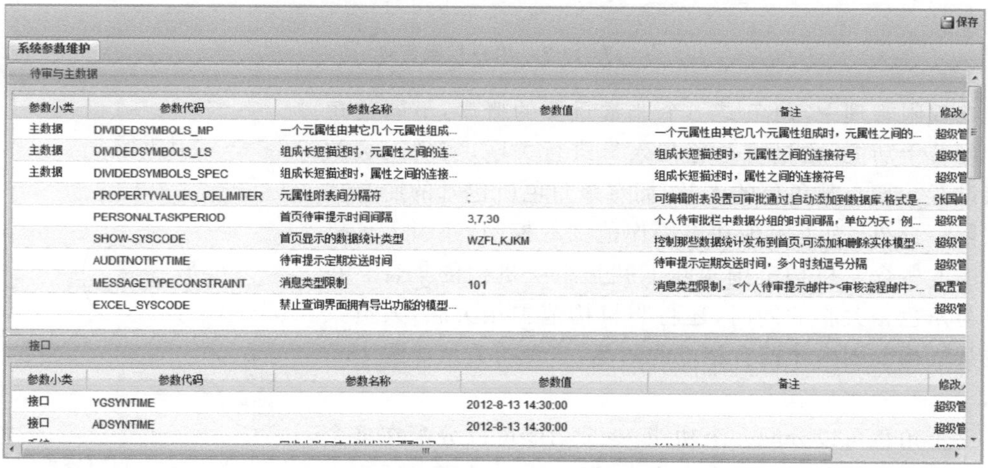

图 13-1 系统参数维护

主数据管理系统还可以实现用户、角色分类分级的授权管理，控制用户能够按权限访问数据，加强用户身份安全管理，如图 13-2 所示。具体来说，系统支持对用户和角色进行分级授权；控制用户仅能访问权限内的数据；支持用户强密码策略和规范；支持用户身份的第

---

① syslog 协议是一种工业标准的协议，可以用来记录设备的日志。

② FTP 协议是 TCP/IP 网络上两台计算机间传送文件的协议。

③ LDAP(Lightweight Directory Access Protocol)，轻量目录访问协议，是一个用来发布目录信息到许多不同资源的协议。

④ CA 证书实际是由证书签证机关(Certificate Authority，CA)签发的对用户公钥的认证，其作用是证明证书中列出的用户合法拥有证书中列出的公开密钥。

三方验证；支持用户身份 USB KEY 安全访问控制；支持用户登录、用户操作、系统错误、系统删除等日志。

类别	标题	内容	创建人帐号	创建人名称	创建时间
用户数据权限	用户数据权限-单位权限	用户：超级管理员/admin 于 2013-10-15 10:55:53 时间对 用户：A00/A00 进行了 用户数... 操作之前状态为：单位权限 新增单位/newcorp 操作之后状态为：单位权限 新增单位/newcorp	admin	超级管理员	2013-10
用户数据权限	用户数据权限-单位权限	用户：超级管理员/admin 于 2013-10-15 10:55:35 时间对 用户：A00/A00 进行了 用户数... 操作之后状态为：单位权限 新增单位/newcorp	admin	超级管理员	2013-10
用户数据权限	用户数据权限-单位权限	用户：超级管理员/admin 于 2013-10-10 10:18:45 时间对 用户：A00/A00 进行了 用户数... 操作之后状态为：单位权限 新增单位/newcorp	admin	超级管理员	2013-10
用户数据权限	用户数据权限-单位权限	用户：超级管理员/admin 于 2013-10-10 10:16:05 时间对 用户：A00/A00 进行了 用户数... 操作之后状态为：单位权限 新增单位/newcorp	admin	超级管理员	2013-10
用户数据权限	用户数据权限-单位权限	用户：超级管理员/admin 于 2013-10-10 10:09:28 时间对 用户：A00/A00 进行了 用户数... 操作之后状态为：单位权限 新增单位/newcorp	admin	超级管理员	2013-10
工作流程	工作流程业务绑定变更	用户：超级管理员/admin 于 2013-09-29 17:26:41 时间对 ZZCS 进行了 工作流程 变更操... 操作之前状态为：单位权限 新增单位/newcorp	admin	超级管理员	2013-09

图 13-2 用户权限管理

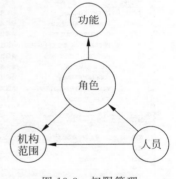

图 13-3 权限管理

在权限管理中，角色是一个非常重要的概念，不同的角色分配若干功能，通过将角色与人员进行关联，实现人员的权限设置。拥有某角色的人员，拥有该角色所包含的所有功能权限。此外，为了实现功能操作范围的控制，还引入了机构范围的概念。机构范围实际上就是组织机构的集合。在人员与角色相关联的同时，还将与机构范围相关联，人员只有在某机构范围内才拥有相应的角色，三者的关系如图 13-3 所示。

一个角色可以分配多个功能，一个功能可以分配在多个角色中。一个角色可以包含多个人员，一个人员可以属于多个角色。一个角色可以对应多个机构范围。

系统通过功能树实现权限的判断。用户在登录系统时，系统根据其角色获取用户所拥有的所有功能权限以及与角色相关联的机构范围，并将功能权限组织为树型结构。当用户执行某操作时，系统首先判断机构范围，然后在功能树中查找该操作，根据查找结果决定用户是否拥有该操作的权限。

13.3 数据隐私保护

13.3.1 数据隐私保护的意义和作用

对企业而言，用户数据是宝贵的资源，因为可以通过数据挖掘和机器学习从中获取丰富的有用价值。同时,用户的隐私数据也是危险的"潘多拉的盒子",一旦数据发生泄露,用户的个人隐私将被侵犯。近年来不断发生的隐私泄露事件也说明,公民个人隐私保护已面临严重的挑战。大量数据的分析和使用,使得人们的生活更方便。同时,越来越多的人担心隐私泄露的问题。

通过对数据隐私的保护措施,保证了数据获取与利用的可靠性,企业可以更容易地从用户中获取数据,也能更好地从数据中发掘出对用户有价值的信息,反馈给用户,实现数据的良性循环利用。

13.3.2　数据隐私保护面临的问题和挑战

数据价值发现利用需要数据的开放与共享。但是在现实情况中,大量数据处于闲置、无人问津的状态。因为数据的开放和共享可能会导致隐私的泄露,很多数据拥有者或者管理者不敢或不愿开放、共享数据。只有通过有效的数据脱敏和脱密处理之后的数据才可以用于数据共享和数据交换。

很多数据中蕴含了大量的个人信息,如年龄、联系方式、家庭住址、医疗和社交等信息。直接对这些蕴含敏感信息的数据进行共享可能带来一系列的社会问题。

在隐私方面,因在认定敏感信息、优先级以及信息度量的不同,对隐私的定义有很多种。欧美对个人隐私的保护,从 20 世纪 70 年代开始规范,从各个不同的层面对个人隐私进行了保护。和欧美等西方国家相比,我国在这方面的立法比较滞后,只是在民法、合同法、侵权责任法等法律中有一些零散的规定,没有一部完善的隐私保护法。目前,在个人隐私保护上急需一个完善的法律体系、合理的制度设计和技术保障。

欧盟颁布的《通用数据保护条例》(General Data Protection Regulation,GDPR)是一项新法律,规定了企业如何收集、使用和处理欧盟公民的个人数据。GDPR 于 2018 年 5 月 25 日生效,并在欧盟实施,该数据保护条例不仅适用于欧盟的组织,也适用于在欧盟拥有客户和联系人的组织。这将对全球各地的企业产生影响。

13.3.3　数据隐私保护技术

数据隐私保护的主要目的是解决如何在不泄露用户隐私的前提下,提高数据的利用率,挖掘数据的价值,是目前数据隐私保护的关键问题,主要涉及数据发布、数据存储、数据挖掘、数据使用 4 个过程中的隐私保护。

数据发布隐私保护主要采用匿名技术,在确保所发布的信息数据公开可用的前提下,隐藏公开数据记录与特定个人之间的对应联系,从而保护个人隐私,主要包括静态匿名技术和动态匿名技术。

数据存储隐私保护主要采用加密存储和数据审计技术。加密存储技术主要包括 DES、AES 等对称加密手段,RSA、EIGamal 等非对称加密手段,以及主要用于大数据存储的同态加密算法。数据审计是通过对数据完整性进行审计,确保数据不会被非法篡改、丢弃,并且在审计的过程中用户的隐私不会被泄露。

数据挖掘隐私保护,即在保护隐私前提下的数据挖掘,主要的关注点有两个:一是对原始数据集进行必要的修改,使得数据接收者不能侵犯他人隐私;二是保护产生模式,限制对数据中敏感知识的挖掘。采用加密技术在数据挖掘过程中隐藏敏感数据,即使得两个或多个站点通过某种协议完成计算后,每一方都只知道自己的输入数据和所有数据计算后的最终结果。此外,还包括分布式匿名化,即保证站点数据隐私、收集足够的信息,实现利用率尽量大的数据匿名。

数据使用隐私保护,主要通过数据访问控制技术,决定哪些用户可以以何种权限访问哪些数据资源,从而确保合适的数据及合适的属性在合适的时间和地点,给合适的用户访问,其主要目标是解决数据使用过程中的隐私保护问题。

查询处理隐私保护是数据隐私保护的核心。数据的价值是通过使用来实现,使用数据也就是访问数据。在查询处理隐私保护中,根据角色将数据相关者划分为数据拥有者、数据使用者和数据服务提供者。不同角色对隐私的需求不同,数据拥有者需要数据隐私和存储隐私,数据使用者需要查询隐私,数据服务提供者需要数据隐私和查询隐私。数据查询处理隐私保护所要解决的就是在支持高效、准确查询处理的同时,保护数据隐私、查询隐私和存储隐私。

隐私保护是数据应用的关键,而查询处理的隐私保护是数据隐私保护的重要环节。查询处理隐私保护主要面临三方面的技术挑战:高效安全的算法、复杂查询的处理及同时保护数据、查询和存储隐私。结合现有数据管理技术、密码与信息安全技术,可以找到有效的解决方案。

通过数据脱敏和脱密技术,进行数据失真处理,使敏感数据失真但同时保持某些数据或数据属性不变,即仍然保持数据之间的关联性和某些统计方面的性质。最终在不泄露用户隐私的前提下,提高数据的利用率,挖掘数据的价值。

第四篇
数据治理前景

　　本篇(第 14 章)对新时期主数据管理面临的挑战进行了总结,并对其发展趋势进行了展望。重点分析了大数据、云计算、人工智能和区块链技术与主数据管理之间的关系,以及上述新技术在主数据管理中的潜在应用方向。

第 14 章

主数据管理应用前景展望

在信息技术领域,云计算、大数据、物联网、人工智能、区块链等先进技术不断产生并推广应用。技术的进步使得企业可以更高效、更充分地开发利用数据资产,并将对数据的使用和管理跨越到防火墙以外,延伸至社交媒体信息和其他公共数据资源。如何更好地发现、管理和利用好这些与企业密切相关的(如来自社交媒体、云计算平台、移动设备或应用等)大数据,更好地利用云计算、人工智能、区块链等技术手段,为企业发掘和创造更大的价值,是新时期主数据管理面临的主要挑战。

- 几乎每一个企业都在卷入一场由大数据引发的变革。主数据管理与大数据是相辅相成、互相促进的。一方面,主数据管理为大数据的分析和应用提供了良好的标准化环境,有助于从海量数据中快速抽取重要信息;另一方面,大数据分析能够产生新的主数据,丰富企业主数据的内容。因此,在未来,主数据与大数据的结合将为企业带来更大的价值。

- 大数据时代的来临,带来大规模数据的存储和运算问题,云计算技术的发展为这些问题提供了解决方案。数据治理和云服务技术的结合是大数据驱动下企业数据管理技术的主要发展方向之一。通过引入云服务,能够实现行业内、供应链间的一致、标准和优质的主数据共享,具有成本投入低、可扩展性强、可融合内外部数据等优点。

- 数据资源的迅速积累和计算机运算能力的迅速提高,促进了机器学习和人工智能(AI)在商业领域的普及。采用人工智能技术处理和分析海量数据,为企业决策提供支持,将是大部分企业商业战略的下一个前沿阵地。人工智能技术可以实现更加高效精确的主数据管理,同时主数据管理也为人工智能系统提供准确可靠的数据,推动着人工智能技术的发展。

- 区块链是一种去中心化、分布式的账本技术,具有不可篡改、可追溯等优点,非常适合应用于多元主体参与、多个流程和环节的治理过程,能够在主数据管理过程中重塑机制、改造流程、增强信任、提高效率等,因此也将成为主数据管理另一个技术发展趋势。

14.1　主数据管理应用市场发展趋势

随着企业信息化的推进,众多企业急需更有效的方式用以管理和维护跨平台、跨部门、跨职能领域的多元数据,以便优化企业 IT 环境、降低成本、提升企业效率。同时,日益增加的公司治理费用、运营风险和法规制度,也迫使企业更加重视核心数据的管理。MDM 可以把企业的多个业务系统中最核心的、最需要共享的主数据进行整合,集中进行数据标准化,并以集成服务的方式把统一、完整、准确、具有权威性的主数据分发给需要的应用系统,如各业务系统和决策支持系统等。

主数据管理技术已经越来越多地与当今推动行业成长的四大趋势(即大数据、社交计算、云计算及人工智能)结合在一起,在 Informatica MDM 9.5 版本中提供了为社交媒体、云计算、移动计算及大数据领域用户的新型服务,包括社交客户主管(Social Customer Master)功能以及具备高效数据更新记录的主数据时间轴(Master Data Timeline)功能。

1. 大数据与 MDM

云、社交和移动计算这三大技术趋势正在驱动大数据以不可阻挡的态势增长,企业须通过掌控大数据来提高运营效率,降低 IT 基础架构和数据管理成本,并更好地管理品牌和客户关系。但是,如果企业无法适应不断增长的数据容量、种类和速度,大数据也可能代表了巨大的成本和法规遵从风险。数据本身是被动的,必须经过集成、分析才能得到利用。在新的技术趋势下,由于具备大容量、多结构化、增长速度快和价值密度低等特点,大数据治理需要借助新的技术手段和管理思路。

MDM 为大数据治理提供的标准化环境是大数据治理的基础;同时,大数据分析技术有助于主数据的识别和管理,可提高 MDM 的运营效率。MDM 与大数据的结合,是一个重要的发展趋势。

2. 云服务与 MDM

随着数据规模的扩大,许多企业开始考虑建立自己的数据中心,或将数据中心外包给第三方,其主要目的是实现横向、纵向、点对点进行统计、分析以及不同网络媒介之间真正意义上的可比较性。数据中心将企业内的各类不同结构、不同业务模块的数据都集成整合在一起,因此对数据的标准化、一致性、完整性提出了很高的要求,MDM 是数据标准化的载体。同时,云服务的大量使用带来了云中分散的数据,并且由于碎片化的加速出现,可能会导致企业中出现严重的数据问题。因此企业需要 MDM,以确保去除数据输入点的重复,保持净化状态,保证跨越云及内部应用的数据整合,为客户关系及业务流程提供可信的全方位全视角支持。MDM 云服务最大的特点就在于同一个行业的企业可以共享客户、供应商、物料等行业通用的主数据,同一个供应链的上下游企业可以共享部分主数据,以确保行业内和供应链间实现一致、标准和优质的数据,同时支持 MDM 用于任意 SaaS 和现场应用组合。

基于云平台的 MDM 是未来的一个发展趋势,虽然现阶段很多企业出于对自己核心数据安全的忧虑,还没有将主数据管理系统搭建在云端,但云 MDM 凭借其成本低、可扩展性强、可融合内外部数据等优势,已经成为主数据管理系统发展的一个主要方向。

3. 人工智能与MDM

大数据时代存储海量的信息是繁杂的、多样的,甚至混乱的,这就要求把真正有价值的数据提取出来,这个提取的过程称之为数据知识化。在此基础上,需结合行业领域的知识,形成完整的人工智能系统。相较于传统数据融合和数据治理,面向人工智能的数据融合与数据治理最核心的是引入知识体系,需要数据结构背后建立动态的本体和知识库。

人工智能可以把传统的以表结构为单位的数据真正连接成为结构化的数据,连接以行业知识为基础的所有计算单元,进而实现逻辑推理和动态分析。它可以代替人做真正复杂的非统计类工作,这也是人工智能最大的价值。因此,面向AI的数据治理,是在传统数据治理基础上,利用知识工程相关技术,对信息按知识结构进行管理、分类和关联,将庞大无序的信息治理成分类有序、互相关联的知识,最终形成行业知识图谱。

4. 区块链与MDM

区块链是一种去中心化的分布式账本技术,整个账本由数据区块链接形成,由所有参与者共同维护,每个参与者都存有一份拷贝,单个参与者对数据的修改不起作用(非对称加密技术确保了数据不可篡改)。围绕某项资产,每一笔交易或者操作生成一个新区块,所有的参与者或见证人由约定的规则达成共识,进行添加上链,从而来记录和追溯整个过程。由以上特点不难看出,区块链技术适合应用于去中心化的、多方参与、共同维护以增强信任的应用场景。

MDM的核心问题是建立企业内主数据的单一视图,并且保证单一视图的准确性、一致性以及完整性。然而要在来源复杂、权限不一企业数据中,保证数据的唯一真实性是非常困难的。区块链技术的可追溯性和不可篡改性,恰好可以解决这些问题。区块链提供一个分布式数据库,而不是一个中央集线器,它可以存储经过认证的数据,并且是永久性的。通过存储时间戳和链接的区块,区块链是不可改变的和永久的。从MDM的实施来看,主数据分发通常是MDM实施中最耗时且最笨重的部分。区块链技术可以消除涉及数据交换和交易的开销以及不可靠性。MDM利用区块链技术进行主数据构建、管理和分配,可以保证主数据的准确性和一致性,同时增强数据的可信度,提高主数据管理的效率。

14.2 大数据时代的主数据管理

14.2.1 大数据的定义和特征

随着互联网、物联网、云计算的飞速发展以及各种类型的移动智能终端应用普及,互联网的边界和应用范围得到了极大的拓展,社交媒体、移动互联、物联网(传感器、智慧地球)、电信行业等都在时刻产生着数据,促使当前人类社会的数据增长比以往任何一个时期都要迅速。同时,新应用的出现也给新技术的时代沿革带来了一波巨大的冲击,产生了计算范式(paradigm of computing)的变化,形成一种新型的集中式计算,即一方面数字世界和计算能力在物理上高度分散,同时另一方面数据和信息在逻辑上更加集中。对于大数据的定义,目前业界和学术界还没有公认的说法，一般指的是资料量/数据量规模巨大和复杂到无法通过目前主流软件工具，在合理时间内达到撷取、管理、处理并整理成为帮助企业经营决策的信息。

达成相对广泛共识的大数据特征包括 4 个：大规模、多样性、低价值密度和实时性，即所谓的 4V（Volume、Variety、Value、Velocity），如图 14-1 所示。

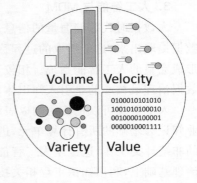

图 14-1　大数据的 4V 特征

1）大规模（Volume）

与之前的大规模数据不同，企业的数据规模已经超越了企业本身的内部数据，并延伸到了企业外部，成为一种社会化的企业数据。在 Web 2.0 环境下，任何人都可能是数据的创造者，业务交易不再是企业的数据主体，消费者在互联网中创作了许多和企业相关的信息，甚至全社会的人都与数据发生关联，而不仅仅局限于之前的某些企业、某些部门职能环节。

2）多样性（Variety）

富媒体（Rich Media）大大扩展了人们的数字化生活体验。现在的数据构成已经不再局限于以二维的、规范化的、以简单数据形式为主的结构化数据，而绝大部分都是视频、语音、图像等，多样性成为大数据的显著特征。

3）低价值密度（Value）

虽然人们处于海量数据中，但真正与组织或个人相关的数据、对企业或个人决策有价值的信息占总量的比例相对来说是很少的，即是低价值密度的。因此，如何从低价值密度的数据海洋中挖掘出有用信息，成为企业数据分析的关键。

4）实时性（Velocity）

各种移动终端、传感器源源不断地产生数据，这种流数据[①]是时刻产生的，构成了大数据之"大"和无时不在。

大数据的以上 4 个特征不仅会给科学研究方法带来挑战，也对商业和管理产生了变革式的影响。例如，如何实现高效、智能的大数据存储？如何对非结构化数据进行有效的数据管理和应用？现有数据保护与文档归档机制如何适应日益增长的海量数据，以实现高效的数据安全等。从根源上来看，这些挑战可以归纳为以下两点。

- 管理好大数据：包括从大数据的产生、存储、保护、归档到安全维护的各个角度。从根本上而言，这是 IT 管理维护的范畴，只不过数据量超出常规管理尺度后，管理维护的难度出现了跳跃式上升的态势；

- 使用好大数据：这是企业管理的最终目标。大数据即意味着大价值，数据与数据、数据与人、数据与业务的关联性。这既有流动性、关联性、智能的应用挑战，也有基

---

① 流数据是指一组顺序、大量、快速、连续到达的数据序列，可被视为随时间延续而无限增长的动态数据集合。流数据在网络监控、传感器网络、航空航天、气象测控和金融服务等应用领域广泛出现。

于大数据深度挖掘的挑战。

具体来看,相对传统统计理论及传统信息处理的挑战,主要体现如下。

- 对传统统计理论的挑战:在传统概率统计学中,因为做不到对总体进行采集,因此往往使用抽样方法,需要用到样本的各种统计值(如均值、方差等)来推断总体的情况,而在大数据背景下,很多基础的假设都需要重新检验和审视;
- 对传统信息处理的挑战:由于大量的信息处理方法都只能处理结构化的数据,而无法处理富媒体数据,因此传统的信息处理技术要应对大数据是极有挑战性的,包括测度、信息处理的基本方法和搜索、推荐等应用方法都需要重新审视。

在商业和管理领域,大数据带来的挑战涉及社会分析与计算技术、模式识别与语义分析技术等诸多方面。面向大数据机遇和挑战,企业应该积极构建深度商务分析(Business Analytics,BA)的能力。以移动通信行业为例,随着通信服务规模的大幅提升,移动渗透率和覆盖率臻于饱和,电信运营商面临着单位效益下降的压力。同时,网络流量呈现指数级增长,基于互联网的语音、短信、视频通话等服务也抢占了传统电信行业的半壁江山。因此,升级和转型成为一种必然。根据数据密集型业务的特点,升级需要更精细化地管理,更好地了解客户(如客户特征和细分、客户行为和黏性、客户喜好和新需求等)、更好地了解业务(如业务活动轨迹、产品体验与口碑、业务关联与因果分析等)、更好地了解对手和伙伴(如行业动态与趋势、对手优势特征等)。而转型需要创新性的思路,如通过内容服务和新业务平台(双边市场[①]、LBS[②]、长尾营销[③]等),进行必要的模式创新和业务重组。其中,不管是在内部运作和管理,还是外向扩展和创新方面,BA能力发挥着关键作用。此外,银行业也是数据密集型行业,同样可以运用BA技术构建竞争优势。例如,通过分析客户行为和业务的关系,进行市场细分,获取新的客户群体,设计新产品和竞争策略。在电子商务和信息消费领域,BA能力作为重要的业务要素和竞争能力,在产品推荐、消费者行为分析、创新设计、社会化媒体应用、企业舆情预警、信息搜索服务、潜在模式辨识等方面的作用更是举足轻重。

14.2.2　大数据时代企业管理的新模式

以大数据、云计算和物联网为标志的新时代已经不是单个软件或单个机器的革新,而是

①　双边市场(Two-sided Markets)。两组参与者需要通过中间层或平台进行交易,而且一组参与者加入平台的收益取决于加入该平台另一组参与者的数量,这样的市场称作双边市场。淘宝网、婚姻中介和团购网站等都是典型的双边市场。

②　LBS(Location Based Services),位置服务又称定位服务。LBS是由移动通信网络和卫星定位系统结合在一起提供的一种增值业务,通过一组定位技术获得移动终端的位置信息(如经纬度坐标数据),提供给移动用户本人或他人以及通信系统,实现各种与位置相关的业务。实质上是一种概念较为宽泛的与空间位置有关的新型服务业务。

③　长尾(The Long Tail)营销。"二八定律"认为20%的人掌握着80%的财富,即少数主流的人和事物可以造成主要的、重大的影响。所以传统厂商们都把精力放在那些拥有80%客户去购买的20%的商品上,着力于关注购买其80%商品的20%的主流客户。传统观念中,当市场份额过小,相应的市场回报也就很小,而开拓市场的成本却不见减少,因此长尾市场就很可能是一个亏损的市场,而当计算机和网络等新技术的出现,使得用低成本甚至零成本去开拓这类市场成为可能,于是很多人就利用了这些技术去开拓长尾市场,并取得了巨大成功。

整个计算范式的变革,呈现出物理上分散、逻辑上集中的新特点。具体来说,一方面,无处不在的探测感应装置、计算机网络、移动终端、云服务、社会化媒体、数字化生活,使得数字世界和计算能力处于物理上高度分散和分布式状态;另一方面,物联网、云计算和大数据应用又强调信息整合、数据中心平台以及全局视图。在这种新型计算模式下,企业也催生了许多新的经营理念和管理模式。

从管理领域和视角上来看,大数据时代带动了信息技术融合、企业内外部数据融合、产品和服务的价值融合,下面举例说明。

1)基于数据的决策

技术与人们生活和企业运作已经密不可分。越来越多的传统企业管理问题已经变成或正在变成数据管理或信息管理的问题,并且越来越多的企业决策已经变成或正在变成基于数据分析的决策。在企业原先的运营框架中,IT支持、营销、会计、战略管理、创新可能是不同的职能,但当企业的活动和事件越来越多地用数据体现时,企业决策就要基于数据决策。

2)与企业外数据融合

随着社交媒体数据、智能传感数据①、用户生成内容(UGC)等新数据源的兴起,传统的商务智能分析将被打破,不再局限于生产交易等企业内部业务数据,更需要将分析的触角延伸至互联网中产生的企业外部大数据。评论、口碑、商誉、流言等各类信息都是企业外部数据,这些信息隐藏了大量的客户信息以及企业情报。因此,企业要关注内部数据与外部数据的融合,基于内外数据的交互来做决策,深入挖掘企业外大数据蕴含的市场价值,才能在瞬息万变的大数据环境中捷足先登。

归纳看来,企业外大数据可总结为用户行为数据挖掘、UGC信息和用户关系数据。

用户行为数据包括用户的点击习惯、搜索记录和用户的业务流量等,这些数据具有实时更新的特点,形象地描摹了用户行为模式,如搜索引擎的使用已经成为互联网生活必不可少的部分,搜索日志实时记录了用户潜在的搜索意图等。但是用户搜索量之大、更新速度之快、搜索形式之多样化远非传统的数据处理技术所能企及,有效处理企业外的实时数据流是帮助企业在竞争中获得先动优势的关键举措。

UGC信息意指用户在诸如Twitter②、微博、微信等社交平台上发表的言辞评论、互动交流,购物网站中的评论信息,以及用户注册过程中产生的资料数据(如年龄、职业、兴趣爱好等特征),这些数据来源不一,具有碎片化、富媒体(可能是视频、图像等多种类型)等特征,所以,数据收集以及如何将多源异质化数据转化为面向业务的可利用数据,是进行企业外大数据分析的一个重要挑战。一些自然语言处理技术,如词频分析、语义分析、情感分析、趋势分析等,在某种程度上可以帮助挖掘与企业相关的产品变动信息、客户偏好信息、市场份额

①　智能传感数据,是由智能传感器(intelligent sensor)收集的数据。智能传感器是具有信息处理功能的传感器。智能传感器带有微处理机,具有采集、处理、交换信息的能力,是传感器集成化与微处理机相结合的产物。智能传感器已广泛应用于航天、航空、国防、科技和工农业生产等各个领域中,也潜移默化地进入了我们的日常生活,如最近风靡的可穿戴设备(智能手表、Google眼镜等),都是智能传感器的应用。

②　Twitter,是一个社交网络及微博服务的网站,是全球互联网上访问量最大的10个网站之一。

信息等,辅助企业不断创新产品与拓宽市场发展(如追踪用户微博中与某一产品相关的话题迁移),分析用户对产品需求的变化,帮助企业改善产品体验,以提高客户满意度。

此外,用户在互联网上构成一个庞大的社交网络,粉丝好友等彼此之间的关系蕴含了颇为丰厚的网络信息,但却呈现多规模节点、结构稀疏的特征。如何通过传统的聚类分类、关联发现、网络结构分析等,处理这些网络结构数据,挖掘兴趣社群、帮助搜寻企业的潜在客户,从而实现病毒营销和个性化推荐。

从管理主体和方式上来看,大数据不仅使一些企业开始考虑转型升级的必要性,也催生了一些新的行业。

1) 企业转型升级

为了适应大数据的挑战会产生许多新模式,如 O2O(online to offline,线上线下结合的商业模式)等。例如,线下实体电器卖场,为了适应变化要做线上电子商务平台,进行了线上线下同价、线上定购线下提货的尝试等。而线上商城为了保证时令产品及时到达顾客手中,就会租线下仓库、打通物流的上下游等。这并不意味着某些公司会消失,只是企业模式会发生改变。因为大数据情景强调企业外部知识,用户体验更重要也更丰富,如虚拟体验、实体体验和线上线下融合的体验。企业内部也要有新模式。因为数据管理和基于数据分析的决策对企业越来越重要,企业要重点增强的一个核心能力(即深度业务分析能力),而这个能力的很多方面来自商务智能和数据挖掘技术。这种分析是有深度的、严谨的,可以辅助企业在变化的环境中做出更好的决策。

2) 新业态的出现

虚拟社会(如赛博空间[①])、基于社会计算思想的众包(Crowdsourcing)[②]、数据中心产业等都是相关的新业态。现在有很多人生活在赛博空间的虚拟现实中。对有些人来讲,赛博空间是他们的"第二生活",而对另一些人来讲甚至是"第一生活"空间。他们长期生活在其中,心理、行为可能会发生变化,也会产生一些商业机会。很多企业的主要业务就是满足这类虚拟需求的,在这种新业态上也已经产生了年销售额非常可观的企业。众包是企业外部的大众为企业出创意、做设计等工作,这种新型生产组织形式还未得到企业的足够重视,其潜力不应被低估。此外,云计算和大数据应用需要新型数据平台和资源虚拟整合优化,所以数据中心产业会兴起。

14.2.3　主数据管理在大数据分析中的作用

主数据管理是一系列的规则应用和技术,目的是为了协调和管理与企业的核心业务实体相关的系统记录和系统登录中的数据和元数据。整个企业范围内不同系统中存在着不同

---

① 赛博空间(Cyberspace),也译为"异次元空间""多维信息空间""电脑空间""网络空间"等。赛博空间是指以计算机技术、现代通信网络技术,甚至还包括虚拟现实技术等信息技术的综合运用为基础,以知识和信息为内容的新型空间,这是人类用知识创造的人工世界,一种用于知识交流的虚拟空间。

② 众包指的是一个公司或机构把过去由员工执行的工作任务,以自由自愿的形式外包给非特定的(而且通常是大型的)大众网络的做法。

格式的关键业务数据(如客户产品合作伙伴和供应商数据),这种不一致和重复的数据可能会阻碍战略性业务决策的实施。凭借 MDM,企业可以获得整合而可靠的数据,从而更易于获得和留住客户,充分发挥高效运营的竞争优势,加快实现并购所带来的价值,支持企业范围内的明智决策。

主数据其实可以看作是大数据的一个子集,其关注点是组织内价值最高的那些数据。在大数据时代下,许多企业开始引入企业外数据,如社交媒体。然而对海量的企业外数据分析的基础是首先识别哪些是与企业相关的,这便需要用到 MDM 的相关应用。MDM 与大数据的交互作用包括提取和分析非结构化数据、创建主数据实体、将企业外数据加载到主数据管理系统中、和大数据平台共享主数据实体以作为大数据分析的基础、将 MDM 的匹配功能应用于大数据平台(如客户匹配)等。在 MDM 与大数据的共同作用下,企业能够从海量、多样、实时、低密度价值的大数据中得到新的洞察和价值。

1. MDM 与大数据分析的关系

MDM 与大数据是相辅相成、互相促进的。一方面,主数据的定义有助于从海量数据中快速抽取重要信息,为大数据的分析和应用提供良好的标准化环境。例如,现有的 MDM 能够提供客户数据,帮助企业提升网站流量分析,甚至寻找现有客户的多渠道行为。另一方面,大数据分析能够产生新的主数据,用于 MDM 的运营,如社交媒体及其他外部资源中的数据可以用来丰富客户主数据信息,如图 14-2 所示。

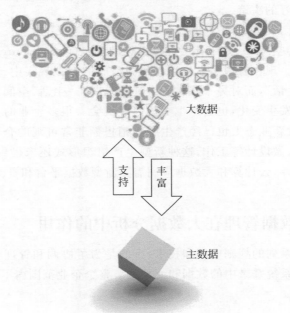

图 14-2　MDM 与大数据的互补关系

2．MDM 助力大数据分析

MDM 被视为驱动大数据分析的来源之一，能够为大数据事实提供相应的数据仓库规模。可以说，现有 MDM 驱动了大数据搜索，MDM 帮助实现大数据自动识别主数据的能力，如查找客户账户。MDM 在大数据分析中的其他作用还包括以下方面。

1）提供标准化环境

由于大数据大多是非结构化的，导致其与企业内部的结构化数据在整合时会遇到集成困难、标准不一致的问题，而 MDM 则为大数据的引入提供了一个可信任的标准化环境，帮助企业外数据更快地融入企业的管理流程中。

2）识别和结构化数据

大数据虽然蕴含着巨大的潜在价值，但归根结底，还是要转换成为企业可以处理的结构化数据才能发挥作用。MDM 便充当了这一角色，它的作用在于识别大数据中的主数据实体并将其结构化，为进一步的数据分析（如数据挖掘）打下基础。

3）与社交媒体结合，挖掘客户潜在价值

高质量的主数据可与社交媒体数据结合，补充、完善客户属性信息，有助于客户价值的深入挖掘。例如，通过社交信息中显示的客户偏好来改进针对目标客户的市场活动；利用从社交网站所获得的客户及其好友的全方位视角，来判断客户所影响的关系网络；向客户社交网站应用中发送经授权的、可信的数据，如购买记录；使用经授权和可信的数据，与社交网站中强大的电子商务功能相结合等。

14.2.4 大数据对主数据管理的挑战

大数据时代的来临，一方面，使得 MDM 不仅仅需要覆盖企业的内部数据（如生产运作、财务管理等涉及的数据），还需要将大量外部涌入企业的数据考虑在内，如社交媒体、第三方数据、网络数据等；另一方面，社交计算、云计算及移动计算造就了大数据的高容量与高复杂性，为 MDM 的实施带来了相当大的压力。横跨电子邮件、社交网络的虚拟/在线个体识别，可与传统的基于内部系统、IP 地址、时间点、接入模式以及词汇使用方法的个体识别融为一体，以创建更全面的个体识别系统。这些体积庞大、增长迅速的数据均给 MDM 各方面带来了巨大的影响。

1．实体识别

新的外部数据资源中蕴涵了许多有价值的信息，能够帮助企业更好地了解自己的客户、洞察市场，但是大数据低价值密度的特点却使得这些海量数据的识别和分析变得异常困难。例如，许多组织开始关注对顾客的情感分析和趋势预测，并以此作为产品推广的依据。情感分析可以从聚合层面入手，宽泛地得出市场对组织的认知和反应，但当分析从聚合层次（一般市场情绪）深化为对每个客户的具体分析时，主数据管理便突显出了它的重要性。举例来看，如果企业发现某个顾客在社交媒体上抱怨该企业的产品或服务，则企业希望能够准确定位该顾客及其对应的产品，然而纷繁复杂的企业内外部数据的不一致性、高重复度使得产品和客户的实体识别变得非常困难。因此，大数据给 MDM 带来的挑战之一就是如何保证企业内部的产品和客户数据与海量社交媒体中数据的一致性,准确识别主数据实体,同时在数据集分区不可行的情况下,高效完成大批量数据,避免重复化。例如,解决跨多个社交媒体间的客户识别问题,从而创建出统一的客户社交资料,然后通过社交客户主管功能与客户的企业资料结合,获得更清晰完整的客户资料。

2. 碎片化信息的整合问题

大数据有多种形式,可能包括 Web 日志、基于位置的全球定位系统信息和机器生成的传感器数据、社交网络数据等。越来越多的企业正通过像 Facebook 和 Twitter 之类的社交网络去更多地了解客户和他们对特定产品、品牌、服务的感受。企业虽然无法使用 MDM工具和技术去规范外部创造和传播的社交网络数据,但却有助于治理多年来收集的内部数据(如客户、产品和供应商)和来自外部源的大数据的关系,以更佳的成本效益方式加强社交媒体分析,将内部的客户信息与外部的碎片化的社交网络数据进行关联、鉴别和汇聚,拼接为完整的个体,从而可以更多地了解客户和市场,形成更为紧密、更具营利性的客户关系。

3. 海量数据中的价值提取

对任何企业来说,准确并全方位地了解其客户的偏好都是赢得市场竞争优势的重要一步,而这一能力的获得则依赖于对其所拥有的数据的准确分析。然而,由于大数据固有的低价值密度特点,使得从海量数据中挖掘出对企业有用的信息这一过程变得困难。从价值提取角度出发,大数据对 MDM 带来的挑战有两点:一是数据范围广,大数据已经超出了企业内部应用和数据仓库能处理的范围,如社会网络中可能会有潜在客户在讨论企业的产品,而这些有价值的信息又被淹没在大量纷繁的无关信息中;二是分析要求实时性,客户的偏好以及市场的竞争现状都是瞬息万变的,关键在于如何从内外部数据中及时得到实时有用的模式和洞察。

4. 隐私问题

在大数据时代,企业要使用 UGC 内容来丰富内部的主数据,则涉及如何保护客户隐私、是否需要个体客户参与授权的问题。例如,主数据管理系统可以将社交信息中显示的客户偏好提供给零售商、生产商、服务提供商等各方参与者,以帮助企业改进针对目标客户的市场活动,但这一过程哪些信息是客户敏感的、哪些是可以提供的、能否仍然利用之前的角色授权方式解决隐私和数据安全问题,在新的应用环境下仍需进一步思考。

14.3 基于云服务的主数据管理

14.3.1 云服务的定义和发展现状

数据的爆发式增长以及内外部数据的融合为企业的商务智能分析带来了新的挑战,如何存储和分析高通量、大规模、实时化的数据流亟待解决。云平台作为一种共享基础架构的新兴计算方法,将巨大的系统池连接起来。提供各种 IT 服务,为大数据时代企业的商务分析提供了可能性。云计算(cloud computing),是一种基于互联网的超级计算模式,能够将分布式资源虚拟化集中起来,通过互联网以第三方服务的方式灵活地提供给用户,实现对软硬件资源的共享和动态分配,实时满足任何用户的计算需求,却无需用户维护与管理支持云计算的基础设施。

众多因素共同推动了云数据平台的企业应用。一方面,物联网设备、实时数据流、SOA的采用等开启了企业的大数据纪元,传统的面向交易的数据库、数据仓库平台显然力不从心,云平台的大规模协作模式在一定程度上解决了数据存储的燃眉之急,同时其面对密集型数据的高效能计算模式又保证了商务分析的实时性和深度化;另一方面,实时搜索、开放协作、社会网络和LBS推荐等商务智能应用急剧增长,云数据平台依靠分布式的效能计算以及动态式的按需分配,为第三方服务模式的发展应用提供了不可或缺的平台支撑。此外,数字元器件性能等技术的提升促使IT环境的规模大幅度提升,从而进一步加强了云计算对企业商务管理的需求。

进一步分析云计算的内涵,可以从使用模式和技术手段两部分展开。从使用模式来看,云服务是一种新的用户体验和业务模式,包括标准化和自助式的服务、快速服务交付和按使用付费等特点;从技术手段来看,云服务是一种新的IT基础结构管理方法,包括物理资源聚合成资源池、应用与资源解耦、弹性扩展与快速部署等特点。归纳起来,云服务具有以下几个基本特征。

- 按需自助服务:用户能够自动获取所需的计算资源或服务,而不必和服务供应商直接交互。
- 宽带网络接入:服务能力通过网络提供,带宽足够且成本低廉,支持各种标准接入手段,包括各种类型的客户端平台,也包括其他传统的基于云的服务。
- 虚拟化的资源池:提供商的计算资源汇集到资源池中,使用多租户模型,按照用户需要,将不同的物理和虚拟资源动态地分配或再分配给多个消费者使用。
- 快速弹性架构:资源或服务能力可以快速、弹性地供应。对于用户来说,可供应的资源或服务能力近乎无限,可以随时按需购买。用户既不用担心资源不够用,也不用担心资源浪费。
- 可测量的服务:云计算利用经过某种程度抽象的测量能力实现自动控制,优化某种服务的资源使用,有明确的价格与收费政策。

按照服务方式分类,云计算可以分成公有云、私有云和混合云;按照服务类型,云计算可以分成基础设施即服务(Infrastructure as a Service,IaaS)、平台即服务(Platform as a Service,PaaS)、软件即服务(Software as a Service,SaaS)和数据即服务(Data as a Service,DaaS)等。下面分别对云服务方式及云服务类型进行介绍。

1. 云服务方式

云计算作为一种革新性的计算模式,按照其服务对象可以分为公有云、私有云和混合云,用户可以根据需求选择适合自己的云计算模式。

公有云主要是由公众用户共同使用的云环境,IT业务和功能以服务的方式,通过互联网为广泛的外部用户提供服务,用户无须具备针对该服务在技术层面的知识,无须雇佣相关的技术专家,无须拥有或管理所需的 IT 基础设施,如搜索引擎的搜索服务和各种邮箱服务。在公有云环境中,用户所需的服务由一个独立的、第三方服务商提供,所有用户共享服务商拥有的资源。

私有云是由企业独立运营并使用的云平台服务,IT 能力通过企业内部网,在防火墙内以服务的形式为企业内部用户提供;私有云的提供者同时也是使用者,和其他企业或组织不共享任何资源。

混合云则整合了公有云和私有云所提供服务的云环境。用户根据自身因素和业务需求选择合适的整合方式,制定其使用混合云的规则和策略。例如,网络会议、帮助与培训系统等服务可从公有云中获得,而商务数据挖掘、分析与决策系统等服务则适于从私有云中获得。

从私有云到公有云,第三方公司能够为客户提供不同深度的自底向上的整合服务,帮助用户便捷可靠地获得私有云,同时有效减轻其建设数据中心、购置基础设施和运维云环境的负担。

2. 云服务类型

在云计算中,硬件和软件都被抽象为资源并封装为服务,向云外提供服务。用户以互联网为主要接入方式,获取云中提供的服务,但用户获取的服务类型不尽相同,主要分为基础设施即服务、平台即服务、软件即服务等,这三种类型的云服务涉及的基础技术和功能,如图 14-3 所示。

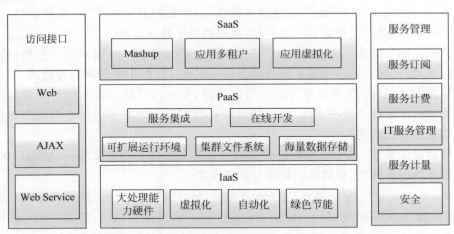

图 14-3　不同类型云服务的基础技术和功能

IaaS:这种云以服务的形式为用户提供底层的、接近于直接操作硬件资源的服务接口。用户无须购买服务器、网络设备、存储设备,通过调用这些接口可以直接获得计算资源、存储资源和网络资源等,具有自由灵活的特点,用户可以利用这些基础设施资源量身制定所需的应用类型。如亚马逊公司（Amazon）[①]提供的存储服务（Amazon Simple Storage Service，S3）[②]、数据计算服务（Amazon Elastic Compute Cloud Amazon EC2）[③]、消息队列服务（Amazon Simple Queue Service，SQS）[④]等，为很多中小企业提供了缩减成本的可能性。

PaaS：这种云为用户提供应用服务引擎，即一个托管平台，用户可以将他们所开发和运营的应用托管到云平台中，如互联网应用接口/运行平台，用户基于该应用平台，可以构建该类应用，典型案例为 Google App Engine、Force.com 和 Microsoft Azure 服务平台等，一旦客户的应用被开发和部署完成，所涉及的其他管理工作（如动态资源调整等）都将由该平台层负责。

SaaS：这种云为用户提供的是可以直接使用的软件，用户只需按需购买即可，往往是具有特定功能的软件服务。典型案例为 Salesforce 推出的 Force.com[⑤]，是一组集成的工具和应用程序服务。

数据云是一个新兴概念，类似于其他云服务，数据云将数据作为服务按需提供给用户，它整合并管理特定的数据集，向有需求的用户开放不同程度的数据控制权，即数据即服务（DaaS）的概念。Web 2.0[⑥]孵化出了各式各样的应用程序，智能传感设备实现了物体的信息化连接，它们在丰富数据来源的同时，也为数据存储带来了前所未有的压力，企业难以部署足够的能力来囊括所有数据，数据云的出现则将数据以第三方产品的形式租赁出售，为企业按需购买与自身业务匹配的数据提供了方便，使大数据中的商务智能分析成为可能。

云服务不仅仅是一种技术，更是一种架构、一种新的计算模式。其未来的发展趋势包括定价模式简单化、软件授权模式转变获得供应商更广泛的认可、利用新技术来提升云计算的性能、更精细化的服务协议和数据安全的保障等。虽然云服务在安全性、数据整合能力、可靠性等方面仍然存在一系列问题，技术细节和管理模式均有待进一步完善和提升，但是不容置疑的是，云存储所代表的存储模式极大地改变了企业管理数据的方式，节约了企业数据管理成本，且灵活扩展数据服务空间，使得企业基于 Web 快速构建各类应用，在任意地点通过简单的终端设备对企业数据进行实时动态的全方位管理。

[①]　亚马逊公司（Amazon），是美国最大的一家网络电子商务公司，位于华盛顿州的西雅图，是网络上最早开始经营电子商务的公司之一。亚马逊成立于 1995 年，一开始只经营网络的书籍销售业务，现在则扩展到其他产品，范围相当广，已成为全球商品品种最多的网上零售商和全球第二大互联网公司。

[②]　参见 http://aws.amazon.com/cn/s3/。

[③]　参见 http://aws.amazon.com/cn/ec2/。

[④]　参见 http://aws.amazon.com/cn/sqs/。

[⑤]　Force.com 是 Salesforce 在 2007 年推出的 PaaS 平台。Force.com 基于多租户的架构，主要通过提供完善的开发环境等功能来帮助企业和第三方供应商交付健壮的、可靠的和可伸缩的在线应用。详情参见 http://www.salesforce.com/platform/overview/。

[⑥]　Web 2.0 是相对 Web 1.0 的新的时代，指的是利用 Web 的平台，由用户主导而生成的内容互联网产品模式，为了区别传统由网站雇员主导生成的内容而定义为第二代互联网，即 Web 2.0。博客、微博、社交网络和视频分享网站都是 Web 2.0 的典型应用。

14.3.2　主数据管理的云服务模式

云计算实现了基于网络的 IT 服务提供模式,以及资源的虚拟化共享和分布式计算,在某种程度上可称之为基于网络的 IT 服务外包工具,简而言之,即网络外包(Netsourcing)。在这种趋势下,MDM 也逐渐演变成云环境下的一种外包服务,依托于云计算更好地为企业决策管理进行服务,如 Informatica Cloud[①] 便是一种基于云服务形式的主数据管理系统。

云服务的大量使用带来了云中分散的数据,并且由于碎片化的加速出现,可能会导致企业出现严重的数据问题。因此,企业需要主数据管理以确保去除数据输入点的重复,同时保持净化状态,保证跨越云及内部应用的数据整合,为客户关系及业务流程提供可信的 360 度全方位视角支持。如果没有 MDM 的支持,会使企业无法获得云应用所带来的价值,因为多重的 CRM 或者客户服务云将导致整个混合型企业中的客户数据不一致。根据 IT 研究机构 Gartner 的调研结果,社交网络和云计算技术将在未来主数据管理的发展中扮演十分重要的角色。

1. 基于云平台的 MDM 基本功能

基于云端的 MDM 能够跨越所有的应用实例及系统,能够展现完整、可信的客户交互及主数据关系视角,通过云解析和云管理的方式使企业能够以更低的成本和风险提供可靠的、整合的主数据给企业各级业务系统(如 CRM、ERP 等)使用。

以 Informatica Cloud MDM 为例,该系统是一个建立、部署在 Force.com 平台上的多用户 SaaS 主数据管理应用程序,组织能充分利用其 Salesforce.com[②] 环境内的强大数据质量管理功能,由 Salesforce 管理员进行管理,可对来自后台系统的数据进行重复数据删除、清洗及整合,并为 Salesforce 实例建立层次结构。

MDM 的云服务最大的特点就在于同一个企业的多个供应商、客户可以共享主数据,以确保实现一致、标准和优质的数据,同时还支持 MDM 用于任意 SaaS 和现场应用组合。例如,全球各地的制造业、金融服务、招聘及零售业内的客户均可以依靠建立在云端的 MDM,为它们提供单一的客户视图,利用更加完整准确的账户和商机数据提高销售效率,通过精确的客户细分与促销活动提高市场营销的投资回报、管理账户层次结构,深入了解每位客户的实际价值等。MDM 的云服务可以实现的基本功能包括以下几项。

- 清洗、标准化和丰富客户信息。数据标准化、地址验证和电子邮件验证可确保数据始终保持清洁可靠;来自第三方数据提供商的更多数据丰富客户信息。
- 消除并防止重复及不一致的数据。对来自多个后台系统的账户和联系人进行匹配与整合,为每个客户构建完整可信的视图;交互式重复数据检查机制可主动防止输

---

① 参见 http://videos.informaticacloud.com/。

② Salesforce.com 是一个提供按需定制客户关系管理服务的网站。Salesforce.com 于 1999 年由当时 27 岁的甲骨文(Oracle)高级副总裁、俄罗斯裔美国人马克·贝尼奥夫(Marc Benioff)创办。此后,马克·贝尼奥夫被誉为"软件终结者",提出云计算和软件即服务(SaaS)的理念,开创了新的里程碑。Salesforce.com 提供按需定制的软件服务,用户每个月需要支付类似租金的费用来使用网站上的各种服务。

入重复数据。

- 支持用户在单例程、多租户环境中,使用 Web 浏览器执行所有设置、配置和管理工作。
- 集成关键的企业数据。例如,基于云平台的 MDM 可以通过将来自其他企业和云应用程序的账单信息、服务票据和财务数据等重要资料集成于 CRM 环境内,提供完整的客户视图。
- 管理和查看账户层次结构。可管理和显示跨多个实例及其他企业系统的客户层次结构整合视图。

MDM 可以看成是一套方法论,它将各种技术与数据治理结合起来,对数据进行同步并在部门之间将错误降到最低。一方面,传统的与 MDM 相关的技术通常都运行在企业内部的防火墙当中,这与云服务的概念有着较大的差别;但另一方面,由于企业一直在寻找成本更低的解决方案,并且云计算的应用在近几年得到了爆炸式的增长,所以企业内部 MDM 技术将越来越多地与云应用集成,而用户也将开始针对一些特殊的项目使用基于云的 MDM 产品,如部门级或者战略级应用。

2．基于云平台的 MDM 的优势

基于云平台的 MDM 具有降低成本投入、可扩展性强、融合内外数据等优势。

1）降低成本投入

中小企业往往不具备构建、维护大型主数据管理系统的能力。基于云平台的 MDM 实际上提供了一种主数据管理的外包服务,企业可以通过网络以按需、易扩展的方式获得 MDM 服务,租赁模式免除了企业进行设施构建、部署、维护的困扰和费用,降低了企业管理成本。

2）可扩展性强

云计算的动态计算能力满足企业在 MDM 应用中的按需扩展,为了应对市场的快速变化,企业可以随时增加相应的服务进行业务匹配,同时面对数据规模的不可预测性,企业也能够动态增加计算能力来满足实时分析的需求。灵活的服务可扩展性和计算能力扩展性将企业实时聚焦在市场的业务变化中,辅助企业不断创新业务模式,获得竞争性优势。

3）融合内外部数据

依靠云计算的分布式处理能力,MDM 将从大规模的数据中获取业务洞察力,不再局限于对传统的企业内部业务数据的管理,而是整合各种企业外部数据(如社会化媒体、电子商务平台),实现高效分析,及时掌握对企业自身发展有利的信息。

14.3.3 主数据管理云服务平台的技术基础

主数据管理云服务平台的技术基础包括分布式计算和安全措施的技术架构。

1．分布式计算

建立基于云服务平台的 MDM,离不开分布式计算技术的支持。目前最常见的三大分布式计算系统包括 Hadoop、Spark 和 Storm。

Hadoop 是由开源软件 Apache Software Foundation 开发的一种分布式文件系统

（HDFS）和分布式程序模型（MapReduce）的组合，能够对大量数据进行分布式处理。Hadoop 主要是由 HDFS（Hadoop Distributed File System）和 MapReduce 引擎两部分组成。底部是 HDFS，负责存储 Hadoop 集群中所有存储节点上的文件，可以执行的操作包括创建、删除、移动或重命名文件等，其架构类似于传统的分级文件系统；MapReduce 引擎由 JobTracker（作业服务器）和 Task Tracker（任务服务器）组成，前者负责管理调度所有作业，是整个系统分配任务的核心，后者负责具体执行用户定义操作。Hadoop 的重要特性包括经济性、高效性和可扩展性。它假设计算元素和存储会出现故障，因此维护多个工作数据副本，在出现故障时可以对失败的节点重新分布处理。Hadoop 以并行的方式工作，处理速度加快，而且成本低并将随着数据处理规模的增加而更具优势。

Spark 是由加州大学伯克利分校的 AMPLab 实验室开发，后来捐赠给 Apache 来管理源码和持续发展，也是一种重要的分布式计算系统。Spark 的核心技术是 RDD（Resilient Distributed Datesets）。采用 RDD，Spark 可以根据内存的大小和使用情况来和硬盘进行数据交换，每次对 RDD 数据集的操作结果都可以放到内存中，省去了 Hadoop Mapreduce 的大量磁盘 I/O 操作，从而提高运算速度。但是，由于内存断电后会丢失数据，Spark 不能用于处理需要长期保存的数据。所以，Spark 更适用于离线的快速大数据处理。

Storm 是 Twitter 主推的分布式计算系统，前身是 BackType，后来也成为 Apache 官方的顶级项目。它在 Hadoop 的基础上提供了实时运算的特性，可以实时地处理大数据流。不同于 Hadoop 和 Spark，Storm 不进行数据的收集和存储工作，它直接通过网络实时地接收数据并且实时地处理数据，然后直接通过网络实时地传回结果。因此，Storm 常用于在线的实时大数据处理。

2. 安全措施的技术架构

云计算有助于帮助用户获得低成本、高性能、快速配置和海量化的计算服务，但其核心技术特点（虚拟化、资源共享、分布式等）也决定了它在安全性上存在着天然隐患。云安全包含两个方面的含义，一是云自身的安全保护，包括云计算应用系统安全、云计算应用服务安全、云计算用户信息安全等；二是使用云的形式提供和交付的安全，如基于云计算的防病毒技术、挂马检测技术等。上述两个方面可能涉及的云安全威胁包括云计算的滥用和拒绝服务攻击、不安全的接口和 API、数据泄露、共享技术产生的问题以及账号和服务劫持等。对于不同的云服务模式，其安全关注点是不一样的，如图 14-4 所示。

IaaS 层安全主要关注物理安全、主机安全、网络安全、虚拟化安全、接口安全、加密和秘钥管理、身份识别和访问控制等。PaaS 位于 IaaS 之上，主要用于与应用开发框架、中间件能力以及数据库、消息和队列等功能集成，这一层的安全主要包括接口安全、运行安全和数据安全等。SaaS 层又位于 IaaS 和 PaaS 之上，能够提供独立的运行环境，用以交付完整的用户体验，因此其安全关注点主要是应用安全。

以微软的云平台 Windows Azure① 为例，它提出了 Sydney 安全机制，从私密性、数据删

---

① 参见 http://www.arvato-systems.com.cn/itservices/cloud/windows-azure/。

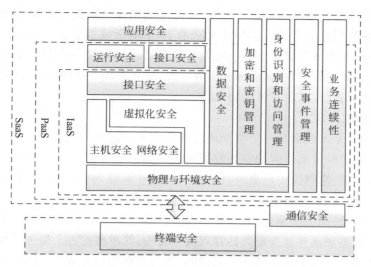

图 14-4 云计算安全技术体系

除、完整性、可用性和可靠性 5 个方面保证云安全。例如,通过 SMAPI 身份验证、内容控制通信量的 SSL 双向认证等机制保证用户数据的私密性;提供监视数据分析服务(MDS)读取多种诊断日志,以保证数据的可靠性。

14.3.4 云服务对企业主数据管理的影响

基于云平台的 MDM 的优势毋庸置疑,然而与其他应用的云服务一样,将企业的核心数据转移到云端后,仍然存在着一些隐患。例如,数据连续性、安全性和可靠性的保障,多重服务云的数据不一致问题、数据迁移标准的设定问题等。

1. 安全风险

企业将敏感信息放入公有云是十分冒险的,特别是主数据。主数据是公司的核心数据,若存储在云端,则企业很少能够对数据和软件进行控制。对于敏感数据,很多云供应是缺乏长期处理的经验的,况且数据在云服务中采用的是共享存储的方式。这会使得原本在传统烟囱式架构中易于实现的安全策略在云环境下变得具有风险性。

首先是身份认证和访问控制问题。它们有可能导致数据或者存储的信息被假冒和窃取。其次是数据存储和传输的保密性问题。企业的经营数据和客户数据,如果放到云端存储以后,将无法保证信息在存储和传输过程中的保密性,可能发生大量的商业信息和隐私泄露问题。再次是数据隔离问题。对不同的云用户来说,云 MDM 是一个相同的物理系统,没有物理的隔离和防护边界,可能有多个组织使用同一个 MDM 系统,就存在虚拟系统被越界访问等无法保证信息隔离性的问题。最后是应用安全。对于运行在云存储平台上的云应用,如果云应用本身未遵循安全规则或存在应用安全漏洞,就可能导致云存储数据被非法访问或破坏等问题。

考虑到以上可能存在的安全风险,企业若决定将主数据存储在公共云中,需要仔细考虑和确定哪些数据或功能可以运行在云环境中,并评估相应的数据对企业的重要性。在此基础上才能确定采取哪种云服务的 MDM(如公有云、私有云或混合云),并且要仔细评估各种云 MDM 提供商(如服务提供商是否能像内部方案、人员、流程一样很好地满足服务水平协议,能保证的服务时间有多少,备份多久生成一次,服务等级不能被满足时的处理方法等)以及在本地做好数据备份,以应对可能的风险。

2. 数据迁移的标准

当将数据尤其是主数据从一个物理环境和单个阵列过渡到完全虚拟化的、高度动态的存储环境时,要面对的最基本问题就是数据迁移的标准。数据迁移是采用云存储方案中最为基础、关键的步骤,它将历史数据进行清洗、转换,并装载到新系统,是保证数据系统平滑升级和更新的重要环节,是将来系统稳定运行的有效保障。

企业的数据要转向云存储,首先要做的就是明确被转移的数据范围。主数据作为企业的核心数据,不能不加选择地全部都转移到云平台中,简单地把各个服务器数据库照搬放入云数据中心,这样会增加数据转移耗费的时间,增大企业的运营成本。同时,数据冗余大、垃圾数据多会对系统造成很大的隐患,导致系统工作异常。

为了将企业的主数据有效地转移到云端,还需要设定数据迁移的标准,适当结构化数据并使用正确的数据分析工具及迁移方法。传统关系型数据库中的数据要转移到云端非关系型数据库需要面临很多的问题,一是要解决如何从关系型数据库中快速有效地抽取大量的数据到云文件系统和数据库中;二是数据的转换问题。不管采用什么方法和策略,数据迁移后一定要对数据进行校验,检查数据的完整性、一致性等。

另一方面,基于云平台的 MDM 会使原来只是在业务内各应用系统间共享的主数据提升为需要在企业内应用与云平台应用间交互和共享。许多企业对于将数据在企业内各应用间转移已有成熟的标准,然而,对于将数据在企业内各应用系统与基于云平台的应用间互相转移还没有统一的标准方法或工具。

值得指出的是,云计算及其应用还在发展之中,机遇与挑战并存。一方面,人们通过各种云计算服务来提升运作和管理决策水平,并支撑模式创新;另一方面,由于信息技术(如存储、传输、计算、集成等)的条件制约,以及企业在信息化水平上的差异,使得云计算服务的可得性和就绪度在不同企业和组织间存在着显著的差异。因此,云计算(包括云数据平台的建设)应该从实际出发,同时具有足够的前瞻性,以应对现实和未来的需要。

14.4 面向人工智能的主数据管理

14.4.1 人工智能的定义及应用领域

1. 人工智能定义

人工智能(Artificial Intelligence,AI)的概念最早出现在 1956 年达特茅斯(Dartmouth)学会上,是指由人制造出来的机器所表现出来的智能。通常人工智能是指通过普通计算机程序的手段实现的人类智能技术。随着近年来信息技术的发展,人类把计算机的计算能力提高到了前所未有的地步,而人工智能正在成为领导计算机发展的潮头,得到愈加广泛的重视,并且在机器人、经济政治决策、控制系统、仿真系统中得到应用。

人工智能作为计算机科学的一个分支,其研究的主要内容包括知识表示、自动推理和搜索方法、机器学习和知识获取、知识处理系统、自然语言理解、计算机视觉、智能机器人、自动程序设计等方面。

人工智能的核心问题包括建构能够跟人类类似甚至超越人类的推理、知识、规划、学习、交流、感知、移动和操作物体的能力等。目前人工智能已经有初步成果,甚至在一些视频辨识、语言分析、棋类游戏等单方面的能力超越了人类的水平。另外,人工智能技术具有通用性,能使用同样的 AI 程序解决上述的问题,所以无须重新开发算法就可以直接使用现有的AI 完成任务,这与人类的处理能力相同。目前有大量的工具应用了人工智能,其中包括搜索和数学优化、逻辑推演。而基于仿生学、认知心理学,以及基于概率论和经济学的算法等也在逐步探索中。

2．人工智能技术

人工智能是一门新的技术科学,主要研究、开发可以用于模拟、延伸和扩展人类的智能理论、方法、技术和应用系统。目前,人工智能开发了大量的技术工具来解决计算机科学中的棘手问题,如搜索和优化、逻辑、不确定推理的概率方法、分类器和统计学习方法,人工神经网络等。

1) 搜索和优化

人工智能中的许多问题在理论上可以通过智能地搜索潜在的可能方案来解决。推理的过程可以简化为简单的执行搜索。例如,逻辑证明可以被看作是搜索从命题到结论的路径,其中每个步骤是推理规则的应用;规划算法,是通过搜索目标和子目标树,来试图找到到达某个特定目标的路径,这个过程被称为手段-目的分析;用于肢体移动和物体抓取的机器人算法,是在一个确定的配置空间中使用本地搜索。许多学习算法都是使用基于优化的搜索算法。

2) 逻辑

逻辑用于知识表示和问题解决,但它也可以应用于其他问题。例如 satplan 算法使用逻辑进行规划,而归纳逻辑编程(ILP)是一种机器学习方法。人工智能研究中使用了几种不同形式的逻辑。命题逻辑,包括"或"和"非"等真值函数;一阶逻辑,增加了量词和谓词,并且可以表达对象的属性以及它们之间的关系;模糊逻辑,给一些含糊不清的表达赋予一个0~1 之间的值,表示真实度。

3) 不确定推理的概率方法

人工智能中的许多问题(推理,规划,学习,感知和机器人等)都需要根据不完整或不确定的信息进行操作。人工智能研究人员利用概率论和经济学方法设计出了许多有力的工具来解决这些问题。贝叶斯网络是一个非常普遍的工具,可用于解决大量的问题,如推理(使用贝叶斯推理算法)、学习(使用期望最大化算法)、规划(使用决策网络)和感知(使用动态贝叶斯网络)。随机算法也可以用于数据的过滤、预测、平滑等,有助于处理时间序列(如隐马尔可夫模型或卡尔曼滤波器)。

4) 分类器和统计学习方法

最简单的人工智能应用程序可以分为分类器和控制器两类。不过,控制器在推断行为之前也会对条件进行分类,因此分类是许多 AI 系统的核心部分。分类器通过模式匹配来确定最接近的匹配项,可以通过很多统计方法和机器学习方法进行训练。常见的分类器包括决策树、神经网络、K-近邻算法和核方法(如支持向量机、混合高斯模型和朴素贝叶斯分类)等。分类器的性能在很大程度上取决于要分类数据的特征,如数据集大小、维度和噪声水平。

5) 人工神经网络

神经网络是受到人脑中神经元结构的启发。每个"神经元"接受来自多个其他神经元的输入,当一个"神经元"被激活时,都会向与之相连下一级"神经元"传递其是否应该激活的信息,下一级"神经元"接收到所有的输入信息后决定其是否激活。神经网络的每个节点都类似于一个"神经元",如图 14-5 所示。人工神经网络通常是通过一个基于数学统计学类型的学习方法得以优化,在人工智能的感知领域,通过统计学的方法,人工神经网络能够类似人一样具有简单的决定能力和简单的判断能力。

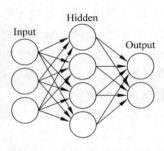

图 14-5 神经网络示意图

3. 人工智能应用领域

人工智能的研究是高度技术性和专业的,各分支领域都是深入且各不相通的,因而涉及范围极广,一些常见的应用领域如下。

1) 问题求解

人工智能的第一大成就是下棋程序,在下棋程序中应用的某些技术,如向前看几步,把困难的问题分解成一些较容易的子问题,发展成为搜索和问题归纳这样的人工智能基本技术。今天的计算机程序已能够达到下各种方盘棋和国际象棋的锦标赛水平。但是,尚未解决包括人类棋手具有的但尚不能明确表达的能力,如国际象棋大师们洞察棋局的能力。另一个问题是涉及问题的原概念,在人工智能中叫问题表示的选择,人们常能找到某种思考问题的方法,从而使求解变易而解决该问题。到目前为止,人工智能程序已能知道如何考虑它们要解决的问题,即搜索解答空间,寻找较优解答。

2) 逻辑推理和定理证明

逻辑推理是人工智能研究中最持久的领域之一,其中特别重要的是要找到一些方法,只把注意力集中在一个大型的数据库中的有关事实上,留意可信的证明,并在出现新信息时适时修正这些证明。对数学中臆测的论题,通过定理寻找一个证明或反证,不仅需要有根据假设进行演绎的能力,而且许多非形式的工作,包括医疗诊断和信息检索都可以和定理证明问题一样加以形式化。因此,在人工智能方法的研究中,定理证明是一个极其重要的论题。

3) 自然语言处理

自然语言的处理是人工智能技术应用于实际领域的典型范例,经过多年艰苦努力,这一领域已获得了大量令人注目的成果。目前该领域的主要课题是计算机系统如何以主题和对话情境为基础,合理运用知识和常识,生成和理解自然语言。这是一个极其复杂的编码和解码问题。

4）智能信息检索

信息获取和精化技术已成为当代计算机科学与技术研究中迫切需要研究的课题,将人工智能技术应用于这一领域的研究是人工智能走向广泛实际应用的契机与突破口。

5）专家系统

专家系统是目前人工智能中最活跃、最有成效的一个研究领域,它是一种具有特定领域内大量知识与经验的程序系统。近年来,在"专家系统"或"知识工程"的研究中已出现了成功和有效应用人工智能技术的趋势。人类专家由于具有丰富的知识,所以才能达到优异的解决问题的能力。那么计算机程序如果能体现和应用这些知识,也应该能解决人类专家所解决的问题,而且能帮助人类专家发现推理过程中出现的差错,现在这一点已被证实。例如,在矿物勘测、化学分析、规划和医学诊断方面,专家系统已经达到了人类专家的水平。

14.4.2　人工智能在企业中的实践

随着人工智能技术的不断突破,尤其是以语音识别、自然语言处理、图像识别及人脸识别为代表的感知智能技术取得显著进步,围绕语音、图像、机器人、自动驾驶等人工智能技术的创新创业大量涌现,人工智能迅速进入发展热潮。相关技术开始从实验室走向应用市场,特别是在交通、医疗、工业、农业、金融、商业等领域应用加快,带动了一批新技术、新业态、新模式和新产品的突破式发展,给传统行业带来深刻的产业变革,进而有望重塑全球产业格局。但对于人工智能的应用来说,技术平台、产业应用环境、市场、用户等因素都对人工智能的产业化应用市场有很大的影响。

下面简单列举人工智能在几个商业领域中的应用,如图 14-6 所示。

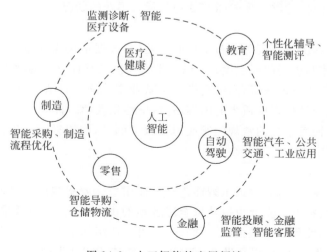

图 14-6　人工智能的应用领域

1）医疗健康

人工智能程序可以通过可穿戴设备远程分析患者的健康状况，并将数据与其医疗记录进行比较，提供健康建议并预警疾病风险。使用机器学习和其他相关的 AI 技术，设备可以进行自主诊断并帮患者做简单的体征指标检查，而无需人力辅助，从而减轻医生和护士的工作压力。根据患者的历史医疗数据和记录，基于 AI 的诊断工具可以更准确地诊断疾病。根据医疗和环境等因素，AI 算法可以预测患者行为和疾病的概率，从而优化医院运营、排班计划和库存管理。

2）自动驾驶

随着人工智能和机器学习在计算机视觉以及自然语言处理领域获得巨大成功，学术和工业界也逐步开始在无人车系统的各个模块中进行基于人工智能和机器学习的探索。自动驾驶软件系统包括高精地图、车辆定位、环境感知、行为预测、智能决策、规划控制等核心模块。这些核心软件模块可以基本分为"客观世界"和"主观行动"两个类别。客观世界的部分包括地图、定位，以及对外部动态静态物体的感知，而主观行动部分则包括了从宏观行为的决策到底层控制的计算。从模块分隔和设计的角度，这些"客观世界"和"主观行动"的每一个模块都会产生大量的历史数据。人工智能技术对于自动驾驶的一个最重要的意义，就在于如何从这些数据中学习到人类的有效驾驶经验，从而使得自动驾驶系统更加安全、有效和智能。

3）零售

图像识别、机器学习和自然语言处理等技术发展使得智能服务机器人能够轻松与顾客打招呼、交流，可以预测订单，提供引导。通过机器学习，可以根据消费者个人资料进行个性化促销。在顾客浏览店铺商品时，店内的信标（Beacon）也可以通过手机向他们发送优惠信息。基于深度学习的计算机视觉技术，可以识别购物者打包的商品，加上传感器所获取的数据，AI 使得自动结账和付款成为可能。使用深度学习技术的无人机快递完成了"零售业务链最后 1 公里"的交付，能够实现避障并处理收货人不在的状况。

4）教育

人工智能可以解决教育资源分布不均的问题，并根据市场需求帮助政府机构不断优化教育制度，提高人才与市场的匹配度；可以为学生提供更有针对性的教学计划，改善学习成果，并帮助学校不断改进课程组合，提高毕业生就业率。通过自适应学习系统，在合适的时间以最佳方式向每个学生提供适当的内容，打造个性化教学。自然语言、计算机视觉和深度学习可以帮助教师回答学生的常规问题或担任教学助教，使得教师可以把更多的时间花在更具价值的教学环节中。

5）制造

对于工程和研发人员而言，人工智能工具的使用意味着更快的周转时间和更少的迭代次数，效率得到大大提升。企业可以获取全球各地的供应商信息，降低采购过程中的成本，更好地管理供应链，使得收益最大化。项目经理可以使用基于人工智能的高级分析，从而提高审查流程的有效性。AI 可以帮助企业重新审视制造流程和生产线，并针对性地进行优化和调整,从而降低成本、减少资源浪费,加快企业上市速度。制造商可以利用 AI 技术为客户提供更优质的售后服务。工作人员与工厂的生产线必须更好地进行协同作业,从而挖掘 AI 的全部潜力,实现其中的价值。

6) 金融

金融机构长期以来一直使用人工神经网络系统来检测标准之外的指控或要求,并进行标记以便后续的人工调查。银行可以使用人工智能系统来组织业务,维护簿记,投资股票和管理财产。人工智能可以短时间内或在业务发生之前做出应对策略。人工智能还可以通过监测用户的任何异常行为来减少欺诈和金融犯罪行为。人工智能在网上交易和决策,已经改变了经典的经济理论。例如,基于人工智能购销平台已经改变了供求规律,它可以很容易地估计出个性化的需求和供给曲线,从而个性化地定价。另外,对于财务报表审计而言,AI 可以持续进行审计,同时分析多种不同的信息。潜在的好处是,降低总体审计风险,提高准确度,同时缩短审计的时间。

14.4.3　主数据管理与人工智能的关系

主数据是指在整个企业范围内各个系统(操作/事务型应用系统和分析型系统)间要共享的数据。大部分的交易数据、账单数据等都不是主数据,而像描述核心业务实体的数据,如客户、供应商、账户、组织机构、员工、合作伙伴、位置信息等都是主数据。主数据是企业内能够跨业务重复使用的高价值的数据。这些主数据在进行主数据管理之前经常存在于多个异构或同构的系统中。

MDM 可以帮助企业在海量数据中找到最有价值的数据,创建并维护整个企业内主数据的单一视图,保证单一视图的准确性、一致性以及完整性,从而提供数据质量,统一商业实体的定义,简化及改进商业流程并提供业务的响应速度。

MDM 通常有两种类型:操作型和分析型。操作型 MDM 侧重于主数据的定义、分发和同步,以支持事务性操作,主要侧重控制"核心"数据进行整合。而分析型 MDM 则是把 MDM 数据库当作收集、合并需求信息的一个容器,侧重于管理用于数据汇总和商业智能 (BI) 报告与分析的主数据项,为深层次的商业分析计算以及数据挖掘技术的应用打下基础。下面来分析一下 MDM 与人工智能的关系。

1. 人工智能可以实现高效精准的 MDM

主数据管理开发人员执行的许多任务都是重复性和耗时的,如将源映射到目标、对数据进行分类、修正数据异常以及创建元数据以表示来自新数据源的数据。机器学习和人工智能方面的先进技术,可以被纳入数据管理开发工具中,以提供急需的自动化处理能力,从而提高开发人员的生产力。采用人工智能算法可以实现大规模自动化的采集、清洗、归类、关联所有数据,形成统一数据视图为后续 MDM 系统服务,从而大大提高 MDM 的实现效率,并且降低实施成本。

具体而言,人工智能可以为主数据管理提供以下服务。

- 将关系表从知识图谱到目标数据模型的迅速构建,通过人工智能算法可以大大缩短构建速度,并且积累常用的知识图谱和数据元素结构。

- 复杂数据转换规则的设计与实现,尤其对于嵌套规则、组合规则、数据字典规则等的设计与实现。

- 高精度全局正确性验证,如各个环节多种校验规则的实现。

- 自治性高的内部元数据管理,可以设计并实现源表、目标表、映射、规则等内部存储机制。

- 适配性高的任务调度,实现满足数据增量、全量、全量式增量、回滚等任务的自动化调度。

2. 人工智能是未来主数据管理的核心竞争力

数据时代,尤其是大数据时代,如何从海量数据中挖掘出对企业有用的信息,对 MDM 提出了新的挑战。首先,数据要求的广泛性,MDM 应用有许多内容已经超出了企业内部信息和数据仓库能处理的范围;其次,分析要求的实时性,需要从内外部数据中及时得到实时有用的模式和洞察。这些都为传统的 MDM 带来了挑战。

人工智能提供了一系列高效的算法和方案,使企业能够迅速处理数据,包括收集、管理和分析数据,并将这些数据转化为有用的信息。通过人工智能,构建企业的数据价值体系,涵盖数据采集、传递、挖掘、分析、报告等行为,实现行动到价值的完整流程,提升未来主数据管理的核心竞争力。

3. 主数据管理是人工智能的潜力支柱

对于商业用户,在使用人工智能分析模型的预测结果进行决策时,必须信任该算法所使用的数据,而构建这种对数据信任的方式就是数据治理。企业中的大量数据来自多个迥异的系统,有效的数据治理策略可以打破整个组织的隐藏或孤立数据,并使用户不仅能够生产和使用数据,而且可以通过人工智能,使用可信的数据来实现价值的最大化。

数据治理不仅提供了一种简单而直接的方式来确保使用数据的正确性,而且能识别数据错误并快速定位、解决这些错误。MDM 可以提供完整、可靠、一致的数据,使得组织能够快速有效地进行数据采集,因此数据用户可以花费更少的时间来搜索需要提供给 AI 应用程序或模型的可信数据,并投入更多时间创建和改进模型。

将可靠的训练数据输入到 AI 模型中,可以实现更高的效率,因此 MDM 不仅是人工智能技术发展的受益者,更是加速人工智能发展的重要践行者。

14.4.4 主数据管理在人工智能中的作用

主数据管理系统创建和维护了一个权威的、可靠的、可持续的、精确的、安全的数据环境,形成一致的主数据视图,对生产率改善、风险管理、成本降低等方面均有显著的好处。按照使用模式划分,MDM 可以分为操作型 MDM 和分析型 MDM。在操作型模式中,MDM 参与日常的操作事务和商业流程,与其他应用系统和业务人员直接交互,因此这类的 MDM

与现有业务系统的集成需要多种类型的通信协议,以保障数据分发和同步的准确性;在分析型模式中,MDM 系统是下游分析型系统(包括数据仓库、数据挖掘等分析工具)的权威信息来源,因此,分析型 MDM 可以看作是商务智能与主数据管理的交集,MDM 系统为商务智能系统提供完整、可靠、一致的数据,同时也可以提供一些数据分析结果。

人工智能技术能够帮助企业或其他类型的组织更好地理解其产品、财务、顾客等运营信息,并通过这些信息做出及时、准确的决策,决定组织的发展方向。然而,各类应用系统数据的错误、重复、不一致现象使得数据分析的结果往往不够理想,因此需要从数据的根源入手,更好地连接业务端与分析端。

主数据管理系统对于人工智能发展的支持主要体现在数据选择和数据的预处理上。企业内部主要存在着三类数据:业务数据、分析数据和主数据,其中主数据是被多个业务部门所共享的业务对象,是发生交易的业务对象,也是分析的关键维度。对于主数据来说,一方面,每个部门有自己的规则,造成了主数据的高度不一致性,如销售部门客户管理系统的客户信息和财务部门应收账款管理中客户信息的视图是不同的。另一方面,主数据也是非静态的、处于不断变化之中的,如财务数据可能会添加新的多层次结构的动态维度。因此,MDM 的主要任务就是在源头上修正数据质量问题并管理数据的不断变化,如图 14-7 所示。

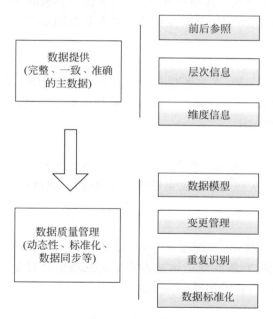

图 14-7　MDM 为人工智能技术发展提供支持

1. 数据提供

对所有的关键主数据,MDM 保存准确、可靠的维度和层次信息,为联合数据构建前后参照信息,为集中数据构建最优记录信息等,具体如下。

1)前后参照

对于人工智能系统来说,如果不能识别相同的实体,则会导致不准确甚至错误的模型选择和训练。MDM 能够保存客户、产品等企业主要维度的参照信息,通过源系统管理功能维护每个系统标识,管理各自系统内的对象标识。这种参照功能能方便识别各个系统及系统内部的重复数据,通过合并进程消除重复记录。

2)层级信息

操作型 MDM 保存正式的层级信息以供业务系统使用,分析型 MDM 通过采用合理的跨域映射获取操作型层级信息,并管理跨越多维度的多种层次信息,这些对下游的数据分析和挖掘结果的准确性是非常关键的。

3)维度信息

MDM 可以利用数据标准化、重复识别及合并能力,为主数据的每个维度创建统一模板,并分发给数据仓库和数据挖掘系统。这些可信的主数据维度成为下游分析系统进行正确决策的基础。

基于上述处理,人工智能系统从 MDM 获取唯一的、一致的、完备的主数据信息。

2. 数据质量管理

MDM 可以通过一系列校验规则和管理工具,如使用重复识别、参数化搜索引擎、数据属性集成、层次管理、数据标准化、实时变更管理以及数据同步等工具,消除异构情况下数据质量问题。

1)数据模型

MDM 数据模型是唯一的,在各关联系统中定义的主数据的集合,具备特定扩展的灵活性,能够根据组织中业务特点进行裁剪。模型中包括所有必需的层级信息、属性信息,以及所有关联系统前后参照信息。

2)变更管理

主数据管理系统支持自定义工作流,为保证主数据的实时变更管理,主数据的任何变化将触发一个业务事件,依次调用事先设定好的工作流进程,执行针对数据变化预先配置好的步骤。

3)重复识别

MDM 提供多种校验规则、匹配规则等,可以通过对主数据的属性设置适当的校验规则,发现潜在的匹配信息,判断两条记录是否重复。发现重复对象后,MDM 会自动将多条记录合并以消除重复数据,并维护参照信息。

4)数据标准化

对来自不同业务系统的异构数据进行标准化处理后,能够快速地进行参数化搜索以及精确地重复性识别。

总之,有效的主数据管理系统,可以在企业范围内提供统一的、准确的、实时的、全新的主数据,这些可靠的数据与人工智能系统结合,才能使这些新兴技术发挥最大的潜能。

14.5　区块链技术与主数据管理

14.5.1　区块链的定义及特征

1. 区块链的定义

近年来,随着比特币的迅速火爆以及其价格的多次暴涨暴跌,电子货币、挖矿、区块链这些概念逐渐为人们所熟知。尽管,世界对比特币的态度起起落落,但作为比特币底层技术之一的区块链技术日益受到重视。2008 年,中本聪发表了比特币的奠基性论文《比特币:一种点对点电子现金系统》,文中描述了一种去中心化的电子现金系统——比特币,它解决了在没有中心机构的情况下,总量恒定的数字资产的发行流通问题。在比特币形成过程中,区块是一个一个的存储单元,记录了一定时间内各个区块节点全部的交流信息。各个区块之间通过随机散列(也称哈希算法)实现链接,后一个区块包含前一个区块的哈希值,随着信息交流的扩大,一个区块与一个区块相继接续,形成的结果就叫区块链。

区块链技术,是指通过去中心化和去信任的方式集体维护一个可靠数据库的技术方案,本质上是建立一个去中心化的数据库。区块链技术是一种不依赖第三方、通过自身分布式节点进行网络数据的存储、验证、传递和交流的一种技术方案。因此,有人从金融会计角度,把区块链技术看成是一种分布式、开放性、去中心化的大型网络记账簿,任何人任何时间都可以采用相同的技术标准加入自己的信息,延伸区块链,持续满足各种需求带来的数据录入需要。

作为区块链技术的一个应用,比特币点对点网络将所有的交易历史都储存在"区块链"中。区块链在持续延长,而且新区块一旦加入到区块链中,就不会再被移走。区块链实际上是一群分散的用户端节点,并由所有参与者组成的分布式数据库,是对所有比特币交易历史的记录。比特币的交易数据被打包到一个"数据块"或"区块"中后,交易就算初步确认了。当区块链接到前一个区块之后,交易会得到进一步的确认。在连续得到 6 个区块确认之后,这笔交易基本上就不可逆转地得到确认了。

区块链技术被认为是互联网发明以来最具颠覆性的技术创新,它依靠密码学和数学巧妙的分布式算法,在无法建立信任关系的互联网上,无须借助任何第三方中心的介入就可以使参与者达成共识,以极低的成本解决了信任与价值的可靠传递难题。

2. 区块链的特征

从区块链的形成过程来看,区块链技术具有以下 5 个特征。

1) 去中心化

区块链技术不依赖额外的第三方管理机构或硬件设施,没有中心管制,除了自成一体的区块链本身,通过分布式核算和存储,各个节点实现了信息自我验证、传递和管理。去中心化是区块链最突出最本质的特征。

2）开放性

区块链技术基础是开源的，除了交易各方的私有信息被加密外，区块链的数据对所有人开放，任何人都可以通过公开的接口查询区块链数据和开发相关应用，因此整个系统信息高度透明。

3）独立性

基于协商一致的规范和协议（类似比特币采用的哈希算法等各种数学算法），整个区块链系统不依赖其他第三方，所有节点能够在系统内自动安全地验证、交换数据，不需要任何人为的干预。

4）安全性

只要不能掌控全部数据节点的 51%，就无法肆意操控修改网络数据，这使区块链本身变得相对安全，避免了主观人为的数据变更。

5）匿名性

除非有法律规范要求，单从技术上来讲，各区块节点的身份信息不需要公开或验证，信息传递可以匿名进行。

14.5.2　区块链技术的应用领域

区块链技术是比特币的底层技术，在早期并没有太多人注意到比特币的底层技术。但是当比特币在没有任何中心化机构运营和管理的情况下，多年来非常稳定地运行，并且没有出现过任何问题。所以很多人注意到，该底层技术也许有很大的优势，而且不仅仅可以在比特币中使用，还可以在众多领域都能够应用这种技术。

区块链的发展趋势是全球性的。英国已经把区块链列为国家战略，新加坡央行在 2015 年就已经支持了一个基于区块链的记录系统，日本目前在区块链领域也处于领先地位。R3CEV 作为首个以创建分布式账本应用为目标而成立的商业联盟，目前在全世界范围内拥有包括花旗、摩根、富国、渣打等 50 多位成员。国内目前已成立了中国分布式总账基础协议联盟、中国区块链应用研究中心、金融区块链联盟等，以推动区块链产业研究与合作。继区块链被正式列入“十三五”国家信息化规划后，区块链技术研究已然处于最好的触发点。

目前，区块链技术在多个行业中正在迅速普及，金融、物流、公共服务等领域都有大量案例。

1. 金融领域

区块链在国际汇兑、信用证、股权登记和证券交易所等金融领域有着潜在的巨大应用价值。将区块链技术应用在金融行业中，可省去第三方中介环节，实现点对点的对接，从而在大大降低成本的同时，快速完成交易支付。

例如，Visa 推出基于区块链技术的 Visa B2B Connect，它能为机构提供一种费用更低、更快速和安全的跨境支付方式来处理全球范围内的企业对企业的交易。众所周知，传统的跨境支付需要等 3～5 天，并为此支付 1%～3% 的交易费用。又例如纳斯达克推出基于区块链的交易平台 Linq（Linq 是首个由已建立的金融服务公司推出的，说明资产交易如何通过区块链平台来进行数字化管理产品。对于私有公司的股份而言,它就是一个管理工具,也是纳斯达克私募股权市场,为创业者和风险投资者提供部分服务)。Visa 还联合 Coinbase 推出了首张比特币借记卡,花旗银行则在区块链上测试运行加密货币(花旗币)。

2.物联网和物流领域

区块链在物联网和物流领域也可以天然结合。通过区块链可以降低物流成本,追溯物品的生产和运送过程,并且提高供应链管理的效率。该领域被认为是区块链一个很有前景的应用方向。

德国初创公司 Slock.it 做了一个基于区块链技术的智能锁,将锁连接到互联网,通过区块链上的智能合约对其进行控制。只需通过区块链网络向智能合约账户转账,即可打开智能锁。用在酒店里,客人就能很方便地开门了,这是真正的共享经济。

3.公共服务领域

区块链在公共管理、能源、交通等领域都与民众的生产生活息息相关,但是目前这些领域的中心化特质也带来了一些问题,可以用区块链来改造。

例如,乌克兰敖德萨地区政府已经试验建立了一个基于区块链技术的在线拍卖网站,通过该平台,以更加透明的方式来销售和出租国有资产,避免此前的腐败和欺诈行为的发生。西班牙 Lugo 市政府则利用区块链建立了一个公开公正的投票系统。爱沙尼亚政府与 Bitnation 合作,在区块链上开展政务管辖,通过区块链为居民提供结婚证明、出生证明、商务合同等公证服务。

4.认证和公证领域

区块链具有不可篡改的特性,所以在认证和公证也有巨大的市场。

Bitproof 是一家专门利用区块链技术进行文件验证的公司。区块链初创公司 Bitproof 已经与霍伯顿学校(Holberton School)开展合作,该校宣布将利用比特币区块链技术向学生颁发学历证书,解决学历造假等问题。

5.数字版权领域

通过区块链技术,可以对作品进行鉴权,证明文字、视频、音频等作品的存在,保证权属的真实、唯一性。作品在区块链上被确权后,后续交易都会进行实时记录,实现数字版权全生命周期管理,也可作为司法取证提供技术保障。

例如,Ujo Music 平台借助区块链,建立了音乐版权管理平台新模式,歌曲的创作者与消费者可以建立直接的联系,省去了中间商的费用提成。

6.预测市场和保险领域

在保险理赔方面,保险机构负责资金归集、投资、理赔,往往管理和运营成本较高。通过智能合约的应用,既无需投保人申请,也无需保险公司批准,只要触发理赔条件,实现保单自动理赔。

典型的应用案例是 LenderBot,2016 年由区块链企业 Stratumn、德勤与支付服务商 Lemonway 合作推出,它允许人们通过 Facebook Messenger 的聊天功能,注册定制化的微保险产品,为个人之间交换的高价值物品进行投保,而区块链在贷款合同中代替了第三方角色。

7. 公益慈善

区块链上存储的数据,可靠性高且不可篡改,天然适合用在社会公益场景。公益流程中的相关信息,如捐赠项目、募集明细、资金流向、受助人反馈等,均可以存放于区块链上,并且有条件地进行透明公开公示,方便社会监督。

例如 BitGive 平台,BitGive 是一家非营利性慈善基金会,致力于将比特币及相关技术应用于慈善和人道主义工作中。2015 年,BitGive 公布慈善 2.0 计划,应用区块链技术建立公开透明的捐赠平台,平台上捐款的使用和去向都会面向捐助方和社会公众完全开放。

14.5.3 区块链技术在主数据管理中的应用

主数据管理是一个需要多方参与的过程,涉及数据的产生者、采集者、管理者、使用者等。企业主数据的开发利用恰是一个多元主体、多方参与、权限不一、环节众多的应用场景。区块链的技术可以在主数据管理诸多方面发挥作用如图 14-8 所示。

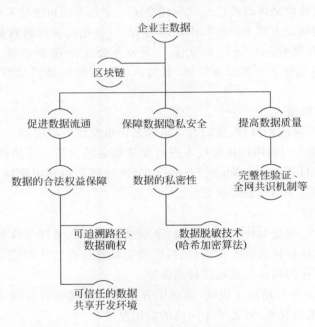

图 14-8　区块链技术在主数据管理中的应用

首先,区块链具有可追溯性和不可篡改性,数据块一旦生成就表示得到过所有参与者的认同,无法篡改,且带有时间戳。这个好处应用到主数据管理当中可以帮助数据确权(包括原始来源、管理权、访问权、使用权等),促进数据流通,准确记录数据的产生、交换、转移、更新、开发利用整个过程。把数据作为核心命脉,担心数据因为共享或开放出去之后核心业务就丢失的部门可以因此而消除顾虑。

其次，在区块链上，数据包的哈希值是唯一的，能验证数据包的真实性。哈希加密算法对数据可能涉密或隐私部分进行加密，能在流通环节将数据进行一定程度的脱敏。同时，在涉及数据各方之间采用非对称加密技术，可以更好地划分角色，更加精细化划分数据的操作权限，保障数据隐私安全，从而降低企业对数据的安全隐私担忧。

再次，应用区块链技术，每个区块的生成都得到了所有参与者的共识，在区块链上，数据交换记录是所有参与者认可的、透明的、可追溯的，数据的来源和流通路径是可以被记录和追溯，对数据的每一次更新和修改都"有迹可循"。同时，采用哈希算法可以对数据的完整性进行验证，从而保障和提升了数据在流通中的质量。

最后，应用基于区块链的智能合约技术，可以自动管理和执行企业各部门之间约定好的数据共享开放利用规则，在实际操作过程中减少人为的干预，营造可信任的数据共享开放环境。

区块链技术应用于企业主数据管理，可以将数据所有权、数据传播过程、交易链条等相关信息完整全面地记录在分布的数据块中，并在所有参与方之间达成共识，共同维护。区块链技术应用于企业主数据管理，从实际操作层面，有以下几个环节是必不可少的。

- 建链。区块链根据开放程度不同，可分为公有链、联盟链和私有链。公有链对所有人开放，任何人都可以参与；联盟链对特定的一些组织开放；私有链只对某个组织或个人开放。根据数据的开放程度不同，可以采用不同的区块链。例如，对于国家级或省市级建的基础大数据中心，可以采用公有链，全民所有，全民共享；对于地方政府部门之间共享数据，可以采用联盟链；而针对某个部门某种数据的管理，可以采用私有链。基本规则为每一类数据建一条链。数据区块记录数据来源、所有权、数据操作方、当前的时间戳、对数据的操作类型、当前版本号、上一区块的哈希值等。对数据的任何操作（更新、复制、下载等），触发生成一个区块，接入区块链，对数据进行全生命周期记录。
- 共识机制的设计。共识机制的基本要求是多方参与、各司其职、各得其所，从而能够对数据的全生命周期进行管理和监督。一个好的共识机制还需要带有激励机制，以激励各方积极参与到管理数据的活动中来。例如，谁获得了记录权，谁就赢得积分，请求使用数据则消耗积分。同样，作为数据提供方，分享出的数据如被请求和使用了，可获得积分奖励。至于谁可以加入链，公有链不存在这个问题；私有链由中心节点批准；对于联盟链，可以集体批准接入，或者达到一定比例者同意即可。所有加入的链都可以自由退出。
- 基于智能合约的权限管理和交易规则。基于智能合约，数据权限管理和交易规则可通过链上编码实现，在交易过程中自动执行，不需要人为干涉，实时在线地保证数据操作的合法、合理、合规性。例如，在多个部门共享数据模型中，每个部门都通过共享出自己的数据（数据类型、数据量、更新频率等）获得积分（具体积分机制需要商定），可以简单地定义为，积分更高就能有更高的权限请求和使用其他部门的数据，权限值达到了，请求操作的数据区块便可自动生成，协议生效，不需要人工干预，从而提升了效率。

14.6　主数据管理——企业发展的坚实根基

新时代给企业信息化带来了新的冲击,包括消费者行为的转变、企业运作从线下到线上的服务整合、企业内社交网络的兴起和广泛利用、云计算和物联网技术的广泛采纳等,这些变化无一例外地都产生了大量的企业内外部数据。企业未来的决策,是基于数据的业务分析和运作,对数据质量的管理便是做好企业决策的第一步。主数据管理成为企业发展的坚实根基。

1. 消费者行为的转变

社交网络已经成为许多人首选的数字化沟通渠道,并深刻影响了消费者的行为习惯,导致企业的传统经营模式受到了极大挑战。

消费者倾向于在购买前从网上搜索产品的相关信息与评论,参与社区讨论,并根据公众的意见做出购买决策。购买过程中也希望能够参与产品设计,订制个性化产品。购买后会通过各种社交媒体来传播他们的购物体验。这些过程产生了大量的 UGC 数据,对这些数据的分析利用有助于企业更好地了解自己的客户,以做到快速响应、按需定制。

2. 物联网

物联网是指利用感知技术与智能装置对物理世界进行感知和识别,通过网络传输互联,进行计算、处理和知识挖掘,实现人与物、物与物信息交互和无缝链接,达到对物理世界实时控制、精确管理和科学决策的目的。物联网的推广和应用将改变企业的经营方式,如可以利用传感器跟踪产品的运动、利用这些行为数据对业务模式进行调整、支持传感器驱动的决策分析以及将数据作为自动化和控制的基础等。

物联网能够实现有效的信息共享和资源调配,从而为制造企业提供强有力的市场竞争力,具体包括以下方面。

- 人员和生产设备的实时管理。可实时获取人员、设备的静态、动态信息。利用物联网技术,制造企业可以给每一个人员、设备、产品配备一个 RFID 标签①。通过安装在工厂内部各处的 RFID 读取设备,就可以实现对人员、设备和产品的自动识别和位置定位,极大提高工厂效率。
- 生产设备的远程维护。将生产设备连接到互联网中的智能工厂监管平台。设备提供商通过专门的接入点,能够实时监控设备的运行情况,并能够对可能出现的问题第一时间进行处理。这样,既能降低生产设备的故障率,又能够降低设备维护的时间和成本,对制造企业和设备提供商都有很大的好处。

---

　　① RFID(Radio Frequency IDentification)技术,无线射频识别,是一种通信技术,可通过无线电讯号识别特定目标并读写相关数据,而无须识别系统与特定目标之间建立机械或光学接触。RFID 标签包含了电子存储的信息,数米之内都可以识别。与条形码不同的是,RFID 标签不需要处在识别器视线之内,也可以嵌入被追踪物体之内。目前 RFID 技术应用很广,如图书馆、门禁系统和食品安全溯源等。

此外,制造企业还可以实现很多功能的提升。例如,外来人员和车辆的实时定位管理、产品订单的自动分配,生产资料的自动出入库管理、售后产品远程维护等。

3. 企业社交网络的兴起

随着知识型经济浪潮的兴起,越来越多的企业开始向"以人为本"转变。人的知识技能、创新求变、沟通交流等活动,是知识型企业最宝贵的资源,企业内的社交网络开始兴起,以促进人与人之间的互动。企业级社交网络包括个人创造、社区交互、广泛协作、数据分享和数据聚合等多种用途的应用,Web 2.0应用最大的特色就是其社会化特质,它需要用户高度参与、广泛互动才能发挥其应有的效用,如企业内博客。

企业内社交网络的作用主要包括通过在线社区与顾客建立紧密的联系,增加销售机会;挖掘客户偏好并为其提供更加优质的服务,大幅提升客户满意度;通过 Web 2.0 技术提高研发人员的工作效率,提升企业的创新能力;创新商业模式,提高 IT 系统灵活性,提高 IT 部门对于业务部门的支持力度。另一个重要趋势就是企业社交网络系统和 ERP 等信息系统的融合,将社交协作及业务分析能力结合在一起,使用户可以通过在线方式、移动设备访问单一而友好的用户界面,获得实时智能服务。

4. 企业系统的开放性更高

企业越来越处于一个大的社会生态系统中,企业之间的竞争,往往取决于产业链的整合。将客户、供应商、制造商、物流运输商、第三方支付平台等众多的其他系统,整合到公司的系统平台里,是很多企业信息化管理的现实而迫切的需要。而要实现这种整合,各个系统的开放性成为必然要求。开放性包括开放自身平台的各种标准接口,以及在保护用户隐私的情况下,开放用户基本数据、关系数据、行为数据,同第三方共同打造个性化、智能化、实时化的服务模式。通过第三方开发可以形成企业自己的生态链,并重塑商业模式,赢得竞争优势。

5. 电子商务的普及

电子商务的普及强烈地冲击着企业传统的管理模式,使得企业的管理内涵进一步延伸,从传统的财务、库存、销售、采购等面向内部的管理,扩展到对企业的整个供应链与价值链的管理也由此给这些企业的运作模式带来了深刻变化。

- 社会化客户关系管理。电商企业更加借助于网络营销,而且一个重要趋势是对社交网络的利用,以此来跟踪、管理客户需求,实现与位于不同社交网站、门户网站上的客户展开即时沟通。同时,网络信息传播的特点,使个人消费者对企业产品、品牌的影响力得到极大的提升。个人消费者一旦不满意,其在网上的差评可能会对公司的销售构成重要影响。新的社会化客户关系管理系统,则可以主动跟踪不同网络平台上客户关于本公司的各种评论,并主动定位与其进行沟通;通过合适的方式,统一在不同网络平台推送公司有关信息;主动利用社交网络诱发客户的购买行为等。

- 多个系统的集成化。多个系统的集成包括企业内部各系统的集成以及整个供应链的上下游企业间的系统集成。一方面,将电子商务作为 ERP 的一个重要模块,进行统一规划和统一设计,使得从不同电商平台上获得的销售订单、市场信息能及时传递到后台 ERP 系统中,实现前台的电子商务平台与 ERP 系统的信息无缝对接。另一方面,电商企业所涉及的订单小型化、时间分布的不均,也对柔性制造提出了巨大的挑战。如何将订单及预测信息,通过合理的方式与供应链的其他各方(如物料供应商、制造商等)的信息系统进行整合,对供应链的集成化提出了更高要求。因此,电商企业与物料供应商、生产制造商、第三方物流公司、网络支付等进行整合成为企业信息化发展的大趋势,以实现供应链的柔性、协同。

6. 商务智能技术的广泛应用

通过商业智能和数据挖掘技术辅助商业决策,进一步分析整合来自企业内外部数据的价值,受到越来越多企业的重视。商业智能工具使得数据更加容易管理、存储、维护和分类,其应用范围包括绩效管理、计划、报告、查询、分析、在线分析处理、运营系统集成和预测分析等。更好地访问数据能帮助企业做出理性决策,随着数据收集变得更加容易,数据的规模、速度、种类高速发展,对商务智能技术的应用也成为企业赢得竞争优势的重要基础。

作为业务驱动的决策支持系统,商务智能的实质便是基于数据的决策,实施成功的重要前提就是数据质量。企业目前存在的系统包括财务系统、CRM 系统、ERP 系统等,这些系统里有大量的历史数据,BI 的应用必然是对这些系统中数据的利用和挖掘,因此 BI 与 ERP、CRM 等系统的融合也是必然趋势。

另一方面,大数据也成为 BI 的重要发展趋势。通过数据提取、转换和加载技术将分布的、异构数据源中的数据,如关系数据、平面数据文件等抽取到临时中间层后进行清洗、转换、集成,最后加载到数据仓库或数据集市中,为联机分析处理、数据挖掘提供基础。

总而言之,未来企业的运作模式和决策过程是基于数据的分析决策。企业的信息化向着开放性、集成化、智能化的趋势发展,在这一过程中无一例外地都产生了大量的数据,如生产过程的产品信息、销售过程的订单数据、企业级社交网络生成的 UGC 数据等,海量的低密度价值数据中蕴含着对企业经营决策有帮助的信息,所以企业信息化的发展是要管理数据、理解数据和基于数据进行决策。MDM 系统是抽取有效数据、集成异构数据和保障数据质量的重要工具,因此主数据管理成为企业未来发展的坚实根基。